颐和园

园林有害生物测报与生态治理

◎ 北京市颐和园管理处 主编

U0306742

中国农业科学技术出版社

图书在版编目（CIP）数据

颐和园园林有害生物测报与生态治理 / 北京市颐和园管理处主编 . —北京：中国农业科学技术出版社，2018.8
ISBN 978-7-5116-3370-5

Ⅰ . ①颐… Ⅱ . ①北… Ⅲ . ①颐和园—园林植物—病虫害防治 Ⅳ . ① S436.8

中国版本图书馆 CIP 数据核字（2017）第 282079 号

责任编辑　徐　毅
责任校对　贾海霞

出 版 者	中国农业科学技术出版社
	北京市中关村南大街 12 号　邮编：100081
电　　话	（010）82106631（编辑室）（010）82109702（发行部）
	（010）82109702（读者服务部）
传　　真	（010）82106631
网　　址	http://www.castp.cn
经 销 者	各地新华书店
印 刷 者	北京科信印刷有限公司
开　　本	787mm×1 092mm　1/16
印　　张	29
字　　数	680 千字
版　　次	2018 年 8 月第 1 版　2018 年 8 月第 1 次印刷
定　　价	350.00 元

《颐和园园林有害生物测报与生态治理》编委会

主 编

北京市颐和园管理处

执行主编

王 爽 李 洁

参编人员

赵京城 韩 凌 赵晓燕 张传辉

顾 问

李镇宇 祁润身

摄 影

（除文中单独标注外）

祁润身 王 爽 李 洁 韩红岩 赵京城 戴全胜
赵 霞 赵晓燕 张 京 张小丽 魏宝洪 张炳春
经秀勇 刘翠平 张 莹 郭 珣 张传辉 李 杰
肖志广 马克宁 王学玮 张 淼

序一

　　颐和园是目前我国保存得最为完整的一座大型皇家园林。1998 年被列入"世界遗产名录"。现在的颐和园面积 290 多万平方米，湖水面积占全园面积的 3/4，各种形式的宫殿园林建筑 3 000 多间。中国园林的植物配置讲究树木、花卉四射生态，讲究植物与建筑、山、水的配合。

　　长廊全长 728 米，把万寿山与昆明湖连为一体，是我国最长、曲折多变的长廊。两侧的古侧柏，虽曾受到双条杉天牛的的危害，至今仍能健康的活着。万寿山上广植松柏，前山是开阔的大景区，以大片松伯树作为绿化植物的主体。苍松翠柏与中央建筑群以佛香阁为主体的亮黄色琉璃瓦屋顶、红色的墙垣、金碧辉煌的彩绘，形成极其强烈的对比效果。后山的古油松，风一吹，松涛滚滚。仁寿殿、排云殿、乐寿堂前种植的牡丹、海棠、玉兰等等。听鹂馆栽植象征帝王期望"太平祥瑞"的太平花。西堤两侧至今还有不少大柳树。知春亭小岛上栽植的柳树和桃树，以"桃柳报春信"，点出"知春"之意，春日的芦苇野鸭带着一群群小鸭从中穿梭。谐趣园用柳、荷花，突出春夏之景。夏日湖面的荷花与蜻蜓点水、秋日的桂花香、蚕神庙前大面积的桑树、丁香路、蜡梅路……。一年四季都有景，令人流连驻足，细细品论。我们很少见到这些树木花卉上的有害生物，能做到这些，凝聚了颐和园几代植保工作者的心血。书中所有图片均来自生产一线的同志长期观察和监测。

全书收录了国内常见及危险性林木花卉有害生物三百余种，以图片与文字对照的形式介绍了该有害生物的形态特征、生物学特性、测报方法和生态治理措施。

《颐和园园林有害生物测报与生态治理》一书，具有内容简明、图像清晰，通俗易懂、实用性强的特点，可为从事园林植保、绿化养护、农林生产等相关专业人士提供参考，也可供园林生态爱好者阅读。

在该书即将付梓之际，愿该书早日出版，以享读者。

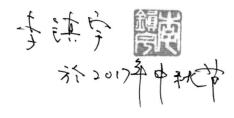

李谦宇

于2017年中秋节

　　园林绿化是唯一有生命的城市基础设施建设，有害生物是影响园林植物生长发育质量的重要因子之一。长期以来，园林植物保护一直是以危害植物正常生长的有害生物为靶标，实施直接作用于靶标的多种防治措施。近年来，尽管有些技术从应用角度来看还不很完善，但植物检疫、预测预报、转基因技术、人工措施、物理措施、生物措施、化学措施等等门类基本齐全。综合防治成了各种措施的简单叠加并成为园林植保的常态，在取得阶段性效果的同时，又陷入有害生物越治越多的恶性循环，甚至产生了3R问题——抗性（Resistance）、再猖獗（Resurgence）和残留（Residue）。城市环境的严苛和生态的脆弱，是一个干扰和制约因素，是一个漫长的改善过程。

　　城市园林有害生物生态治理，从观念、策略到实施技术，必须围绕人类、植物与其他生物的协调共存，必须探求园林绿化之中所有生物之间新的良性平衡。有害生物生态治理是对有害生物进行科学管理的体系。它从生态系统总体出发，根据有害生物和环境之间的相互关系，充分发挥自然控制因素的作用，协调应用必要的措施，将有害生物数量控制在合理的经济阈值之下，而并不是要将有害生物赶尽杀绝。颐和园在"预防为主、综合防治"的植保方针指导下，因地因时制宜，科学使用生物的、物理的、机械的、化学的防治方法，坚持安全、经济、有效、简易的原则，达到有虫不成灾，实现经济效益、生态效益、社会效益的最优化，并在综合治理的基础上不断向生态治理方向发展。

《颐和园园林有害生物测报与生态治理》一书的编撰出版，其必要性有三。

第一、作为林业有害生物普查工作的成果。根据《国务院办公厅关于进一步加强林业有害生物防治工作的意见》（国办发 [2014]26 号）、《国家林业局关于开展全国林业有害生物普查工作》（林造发 [2014]36 号）和《北京园林绿化局关于在全市开展林业有害生物普查工作的通知》（京绿造发 [2014]17 号）文件要求，林业主管部门每 5 年组织开展一次林业有害生物普查，明确要求重点加强对自然保护区、重点生态区有害生物的监测预警、灾情评估。颐和园于 2014 年12 月～2016 年 12 月配合上级单位完成普查，本书的编撰出版时机恰逢普查总结的工作节点，是颐和园林业有害生物普查成果的一个展现。

第二、检验颐和园植物病虫害测报站运行情况。颐和园于 2014 年底取得北京市林业有害生物市级中心测报点资格。测报站运转三年来，对辖区内测报对象进行系统调查、实时监测和预报，积极开展国家、市级测报技术方面的科学研究和技术示范推广，增强了颐和园园林有害生物监测预报实力，提高了防治工作的决策水平和科技水平。同时，"颐和园世界文化遗产地生态监测"项目自2015 年以来，连续三年针对万寿山进行昆虫监测，也为本书的编撰提供了一定的测报数据。2018 年本书正式出版，恰好为北京的皇家园林——颐和园被列入《世界遗产名录》20 周年献礼。

第三、总结颐和园多年来在生态治理方面的有效举措。颐和园是市属公园中较早开展生物防治的单位。根据《颐和园志》记载，"1986 年颐和园与中科院动物所合作进行使用肿腿蜂防治松柏天牛的科学实验，以虫治虫，效果良好，从此开始利用生物治虫，并每年生产大量土耳其扁谷盗为本园及各公园使用"。徐公天、赵怀谦、陈合明、赵美琦、李镇宇、沈瑞祥、杨旺、祁润身、林绍光等老前辈也曾多次莅临现场指导。几代颐和园人为植物保护事业奋斗数十年，尤其是 2009 年以来团城湖水源地开展的生物防治实践，为我园生态治理丰富了经验和行之有效的调控措施。本书的出版既是承上启下，继往开来，有助于同行业学习交流，也为颐和园职工培训提供了本地化教材。

本书主要以颐和园园林植物的常见病虫害为主，共收录有害生物 316 种，其中微生物 51 种。除此之外，还收录了天敌昆虫 60 种，中性昆虫 63 种。虫害按照危害类别（钻蛀类、地下类、刺吸类和食叶类）分述，每类中按照分类系统排列记述；病害按照有害生物危害寄主的部位（枝干、根部和叶部）顺序描述。本书力求澄清易混淆的种类，其中巨胸脊虎天牛、朴树小潜细蛾、点玄灰蝶的相关内容系首次发表。有害生物学名均按命名法和最新分类确定。寄主植物仅列入在颐和园能露地越冬的主要品种，形态特征及危害症状仅为颐和园林间观察所得，有害生物发生期的测报也是依据颐和园实地调查以及黑光灯、诱捕器的监测结果总结。本书中针对每一种有害生物列出了主要的、可操作的生态治理方法，包括生物、物理、化学等防治方法，在农药品种上仅列出无公害农药供选择参考，不再列入已被或即将被禁用的农药。颐和园近年来开展了多项有害生物生态治理专项课题研究，包括《颐和园水源保护地植物病虫灾害控制技术方案》、《微生态制剂对颐和园海棠复壮、防病作用的研究》、《颐和园植物检疫管理标准的建立》和《中华裸角天牛（薄翅锯天牛）综合防治技术研究》等，部分科研成果也以附录形式列入本书。

本书能够顺利出版，要特别感谢祁润身高工提供大量珍贵照片。一些有害生物种类的鉴定得到了李镇宇教授、陶万强教授级高工、虞国跃研究员、燕继晔研究员、袁德成研究员、何双辉副教授、李颖超博士、王志良博士、任利利博士、林美英博士的热情指导和大力帮助，陈付强博士、仇兰芬博士、周达康高工、高坦坦博士、夏菲硕士等提供部分文献和资料。编写过程中得到了中国科学院动物研究所、北京市林业保护站、中国农业大学、北京林业大学、中国林业科学研究院、北京市园林科学研究院、北京农林科学院、北京市园林学校的大力支持，各位同仁始终给与殷切关怀，热情鼓励和鼎力相助，在此一并致谢。

由于编者水平所限，书中错误之处在所难免，敬请不吝赐教，不胜感谢。

编　者

2017 年 7 月于北京

目　录

刺吸类害虫

食叶类害虫

病 害

钻蛀类害虫

钻蛀类害虫如天牛、吉丁、象甲、小蠹、木蠹蛾等，大多数属咀嚼式口器，以幼虫、成虫咬食韧皮部和木质部，阻断养分和水分的运输、破坏疏导组织，是园林植物的致命杀手，是导致生态性病害和树木衰退的激化因素！它们钻蛀植物为害树木枝梢、树干及根部，造成树体千疮百孔，具有隐蔽性强、危害快、种类多的特点，药剂很难直接接触到虫体。钻蛀性害虫是园林害虫中最难防治的一类害虫。加强植物养护，提高植物自身的防御能力；加强植物检疫，严把外来植物进入颐和园的入口关；建立一个和谐的植物群落和相容相克的食物链，不失为防治此类害虫的好办法。要立足于在树体外虫态的防治，如人工捕杀成虫、诱木诱液招引等，把害虫消灭在发生危害之前。利用花绒寄甲、肿腿蜂、蒲螨等天敌防治也是一种有效方法。

黑顶扁角树蜂　　　　膜翅目树蜂科

Tremex apicalis Matsumura

【寄主】杨、柳、悬铃木等。

【形态特征】成虫雌性体黑色，具蓝绿色金属光泽；触角16节，基半部黑色，端半部浅黄色；胸部背板刻点粗密；第2~3腹节背浅黄褐色，仅中央和后缘为黑色，第4~8腹节每节两侧具大小不一的深黄斑，第1~6腹节腹板黄褐色；角突长，三角形，具刺；产卵管基部1/3及末端浅红褐色；翅黄色透明，前缘及端部烟褐色。雄性体深褐至黑色，具蓝黑色金属光泽，体无黄斑。

【测报】颐和园数年1代，主要为害柳树，西区环湖路柳树可见为害状。5月上旬成虫羽化，树皮和木质部上留下圆形羽化孔，交尾后产卵于树干之中，产卵后死于树干上，幼虫在树干内钻蛀为害，被天敌昆虫姬蜂自然寄生率较高。7月底可见产卵后死于树干上的黑顶扁角树蜂成虫以及正在树干上产卵的马尾姬蜂成虫。姬蜂顺着树蜂排粪气味和树蜂身上共生菌的味道定位，把4~5cm长的产卵器钻入树干到达寄主，将卵产至寄主体内。

【生态治理】1.加强树木养护，增强树势。2.于5月上旬成虫在树干上产卵期人工击杀成虫。3.保护马尾姬蜂 *Megarhyssa* sp. 等寄生性天敌昆虫。

黑顶扁角树蜂成虫产卵后死于树干上

黑顶扁角树蜂成虫产卵后死于树干上

黑顶扁角树蜂雌成虫

黑顶扁角树蜂成虫羽化

黑顶扁角树蜂成虫羽化及羽化孔

黑顶扁角树蜂雌成虫产卵器

马尾姬蜂向树干内寄主体产卵

葛氏梨茎蜂　　　　膜翅目茎蜂科

Janus gassakovskii Maav

【寄主】梨。

【形态特征】成虫体长 8~10mm，触角丝状黑色，头、胸背黑色，翅透明，翅基片、足黄色，腿节红褐色，腹部 1~3 节红色，其余各节均为黑色。卵长椭圆形、乳白色半透明。幼虫体长 10~11mm，乳白色或黄白色。头部淡褐色，胸腹部黄白色，体稍扁平，头胸下弯，尾端上翘。口器褐色，单眼 2 个黑色，胸足 3 对，极小，无腹足，气门 10 对。蛹细长，初乳白，后色渐深。

【测报】颐和园一年 1 代，耕织图梨树时有发生。以老熟幼虫在被害的当年生枝条干梢基部越冬。翌年化蛹，梨树开花时成虫羽化。成虫羽化出枝后，当天即可交尾产卵。产卵时间以中午前后最盛，将卵产在梨树当年新梢的韧皮部和木质部之间。产卵前，成虫往返于新梢嫩茎上，选择枝条适宜部位，用产卵器将距顶端 2cm 处嫩茎锯断，而一边的皮层不断，使断梢连在上面，然后将产卵器插入断口下 1.5~6mm 处产 1 粒卵。在产卵处的嫩茎表皮上不久就会出现一块黑色小条状产卵痕。产卵后，成虫再将断口下部的叶柄也切断。1~2 天后，上部断梢枯萎下垂，随风飘落，变黑枯死，成为光秃的断枝。幼虫孵化后蛀入髓部向下蛀食，蛀道

葛氏梨茎蜂为害状

葛氏梨茎蜂为害状

葛氏梨茎蜂卵

宽大，边缘整齐，粪便为极细的黄褐色粉末，不排粪。被害梢由绿色逐渐干枯，梢变细呈黑褐色。幼虫至 9—10 月化蛹越冬。天敌主要有啮小蜂。

【生态治理】1. 结合修剪，剪去被害枝。2. 在早春梨树新梢抽发时，捕捉成虫。3. 保护寄生蜂等天敌。

葛氏梨茎蜂幼虫

葛氏梨茎蜂蛹

葛氏梨茎蜂蛹

葛氏梨茎蜂成虫

白蜡哈氏茎蜂 　　膜翅目茎蜂科

Hartigia viatrix Smith

【寄主】白蜡。

【形态特征】成虫体长 13~15mm，黑色，有光泽，分布有均匀的细刻点；触角丝状，27 节，鞭节褐色；翅透明，翅痣、翅脉黄色。雄成虫体长 8.5~10mm，触角 24~26 节，其余特征同雌虫。幼虫乳白色或淡黄色，体长约 12mm，头部圆柱形浅褐色，腹部 9 节，乳白色或淡黄色。蛹为离蛹。

【测报】颐和园一年 1 代，零星发生。以幼虫在当年生枝条髓部越冬。3 月上旬至 3 月底（白蜡芽萌动前后）陆续化蛹，4 月上中旬（白蜡树当年生长旺盛的嫩枝条长 10~20cm、弱短枝停止生长时）开始羽化。4 月中下旬，初孵幼虫从复叶柄处蛀入嫩枝髓部为害，其排泄物充塞在蛀空的隧道内，一般每一被害枝条内有 1~5 条幼虫。5 月初，可见受害萎蔫青枯的复叶，影响景观效果。幼虫在越冬前横向啃食木质部，蛀孔仅留枝条表皮，在枝条上的症状表现为直径 5~7mm 圆形或椭圆形褐色斑点，斑点中央有一个直径为 2mm 仅留下枝条表皮透明状的圆孔，此处即为成虫羽化出口，它是查找该虫的重要标记。每个当年生枝条有羽化孔 1~4 个，幼虫在羽化孔的下方 1~3mm 处的枝条髓部，在此处折断枝条可以发现幼虫。

【生态治理】1. 加强管理。结合冬季树木修剪，消灭越冬幼虫。一般在冬季修剪时，剪除有褐色斑点的枝条，集中处理，减少越冬幼虫的数量。2. 区域联防。白蜡哈氏茎蜂成虫有较强的飞翔能力，防治时应在一定的区域范围内，进行联防联治，封锁成虫的生存空间，缩小扩散范围。3. 化学防治。采用内吸性杀虫剂，灌根和叶面喷雾相结合的防治措施。最佳防治期掌握在 4 月上中旬（成虫羽化期至幼虫孵化期），采用 10% 的吡虫啉 1 500 倍液加增效剂对叶面及枝条喷雾。

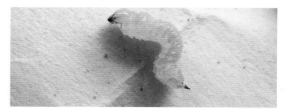

白蜡哈氏茎蜂幼虫

白蜡哈氏茎蜂幼虫

白蜡哈氏茎蜂蛹

白蜡哈氏茎蜂为害状

白蜡哈氏茎蜂为害状

白蜡哈氏茎蜂蛹

白蜡哈氏茎蜂幼虫

白蜡哈氏茎蜂幼虫即将羽化

白蜡哈氏茎蜂成虫

白蜡哈氏茎蜂成虫及羽化孔

月季茎蜂　　　　　膜翅目茎蜂科

Neosyrista similes Moscary

【寄主】月季、蔷薇、玫瑰、白蜡等。

【形态特征】成虫雌体长 16mm（不包括产卵管），翅展 22~26mm。体黑色有光泽，3~5腹节和第 6 腹节基部一半均赤褐色，第 1 腹节的背板露出一部分，1~2 腹节背板的两侧黄色，其他翅脉黑褐色。雄成虫略小，翅展12~14mm，腹部赤褐色或黑色，各背板两侧缘黄色。卵黄白色，直径 1.2mm。幼虫乳白色，头部浅黄色，体长 17mm。蛹棕红色，纺锤形。

【测报】颐和园一年发生 1 代，零星发生，以幼虫在蛀道内越冬。翌年 4 月化蛹，5 月上中旬（柳絮盛飞期）出现成虫。卵产于当年的新梢和含苞待放的花梗上，幼虫孵化蛀入茎干，植株常从蛀孔处倒折、萎蔫。幼虫沿着茎干中心继续向下蛀害，可到地下部分。蛀害时无排泄物排出，均充塞在虫道内。10 月后天气渐冷，幼虫做一薄茧在茎内越冬，其部位一般距地面

10~20cm。

【生态治理】1. 及时修剪受害的枝条，剪到茎

月季茎蜂为害状

月季茎蜂为害状

月季茎蜂幼虫

髓部无蛀道为止，并销毁。2. 发现虫体蛀入根部，可用注射器向孔内注射 10% 吡虫啉 50 倍液 5~10ml，并立即用泥土封固。3. 保护金小蜂等寄生蜂。

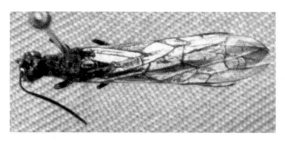

月季茎蜂成虫

月季茎蜂被寄生，图中为寄生蜂的蛹

月季茎蜂的寄生蜂

梨实蜂　　　　　膜翅目叶蜂科

Hoplocampa pyricola (Rohwer)

【寄主】梨。

【形态特征】成虫体长约 5mm，黑褐色。翅淡黄色，透明。雄虫为黄色，足为黑色，先端为黄色。卵白色，长椭圆形，将孵化时为灰白色，长 0.8~1mm。幼虫体长 7.5~8.5mm，老熟时头部橙黄色，尾端背面有一块褐色斑纹。蛹为裸蛹，长约 4.5mm，初为白色，以后渐变为黑色。茧黄褐色，形似绿豆。

【测报】颐和园一年发生 1 代，耕织图梨树时有发生，5 月可在幼果中发现幼虫。以老熟幼虫在树冠下结茧越冬。幼虫在越冬前将身体倒转，头部向上结薄茧越冬。翌春 3 月化蛹，蛹期 7 天左右。3 月底至 4 月初杏树盛花期成虫羽化，群集于早期开花的杏花上取食花蜜，但不产卵，待梨花含苞待放时再转移到梨花上为害。成虫有假死性，早晨和日落后不活泼，易震落。成虫转到梨花后即产卵为害，2~3 天即达产卵盛期，6~7 天产卵完毕。成虫将卵产在花萼组织内，每次只产 1 粒卵。卵经 5~6 天孵化，幼虫先在花萼基部串食，萼片上出现黑纹，很易发现。萼筒将要脱落时，即转入果内为害。幼虫有转果为害习性，一头幼虫可为害 1~4 个

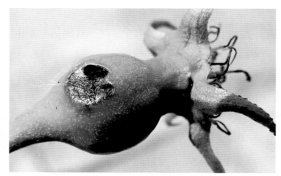

梨实蜂为害状

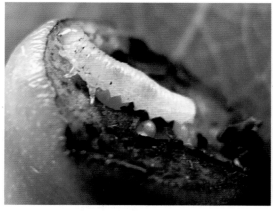

梨实蜂幼虫

幼果。幼虫在果内为害 20 天左右，老熟后脱果落地入土结椭圆形丝茧越夏、越冬。

【生态治理】花后及时摘除残花、剪除虫果。

梨实蜂幼虫转果为害

板栗瘿蜂 膜翅目瘿蜂科

Dryocosmus kuriphilus Yasumatsu

【寄主】板栗。

【形态特征】成虫雌成虫体长 2.5~3.0mm，体黑褐色，具光泽。头横阔，与胸幅等宽。颅顶、单眼、复眼之间及后头上部密布细小圆形纹。唇基前缘呈弧形。触角丝状，14 节，每节着生稀疏细毛，柄节、梗节较粗。胸部光滑，中胸背板侧缘略具饰边，背面近中央有 2 条对称的弧形沟。小盾片近圆形，向上隆起，略具饰边，表面有不规则刻点，并被梳毛。后腹部光滑，背面近椭圆形隆起，腹面斜削。产卵管褐色，紧贴腹末腹面中央。足黄褐色，末节及爪深褐色，后足较发达。卵椭圆形，乳白色，表面光滑，卵末端有细柄，柄的末端略膨大。幼虫老熟幼虫体长 2.5~3.0mm，乳白色，近老熟时为黄白色。口器茶褐色，胸、腹部节间明显，体光滑。蛹体较圆钝，胸部背面圆形突出，腹部略呈钝椭圆形，长 2.5~3.0mm。初化的蛹乳白色，复眼褐色，口器茶褐色，近羽化时全体黑褐色，腹面略显白色。

【生物学特性】此虫一年发生 1 代，以初孵幼虫在芽内越冬。次年春季栗芽萌动时，幼虫活动取食，被害芽逐渐形成虫瘿，其颜色初翠绿色后变为赤褐色。受害芽不能抽新梢和开花结实。发生严重时，枝条也同时枯死。栗树经此虫危害后，往往若干年产量不易恢复。虫瘿略呈圆形，其大小视寄生的幼虫数而定，一般长 1.0~2.5cm，宽 0.9~2.0cm。虫瘿内的虫室，后期长 1.0~3.1mm，宽 1~2mm，室壁木质化，坚硬。每瘿内幼虫数 1~16 头，以 2~5 头为多，老熟后即在虫室内化蛹。5 月上旬蛹初见，5 月下旬为化蛹盛期。成虫 6 月羽化，中旬为羽化盛期，羽化后在瘿内停留 10~15 天，咬宽 1mm 虫道外出，大部分 6 月下旬出瘿，无趋光及补充营养习性，行孤雌生殖，出瘿后不久即可产卵。产卵时雌虫爬到芽的中部，触角频频摆动，翅不断上翘，产卵管随即刺入芽内。8 月下旬大部分幼虫孵出，10 月下旬进入越冬期。

【测报方法】天敌、降水等是影响此虫数量消长的重要因素。

【生态治理】保护天敌。已发现寄生性天敌有中华长尾小蜂、葛氏长尾小蜂、尾带旋小蜂、杂色广肩小蜂、栗瘿蜂绵旋小蜂、双刺广肩小蜂等，其中，以中华长尾小蜂分布较广。

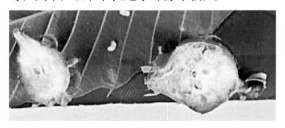

栗瘿蜂（1999 年 5 月 26 日）

太谷桃仁蜂 膜翅目广肩小蜂科

Eurytoma maslovskii Nikolskaya

【寄主】主要为害桃、杏、梅、李等，受害症状为大量幼果落地，成熟果仁质量下降。

【形态特征】成虫雌体长 5~8mm，黑色，头、胸密布刻点和白色细毛，触角膝状，周生褐色细毛，柄节长，梗节短，鞭节 7 亚节。胸部每节有白色刚毛 10 根。各足腿节端部、胫节两端、跗节均呈黄至褐色，前翅部分透明，中间褐色，翅脉简单，近前缘有 1 条褐色粗脉，伸至中部变曲向前缘而后分叉，翅面有 2 条明显褐痕，翅边缘线明显。后翅淡褐色，透明，前半翅有轻微起伏，不光滑，后半翅光滑，近前缘有 1 条黄褐色粗脉。腹部肥大似纺锤形，产卵器从第 4 节腹面一部分露出，直至超过腹末，端部黄褐色，锥状产卵管生于腹下，平时纳入纵裂的腹鞘内；雄成虫体长 4~7mm，触角膝状，鞭节 7 亚节，各节向背侧显著隆起，似念珠状，各节上、下生有长毛，腹部较雌虫小，第 1 节细长呈柄状，以下各节共组略呈半圆形，生殖器在尾端。其他特征同雌成虫。卵长椭圆形，近孵化时呈淡黄色。幼虫初孵体长 1.5~1.8mm，老熟幼虫体长 8~9mm，乳白色，纺锤形略扁，两端向腹面弯曲呈 C 字形。无足。头浅黄色大部缩入前胸内，上颚褐色。胴部 13 节，末节小缩在前节内，气门 9 对，黄褐色圆形。蛹体长与成虫相似，初为淡黄色，渐变成黄褐色，羽化前为黑褐色。

【测报】全国林业危险性有害生物。颐和园一年发生 1 代，以老熟幼虫在果核内越冬，4 月中上旬化蛹，成虫于梅花花后羽化，后补充营养、交配、产卵，雌成虫寿命 15~25 天，成虫羽化后多在日出活动，尤以日中为甚，日落后栖息在树叶的背面。雌雄比为 2：1，雄成虫比雌成虫早羽化 5~7 天，活跃，不断寻觅雌成虫交配，雌成虫交配前行动缓慢，交配后活跃。产卵时，在果实上往复爬行寻找适宜部位，用尾端锥状产卵器以腹、胸 90° 姿势慢慢刺入果肉与种皮间，产卵孔深 3mm 左右，底部稍膨大，大部分 1 孔 1 卵，产卵孔为一黑褐色的伤疤小点，很容易发现。5 月中旬始见幼虫，5 月下旬蛀入种胚，在果核内越夏越冬完成生活史。

【生态治理】1. 加强园区管理。如果不需观果

或育种，可花后及时摘除残花减少坐果；针对太谷桃仁蜂在脱落的果实中越冬的特性，采用清理林间落果方式，清除在果内越冬的老熟幼虫，以降低翌年林间虫口密度。2. 化学防治。于 3 月底至 5 月初（坐果期），用绿色威雷、吡虫啉喷雾，杀死果内的初孵幼虫。

受害果及产卵孔

太谷桃仁蜂幼虫

太谷桃仁蜂幼虫

柳瘿蚊　　　　双翅目瘿蚊科

Rhabdophaga salicis Schrank

【寄主】柳树，特别对旱柳、垂柳为害严重。

【形态特征】成虫形似蚊子。卵长椭圆形，橘红色，半透明。幼虫初孵时乳白色，半透明。成熟幼虫橘黄色，前端尖，腹部粗大，体长 4mm左右。蛹赤褐色。

【测报】全国林业危险性有害生物。颐和园一年发生 1~2 代，以老熟幼虫集中在枝条虫瘿中越冬，谐趣园柳树可见。翌年 3 月开始化蛹，4月上旬为成虫羽化盛期，蛹壳留在羽化孔内外各一半，极易发现。羽化后的成虫很快交配产卵。卵大多产在原瘿瘤上旧的羽化孔里，或嫩芽、粗皮缝及叶间。初孵幼虫就近扩散为害，从嫩芽基部钻入枝干皮下。6—7 月出现第 2 代成虫，10 月幼虫越冬。树木枝干被为害后迅速加粗，呈纺锤形瘤状凸起。瘿瘤形成：柳瘿蚊初次为害时，幼虫为害形成层的同时，刺激了受害部位细胞畸形生长，枝干在被为害部位很快呈瘤状增粗变大，这时枝干开始出现轻度肿瘤；枝干上出现羽化孔后，成虫又在原羽化孔及其附近产卵，孵化后的幼虫又在瘿瘤周围的愈合组织继续为害，这样重复产卵，重复为害，引起新生组织不断增生，瘿瘤越来越大。被为害部位的枝干直径如果在 5cm 以下，虫口密度又比较大，枝干生长很快衰弱，会在 2~3 年干枯死亡。

【生态治理】1. 加强苗木检疫，对外来柳树和木材严把检疫关，防止柳瘿蚊传播为害，如有发现，应及时铲除枝干上的瘿瘤，并集中销毁。2. 冬季结合修剪，锯除瘿瘤，集中烧毁。3. 保护寄生蜂等天敌。

柳瘿蚊虫瘿

柳瘿蚊初孵幼虫

柳瘿蚊老熟幼虫

柳瘿蚊虫瘿

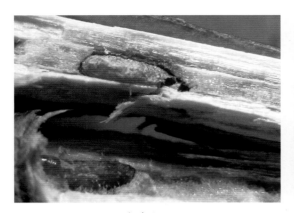

柳瘿蚊蛹

柳瘿蚊寄生蜂的成虫

柳瘿蚊羽化孔外的蛹壳

柳瘿蚊寄生蜂的蛹

柳瘿蚊成虫

柳瘿蚊寄生蜂的蛹

柳瘿蚊寄生蜂

合欢吉丁 　　　　鞘翅目吉丁科

Chrysochroa fulminans Fabricius

【寄主】合欢。

【形态特征】成虫雌体长 3.9~5.1mm，雄成虫体长 3.8~4.5mm，宽 1.6~1.8mm，紫铜绿色，稍带金属光泽，鞘翅无色斑。卵椭圆形，黄白色，长 1.3~1.5mm，略扁。幼虫老熟时体长 8~11mm，扁平，由乳白色渐变成黄白色，无足。头小，黑褐色。前胸膨大，背板中央有一褐色纵凹纹。腹部细长，分节明显。蛹为裸蛹，长 4.2~5.5mm，宽 1.6~1.9mm，初乳白色，后变成紫铜绿色，略有金属光泽。

【测报】颐和园一年发生 1 代，曾在后山发现，以幼虫在被害树干内过冬。翌年 5 月下旬幼虫老熟在蛀道内化蛹。6 月上旬（合欢树花蕾期）成虫开始羽化外出，常在树皮上爬动，在树冠上咬食树叶，补充营养。成虫多在干和枝上产卵，每处产卵 1 粒。卵期约为 10 天。幼虫孵化潜入树皮为害，9—10 月被害处流出黄褐或黑褐色胶，一直为害到 11 月幼虫开始越冬。

【生态治理】1. 加强检疫，防止合欢吉丁随绿化苗木传播蔓延。2. 新栽苗木加强养护管理，增强树势。3. 在成虫羽化前，及时清除枯枝、死树或被害枝条，以减少虫源和蔓延；树干涂白，防止产卵。4. 人工捕虫，在早晨露水未干前，震动树干，震落后将成虫踩死或用网捕处死；在发现树皮翘起，一剥即落并有虫粪时，立即掏去虫粪，捕捉幼虫。如幼虫已钻入木质部，可顺蛀道钩除幼虫。5. 于成虫羽化期往树冠和枝干上喷 10% 吡虫啉 1 500 倍液。被害木应刮除树木流胶，用刷子将煤油和溴氰菊酯 1：1 混合液均匀涂抹在树干上，以树干充分湿润、药剂不流为度。药后用 40cm 宽的塑料薄膜从下往上绕树干密封，在涂药包扎后第 15 日拆除。6. 保护鸟类等天敌。

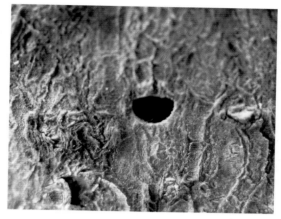

合欢吉丁成虫羽化孔

合欢吉丁幼虫

合欢吉丁蛹、幼虫

合欢受吉丁为害流胶

合欢吉丁成虫

合欢吉丁成虫

梨金缘吉丁　　　鞘翅目吉丁科

Lampra limbata (Gebler)

【寄主】桃、梨、海棠、杏、山楂等。

【形态特征】成虫体长 16~18mm，翠绿色，具金色光泽。体纺锤状，密布刻点。触角黑色锯齿状。前胸背板和鞘翅两侧缘具金色纹带，故称金缘。前胸背板具 5 条蓝色纵纹，中央一条粗而显。鞘翅具 10 余条纵沟，纵列黑蓝色斑略隆，翅端锯齿状。雌虫腹末端浑圆，雄则深凹。卵扁椭圆形，长约 2mm，初乳白、后渐变黄褐色。幼虫老熟体长约 36mm，体扁平黄白色，无足，头小，黄褐色，前胸背板中央具"人"字形凹纹，腹中央有一纵列凹纹，各腹节两侧各具一弧形凹纹。蛹长约 17mm，初乳白，后渐变黄，羽化前蓝绿色略有光泽，复眼黑色。

【测报】颐和园两年 1 代，主要为害山桃、碧桃。以大小不同龄期的幼虫于枝干内越冬。翌年树液流动后，幼虫继续为害。4 月下旬开始化蛹。5 月下旬成虫开始羽化，6 月中旬飞出，取食叶片补充营养。成虫多于白天且气温较高的中午活动，早晚气温低时常静伏叶上，遇震动下坠或假死落地。此虫为害程度与树势和品种有关。树势衰弱、枝叶不茂、枝干裸露，则利于成虫栖息与产卵，受害重。7 月中下旬为产卵盛期，卵多产于皮缝中。8 月初幼虫孵化，

秋后越冬。

【生态治理】1. 成虫羽化期，利用其假死性，于早晨人工捕杀成虫。2. 成虫飞出前向枝干喷洒 10% 吡虫啉可湿性粉剂 1 000 倍液，飞出后喷洒 1.2% 烟参碱乳油 1 000 倍液或绿色威雷 200 倍液。3. 保护幼虫天敌寄生蜂。4. 保护鸟类等天敌。

梨金缘吉丁在山桃上的羽化孔

梨金缘吉丁在碧桃上的羽化孔

梨金缘吉丁排粪

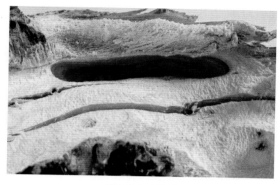

梨金缘吉丁蛀道

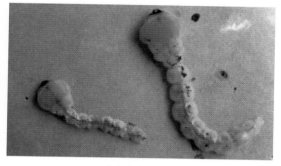

梨金缘吉丁幼虫

梨金缘吉丁成虫

梨金缘吉丁成虫

白蜡窄吉丁　　　　　鞘翅目吉丁科

Agrilus planipennis Fairmaire

【寄主】白蜡、水曲柳。

【形态特征】成虫体狭长，7.5~13.5mm，雌性个体比雄性个体大。体表具铜绿色、蓝色、黑色等金属光泽。鞘翅密被点刻和灰绿色短毛，前翅近前缘处小盾板两侧凹陷。触角11节，锯齿状。腹部第一节、第二节腹板愈合。卵薄饼状，呈不规则椭圆形，表面粗糙不平。初产时为乳白色，3~4天后变土黄色，孵化前为棕褐色。幼虫背腹扁平，26~32mm，乳白色。前胸膨大，中、后胸较狭，棕色头部缩入前胸中，外观仅见口器。腹部10节，无足，每节呈等腰梯形，以第7腹节最宽，中胸及第1~8腹节各有1对气孔，末节有1对褐色钳形尾叉。蛹为裸蛹，菱形，蛹长10~14mm，乳白色。

【测报】北京一年1代。颐和园未见发生。以老熟幼虫在木质部浅层越冬室（翌年的蛹室）内越冬。翌年3月上旬陆续越冬完毕，进入预蛹阶段。4月上旬开始出现蛹，持续到5月中旬。4月底已检查到蛹室内羽化的成虫，5月上旬成虫开始陆续出孔，出孔后成虫在树冠层取食树叶，约经1周左右补充营养后，生殖系统发育完善，即进行交尾、产卵。卵常产在阳光充足的树干老翘皮底下或纵裂缝内，可以转株产卵，成虫直到6月下旬产完卵后消亡。卵期为5月中旬至7月上旬。6月上旬可见到初孵蛀入韧皮部的小幼虫，幼虫期持续到10月下旬仍可见为害。4龄幼虫从7月下旬开始陆续蛀入木质部，至11月上旬基本全部蛀入蛹室进入越冬状态。也有极少数以未老熟幼虫在韧皮部和木质部之间的蛀道内越冬。幼虫蛀食部位外部树皮裂缝稍开裂，可作为内有幼虫的识别特征。北京市将其列入补充林业检疫性有害生物名单。

【生态治理】1. 加强检验检疫，防止扩散传播。2. 合理造林，造林时应避免单一的白蜡树种，宜营造混交林，特别是在林缘交互种植其他树种。3. 加强测报，抓住防治适期。由于幼虫难以防治，而成虫羽化后必须经1周左右补充营养后才能交配产卵，因此，抓住成虫羽化后到产卵前期进行化学防治，可以取得良好的防治效果。在羽化盛期（5月上旬至6月上旬）每周喷施1次杀虫剂，连续4~5次，可以大大减少当代卵量及翌年害虫种群的数量。此外，成虫羽化期悬挂白蜡窄吉丁诱捕器或利用趋性悬挂黄绿色板进行物理防治，也不失为一种好办法。4. 保护天敌，加强生物控制作用，如保护啄木鸟，人工创造环境招引啄木鸟，如在林间悬挂或捆绑心腐木段供啄木鸟营巢定居。利用白蜡吉丁柄腹茧蜂、白蜡吉丁肿腿蜂、梣小吉丁矛茧蜂等天敌控制白蜡窄吉丁，通过人工扩大繁殖，助长天敌种群的数量。如在每年白蜡窄吉丁的幼虫盛发期（6—8月）人工释放饲养的茧蜂成蜂。5. 伐除死树，减少翌年虫源。每年冬季检查林中受害严重的植株，已经死亡或濒死的树木应及时伐除，移出林间，集中处理，以减少下代虫源基数。6. 选择抗虫树种。花曲柳对白蜡窄吉丁呈现很强的抗虫性，其活立木不会受到为害，在濒死木上为害时，白蜡窄吉丁虫体发育也不正常；水曲柳的抗虫性较强，健康活立木不会受到严重为害，但在树体遭遇到胁迫、树体健康状况下降时受害会非常严重，甚至死亡；美国白蜡、洋白蜡和绒毛白蜡对白蜡窄吉丁几乎没有抗虫能力，即便是健康的活立木也会严重受害，并很快致死。北美白蜡树种在我国的发展种植，导致白蜡窄吉丁为害范围的蔓延和扩大，并影响到对节白蜡、新疆小叶白蜡和中国白蜡等我国重要的特色经济树种。

白蜡窄吉丁羽化孔

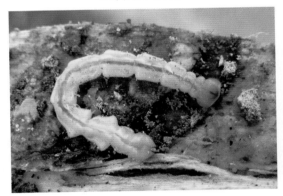

白蜡窄吉丁幼虫

白蜡窄吉丁为害状

白蜡窄吉丁幼虫

白蜡窄吉丁成虫及羽化孔

白蜡窄吉丁蛹

白蜡窄吉丁成虫

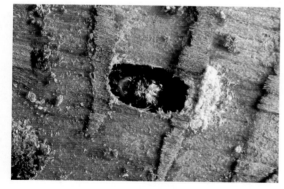

白蜡窄吉丁即将羽化

光肩星天牛　鞘翅目天牛科

Anoplophora glabripennis (Motschulsky)

【寄主】加杨、小叶杨、旱柳和垂柳等。

【形态特征】成虫体长 20~35mm，黑色带光泽。前胸背板有皱纹和刻点，两侧各有一个棘状突起。翅鞘上各有大小不一白色斑纹约 20 个。卵长 6~7mm，长椭圆形，稍弯曲，乳白色。树皮下见到的卵粒多为淡黄褐色，略扁，近黄瓜子形。幼虫老熟体长 50~60mm，乳白色，无足，前胸背板有"凸"形纹，为识别特征。蛹体长 30mm，裸蛹，黄白色。

【测报】全国林业危险性有害生物。北京一年 1 代。颐和园 20 世纪 90 年代曾时有发生，近年来未见发生。以幼虫越冬。翌年 4 月气温上升到 10℃以上时，越冬幼虫开始活动为害。5 月

白蜡窄吉丁正在羽化

上旬至6月下旬为幼虫化蛹期。6月上旬开始出现成虫，盛期在6月下旬至7月下旬，直到10月都有成虫活动。6月中旬成虫开始产卵，7—8月为产卵盛期，卵期16天左右。6月底开始出现幼虫，到11月气温下降到6℃以下，开始越冬。成虫咬食树叶或小树枝皮和木质部，飞翔力不强，白天多在树干上交尾。雌虫产卵前先将树皮啃一个小槽，每一槽内产一粒卵，一头雌成虫一般产卵30粒左右。刻槽的部位多在3~6cm粗的树干上，尤其是侧枝集中，分杈很多的部位最多。树越大，刻槽的部位越高。初孵幼虫先在树皮和木质部之间取食，25~30天以后开始蛀入木质部；并且向上方蛀食。有排粪。虫道弯曲无序，幼虫蛀入木质部以后，还经常来回取食边材和韧皮。

【生态治理】1. 人工捕杀成虫。2. 成虫期在树干喷施白僵菌，感染虫体。3. 释放寄生性天敌昆虫——花绒寄甲、管氏肿腿蜂等。4. 堵洞、树干注药防治幼虫。5. 利用喜食树种如糖槭作为饵木，以减轻对其他树种的为害，也可设置隔离带进行阻隔。6. 保护鸟类等天敌。

光肩星天牛为害状（排粪）

光肩星天牛幼虫（背面）

光肩星天牛幼虫（腹面）

幼虫前胸背板"凸"形纹

光肩星天牛为害状（左上角为产卵痕）

光肩星天牛老熟幼虫

释放天敌昆虫——花绒寄甲

光肩星天牛蛹

光肩星天牛成虫

光肩星天牛成虫

桃红颈天牛　　　　　鞘翅目天牛科

Aromia bungii (Faldermann)

【寄主】核果类，如桃、杏、樱桃、郁李、梅等，也为害柳、杨、栎、柿、核桃、花椒等。

【形态特征】成虫体黑色，有光亮，体长28~37mm，前胸背面大部分为光亮的棕红色或完全黑色；前胸两侧各有刺突一个，背面有4个瘤突；鞘翅翅面光滑，基部比前胸宽，端部渐狭；触角蓝紫色，基部两侧各有一叶状突起。鞘翅表面光滑，基部较前胸为宽，后端较狭。雄虫身体比雌虫小，前胸腹面密布刻点，触角超过虫体5节；雌虫前胸腹面有许多横皱，触角超过虫体两节。卵圆形，乳白色，长6~7mm。幼虫老熟体长42~52mm，乳白色，前胸较宽广，身体前半部各节略呈扁长方形，后半部稍呈圆筒形，体两侧密生黄棕色细毛。前胸背板前半部横列4个黄褐色斑块，各节的背面和腹面都稍微隆起，并有横皱纹。蛹体长约35mm，初为乳白色，后渐变为黄褐色。

【测报】颐和园两年发生1代，主要危害桃树，以幼龄幼虫（第一年）和老熟幼虫（第二年）在寄主枝干内越冬。成虫于6月上、中旬在蛹室内羽化，待停留几日之后，再钻出孔道。7月中旬至8月中旬为成虫出现盛期，具远距离飞翔的能力（1次飞翔100 m左右），多于中午在枝条上栖息与交尾，卵产于主干或主枝基部裂缝中，卵期7天左右，每雌产卵112 ~ 362粒。

幼虫孵化后蛀入韧皮部，当年不断蛀食到秋后，并越冬。翌年惊蛰后活动为害，直至到木质部，逐渐形成不规则的迂回蛀道。幼虫期历时约1年又11个月。蛀屑及排泄物红褐色，常大量排出树体外，桃树枝干流胶、纵裂，导致树木死亡。幼虫危害桃树主干和侧枝，最低的在接近地面的主干危害，最高可在距基部3.45 m的侧枝上危害，平均危害高度为1.26 m。衰老的桃树受害严重。温度越高，成虫活动越频繁。据连续观察，一天中10：00~16：00，温度达31℃以上时，成虫出现最多，也最活跃。晴空烈日成虫出现最多，阴雨天很少见到成虫。

【生态治理】1. 人工防治：包括在卵和初孵期锤杀卵和小幼虫、在老熟幼虫排粪孔处钩杀大幼虫、利用成虫有中午到树干栖息的习性进行人工捕捉。2. 释放管氏肿腿蜂等寄生性天敌，保护鸟类。3. 在成虫产卵前期进行树干及主枝涂刷白涂剂（生石灰10份、硫磺1份、水40份）或石灰水，防止产卵。4. 采用打孔注药或药泥涂抹的方法防治幼虫。5、喷洒绿色威雷800倍液防治成虫。

桃红颈天牛为害导致树木流胶

桃红颈天牛卵

桃红颈天牛为害状

桃红颈天牛幼虫

桃红颈天牛为害状

桃红颈天牛成虫

桃红颈天牛产卵

桃红颈天牛成虫交尾

桃红颈天牛产卵

成虫前胸背板特征

台湾桑天牛　　　鞘翅目天牛科

Apriona rugicolis Chevrolat

异名：*Apriona germari* (Hope)

别名：桑粒肩天牛。

【寄主】海棠、桑、构、榆、柞、杨、柳等。

【形态特征】成虫体黑褐色，密被黄褐色细绒毛。触角鞭状，第1~2节黑色，其余各节基部灰白色，端部黑色。鞘翅基密布黑色瘤突，肩角有黑刺1个。卵近椭圆形，黄白色，略弯曲。幼虫老熟时体长60mm左右，乳白色，前胸节特别大，背板上密生黄褐色刚毛和赤褐色点粒，并有"小"字形凹陷纹。蛹长约50mm，淡黄色。

【测报】全国林业危险性有害生物。颐和园两至三年1代，以幼虫在树干隧道中越冬。6月中旬至7月中旬为成虫羽化盛期，成虫具有假死性。刚羽化的桑天牛成虫生殖系统尚未成熟，不具备交尾产卵的能力，必须经过取食积累营养物质才能繁殖后代，补充营养对桑天牛的正常生长发育和繁殖都十分重要。成虫主要在桑树、构树、小叶朴上补充营养后，再迁飞到多种林木上产卵，桑天牛喜为害生长健壮的树。成虫刻槽产卵，每槽产卵1粒，产卵量130粒左右，卵期1周以内。桑天牛卵的存活率很高，幼虫孵化后，向下顺着枝干蛀食，每隔一定距离一排粪孔，一般可蛀十几个排粪孔，幼虫多位于最下一排粪孔的下方。虫粪由排粪孔排出，堆积地面。

【生态治理】1. 物理防治。巡视树干，捕杀成虫；及时清除受害小枝干，以免幼虫长大后转入大枝干或主干为害；在主干为害的幼虫，当新排粪孔出现时，可用钢丝钩杀。2. 生物防治。招引啄木鸟入林，保护天牛卵长尾啮小蜂，利用昆虫病原线虫。3. 对已蛀入树干的幼虫可以采取注射药物，在主干发现新排粪孔时，可用高效氯氰菊酯注入新排粪孔内，并用黏土封闭从下数起的连续数个排粪孔。4. 诱饵树诱杀。利用桑天牛成虫在桑树、构树上补充营养的习性，在四周栽植桑树、构树，诱集成虫用化学药剂杀死。

台湾桑天牛为害海棠

台湾桑天牛杨树上排粪孔

台湾桑天牛为害状

台湾桑天牛为害杨树

台湾桑天牛幼虫前胸背板特点

台湾桑天牛幼虫

台湾桑天牛成虫咬产卵槽

台湾桑天牛成虫形态特征

狭窄，基部宽阔，呈梯形，后缘中央两旁稍弯曲，两边仅基部有较清楚边缘，表面密布颗粒刻点和灰黄短毛。鞘翅有 2~3 条较清楚的细小纵脊。雄成虫触角几与体长相等或略超过，第 1~5 节极粗糙，下面有刺状粒，柄节粗壮，第 3 节最长，末腹节无管状物，雌成虫触角较细短，约伸展至鞘翅后半部，基部 5 节粗糙程度较弱，末腹节有管状产卵器。卵椭圆形，初产呈乳白色，约 10 分钟后变黄，呈污白色。幼虫老熟黄白色，每腔节侧面各有一对气孔，无足。蛹为裸蛹，乳黄色，活动以弯曲滚动进行。

【测报】颐和园两至三年1代，以三年1代者居多。主要为害柳树，以幼虫于隧道内越冬。寄主萌动时开始为害，落叶时休眠越冬。6—8 月成虫出现。成虫喜于衰弱、枯老树上产卵，卵多产于树皮外伤和被病虫侵害之处，亦有在枯朽的枝干上产卵者，均散产于缝隙内。幼虫孵化后蛀入皮层，斜向蛀入木质部后再向上或下蛀食，隧道较宽不规则，隧道内充满粪便与木屑，也有木屑排出现象。幼虫老熟时多蛀到接近树皮处，蛀椭圆形蛹室于内化蛹。羽化后成

中华裸角天牛　　鞘翅目天牛科

Aegosoma sinicum White

异名：*Megopis sinica* White

别名：薄翅锯天牛、中华薄翅天牛。

【寄主】柳树、杨树、海棠树、桑树、榆树等。

【形态特征】成虫体长 30.0~55.0mm，体赤褐色或暗褐色，头黑褐色，咀嚼式口器，复眼肾形黑色，复眼之间有黄色绒毛。前胸背板前端

中华裸角天牛为害柳树

虫向外咬圆形或椭圆形羽化孔爬出。

【生态治理】1. 增强树势，减少树体伤口以减少成虫产卵。2. 及时去掉衰弱、枯死枝，集中处理，注意伤口保护以利愈合。3. 成虫发生期及时人工捕杀成虫，消灭在产卵之前，也可灯光诱杀。4. 成虫产卵盛期后人工除卵和初龄幼虫。5. 招引啄木鸟入林，释放肿腿蜂，利用昆虫病原线虫等。

中华裸角天牛卵

中华裸角天牛幼虫排粪孔

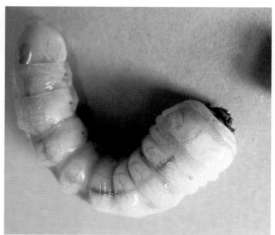

中华裸角天牛幼虫前胸背板特征

树干横断面中华裸角天牛幼虫蛀道

中华裸角天牛成虫羽化孔

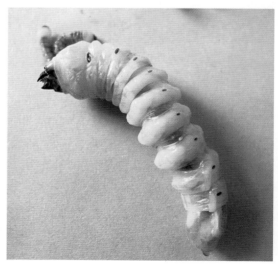

中华裸角天牛幼虫口器和侧面气孔

蛀道内的中华裸角天牛幼虫

中华裸角天牛蛹（左雌右雄）

中华裸角天牛雄成虫

中华裸角天牛雌成虫

双条杉天牛　　　　　鞘翅目天牛科

Semanotus bifasciatus (Motschulsky)

【寄主】侧柏、圆柏、龙柏、沙地柏、翠柏等。

【形态特征】成虫体长约 16mm，圆筒形略扁，黑褐色至棕色。前翅中央及末端具 2 条黑色横宽带，两黑带间为棕黄色，翅前端驼色。卵长 1.6mm，长椭圆形，白色。幼虫老龄体长 15mm，乳白色，圆筒形略扁，胸部略宽，头黄褐色，无足。蛹长约 15mm，浅黄色。

【测报】全国林业危险性有害生物。颐和园一年 1 代，以成虫在枝干内蛹室中越冬。翌年 3 月上旬，日间气温达到 10℃，成虫在树皮上咬羽化孔，脱孔而出；物候测报为：毛白杨雄花开时成虫出，雄花落时成虫到高峰。成虫喜欢在树势衰弱或新移栽树木树皮缝及新伐除的原木上交尾产卵，每处 2~5 粒，每雌成虫产卵数十粒。卵期十几天。4 月中旬初孵幼虫蛀入树皮内为害，受害处排出少量碎木屑。幼虫在树皮下串食为害，树皮易脱落，蛀道内充满粪便。5 月中下旬进入为害盛期，6 月中旬幼虫蛀入木质部，10 月上旬化蛹在隧道内后羽化。新移栽的树或树势衰弱的树，是该虫发生为害的重要条件，健壮树木很少受害。

【生态治理】1. 加强养护管理，增强树体抗虫能力。2. 及时清除带虫死木，消灭虫源。3. 于 2

双条杉天牛蛀道和羽化孔

月底新伐柏木段，堆积在柏树林外，结合植物源引诱剂诱杀成虫。4. 幼虫期释放蒲螨、管氏肿腿蜂 Solerodermus guani Xiao et Wu 等天敌昆虫，保护鸟类等天敌。

双条杉天牛幼虫

双条杉天牛卵

双条杉天牛成虫交尾

双条杉天牛卵

双条杉天牛成虫

双条杉天牛初孵幼虫

双条形天牛幼虫在皮层与木质部之间为害状

树皮与木质部分离，蛀道内充满粪便

诱木诱杀双条杉天牛成虫

双条杉天牛为害木质部

管式肿腿蜂寄生双条杉天牛

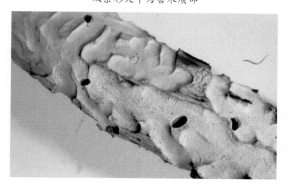

双条杉天牛羽化孔和为害状

植物源引诱剂诱杀双条杉天牛成虫

释放肿腿蜂

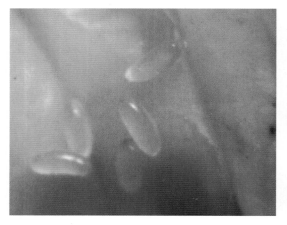

管式肿腿蜂卵

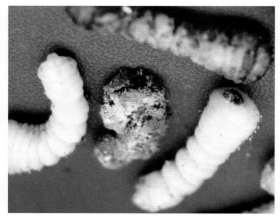

双条杉天牛被病原菌感染

管式肿腿蜂蛹

管式肿腿蜂成虫及蛹

蒲螨寄生双条杉天牛（熊德平摄）

芫天牛 鞘翅目天牛科

Mantitheus pekinensis Fairmaire

【寄主】油松、桧柏、白皮松、刺槐、白蜡等。

【形态特征】成虫雌雄异型，长 18~21mm，宽 6~6.5mm，黄褐色，有时前胸、肩、触角为棕红色。触角柄节粗短，第 3~10 节近于等长，相当于柄节的 3 倍长。前胸背板近方形，靠前缘两侧，各有一个光滑小凸点。小盾片扩舌状，密生细刻点。雌体：外形十分像芫菁，鞘翅短，仅达腹部第 2 节。翅面刻点较粗糙，每翅有纵脊线 4 条，后翅缺。腹部膨大，不为鞘翅所覆盖。头正中有一条细纵线。触角较细，长度不超过腹部。雄体长和体色与雌体相似，较窄。鞘翅覆盖整个腹部，肩部之后鞘翅明显收狭。翅面密布细刻点，翅纵脊不明显，有后翅。头正中无细纵线。触角较粗扁，长度超过体长。卵椭圆形，长约 3mm，最宽处约 1mm，先淡绿色，后变淡黄色，卵排列成片块状，少则几十粒，多则上百粒。幼虫初孵时略呈纺锤形，体长约 3mm，乳白色，体表有白色细长毛，胸足 3 对，发达，腹足退化，能爬行，老熟幼虫长筒形，略扁，长约 30mm，白色略带黄色。蛹体长约 25mm，白色略带黄色，腹部颜色稍暗，触角及胸足色稍淡，略透明。

【测报】颐和园至少两年发生1代，20世纪90年代曾发生严重，为害古树安全，近年来已基本监测不到。以幼虫在土中越冬，6月末至7月初老熟幼虫开始化蛹，8月中旬至9月下旬成虫羽化，钻出土面，雌成虫飞行能力不强，主要以爬行为主，卵多产于树干2m以下的翘皮缝下，呈片块状，每块几十粒至数百粒不等。9月开始幼虫孵出，不久幼虫即爬或落至地面，入土后即开始为害树根，主要咬食根皮及少量皮下木质部，切断根的韧皮部和导管，伤口流胶变黑，造成根部前端死亡，影响根系吸水和养分的输导，造成树势衰弱，易引诱其他天牛等寄生为害，加速树木的死亡。幼虫至少在土中为害2年，直至化蛹。

【生态治理】1.8月中旬成虫羽化期人工捕杀成虫。2.成虫产卵期在松树干上绑缚塑料密闭环阻隔成虫上树产卵。人工击杀塑料环内卵块或刮除死翘皮下的卵块。3.幼虫孵化期绕树干基部喷洒高渗苯氧威，毒杀下树的初孵幼虫。4.清除松柏类古树名木附近的刺槐等杂树，减少虫害，利于古树生长。

芜天牛卵

芜天牛卵

芜天牛卵

芜天牛卵

芜天牛初孵幼虫

芜天牛幼虫

芜天牛蛹

芫天牛雄成虫

巨胸脊虎天牛为害状

芫天牛雌成虫

巨胸脊虎天牛　　鞘翅目天牛科

Xylotrechus magnicollis (Fairmaire)

【寄主】栾树、国槐、栎、柿、五角枫等。

【形态特征】成虫体长 7~13mm，宽 2~4mm。
体黑色。头近圆形，额有 4 条纵脊。前胸背板
前缘黑色，其余红色，长宽近相等，约与鞘翅
等宽，前端稍窄，后端稍宽，两侧缘弧形，表
面粗糙，具短横脊。小盾片半圆形，有细刻点，
端缘有白色绒毛。鞘翅有淡黄色绒毛斑纹，每
翅基缘及基部 1/3 处各有一条横带，横带靠中
缝一端沿中缝彼此相连接，鞘翅端部 1/3 亦有
1 条横带，靠中缝处宽，有时沿侧缘向下延伸，
端缘有淡黄色绒毛，端部微斜切，外端角尖。
后胸腹板两侧前端、前侧片前端及腹部 3 节各
节后缘具浓密黄色绒毛。雄虫后足腿节超过鞘
翅端部较长，雌虫略超过鞘翅。卵椭圆形，淡

巨胸脊虎天牛为害状

巨胸脊虎天牛为害状

黄色、一头梢尖。幼虫老熟时长 12~23mm，圆柱形，略扁，乳白色。触角 3 节，细长，长于连接膜；第 2 节长约为宽的 2 倍，端部具刚毛 2~3 根；第 3 节长约为第 2 节的 1/2，端部有细长刚毛 1 根。前胸背板前缘后方具 2 个褐色横斑，后区侧沟间"山"字形。骨化板较粗糙，有明显细皱纹，后缘具褐色微粒。腹部背步泡突隆起，表面光滑，被细线很划分为网状小块，中沟宽陷明显。第 7~8 腹节较粗大。气门椭圆形。蛹为裸蛹，黄褐色。

巨胸脊虎天牛卵壳

巨胸脊虎天牛羽化孔

巨胸脊虎天牛初孵幼虫

巨胸脊虎天牛羽化孔

巨胸脊虎天牛幼虫

巨胸脊虎天牛卵

巨胸脊虎天牛前胸背板特征

【测报】颐和园一年1代，仅在后山西段栾树上发现。以幼虫在被害树皮下越冬。翌年4月中旬开始化蛹，5月中旬至6月上旬成虫羽化，并交尾产卵，卵产于树皮缝中。成虫活动期到7月中旬，在光照充足温暖时极端活跃，爬行和飞行迅速。幼虫孵化后蛀入皮下串食韧皮组织，虫道弯曲，内填满致密的粉末状至细颗粒状虫粪。虫口密度大时，树木韧皮部被串食一空，树皮内充满颗粒状虫粪。老熟幼虫在隧道末端越冬、化蛹。成虫羽化孔圆形。

【生态治理】1. 加强植物检疫。幼虫为害树木的韧皮部，不向树外排粪，外观很难发现，树木一旦被寄生就很难除治，防治的关键是在树木被寄生前做好预防，特别是新植树木。2. 成虫活动期（5月底到7月）。用绿色威雷微胶囊剂进行全株喷洒。3. 幼虫防治。可采取树干注射吡虫啉防治。4. 生物防治。保护寄生蜂、鸟类，利用昆虫病原线虫等。

巨胸脊虎天牛蛹

巨胸脊虎天牛在羽化孔内的成虫

巨胸脊虎天牛成虫交尾

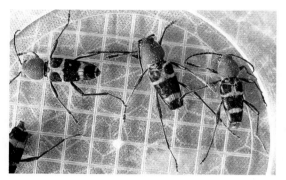

巨胸脊虎天牛成虫

巨胸脊虎天牛成虫（腹面）

家茸天牛　　鞘翅目天牛科

Trichoferus campestris (Faldermann)

【寄主】寄主广泛，槐、枣、油松、丁香、杨、柳、榆、臭椿、白蜡、桑、松、云杉等。

【形态特征】成虫中小型，体较细长，全身黑色或棕褐色，体被有黄褐色茸毛，体长9~23mm，体宽2.5~6mm。雄虫触角可伸达虫体的末端或稍长于体，额中央有一细的纵沟。

雌虫体多较雄虫粗大，触角较短。前胸背板近圆形，宽大于长。卵长圆形，长 1.4mm，宽 0.5~0.6mm，乳白色，头端较尖，尾端较钝。幼虫体圆柱形，略扁，胸部较膨大，尾端较细，老龄幼虫体长 9~23mm，头部较尖，黑褐色，体黄白色，前胸背板有两个黄褐色的横斑，腹板及侧片具有细且密的弯毛。蛹为裸蛹，黄褐色，体长 9~22mm，雌雄个体差异较大。

【测报】全国林业危险性有害生物。颐和园一年 1 代，后山丁香院黑光灯曾诱到成虫，国花台古槐曾发现蛀道。以幼虫在寄主内越冬，翌年 3 月开始继续为害，在皮层下木质部钻蛀宽扁蛀道，向外排出碎屑。4 月下旬至 5 月中旬化蛹，蛹期 9~12 天。羽化后的成虫在靠近树皮的一侧咬成一圆孔爬出，羽化盛期在 5 月下旬至 6 月中旬。卵期 5~9 天。家茸天牛成虫有强趋光性，在无补充营养的条件下，也可以繁衍后代。幼虫具有耐寒冷、耐干燥、耐饥饿、食性广泛等抗逆性，不仅为害多种树材，还为害建筑物、家具、中药材、报纸、仓库储存的面

粉，甚至塑料制品、电缆等，是一种从野生向仓储物品发展的害虫。

【生态治理】1. 加强植物检疫。2. 灯光诱杀成虫。3. 严重的虫害木，砍伐后要立即剥皮。4. 保护寄生蜂、鸟类，利用昆虫病原线虫等进行生物防治。

家茸天牛为害槐树

家茸天牛成虫

家茸天牛为害槐树

家茸天牛为害槐树

臭椿沟眶象　　　　鞘翅目象虫科

Eucryptorrhynchus brandti (Harold)

【寄主】臭椿。

【形态特征】成虫体长 11.5mm 左右，宽 4.6mm 左右，黑色或灰黑色，头部有小刻点，前胸背板及鞘翅上密被粗大刻点，前胸几乎全部、鞘翅肩部及后端部密被雪白鳞片。卵长圆形，黄白色。幼虫长 10~15mm，头部黄褐色，胸、腹部乳白色，每节背面两侧多皱纹。蛹为裸蛹，长 10~12mm，黄白色。沟林业眶象同臭椿沟眶

象形态近似，但体形稍大。

【测报】全国林业危险性有害生物。颐和园一年发生1代，以幼虫和成虫越冬，幼虫在树干内越冬，成虫在树干基周围2~4cm深的表土中越冬。成虫盛发期有两次：以成虫越冬者，成虫从4月中、下旬开始活动为害，4月下旬至5月中旬为成虫盛发期；以幼虫越冬者，6—7月成虫羽化，7—8月中旬为成虫盛发期。成虫有假死性，受惊即蜷缩坠地，但很快恢复活动。成虫寿命较长，为害期1个月左右，成虫产卵在树干上，卵期约8天。虫态很不整齐。成虫以嫩梢、叶片、叶柄为食，造成树木折枝、伤叶、皮层损坏；雌虫产卵时，先咬破树干韧皮部，产卵于其中，然后用喙将卵推到韧皮层内层。初孵幼虫先为害皮层，导致被害处薄薄的树皮下面形成一小块凹陷，稍大即可蛀入木质部为害，将木质部蛀成上、下迂回不规则虫道。

【生态治理】1. 加强植物检疫，勿栽植带虫苗木，一旦发现应及时处理，严重的整株拔掉。2. 4月中旬，逐株搜寻可能有虫的植株，发现树下有虫粪、木屑，干上有虫眼处，即用刀拨开树皮，幼虫即在蛀坑处，极易被发现。3. 利用成虫假死性，不善飞翔，人工捕杀成虫或喷洒绿色威雷。4. 保护寄生蜂、鸟类，利用昆虫病原线虫等进行生物防治。

臭椿沟眶象幼虫

臭椿沟眶象蛹和老熟幼虫

臭椿沟眶象成虫交尾

臭椿沟眶象为害状

沟眶象 　　　　　　鞘翅目象虫科

Eucryptorrhynchus chinensis (Olivier)

【寄主】臭椿。

【形态特征】成虫体长13.5~18.5mm，黑色，喙细长，头部刻点大而深，前胸背板多为黑、赭色，少数白色，刻点大而深，胸部背面、前翅基部及端部首 1/3 处密被白色鳞片，并杂有红黄色鳞片，前翅基部外侧特别向外突出，中部花纹似龟纹，鞘翅上刻点粗。幼虫乳白色，圆形，体长 30mm。

【测报】全国林业危险性有害生物。颐和园一年发生 1 代，以幼虫和成虫在根部或树干周围 2~20cm 深的土层中越冬。4—10 月均可见到成虫。成虫有假死性，产卵前取食嫩梢、叶片补充营养，为害 1 个月左右，便开始产卵，卵期 8 天左右。初孵化幼虫先咬食皮层，稍长大后即钻入木质部为害，有流胶现象，老熟后在坑道内化蛹。

【生态治理】1. 利用成虫多在树干上活动、不喜飞和有假死性的习性，在 5 月上中旬及 7 月底至 8 月中旬捕杀成虫。2. 成虫盛发期，在距树干基部 30cm 处缠绕塑料布，使其上边呈伞形下垂，塑料布上涂黄油，阻止成虫上树取食和产卵为害；也可于此时向树上喷绿色威雷。3. 保护天敌。如寄生蜂、鸟类。4. 利用昆虫病原线虫等进行生物防治。

沟眶象幼虫

沟眶象幼虫

沟眶象成虫

沟眶象成虫正在交尾

赵氏瘿孔象　　鞘翅目象虫科

Coccotorus chaoi (Chen)

【寄主】小叶朴。

【形态特征】成虫雄体长 5.8~6.7mm，体宽 2.3~2.4mm；雌体长 6.7~7.4mm，体宽 2.4~2.6mm。体色红褐至灰黑，头、喙及中后胸腹面、腹板两侧多为黑色，密覆灰白或黄褐色针状毛。头及喙上密布小刻点，喙长 1.2~1.3mm。触角赤褐色，11 节。前翅背板隆起，宽大于长。小盾片舌形。鞘翅瘦长，长约为宽的 2 倍，两侧平行，肩角明显。3 对胸足的腿节上均有齿状突，前足齿突更为明显，近三角形。雄性臀板稍外露。卵椭圆形，长 0.5mm，宽 0.3mm，初产时晶白色，将孵化时呈乳黄色，表面光滑无刻纹。幼虫老熟时体长

7.0~8.2mm，宽 2.9~3.0mm，头宽 0.8~1.0mm。头黄褐色，发达的大颚明显裸露在前颜面的下方。身体乳黄色，自第一龄到老熟期，头及腹部末端向腹面弯曲，背面有不甚规则的皱褶形小节。胸足退化呈乳头状，爪钩圈黄褐色。蛹长 6.3~6.8mm，宽 3.1~3.4mm。初蛹乳白色，3~4 日后呈橙黄色。复眼微红，喙发达，贴伏于胸部的腹板上。触角淡黄色，在喙的两侧呈 M 形分开。鞘翅明显，自背部向下弯折掩盖住胸部及腹部的绝大部分。胸足弯曲在腹部腹面中央。前、中足在鞘翅上方，后足在前、后翅间伸出。头顶、胸背及腹部背线和两侧有规则的齿形突。

【测报】颐和园一年发生 1 代，后湖、后山一线可见。以成虫在虫瘿内越冬。翌年 3 月上旬开始活动，先将长喙伸向瘿的前方，啃食瘿内壁，随着成虫的取食使蛀洞逐渐向前延伸，到 3 月中旬蛀洞达瘿的外表皮，并有部分蛀通瘿外，形成直径 1.8~2.5mm 的圆孔。当中午无风较暖和时，可见部分成虫将头伸出洞外，气温骤变及日落时，便又缩回洞中。一般 4 月 20 日前后，绝大部分成虫爬至枝条上漫游，此时正值朴树新生叶芽开放，成虫便以叶芽为食。如遇有晚霜或倒春寒，大部分成虫仍能钻回洞中御寒。成虫假死性强，但一般不垂落到地下，而是用足抓紧枝条不动。成虫出洞后，经过取食即进入交配期。交配开始后很少再见到移动，但可见雌虫仍在啃食叶芽。如不受外界干扰，交配时间可达 0.5~2 个小时。交配多在傍晚及清晨。无论雄雌 1 天可交配 3~4 次。交配后的雌虫就在蛀破芽头上，由腹部分泌些黏液，然后产下一粒卵。一只雌虫可产卵 20~25 粒。下一代可在朴树新生枝条上形成 20 多个虫瘿。卵期 4~6 天。大部分卵在 5 月上旬孵化。初孵幼虫全身白色，头部略黄，体向内弯曲。孵化后立即顺新枝条顶尖茎心自成虫产卵时遗留下的破口向下蛀食，深达 1.5~2cm 处停

留下来。这段新生枝条因受到为害刺激的影响，此后很快增生膨大起来，形成似杏核大小的瘿。原来已经生长在虫瘿部位的嫩芽，便又出现生长点，继续生长成为当年的新生枝条。幼虫便一直在瘿内生活，以瘿内壁为食。每个瘿内只有 1 只幼虫。幼虫共 5 龄，4 龄幼虫食量最大，占全幼虫期食量的 50%。6 月上中旬大部分幼虫即到达老熟期，7 月中旬停止取食，身体逐渐收缩，由原来的乳黄色加深到橙黄色，进入预蛹期。大部分幼虫经过 25~30 天的预蛹期，于 8 月中旬化蛹，部分发育迟缓或在背阴处树上结的瘿，到 9 月中旬仍可采到幼虫。蛹期 5~7 天，8 月下旬大部分羽化为成虫，部分可延续到 9 月下旬。不论幼虫、蛹或成虫头部始终位于瘿的前方。成虫羽化后即用足及喙倒动幼虫期排泄的粪便，身体向后移动至隧洞末端，蜷缩成越冬虫态，不再活动。自 8 月下旬羽化为成虫到翌年交配产卵死亡，成虫寿命可长达 240 天左右，在瘿内即占去成虫期的 210 天之久。虫瘿的生长与象虫的龄期增长成正相关：幼虫一龄时，虫瘿只有 6mm 左右，形似黄豆粒大小，外表皮翠绿光滑；幼虫进入 2 龄，虫瘿发育到 10mm 左右，外表皮绿色，并有灰白色斑，经剥开后没有明显的木质部；幼虫进入 3 龄，虫瘿发育最快，直径可达 15mm。外表皮灰绿，有褐斑。瘿上叶芽开始伸展成嫩枝，瘿内木质部形成；幼虫进入 4 龄，虫瘿直径达 16~18mm。外表皮呈灰绿色，上有灰褐色斑，并出现细微裂痕，瘿壳木质部坚硬；幼虫进入 5 龄，虫瘿不再生长。外表颜色呈灰白色，与老干皮色相似，以后颜色不再变化。进入冬季由于水分减少，虫瘿呈灰褐色。

【生态治理】1. 人工剪除虫瘿烧毁。2. 种植蜜源植物，保护天敌昆虫——瘿孔象刻腹小蜂 *Ormyrus coccotori* Yao et Yang。瘿孔象刻腹小蜂寄生赵氏瘿孔象的幼虫，1 头小蜂只寄生 1 头寄主。小蜂成虫产卵时，先用产卵器刺透寄

主虫瘿壁，再将产卵器刺入象甲幼虫体内，分泌毒液将其麻醉，而后将卵产于瘿孔象幼虫的头部后方与胸部相接处，一般 2~3 天幼虫即孵化。幼虫孵化后，用其口钩钩在赵氏瘿孔象幼虫头部后侧，外寄生于寄主幼虫体上，吸

朴树虫瘿（春态、夏态、秋态、冬态）

食象甲幼虫体液，直至其死亡。蜜源植物对寄生蜂的生长发育具有极其重要的作用，为寄生蜂成虫进行补充营养提供了条件，从而提高了其繁殖能力及子代的种群数量，有利于控制寄

主害虫。在植树造林及护林工作中务必提高保护生物多样性意识，以期发挥天敌的控制作用，达到森林有害生物自然控制的目的。瘿孔象刻腹小蜂为赵氏瘿孔象优势天敌，自然条件下，瘿孔象刻腹小蜂对赵氏瘿孔象的寄生率为13.7%~30.7%。

赵氏瘿孔象老龄幼虫

赵氏瘿孔象羽化孔

赵氏瘿孔象老龄幼虫

赵氏瘿孔象低龄幼虫

赵氏瘿孔象蛹

赵氏瘿孔象低龄幼虫

赵氏瘿孔象蛹

赵氏瘿孔象成虫

赵氏瘿孔象成虫

瘿孔象刻腹小蜂幼虫

瘿孔象刻腹小蜂成虫

日本双脊长蠹　　鞘翅目长蠹科

Sinoxylon japonicus Lesne

【寄主】栾树、槐树、刺槐、白蜡、柿树、合欢、黑枣、板栗、侧柏。

【形态特征】成虫体长6mm左右，圆筒形。触角红褐色，端部3节向内侧延伸呈叶状。前胸背板帽状，覆盖头部，长1.7mm，宽1.8mm，其上密生微细颗粒，前半部有多数齿状突起，两侧各具4个较大并略向后弯的齿状沟。鞘翅长3.5mm，具细刻点，鞘翅后段急剧向下倾斜，两个鞘翅的斜面上各生1个刺状突起。卵椭圆形，乳白色，半透明。幼虫黄白色，体略弯，蛴螬形，头部黄褐色。蛹为裸蛹，初化蛹时乳白色，近羽化时颜色变深，为黄白色。

【测报】全国林业危险性有害生物。颐和园一年发生1代，以成虫在枝干、老翘皮、土缝中越冬。3月底日均温10.5℃时，越冬成虫到枝干表面活动，取食活组织，从芽和小枝附近或剪锯口附近蛀入枝干。先蛀纵道，后蛀环形道，成虫多在11:00~16:00交尾，交尾时，雌虫在蛀道内，雄虫爬在枝干上，尾部对尾部，有多次交尾习性。卵散产于环形蛀道顶端的小岔道内。幼虫6月上旬开始化蛹，离蛹。6月底成虫羽化，7月上旬第1代成虫出孔活动，迁移到半干枯枝、死枝上为害，对白炽灯有趋性，10月上旬成虫越冬。成虫蛀入枝干后紧贴韧皮部环食一周形成环形坑道，且有反复取食习性。北方地区的连年干旱，导致此虫的为害日趋严重，造成大量手指粗枝干枯死、风折、苗木死亡，对城市绿化造成严重威胁。

【生态治理】1. 此虫以成虫在枝条内越冬，不易被人发觉，有可能随苗木调运传播。因此，必须加强对槐树、柿树、板栗等苗木的入园检疫。2. 此虫有在枯枝、半枯枝内集中为害的习性，在6月中旬第1代成虫羽化前，清理枯枝、病枝和死树。3. 加强园区综合管理，加强土肥水综合管理，增强树势，提高抗虫力，可减轻害虫为害，减少损失。4. 4月上旬越冬代成虫为害盛期前、7月上旬第1代成虫羽化出孔期进行化学防治，可选用高效氯氰菊酯乳油或绿色威雷进行枝干喷雾防治，可有效地控制其为害。5. 释放蒲螨、肿腿蜂等寄生性天敌昆虫，设置人工鸟巢，招引益鸟。

日本双棘长蠹为害状

日本双棘长蠹环形蛀道

日本双棘长蠹蛀道与羽化孔

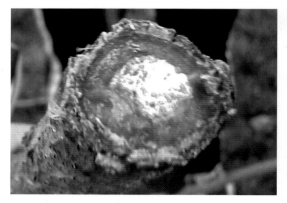

日本双棘长蠹环形蛀道

日本双棘长蠹幼虫

日本双棘长蠹环形蛀道

日本双棘长蠹蛹

日本双棘长蠹蛹与幼虫

日本双棘长蠹不同虫态

日本双棘长蠹成虫

果树小蠹　鞘翅目象甲科

Scolytus japonicus Chapuis

【寄主】桃、榆叶梅、梨、海棠、杏、樱桃等。

【形态特征】成虫体形微小，体长约2.5mm，体色黑亮，有光泽，头部隆起，密布细刻点，触角锤状，前胸背板有粗刻点。鞘翅上有细毛，鞘翅刻点纵列，口器似圆锥形，腹部末端呈斜截形。卵为椭圆形，约1mm，乳白色。幼虫体长3~4mm，蛴螬型，略向腹面弯曲，白色，中下体节背部中央略显黄色，头较小，黄褐色，口器色暗，无足。

【测报】颐和园一年发生1代，主要以幼虫在桃、李等果树上越冬。冬季来临前后成虫大量集中死于为害多年且致死或严重衰弱的果树韧皮部与木质部间的坑道内，小部分死于新为害的桃树流胶体内，后山可见。5月零星化蛹，6—8月为化蛹高峰，蛹期约7天。6—7月零星羽化，7—8月大量羽化。7—9月果树小蠹在坑道产卵，卵期7天左右。母坑道为单纵坑，弓曲，长5~10cm，幼虫孵出后在母坑道两侧蛀食，子坑道出自母坑道的弓突面，呈放射状散开。8—10月成虫大量群集，蛀害果树枝干，在枝干上造成许多小蛀孔，破坏枝干韧皮部的输导组织，胶体自蛀孔流出，形成枝干流胶病，一直可以为害到11月下旬。8月中下旬至10月上中旬是果树小蠹成虫为害高峰期，也是果树流胶病大发生期。果树小蠹成虫有群集为害的特点，喜欢在桃树等枝干的皮层等处蛀害，有假死性。成虫在枝干上下活动，为害时以口器向下钻蛀，经常可见成虫身体半部或尾部露在蛀孔外面。1头果树小蠹成虫可在桃树主干或枝条上钻十余个直径约1mm、深达韧皮部的孔。果树小蠹大发生时，一棵树上可见到数百至上千头成虫，在桃树枝干上形成小蛀孔。1cm²枝干上可见到1~3头成虫为害。交尾后的成虫一般不在当年为害的桃树枝干上产卵，而集中在上一年或已经为害多年的衰弱枝干上产卵。果树小蠹除为害桃树外，还为害核果类的李树、樱桃、杏树、榆叶梅等。

【生态治理】1. 清园和诱杀成虫。清除园内及周围果树小蠹为害的死、弱树枝，尽量不用桃树、榆树、杏树、樱桃树木等做树木支架等。果树小蠹喜欢在枯死衰弱的树干枝条上产卵，可在小蠹产卵期，用半枯死枝条等诱集成虫产卵，产卵后集中消灭。加强园区土、肥、水管理，改善土壤理化性质，提高土壤肥力，增强树体抵抗能力。2. 喷药防治。用氯氰菊酯乳油或辛硫磷乳油喷雾或涂刷树体。对已经产生流胶的果树，在喷洒杀虫剂时，适当加入杀菌剂进行伤口处理。结合防治潜叶蛾、大青叶蝉等，喷施阿维菌素、吡虫啉、代森锰锌等药剂。入冬前树干刷涂白剂或石硫合剂保护树干。3. 生物防治。释放蒲螨，保护金小蜂等寄生蜂。

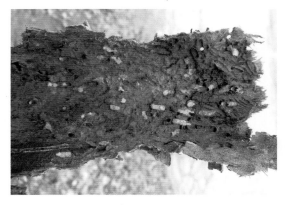

果树小蠹在山桃皮层上羽化孔

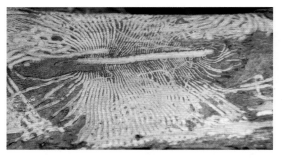

果树小蠹蛀道

果树小蠹为害状

果树小蠹幼虫

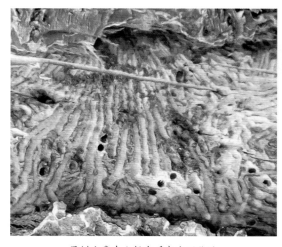

果树小蠹在山桃木质部上羽化孔

果树小蠹幼虫

果树小蠹成虫

寄生蜂——金小蜂

寄生蜂——金小蜂

柏肤小蠹　　　　鞘翅目象甲科

Phloeosinus aubei Perris

【寄主】侧柏、圆柏。

【形态特征】成虫体长 2.1~3.0mm，赤褐色或黑褐色，体无光泽，头藏于胸下，触角赤褐色，球棒部呈椭圆形。幼虫初孵乳白色，老熟幼虫体长 2.5~3.5mm，乳白色，头淡褐色，体弯曲。蛹乳白色，体长 2.5~3.0mm。

【测报】全国林业危险性有害生物。颐和园一年1代。以成虫、蛹、幼虫在柏树树干、枝梢内或落枝中越冬。此虫一年内有 2 个为害高峰。翌年 4—6 月成虫陆续从枝干中飞出，雌虫寻找柏树。雄虫随后找到寄主，雌虫在树干韧皮部蛀圆形侵入孔侵入皮下，雄虫跟随其后进入侵入孔，共同蛀不规则的交配室，在内交尾。交尾后雌虫向上咬蛀单纵母坑道 15~45mm，产卵 20~100 粒，卵期 7 天左右。初孵幼虫由卵室向外沿室外边材表面（主要在韧皮部）蛀细长而弯曲的幼虫坑道，坑道长 30~40mm。幼虫发育期 40~50 天，老熟幼虫在坑道末端与幼虫坑道垂直方向，蛀一个深 4mm 的圆筒形蛹室，开始化蛹，蛹期 10 天。6 月上旬第 1 代成虫羽化，转移至小枝上蛀食，9 月中下旬再返回较粗枝干上潜入越冬。越冬成虫飞离越冬寄主后一般不经过补食而直接寻找寄主，1 代成虫羽化后，飞到柏树树冠上部和外缘的枝梢，咬蛀取食，补食营养，所食枝梢为 2 年生嫩枝。成虫只在嫩枝的分叉处取食，嫩枝被蛀后遇风即折断下落，严重受害时遍地落枝，严重影响柏树的长势。

【生态治理】1. 加强水肥管理，清理被害木和断落枝干，对古柏要进行复壮，延缓衰弱，提高抗虫力，减少柏肤小蠹的入侵。2. 春夏 2 次人工设置饵木，4 月上旬至 5 月下旬以及 6 月中旬至 8 月下旬选择直径在 2cm 以上的柏木段进行成虫诱集，6 月上旬前及时将春季诱木做无害处理。3. 喷施菊酯类药物封干保护。4. 利用扁谷盗、肿腿蜂、蒲螨、郭公虫、绿僵菌、白僵菌、鸟类等进行生物防治。

柏肤小蠹蛀道及羽化孔

柏肤小蠹成虫为害2年生小枝

柏肤小蠹侵入孔

柏肤小蠹羽化孔

柏肤小蠹子、母坑道

柏肤小蠹母坑道及卵

柏肤小蠹初孵幼虫

天敌—扁谷盗

柏肤小蠹幼虫

天敌—异色郭公虫

柏肤小蠹雌雄成虫在交配室

柏肤小蠹成虫

柏肤小蠹成虫

松纵坑切梢小蠹 　鞘翅目象甲科

Tomicus piniperda (Linnaeus)

【寄主】油松等松属植物。

【形态特征】成虫长卵形，体长 3~5mm，雌虫略大于雄虫，初羽化时淡黄色，后渐变成红褐色至黑褐色。头近黑色，有光泽，全身布满茸毛和刻点，前胸背板呈梯形，前窄后宽。鞘翅上的刻点排成行，刻点沟凹陷，斜面第二沟间部凹陷，表面平坦、光滑。卵淡黄色，椭圆至近圆形，直径 0.6mm。幼虫体长 5~6mm，初时乳白色，老熟时黄白色，体肥壮，微弯曲，多皱褶，头黄色，口器褐色。蛹为离蛹，无包被，初时乳白色，后变成黄褐色，腹部末端有一对针状突起。

【测报】全国林业危险性有害生物。颐和园一年 1 代，以成虫在被害树干基部树皮内越冬。翌年 4 月中旬，当气温升到 5℃时开始活动，日平均气温达到 10℃时，离开越冬场所飞入树冠，侵入一年生嫩梢补充营养，然后寻找濒死木、新枯立木等侵入，雌虫先侵入并构筑交尾室，然后雄虫进入交尾。母坑道为单纵坑，筑于木质部，卵产于母坑道两侧。4 月末到 5 月初为盛卵期。幼虫孵化后，便向垂直于母坑道的方向蛀子坑道。老熟幼虫在子坑道末端蛀椭圆形的蛹室。于 6 月中旬开始化蛹。7 月新一代成虫出现，7 月中旬为羽化盛期，成虫咬羽化孔飞出，然后到健康木的新梢去补充营养，蛀食髓心。在蛀孔周围留一圈白色的松脂和木屑。10 月上中旬当气温下降至 5℃时，下树越冬。此虫有明显的趋光性。

【生态治理】1. 保持林分良好卫生状况，及时清除枯立木、濒死木、伐根及其他病虫害严重的被害木。伐倒木必须在 6 月中旬前处理完毕。2. 营造针、阔混交林，合理经营好现有林地，增强树木生长势是预防该虫害的根本措施。

松纵坑切梢小蠹蛀道（木质部）

3. 越冬成虫集中于树干基部，初春害虫活动前进行封干打药，针对树干进行药剂防治。4. 设置饵木诱集成虫产卵。具体做法：4 月初选避阴的背风处或林缘处，饵木用油松新伐倒木，要带侧枝，下边用横木垫起，每个点放 3~7 根饵木，设点 6~8 个 /hm²，在 6 月中旬至下旬，成虫出现之前，将饵木进行处理，剥皮或用药剂杀灭。5. 信息素诱杀成虫。6. 释放肿腿蜂、蒲螨，保护鸟类等天敌。7. 可尝试利用光源对其进行防治。

松横坑切梢小蠹　　　鞘翅目象甲科

Tomicus minor (Hartig)

【寄主】油松等松属植物。

【形态特征】成虫体长 4~5mm，椭圆形，栗褐色，有光泽并密生灰黄色细毛。前胸背板梯形，上具刻点。触角和跗节黄褐色。鞘翅端部红褐色，前翅基部具锯齿状，前翅斜面上第二列间部的瘤突起和绒毛消失，光滑下凹。卵淡白色，椭圆形。幼虫体长 5~6mm，头黄色，体乳白色，粗而多皱纹，体弯曲。蛹体长 4~5mm，白色，腹面后末端有 1 对针状突起，向两侧伸出。

【测报】全国林业危险性有害生物。颐和园一年 1 代，以成虫在被害树干基部落叶层中或土下 0~10cm 处树皮内越冬。该虫有蛀梢习性和蛀干习性。成虫羽化出来后，便飞到邻近松树的树冠上，蛀食嫩梢的髓部组织补充营养，成虫在枝梢上蛀食为害时期称为蛀梢期或成虫补充营养期。主要蛀食直径在 5~7mm 的 1 年生枝梢，每个受害枝梢一般只有 1 个侵入孔，且 1 个坑道中一般有 1 头虫，当多头虫为害同一枝梢时，各侵入孔间有一定距离，蛀食坑道互相不贯通。横坑切梢小蠹成虫性发育成熟后，开始陆续从枝梢转移到树干进行交配产卵到新成虫羽化出来，这段时期称为蛀干繁殖期。横坑切梢小蠹蛀食母坑道形状为横向垂直于树干的倒"人"形，中部的侵入坑道为交配室，母坑道为复横坑，由交配室分出左右 2 条横坑；其在树干内所蛀坑道，切断了树干韧皮部和木质部内的输导组织，影响水分和养分的运输，并最终导致了树木的死亡。蛀干繁殖期是导致寄主树木受害致死的关键时期。

【生态治理】1. 营造混交林，选择良种壮苗，加强抚育，增强林木的抗性。2. 加强林区管理。及时清除虫害木、被压木、倒伏木，注意保持林地卫生。3. 林地设置饵木，于 4 月底以前放在林中空地，6 月下旬至 7 月上旬在新的成虫飞出之前进行剥皮处理。4. 保护与利用啄木鸟等天敌。5. 释放蒲螨寄生成虫、幼虫。

松横坑切梢小蠹蛀道（木质部）

松横坑切梢小蠹蛀道（木质部）

松横坑切梢小蠹蛀道与羽化孔

松横坑切梢小蠹蛀道（木质部）

油松梢小蠹 　　　鞘翅目象甲科

Cryphalus tabulaeformis Tsai et Li

【寄主】油松。

【形态特征】成虫体长约 2mm，椭圆形，黑褐色，前胸背板与鞘翅同色，有光泽；口上片边缘茸毛稠密下垂，触角锤状部外面的 3 条横缝平直；雄虫额上部有横向隆起；背板前缘有颗瘤 4~6 枚，中间 2 枚较大，前部颗瘤单生，散布，颗瘤间散布细颗粒，背顶强烈突起；鞘翅刻点沟不凹陷，沟间部宽阔。卵长椭圆形，白色，半透明，表面光滑。幼虫老龄体长约2mm，乳白色，肥胖，微弯。蛹体长2mm，初乳白色，后黄褐色。

【测报】颐和园一年发生3代，主要以幼虫，其次以成虫在幼年生枝干皮层内越冬，个别以蛹越冬。翌年4月初越冬幼虫开始化蛹，5月出现成虫。其余2代成虫始发期分别为8月中下旬和9月中旬，盛发期为9月上、中旬。多从伤口等处侵入，北面重于南面。

【生态治理】1. 加强林木养护，特别是新移植树，增加抗虫力。2. 及时清除严重被害木。3. 性引诱剂诱杀成虫。

油松梢小蠹成虫

油松梢小蠹成虫

油松梢小蠹蛀道及羽化孔

油松梢小蠹羽化孔

小线角木蠹蛾　　　鳞翅目木蠹蛾科

Holcocerus insularis Staudinger

【寄主】国槐、龙爪槐、柳树、白玉兰、丁香、山楂、海棠、银杏、元宝枫、榆叶梅等。

【形态特征】成虫灰褐色，体长14~28mm，翅展38~72mm，雄蛾触角线状，胸背部暗红褐色，前翅密布弯曲的黑色短条纹，后翅有不明显的细褐纹。卵椭圆形，初乳白色，后暗褐色，卵壳密布网纹。初孵幼虫粉红色；老熟幼虫扁圆筒形，腹面扁平，长30~38mm，头部褐色；前胸背板黄褐色，其上有一对大型黑褐色斑，体背浅红色，有光泽，腹面黄白色，节间乳黄色。蛹为被蛹，初黄褐色渐变深褐色，略向腹面弯曲，腹背有刺列，腹尾有臀棘。

【测报】全国林业危险性有害生物。颐和园两年发生1代（跨3个年度），寄主广泛，以幼虫在枝干蛀道内越冬。3月越冬幼虫开始活动为害。幼虫化蛹时间极不整齐，5月下旬至8月上旬为化蛹期，蛹期约20天。6—9月为成虫发生期，羽化时蛹壳半露在羽化孔外。成虫具趋光性，昼伏夜出。成虫从树干飞出当天即可交配产卵，雌虫可重复交配。雌虫产卵于树皮裂缝、伤痕、旧虫孔附近，以主干及分枝处较多。卵呈块状、粒数不等，卵期约15天。幼虫昼夜均可取食，夜间为甚，喜群栖为害，有碎木屑和粪便从排粪孔排出。幼虫耐饥力强，高龄幼虫不用取食可存活2个半月。7月上旬可见初孵

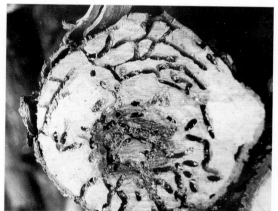

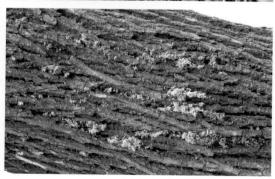

小线角木蠹蛾为害状　　　　　　　　小线角木蠹蛾为害状

幼虫，初孵幼虫具群集性，聚集在韧皮部附近为害，形成纵横、深浅不一的蛀道，3龄后各自蛀入木质部，蛀孔椭圆形，在木质部向上、下及周围蛀食形成不规则、相互连通的蛀道。11月幼虫在枝干蛀道内越冬。当年蛀入为害的幼虫，翌年在树体中继续为害1年，第3年5—6月化蛹羽化。

【生态治理】1. 严格检疫。调运花木要严格办理检疫手续，发现虫源木应及时处理或销毁。2. 物理防治。采用黑光灯、性诱捕器诱杀成虫。3. 利用病原线虫或病原真菌。如从排出新粪的孔口注射芫菁夜蛾线虫悬液、白僵菌液防治幼虫。4. 保护姬蜂、寄生蝇、啄木鸟等天敌。5. 化学防治。树干注射10%吡虫啉内吸性杀虫剂，再用湿泥将口封严。

小线角木蠹蛾蛹

小线角木蠹蛾蛹

小线角木蠹蛾卵

小线木蠹蛾羽化孔及蛹壳

小线角木蠹蛾幼虫

小线角木蠹蛾成虫

小线角木蠹蛾交尾

芳香木蠹蛾东方亚种 鳞翅目木蠹蛾科

Cossus cossus orientalis Gaede

【寄主】柳树、杨树、榆树、丁香、海棠、梨、杜仲等。

【形态特征】成虫粗壮，灰褐色。体长 22.6~41.8mm，翅展 51.0~82.6mm，触角单栉齿状；头顶毛丝和鳞片鲜黄色。翅基片和胸背面土褐色，中胸前半部为深褐色，后半部白、黑、黄色相间；后胸有一黑色横带。前翅前缘具 8 条短黑纹，中室内 3/4 处及外侧有 2 条短横线。后翅褐色，仅中室为白色，端半部具波状横纹。卵椭圆形，灰褐色或黑褐色，卵壳表面有数条纵横隆脊，隆基间具隔。幼虫体粗壮，扁圆筒形，末龄幼虫头黑色，体长 58~90mm，头壳宽 6.0~8.0mm，胸腹背面紫红色，略显光泽，腹面桃红色，前胸背板"凸"形的黑色斑的中央有一白色纵纹。蛹红棕色或黑褐色，略向腹面弯曲，腹面背面有 2 行刺列。

【测报】全国林业危险性有害生物。颐和园两年发生 1 代，跨 3 年。当年幼虫在树干蛀道内以粪便和木屑作越冬室，在其内越冬。第 2 年老熟幼虫在向阳、松软、干燥处钻入土壤作薄茧越冬。第 3 年春越冬幼虫在土壤中离开越冬茧重作茧化蛹，于 6 月成虫陆续出土。成虫昼夜均可羽化，昼伏夜出，羽化后寻觅杂草、灌木、

树干等场所静伏不动，晚 19:00 时后飞翔交尾，交尾后即行产卵，有多次产卵习性。成虫夜晚活动，以 20:00—22:00 时活动最活跃，雌成虫羽化后即可释放性信息素，羽化后 3~5 天是释放性信息素最强期。芳香术蠹蛾东方亚种具有一定的趋光性，但趋光性较弱。卵多产于树冠干枝基部的树皮裂缝及旧蛀孔处，卵成堆排列，无被覆物，每块卵 50~60 粒。初孵幼虫具有群居为害习性，中龄幼虫常多头在一虫道内为害，被害枝干上可常见幼虫排除的白色或赤褐色粪便。

【生态治理】1. 严格检疫。发现虫源木应及时处理或销毁。2. 加强抚育管理，可树干涂白防止成虫产卵。避免在芳香木蠹蛾东方亚种产卵前修剪，剪口要平滑，防止机械伤口，对剪口或伤口及时涂防腐杀虫剂，减少成虫产卵和幼虫钻蛀。3. 物理防治。采用黑光灯、性诱捕器诱杀成虫。4. 生物防治。注射白僵菌液，防效达 95% 以上。保护姬蜂、寄生蝇、啄木鸟等天敌。5. 化学防治。树干注射 10% 吡虫啉内吸性杀虫剂，再用湿泥将口封严。

芳香木蠹蛾东方亚种幼虫前胸背板特征

芳香木蠹蛾幼虫

芳香木蠹蛾幼虫

芳香木蠹蛾老熟幼虫

六星黑点豹蠹蛾　　鳞翅目木蠹蛾科

Holcocerus insularis Staudinger

【寄主】碧桃、柳树、国槐、海棠等。

【形态特征】成虫体长 24~33mm，翅展 44~68mm，胸背部有黑斑 6 个，每侧 3 个，腹部白色，每节均有黑横带，第 1 腹节背板黑斑 2 个，翅白底黑斑，前翅布满黑斑条纹，后翅斑稍稀疏。幼虫体长 20~35mm，前胸背板前缘有子叶形黑斑一对。

【测报】全国林业危险性有害生物。颐和园一年发生 1 代，零星发生，仅在如意景区碧桃上发现，以幼虫在枝干蛀道内越冬。4 月上旬越冬幼虫开始活动为害。被害枝条先端枯萎、折枝，常有大量颗粒状木屑落地，部分寄主上的排粪孔伴随流胶。幼虫可转枝为害，也可在原蛀道内掉头为害，5 月中旬化蛹，6 月上旬成虫羽化、交尾和产卵，羽化时蛹壳半露在羽化孔外。成虫具趋光性。

六星黑点豹蠹蛾为害状

【生态治理】1. 及时剪除销毁被害枝条。2. 物理防治。采用黑光灯诱杀成虫。3. 生物防治。释放蒲螨、招引啄木鸟等天敌。4. 化学防治。树干注射 10% 吡虫啉内吸性杀虫剂，再用湿泥将口封严。

六星黑点豹蠹蛾幼虫

六星黑点豹蠹蛾幼虫

六星黑点豹蠹蛾成虫

国槐小卷蛾　　　　鳞翅目卷蛾科

Cydia trasias (Meyrick)

【寄主】国槐、龙爪槐等。

【形态特征】成虫体长为 6mm 左右，展翅 14mm 左右。雄蛾全体黑灰色，头顶、额区和前胸背面被蓝紫色闪光鳞片。触角基部 1~3 节黄褐色，其余各节背面黑灰色，腹面淡色。前翅近长方形，顶角稍突出，基半部灰黑色，斑纹不太明显，端半部色较浅，有明显斑纹；端半部前缘有 7~10 个黑色短斜纹，其中，有 2 条蓝黑色线向外缘斜伸，2 条线间有一列黑点与亚缘线附近的 4 个黑点形成一条间断、弯折的黑线；外缘黑色、缘毛密、褐色。后翅烟黑色、均匀，外缘毛浅灰色，后缘毛长，灰白色。足黑褐色。抱握器较粗大，端部钝圆，腹部缘无凹陷。雌蛾色较淡，为深褐色，腹面黄褐色，体较粗壮，腹部末端较尖细。卵椭圆形，极扁，长径 0.69mm，短径 0.54mm，高 0.10mm，表面无明显花纹，边缘部分半透明。幼虫淡黄白色，5~7 龄，末龄幼虫长 10~13mm。头部黄褐色，单眼区、额唇基沟及上颚端部黑褐色，上颚具 4 齿。前胸盾淡黑褐色，气门近圆形，黑色，前胸侧毛组 3 根都在 1 个毛片上，无臀栉；腹足趾钩为双序全环，各足有趾钩 34~47 个，臀足为双序半环，有趾钩 20~23 个。蛹黄褐色，体长 7mm 左右，在第 2~7 腹节背面都有两横排刺。前排的刺粗大而稀，后排的刺细小而密，第 4~6 腹节的前排刺多数为 34~38 个，后排刺 50~58 个，第 8~9 腹节只有一排很稀的粗刺，第 10 腹节端缘有 8 个粗刺。

【测报】颐和园一年 3 代，长廊沿线龙爪槐、国槐可见，以高龄幼虫在国槐和龙爪槐的豆荚及一年生枝条和树皮缝中越冬。被蛀食的豆荚上有黑色虫孔，孔外有虫粪等物。在枝条内越冬的幼虫亦在入孔处堆积虫粪或丝网或者只有干疤，春天越冬幼虫复苏后还可继续取食、发育，5 月初开始吐丝、结茧并陆续化蛹，5 月中下旬始见成虫。雌雄比 1∶1，成虫有一定趋光性，趋化性较强，成虫羽化时间以上午最多，飞翔能力强。卵单粒散产于叶背中脉附近及新梢上。第 1 代、第 2 代成虫、卵和幼虫都在 8 月中旬重叠发生，部分第 2~3 代幼虫一起进入越冬，末代成虫在 10 月 1 日仍可见到。初孵幼虫在枝条上爬行 1~2 小时，在枝条与叶柄基杈处找到适宜位置后即吐丝将虫体网入其中，然后咬掉树皮等组织，钻入枝中，蛀孔外有细末及虫粪堆积物，幼虫在枝条中串食髓部。幼虫有转移为害习性，每脱皮1次转移1次，平均一头幼虫转移为害5~7片复叶，脱皮时的头壳与粪粒、碎屑混在一起，末龄幼虫多不再转移。老熟幼虫有垂丝现象，在枝干、豆荚或树皮中化蛹羽化后，蛹壳仍斜卡在枝干或豆荚上。在8月下旬至9月上旬，当槐豆荚长到最大时，开始入荚取食并在其中越冬。幼虫从复叶基部蛀入枝条，被害复叶逐渐萎蔫下垂，一遇风雨就飘落遍地，严重被害的树到8—9月则树冠秃顶，严重影响树势和观赏价值，并在冬天出现顶梢枯萎哨条的现象。

【生态治理】1. 加强修剪。结合秋冬季园区管理，剪打槐豆荚，以减少虫源。7月中旬修剪被害小枝，对第2代的发生有一定控制作用。

为保护天敌，可将槐豆荚放入细尼龙纱袋中，春天让寄生蜂羽化后飞出，把害虫留在袋中消灭。2. 物理防治。成虫期用黑光灯诱杀成虫；或将国槐小卷蛾性诱捕器悬挂在树冠向阳面外围，可诱杀10~100m范围内成虫。2种诱杀方法均有利于保护天敌。3. 化学防治。在准确测报的基础上，可视虫量大小，在成虫产卵高峰期后1~2天喷药，此时初孵幼虫暴露在外面，而且抗药力很弱，可收到最佳防治效果。4. 保护利用寄生性茧蜂、小蜂，捕食性螨类和啮虫。

国槐小卷蛾为害状

国槐小卷蛾幼虫排粪

国槐小卷蛾幼虫

国槐小卷蛾幼虫

国槐小卷蛾成虫

国槐小卷蛾诱捕器

梨小食心虫　　鳞翅目卷蛾科

Grapholitha molesta (Busck)

【寄主】桃、李、杏、梅、海棠、樱桃、山楂等。

【形态特征】成虫体长 5~6mm，翅展 10.6~15mm。体暗黑褐色。前翅深灰褐色，无光泽，前缘有 7~10 组白色斜纹，外缘内有 6~8 条黑色条纹，中室外方有 1 白色斑点。后翅暗褐色，基部色浅。卵初淡黄白色，后微带粉红，半透明，扁椭圆形，中央隆起，周缘平行，长径 0.8mm。幼虫低龄时头、前胸背板褐色，体白色。老熟幼体长 10~12mm，头褐色，前胸背板黄白色，透明，体淡黄色或粉红色，足趾钩单序，环状，腹足趾钩 25~40 个，腹部末端之臀栉 4~7 个。蛹体长 6~7mm，长纺锤形，黄褐色，腹部第 3~7 节背面各有 2 行短刺，腹部末端有钩状刺毛 8 根，茧白色纺锤形。

【测报】颐和园一年 3~4 代，主要为害碧桃，以老熟幼虫在树体上翘皮裂缝中结茧越冬，在树干基部接近土面处也有幼虫过冬。梨小食心虫寄主种类很多，但桃是其最佳寄主。越冬幼虫最早于 4 月上、中旬化蛹，越冬代成虫通常于 4 月中旬初见，4 月底出现成虫高峰，末期为 5 月下旬。1 代成虫发生期在 5 月底初见，盛期为 6 月上旬。2 代成虫于 7 月中旬初见，盛期在 7 月下至 8 月上旬，末期为 9 月初。3 代成虫，发生于 9 月初，盛期不明显，一般至 9 月中旬末绝迹。第 1~2 代幼虫主要为害新梢，5 月初始见被害梢，每头幼虫转梢为害 2~4 个；第 3~4 代幼虫一部分为害桃梢，一部分为害果实，因此，整个生长期都有桃梢不断被害。温度、降水等对梨小食心虫影响显著。当 3 月上旬至 4 月上旬平均温度累积值达到 30℃时，就出现越冬代成虫发蛾盛期。在降水多的年份，由于湿度大，成虫产卵数量多，因而为害严重；雨少干旱年份对成虫繁殖不利，发生为害较轻。由于梨小食心虫有转移寄主的习性，因此，在寄主植物种类更多的地方，生活史更复杂。为害也较为严重。

【生态治理】1. 加强养护管理。结合中耕施肥，破坏梨小食心虫幼虫的越冬场所，早春刮老翘皮，减少越冬基数。当幼虫刚蛀入桃树新梢，尚未转梢之前，及时彻底剪除虫梢，并将剪下的虫梢及时烧掉。拣拾落地虫果深埋。2. 物理防治。幼虫越冬前在树干上绑草把，诱集老熟幼虫，于翌年春天出蛰前取下草把集中处理。成虫期用黑光灯、性引诱剂或糖醋液引诱成虫，糖醋液诱集早期效果较好，如遇天气炎热，蒸发量大时，应随时补充诱剂；随着水果的成熟，由于果实香味的干扰，容易出现成虫的高峰期不明显的现象，另外，糖醋液所诱集的害虫种类多，统计起来较不方便。梨小食心虫性信息素具有专一性、无毒、不伤害益虫、不污染环境等优点，被广泛应用于科研与生产实践中。梨小食心虫性激素的主要成分为 (Z)-8- 十二碳烯 -1- 醇醋酸酯，诱芯最佳有效期为 1 个月。3. 生物防治。梨小食心虫的天敌因子有中国齿腿姬蜂 *Pristomerus chinensis* Ashmead、黄眶离缘姬蜂 *Trathala flavo-orbitalis* (Cameron)、日本黑瘤姬蜂 *Coccygomimus nipponicus* (Uchida)、斑痣悬茧蜂 *Meteorus pulchricorus* Wesmael、食心虫白茧蜂 *Phanerotoma planifrons* (Nees)、松毛虫赤眼蜂 *Trichogramma dendrolimi* Matsumura、广赤眼蜂 *Trichogramma evanescens* Westwood 等。可利用赤眼蜂、齿腿姬蜂、小茧蜂寄生梨小食心虫幼虫，也可在高温高湿季节用白僵菌防治。在各代成虫产卵初期、盛期、高峰期、末期各放 1 次赤眼蜂，以单株果树为标准，每隔一株设一个点。第一次产卵初期每点放蜂 1 500 头，第二次盛期每点放蜂 2 000 头，第三次高峰期每点放蜂 1 500 头，第四次末期每

梨小食心虫为害状

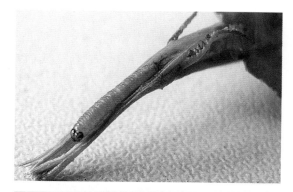

梨小食心虫幼虫

梨小食心虫诱捕器

梨小食心虫迷向丝

微红梢斑螟　鳞翅目螟蛾科

Dioryctria rubella Hampson

【寄主】油松、华山松等。

【形态特征】成虫体长 10~16mm，翅展 19~30mm。雄性触角锯齿状，基节膨大，触角干基部鳞脊狭长，雌性触角灰色丝状。成虫额圆形淡灰色，头顶竖鳞棕褐色。下唇须灰褐色，向上弯曲，第 1~2 节褐色，第 3 节深褐色越过头顶。前翅灰褐色，有 3 条灰白色波状横纹，中室有 1 个灰白色肾形斑，后缘近内横线内侧有 1 个黄斑，外缘黑色。后翅灰白色，无斑纹。足黑褐色。卵椭圆形，长 0.8~1.0mm，初产黄白色，有光泽，接近孵化时变为樱红色。幼虫体长 15~25mm，头部及胸背板褐色，胸腹部淡褐色，体表生有多数褐色毛片，其上生有 1~2 根细毛，腹部各节有对称的毛片 4 对，背面两对较小，两侧两对较大，呈梯形排列，腹足趾钩为双序环。幼虫共 5 龄。蛹长椭圆形，长约 15mm，宽约 3mm。初始为黄褐色，接近羽化时变为深褐色。腹末有深色的骨化狭条，其上着生 3 对钩状臀棘，中部 2 根较长，两侧 4 根较短。

【测报】颐和园一年发生 1 代，后湖、后山可见，10 月上旬以幼虫在被害梢内越冬。翌年 3 月下旬开始为害，部分幼虫爬出越冬蛀道，转移到另一新梢蛀食，新梢被蛀后，呈钩状弯曲。老熟幼虫于 5 月中旬化蛹于被害梢蛀道的上端，化蛹前先咬 1 圆形羽化孔，在羽化孔下面做蛹室，吐丝连缀木屑封闭孔口，并吐丝织成薄网堵塞蛹室两端，老熟幼虫在室内头向上静伏不动，2~3 天后即化蛹。蛹一般静伏不动，遇惊扰则用腹节与蛀道四壁摩擦向上移动。成虫于 5 月下旬开始羽化，成虫羽化时，穿破堵塞在蛹室上端的薄网而出，蛹壳仍留在蛹室中。成虫羽化时间多在上午，白天静伏于梢头的针叶基部，夜晚飞翔。卵期 7~10 天，卵散产，每梢有 1~2 粒卵。初孵幼虫迅速爬行到附近被害枯梢的旧蛀道内隐蔽，取食旧蛀道内的碎屑粪便等腐殖质，经 3~4 天脱皮，从旧蛀道爬出，吐丝下垂，随风传播。幼虫有向上爬行的习性，常爬到主梢和侧梢为害，一般为害直径 8~10mm 的新梢。为害时，从梢的近中部蛀入，蛀口圆形，蛀口外堆积大量蛀屑及粪便，蛀道内壁光滑，蛀道内充满粪便和蛀屑，蛀道长 10~15cm，直径 0.3~0.5cm。3 龄幼虫有迁移的习性，部分幼虫从旧被害梢爬出，为害新梢，幼虫迁移后出现个别被害梢内无虫的现象。此

虫不仅为害新梢，有时也为害球果。

【生态治理】1. 营林措施。及时进行抚育管理，主要措施是除草、松土、施肥，疏松土壤可以减少水分蒸发，加速林木生长，促使提早郁闭，增强林木抵抗病虫害的能力。修枝留桩短、切口平，减少枝干伤口是预防猖獗发生的根本措施。2. 物理防治。人工剪梢、灯光及诱剂诱杀可较好地降低虫口密度。根据成虫的趋光性，设置黑光灯和诱捕器诱杀，还具有虫情监测的作用。3. 生物防治。微红梢斑螟自然天敌种类较丰富，但目前真正用自然天敌昆虫防治微红梢斑螟的研究未见报道。幼虫期喷施白僵菌、苏云金芽孢杆菌，防治效果较好。另外，可在微红梢斑螟卵期释放赤眼蜂，消灭虫卵，控制子代幼虫为害。4. 化学防治。主要针对微红梢斑螟幼虫和刚羽化的成虫。在当地成虫期和幼虫孵化期，对被害木全面喷施具有优良触杀、内吸性作用的杀虫剂。如氯氰菊酯、高渗苯氧威、苦参碱等。

微红梢斑螟幼虫

微红梢斑螟为害状

微红梢斑螟幼虫

微红梢斑螟蛹

微红梢斑螟蛹特征——尾部有环，刚毛有钩

微红梢斑螟成虫

微红梢斑螟蛹壳

微红梢斑螟成虫

松果梢斑螟 　　　　鳞翅目螟蛾科

Dioryctria pryeri Ragonot

【寄主】油松。

【形态特征】成虫翅展 26~30mm，前翅赤褐色，近基有短横线 1 条，内外线波状，银白色，2 线间暗赤褐色，靠近前后缘处呈浅灰色云斑，中室端有新月形白斑 1 个，后翅浅灰色，外缘暗褐色。卵椭圆形，乳白至黑褐色。幼虫老熟体长 15~22mm，漆黑或蓝黑色，光泽明亮，头红褐色，前胸背板及 9~10 腹节背板黄褐色，体具长原生刚毛。蛹赤褐色，头和腹末圆顿光滑，臀棘 6 根成弧形排列。

【测报】颐和园周边有发现，一年 1 代，以初龄幼虫在被害球果、枝梢内或老皮下拉网越冬。翌年 4 月越冬幼虫开始先蛀食雄花序，而后转移至当年生新梢或 2 年生球果内为害，5 月下旬至 6 月下旬为害严重，6 月中旬开始在蛀道内化蛹，6 月下旬开始出现成虫，蛹壳留于蛀道内。成虫趋光性强，产卵于枝、果上。7 月上旬新幼虫出，新孵化幼虫当年不取食，而在旧被害枝梢、球果内或老树皮下越夏和越冬。

【生态治理】1. 营造混交林。2. 物理防治。灯光诱杀成虫。3. 生物防治。幼虫期释放蒲螨、喷施白僵菌、苏云金芽孢杆菌；卵期释放赤眼蜂。4. 化学防治。成虫期和幼虫孵化期，喷施具有优良触杀、内吸性作用的杀虫剂。如氯氰菊酯、高渗苯氧威、苦参碱等。

松果梢斑螟蛹壳

松果梢斑螟为害状

松果梢斑螟成虫

松果梢斑螟成虫

楸蠹野螟　　　鳞翅目草螟科

Sinomphisa plagialis (Wileman)

异名：*Omphisa plagialis* Wileman

【寄主】楸树、梓树、黄金树。

【形态特征】成虫体长约15mm，翅展约36mm，灰白色，头和胸、腹各节边缘处略带褐色；翅白色，前翅基有黑褐色锯齿状二重线，内横线黑褐色，中室及外缘端各有黑斑1个，下方有近于方形的黑色大斑1个，外缘有黑波纹2条；后翅有黑横线3条。卵椭圆形，长约1mm，初产出的卵为乳白色，似水泡状，后卵色变为红褐色，近孵化时变为暗赭红色，透明，表面密布小刻纹。幼虫老熟时长约22mm，灰白色，

松果梢斑螟幼虫

松果梢斑螟幼虫

前胸背板黑褐色，2分块，体节上毛片褐色。蛹纺锤形，长约15mm，黄褐色。

【测报】颐和园一年发生2代，以老熟幼虫在枝梢内越冬。翌年3月中旬开始活动，老熟幼虫在羽化孔上方约2cm处吐丝结木屑阻隔虫道筑成蛹室，然后头朝下化蛹，4月上旬出现成虫。成虫有趋光性。雌雄交尾后产卵于嫩枝上端叶芽或叶柄基部，少数产卵于幼果及叶片上，卵散产，每处1~4粒，卵期6~9天。幼虫孵化由嫩梢叶柄基部蛀入直至髓部，并排出黄白色虫粪和木屑，受害部形成长圆形虫瘿，幼虫钻蛀虫道长15~20cm。幼虫于6月上旬老熟，开始化蛹，6月中旬始见一代成虫，后期世代重叠。

【生态治理】1.修剪受害枝。2.初孵幼虫可喷洒除虫脲。3.灯光诱杀。4.利用白僵菌进行生物防治，自然条件下寄生率较高。

楸蠹野螟为害状

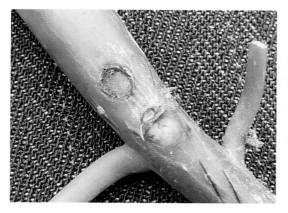

楸蠹野螟准羽化孔

楸蠹野螟蛹

楸蠹野螟幼虫

楸蠹野螟成虫

楸蠹野螟幼虫

楸蠹野螟成虫

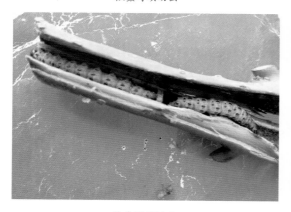

楸蠹野螟幼虫

楸蠹野螟幼虫被白僵菌感染

楸蠹野螟幼虫被白僵菌感染

桃蛀野螟　　　　　　　　　　鳞翅目草螟科

Conogethes punctiferalis (Guenée)

异名: *Dichocrocis punctiferalis* Guenée

【寄主】梅、山楂、樱花、桃、苹果、梨、杏、石榴等 10 余种果树。

【形态特征】成虫体长 9~14mm，翅展 22~28mm。全体橙黄色。前翅正面散生 25~28 个大小不等的黑斑；后翅有 15~16 个黑斑。雌蛾腹部末端圆锥形。雄蛾腹部末端有黑色毛丛。卵长椭圆形，稍扁平，长径 0.6~0.7mm，短径约 0.3mm。初产时乳白色，近孵化呈红褐色，卵面有细密而不规则纹。幼虫末龄体长 18~25mm。头暗褐色，前胸背板、臀板黄褐至黑褐色。体色多变化，有淡灰褐色及淡灰蓝色，体背面具紫红色彩。腹足趾钩双序缺环。胴部各节毛片显著。蛹长 10~14mm，纺锤形，初化蛹时淡黄绿色，后变深褐色。头、胸、腹部 1~8 节背面密布细小突起，腹部末端有细长两卷曲的臀棘 6 根。茧灰褐色。

【测报】颐和园一年发生 2~3 代，以老熟幼虫在树皮裂缝、被害僵果、石缝内结茧越冬。越冬幼虫于 4 月间化蛹，5 月中旬羽化成虫。5 月底至 6 月上旬为第 1 代成虫盛发期，7 月中下旬为第 2 代成虫盛发期，8 月中旬出现第 3 代成虫，8 月中下旬为产卵蛀果盛期。第 3 代老熟幼虫越冬。

【生态治理】1. 消灭越冬幼虫。2. 灯光、糖醋或性外激素诱杀成虫。3. 严重时，喷施 3% 高渗苯氧威乳油 3 000 倍液，减少虫口密度。

桃蛀野螟成虫

桃蛀野螟成虫

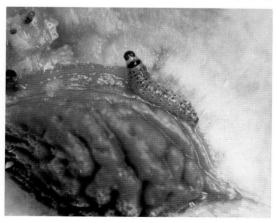

桃蛀野螟幼虫为害桃

桃蛀野螟成虫

玉米螟　　　　鳞翅目草螟科

Ostrinia furnacalis (Guenée)

【寄主】大丽花、菊花、杨、柳以及玉米等农作物。

【形态特征】成虫黄褐色，雄蛾体长 10~13mm，翅展 20~30mm，体背黄褐色，腹末较瘦尖。触角丝状，灰褐色。前翅黄褐色，有两条褐色波状横纹，两纹之间有两条黄褐色短纹，后翅灰褐色。雌蛾形态与雄蛾相似，色较浅，前翅鲜黄，线纹浅褐色，后翅淡黄褐色，腹部较肥胖。卵扁平，椭圆形，数粒至数十粒组成卵块，呈鱼鳞状排列，初为乳白色，渐变为黄白色，孵化前卵的一部分为黑褐色，为幼虫头部，称黑头期。幼虫老熟体长 25mm，圆筒形，头黑褐色，背部颜色有浅褐、深褐、灰黄等多种，背中有明显褐色透明线 1 条。蛹黄褐色，长纺锤形，被蛹。

【测报】颐和园一年发生 2 代，以幼虫在蛀道内越冬。翌年 5 月下旬成虫羽化，日伏夜出。成虫将卵产在植物上部叶背面处，卵块鱼鳞状，卵粒不等，卵期 7 天左右。初孵幼虫从寄生的芽或叶柄基部蛀入茎内，蛀孔口黏有黑色虫粪，幼虫有转移为害习性，4—10 月均有为害，以 8—9 月为害最严重。10 月下旬越冬。

【生态治理】1. 消灭越冬幼虫，销毁有虫茎秆。2. 灯光或性激素诱杀成虫。3. 释放赤眼蜂进行生物防治。

玉米螟幼虫

玉米螟成虫

玉米螟成虫

地下类害虫

地下类害虫如金龟、叩甲、地老虎等，指生活在土壤中，并以植物地下部分（包括种子）为食的害虫，是园林植物，特别是苗木和草坪的严重性害虫。幼虫在地下咬食根部，造成地上部分的衰弱和死亡，甚至大片草坪被毁。此类害虫应以防治成虫为主，灯光诱杀的效果极佳。切忌把防治重点放在幼虫阶段。在施用有机肥料时，必须先清除其中的蛴螬。

北京油葫芦　　直翅目蟋蟀科

Teleogryllus emma (Ohmachi et Matsumura)

异名：*Gryllus mitratus* Burmeister，别名：黄脸油葫芦。

【寄主】寄主广泛，以多种农作物及园林苗木、花、草等植物为食。

【形态特征】成虫体长 18~24mm，黑褐色，有光泽；头顶黑色，背板有月牙纹 2 个；腹面黄褐色，产卵管甚长。卵长筒形，光滑，两端为尖、乳白微黄色。

【测报】颐和园一年发生 1 代，以卵在土中越冬。翌年 4 月末至 5 月下旬孵化，8—9 月成、若虫为害严重，10 月上旬成虫产卵。成虫喜隐藏在薄草、阴凉处及疏松潮湿的浅土、土穴中，不分昼夜发出鸣声，善跳、爱斗为其特性。成虫、若虫取食植物的叶、茎、枝、种子、果实或根部。成虫和若虫昼间隐蔽，夜间活动，觅食、交尾。成虫有趋光性。

【生态治理】1. 物理防治。灯光诱杀成虫。2. 化学防治。严重发生时，可喷施辛硫磷等。

北京油葫芦成虫

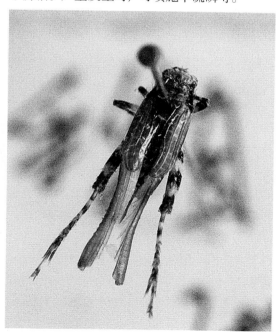

北京油葫芦若虫

东方蝼蛄　　直翅目蝼蛄科

Gryllotalpa orientalis Burmeister

【寄主】松、柏、榆、槐、桑、海棠、樱花、竹、草坪草等。

【形态特征】成虫体背浅黄褐色，密被细毛。雌虫体长 32mm 左右，雄虫体长 30mm 左右。腹部呈纺锤形，前胸背板卵圆形，中央具一明显的长心脏形凹陷斑。前翅短小，鳞片状，后翅宽阔，纵褶呈尾状，较长，超过腹末端。腹末有 1 对尾须。前足开掘足，后足胫节背侧内缘有距 3~4 根。卵椭圆形，长约 2.8mm，初产时乳白色，有光泽，逐渐变黄褐色，孵化前为暗紫色。若虫初孵乳白色，腹部肥大，红色或棕色，随虫体长大，体色逐渐变深，2~3 龄后体色与成虫相似，但仅有翅芽，老熟时体长 24~25mm。

【测报】颐和园两年发生 1 代，以若虫或成虫在 25~35cm 土层中越冬，翌年 3 月下旬开始活动，4—5 月上升到地表为害。6 月下旬至 8 月下旬因地表炎热转入地下越夏产卵，9 月以后随着气温下降，再次上升到表土层，对秋作物进行为害，进入 10 月以后陆续入土越冬。一年中以 4—5 月和 9—10 月为害最严重。每头雌蝼蛄可产卵 3~4 次，约 100 余粒，最多可达 300~500 粒。卵多产在 10~15cm 深的潮湿土内，卵窝呈鸭梨形。若虫 6 龄，成虫寿命 8 个月左右。东方蝼蛄昼伏夜出，有趋光性，以 21:00—23:00 活动最盛，尤其闷热的夜晚大量出土活动。对挥发香味的物质有强烈的趋向性，未腐熟的粪肥可招引成虫产卵，因此，大量施入未充分腐熟的有机肥时也易导致蝼蛄发生，受害加重。蝼蛄在土中活动受温湿度影响较大，在深 20cm、土温为 15~20℃、含水量在 20% 以上的土壤中，蝼蛄活动最频繁，为害较重，雨后或灌溉后为害加重。此外，沿河两岸、沟渠、近湖等低湿地带发生也较重。

【生态治理】1. 加强预测预报。可选择有代表性的地块采用 5 点式取样方法进行调查。当查到虫口密度大于 0.5 头 /m² 时，立即进行防治。2. 栽培防治。施用充分腐熟的有机肥。地被植物实行轮作，以破坏其栖息地和产卵场所，降低孵化率，减少为害。3. 物理防治。利用东方蝼蛄的趋光性，羽化期间在林间设置黑光灯进行诱杀，选择晴朗无风、闷热、无月光的晚上放置，每 2hm² 放 1 盏，诱杀效果较好。4. 化学防治。可用撒阿维菌素颗粒剂于地面并浅耙耕，可预防其为害。

东方蝼蛄（李颖超摄）

华北蝼蛄　　　直翅目蝼蛄科

Gryllotalpa unispina Saussure

【寄主】华北蝼蛄又称单刺蝼蛄，食性杂，可食针叶树以及农作物、经济作物的幼苗。

【形态特征】华北蝼蛄个体较大，体色较浅，胖头大腔。成虫体长为 35~55mm，黄褐或浅黑褐色，有一个强壮发达的前胸背板和 1 对有力的开掘式前足。全体密生黄褐色细毛。头小，近圆锥形，暗褐色。触角丝状。前胸暗褐色，背板卵圆形，中央具一心脏形红色暗斑。前翅短小，平叠于背部，仅达腹部中部，后翅折叠成筒形，突出于腹端。腹部末端近圆筒形，背部黑褐色，腹面黄褐色。前足腿节下缘弯曲，后足胫节背面内缘有棘刺 1 个或消失，故也称单刺蝼蛄。卵椭圆形，初产时长 16~18mm，乳白色有光泽，后渐变黄褐。若虫形态与成虫相仿，翅不发达，仅有翅芽，共 13 龄。若虫初乳白色，体长 2.6~4cm，头、胸部细长，腹部肥大，复眼淡红。脱皮 1 次后呈浅黄褐色，体长 3.6~4cm，随龄期增长体色逐渐加深；5~6 龄后体色与成虫相似。末龄若虫体长 36~40cm。

【测报】颐和园约三年发生 1 代，以成虫和 8 龄以上的各龄若虫在土中越冬，有时深达 150cm。翌年 3—4 月，当 10cm 深土温达 8℃左右时开始上升为害，地面可见长约 10cm 的虚土隧道。当隧道上出现虫眼时已经开始出窝迁移和交尾产卵，越冬成虫于 6—7 月交配。初孵若虫最初

东方蝼蛄

较集中，后分散活动，至秋季达 8~9 龄即入土越冬；第二年春季，越冬若虫上升为害，到秋季达 12~13 龄时，又入土越冬；第三年春再上升为害，8 月上中旬开始羽化，入秋季以成虫越冬。成虫虽有趋光性，但体形大飞翔力差，灯下诱杀不如东方蝼蛄高。华北蝼蛄在土质疏松的盐碱地、沙壤土地发生较多。

【生态治理】1. 预测预报。每年在 3—4 月 20cm 处平均地温 8℃时开始进行，每平方米有虫 0.3~0.5 头时为轻发生，0.5~0.8 头时为中发生，0.8 头以上为重发生。根据以上测查情况，确定防治范围和防治适期。2. 栽培防治。适时进行深耕翻地或大水灌地，破坏蝼蛄场所。注意不要施用未腐熟的有机肥料，实行合理轮作，改良盐碱地。保持林间清洁。3. 物理防治。黑光灯诱杀成虫，结合在灯下放置有香甜味的、加农药的水缸或水盆进行诱杀。还可利用潜所诱杀，即利用蝼蛄越冬、越夏和白天隐蔽的习性，人为设置潜所，将其杀死。也可人工捕杀或食物诱杀。4. 生物防治。利用昆虫病原微生物，如病毒、细菌、真菌、立克次体和线虫等进行生物防治害虫；绝大多数鸟类是食虫的，保护鸟类，严禁随意捕杀鸟类也是生物防治的重要措施。在林间除保护附近原有的鸟类外还应人工悬挂各种鸟箱招引，还可以利用不育的蝼蛄与天然条件下的蝼蛄交配，使其产生不育群体，减少蝼蛄发生量。5. 化学防治。严重发生时，可施用辛硫磷。施药前必须做好虫情调查，选发生较重的地区进行挖土调查。

华北大黑鳃金龟　　　鞘翅目金龟科

Holotrichia oblita (Faldermann)

【寄主】为世界性难防的地下害虫，主要为害多种花木、草坪、地被植物的地下部分，其分布广泛，食性杂，具有一定的隐蔽性，其为害在地下害虫中居首位，是中国金龟子中重要的优势种群，具有非常重要的经济意义。

【形态特征】成虫体长 16~21mm，宽 8~11mm。黑褐或黑色，有光泽。前胸背板有许多刻点；鞘翅各具明显纵肋 4 条，会合处缝肋显著。幼虫乳白色，臀节腹面只有散乱钩状毛群。

【测报】颐和园二年发生 1 代，4 月末至 8 月下旬均可见成虫，5 月中下旬至 6 月初为成虫盛期，7 月中下旬为卵的孵化盛期。

【生态治理】1. 物理防治。首选灯光诱杀成虫（5~9 月）。2. 生物防治。如利用生防菌，保护益鸟等。广谱性昆虫病原真菌绿僵菌寄主范围广泛，能寄生直翅目、膜翅目、同翅目、双翅目、鳞翅目、鞘翅目以及半翅目 7 个目、42 个科、约 200 余种昆虫、线虫及螨类。3. 化学防治。少量发生时用吡虫啉灌根，严重发生时，可局部使用辛硫磷。可结合整地采用阿维菌素、毒死蜱颗粒剂等进行土壤处理。施用的有机肥应充分腐熟并消毒。

华北大黑鳃金龟成虫

东北大黑鳃金龟　　　鞘翅目金龟科

Holotrichia diomphalia Bates

【寄主】杨、香椿、油松、榆、柳、水杉、板栗、核桃等多种林木。

【形态特征】本种与华北大黑鳃金龟相似，但本种体形较小。成虫臀板隆凸末端分为 2 个矮圆凸，隆凸高度略超过末节腹板之长，第五腹板中部三角形凹坑较宽（雄）。而华北大黑鳃金龟臀板隆凸末端较圆尖，其高度几乎达到末腹板长的一倍。

【测报】颐和园二年发生 1 代，以幼虫、成虫越冬。越冬成虫于 4 月末、5 月初开始出土活动。幼虫期很长，每年的 5—9 月下旬均有幼虫为害。幼虫在地温较高时向下移，地温较低时向地表移动，幼虫主要为害苗木根部。刚孵化的幼虫，活动能力差，适应能力和抵抗力很低，遇到大雨或土壤湿度过大都可能造成死亡。成虫昼伏夜出，有假死和弱趋光习性。成虫多在寄主植物的附近栖息，产卵。

【生态治理】1. 物理防治。可在金龟子 1 龄幼虫阶段通过采用灌溉的方法防治幼虫。每年 6—8 月是幼虫和成虫的活动盛期，可采取人工捕杀、灯光诱杀。2. 生物防治。如利用绿僵菌、昆虫病原线虫，保护益鸟等。昆虫病原线虫具有对昆虫专性寄生、寄主范围广、对寄主昆虫具有主动搜寻能力、能够从寄主昆虫的自然开口（如口器、气门和肛门）、伤口或节间膜进入寄主昆虫体内、并且能够迅速杀死寄主昆虫、能以人工培养基低成本大量培养、对人畜、植物及有益生物安全等优点，在未来的害虫生态控制系统中，将会发挥重要的作用。如异小杆线虫 Heterorhabditis bacteriophora–1 是对东北大黑鳃金龟幼虫较为理想的昆虫病原线虫品系。3. 化学防治。少量发生时用吡虫啉灌

根，严重发生时，可局部使用辛硫磷。可结合整地采用阿维菌素、毒死蜱颗粒剂等进行土壤处理。施用的有机肥应充分腐熟并消毒。

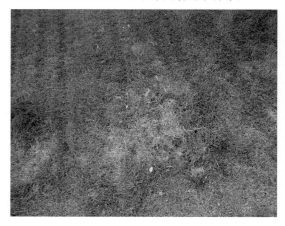

蛴螬为害状

东北大黑鳃金龟幼虫

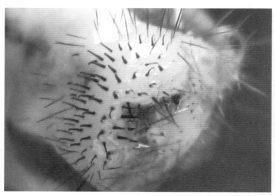

东北大黑鳃金龟幼虫刚毛列

东北大黑鳃金龟幼虫为害草坪

毛黄鳃金龟　　　　鞘翅目金龟科

Holotrichia trichophora (Fairmaire)

【寄主】幼虫喜食多种林木、花卉、草坪的地下部分，严重时，根、果全部被吃光，植株枯死。

【形态特征】成虫体长14.0~18.0mm，宽7.6~10.3mm，全体棕褐色或黄褐色，密布黄色竖长毛。唇基前缘上卷，中央处内弯。头部两复眼间有高隆的横脊1条，横脊有时中断，侧端伸达眼缘，横脊前部密布具长毛深大刻点。触角9节，鳃片部3节。前胸背板稍窄于鞘翅基部，散部大小刻点。小盾片三角形，密布无毛的刻点。鞘翅无纵肋，密布具毛刻点。基部毛黄细。前足胫节外缘有3齿，跗节腹面具密而成行的毛。幼虫体长37.0~45.0mm，头部前顶毛每侧6根，臀节腹面锥形毛尖端向内，中间有近椭圆形裸露区。肛门三裂。

【测报】颐和园一年发生1代，以成虫和少数蛹、幼虫越冬。翌年4—5月越冬成虫活动繁殖，4月中至5月上旬为成虫活动产卵盛期。5月中旬出现新1代幼虫，6月幼虫开始为害，取食植物根部。冬季，老熟幼虫下至1m多深处越冬。成虫毛黄鳃金龟成虫出土期整齐，每日出土时间集中（18:30—19:30），4月15日前后，当旬平均气温达11℃左右为出土盛期。物候指标正值紫藤、黄刺玫初花期。根据公式：成虫防治适期＝成虫出土盛期＋产卵前期（11天左右）预测成虫防治适期。颐和园成虫防治适期为4月26日前后。毛黄鳃金龟幼虫有3龄，1龄幼虫基本为腐食性，个体小，抗药力弱，进入2龄后开始为害花木，3龄为严重为害阶段。此外毛黄鳃金龟幼虫的主要天敌——普通钩土蜂，一般在毛黄鳃金龟的2龄幼虫期出现，8月中下旬为高峰期，为保护天敌，以1龄幼虫期为防治的最佳时机。此时省工、省药，防治效果好，又可较好地保护利用天敌。测报方法是：在预测成虫防治适期的基础上，5月下旬进行林间1次性查卵，根据卵的外部形态变化特点及发育历期预测1龄幼虫发生期。

【生态治理】1. 栽培措施。珍贵苗木的移植应避开虫口密度大的虫源地如花灌木、丁香地等，而选择虫量少的桧柏、毛白杨等。掌握在成虫产卵盛期适当灌水，保持土壤湿度处于良好状态，使成虫产卵于5~15cm的表土层，以利于对初龄幼虫的防治。2. 成虫产卵前期的防治。虫口密度较大的地块，利用越冬成虫出土集中的特点，在成虫出土盛期后每日黄昏人工捕捉成虫。3. 初龄幼虫的防治。在准确测报的基础上，于幼虫初孵期（北京地区为6月上旬）随水灌药，可用辛硫磷均匀浇灌。上述技术对于其他种类金龟子的测报和防治也有参考价值。

毛黄鳃金龟成虫

小黄鳃金龟　　　　鞘翅目金龟科

Metabolus flavescens Brenske

【寄主】梨、丁香、核桃、杨等多种植物。

【形态特征】成虫体长11~12mm，宽5~6mm。体浅褐略带黄色，头色泽最深，呈栗褐色，前胸背板呈栗黄色，鞘翅色泽浅而带黄。头大，唇基密布大形具毛刻点，前缘中凹，头面密布粗大刻点，额中有明显中纵沟，两侧丘状隆起。触角9节，棒状部短小，3节组成。下颚须7节，棒状，末节粗长。小盾片短阔三角形，散布具毛刻点。鞘翅刻点密。胸下密被绒毛。前足胫节外缘3齿形，末跗节3爪圆弯。雄性生殖器阳基侧突管状简单。卵圆球形，乳白色，直径约1mm。幼虫老熟头黄褐色，胸、腹部乳白色略带黄色。幼虫体多雏，呈“C”形弯曲，胸足细长，无腹中，体长12~16mm。蛹为被蛹，初期为白色，后渐变为淡褐色，羽化前为赤褐色，体长约 12mm。

【测报】颐和园一年发生 1 代，以 3 龄幼虫在地下越冬。翌年 3 月上旬开始向上移动，4 月中旬至 5 月中旬为害，5 月下旬至 6 月上旬为蛹期，6 月下旬成虫盛期，7 月初产卵，7 月下旬至 10 月上旬幼虫为害期。成虫群集取食，交尾，于树上取食成熟叶片，仅留叶脉和较粗支脉，整株叶片食尽后，向附近株移动为害，气候适宜，成虫期过长，产卵量亦多。交尾时雄虫生殖器与雌虫扣紧后倒挂在雌虫下方不动，雌虫在苹果树叶片上继续取食或静止不动。产卵分散，寻找土壤疏松、有机残体多、土壤湿润地方产卵。成虫有假死性，不尚迁习，日落黄昏后出。幼虫时间较长，每年初春幼虫取食树木根系侧根、须根或主根皮层。虫口密度较大或较集中时，能取食所有细小根系或大根表皮，造成成龄树根系受伤而引起感病或烂根致死，幼龄树无根系，最终导致初春不能萌发而干枯、坏死。成熟幼虫移动到耕作层下硬土中做室化蛹。

【生态治理】1. 加强养护管理。及时清除垃圾，减少成虫和幼虫的躲藏机会。特别是每年初春和早秋进行土壤翻耕，能大大减轻为害。2. 物理防治。因成虫有高度群集性和假死性，待成虫上树为害后，在树下设置网或膜，可用人工振落收集捕杀，不失为一种安全、经济有效的办法。3. 化学防治。由于小黄鳃金龟成虫为害时，局部性和群集性明显，为害较为集中，且无趋光性。加强虫情调查其始为害方位或区域，可用击倒力强的触杀型低毒农药如吡虫啉喷雾能达到较好的防治效果。对幼虫孵化期的控制，在被害树盘内散施安全、有效期长、低残留土壤杀虫剂，控制为害程度。可结合整地采用阿维菌素、毒死蜱颗粒剂等进行土壤处理。施用的有机肥应充分腐熟并消毒。

黑绒鳃金龟　　鞘翅目金龟科

Maladera orientalis (Motschulsky)

【寄主】黑绒鳃金龟食性杂，可食 149 种植物。成虫最喜食杨、柳、榆、刺槐、苹果、梨、桑、杏、枣、梅等的叶片。

【形态特征】成虫体长 7~10mm，宽 4~5mm，卵圆形，前狭后宽；黑褐色，体表具丝绒般光泽。触角 10 节，赤褐色。鞘翅上各有 9 条浅纵沟纹，刻点细小而密，侧缘列生刺毛。卵椭圆形，长 1.1~1.2mm，乳白色，光滑。幼虫乳白色，体长 14~16mm，头宽 2.5mm。头部前顶毛每侧一根，额中毛每侧一根。触角基膜上方每侧有一个棕褐色伪单眼，系色斑构成。腹毛区中间的裸露区呈楔形，腹毛区的后缘有 20~26 根锥状刺组成弧形横带，横带的中央有明显中断。蛹长 8mm，黄褐色，头部黑褐色，复眼朱红色。

【测报】颐和园一年发生 1 代，以成虫在土中越冬。越冬成虫 4 月中旬出土活动，先取食发芽较早的杂草，4 月末至 6 月上旬为成虫盛发期，取食树木嫩芽幼叶，造成幼苗、幼树不能正常展叶而枯死。而后出土量大增，雨量大、温度高有利于成虫出土。成虫有假死性和趋光性，多在傍晚或晚间出土活动，白天在土缝中潜伏。根据观察，黑绒鳃金龟在 16:30 左右开始起飞，17:00 左右开始爬树，17:30 开始吃幼芽和嫩叶，24:00 时左右开始下树，钻进地面树叶里，然后进入土壤约 10cm 的深度。18:00—20:00 数量最多，最多可达 48 个 / 株，平均 30~40 个 / 株，雌雄交尾呈直角形，交尾盛期在 5 月中旬。雌虫产卵于 15~20cm 深度的土壤中，卵散产或 5~10 粒集于一处，每头雌虫产卵 30~100 粒。5 月中旬至 6 月上旬为卵期。6 月中旬出现孵化幼虫，幼虫 3 龄共需 80 天左右。幼虫在土中取食腐殖质及植物嫩根。老熟幼虫在 30~45cm 深土层中化蛹。8 月中旬开始化蛹，8 月下旬为化蛹盛期，蛹存在于较深土层中，蛹期为 10~12 天。蛹羽化成虫原地越冬。

【生态治理】1. 物理防治。在成虫发生期设置黑光灯诱杀，没有条件设置灯光诱杀的夜间组织人力捕捉成虫；利用其假死习性于傍晚振落捕杀。黑绒鳃金龟雄性成虫最喜好的颜色是紫色、天蓝和深蓝；雌性成虫的趋性最喜好颜色为紫色、天蓝和亮黄。2. 生物防治。黑绒鳃鱼龟天敌较多，有多种益鸟、青蛙、刺猬、步行虫等捕食性天敌；大斑土蜂、臀钩土蜂、金龟长喙寄蝇、线虫和白僵菌、绿僵菌等多种寄生生物。3. 药物防治。结合整地采用阿维菌素、毒死蜱颗粒剂等进行土壤处理。施用的有机肥应充分腐熟并消毒。发生量大时可用触杀活性较高的毒死蜱、高效氯氟氰菊酯等。

黑绒鳃金龟成虫（李凯摄）

黑绒鳃金龟成虫

大栗鳃金龟　　　　鞘翅目金龟科
Melolontha hippocastani Fabricius

【寄主】植被种类主要有云杉、油松、落叶松及蓼科、莎草科、蔷薇科、禾本科、十字花科等多科植物。蛴螬在地下为害新造幼林、幼苗及牧草和农作物根系，轻者造成生长衰弱，枝叶枯黄，重者使幼树、幼苗及其他植物成片枯死，严重影响造林和育苗的成活率、保存率，对生态植被恢复建设构成重大威胁。

【形态特征】成虫体长 25.7~31.5mm，宽 11.8~15.3mm，体黑、黑褐或深褐色，常有墨绿色金属闪光。鞘翅、触角及各足跗节以下棕色或褐色，鞘翅边缘黑或黑褐色。腹部 1~5 腹板两侧端有明显三角形乳白斑。幼虫大型。体长 43~51mm，头部浅栗色，刺毛列短锥状刺毛较多，每列 28~38 根，相互平行，排列整齐。

【测报】颐和园零星发生。大栗鳃金龟生活史很长，常数年完成 1 代，如甘肃省临夏地区 5 年发生 1 代，成虫在逢"0"逢"5"年份周期性发生。大栗鳃金龟幼虫年生活周期中有 2 个为害高峰期，5 月上旬是其解除冬眠开始上升至地表 3~5cm 处为第一次为害高峰期。9 月中旬，地温下降到 20℃左右，又是其活动取食的适宜温度，蛴螬上升至地表进入第二次为害高峰期，此时，其积累营养，准备越冬，食量很大，为害加剧。

【生态治理】1. 加强养护管理。2. 保护鸟类等天

大栗鳃金龟成虫

敌。3. 化学防治。结合整地采用阿维菌素粒剂等进行土壤处理。施用的有机肥应充分腐熟并消毒。最佳防治时期应选择在第一次为害高峰期，此时，蛴螬在水平空间上呈聚集分布，距地表近，容易防治，也能减轻后期为害。为了减轻对环境的污染，防治药剂最好选择低毒、低残留农药，如氯氰菊酯微胶囊剂等。

黄褐丽金龟　　　　　鞘翅目金龟科

Anomala exotela Faldermann

【寄主】杨、柳、榆等多种林木及多种牧草。

【形态特征】成虫体长 13~15mm，全体赤褐油亮，腹面较淡，密生细毛，腹部分节明显。头顶具点刻。触角 9 节，淡黄褐色。小盾片三角形，前面弥生黄色细毛。鞘翅具 3 条纵脊，密生点刻。幼虫体长 25~35mm，肛门孔为横裂状。

【测报】颐和园 1 年发生 1 代，以幼虫越冬，翌年 5 月化蛹。6 月下旬至 7 月上旬为成虫活动高峰期。7—8 月出现新的幼虫。成虫夜间活动，趋光性强。

【防治】1. 物理防治。黑光灯诱杀成虫。2. 生物防治。如苏云金芽孢杆菌 *Bacillus thuringiensis* HBF-1 菌株对黄褐丽金龟和铜绿丽金龟具有较高杀虫活力。3. 化学防治。结合整地采用阿维菌素、毒死蜱颗粒剂等进行土壤处理。施用的有机肥应充分腐熟并消毒。

黄褐丽金龟成虫

铜绿丽金龟　　　　　鞘翅目金龟科

Anomala corpulenta Motschulsky

【寄主】食性杂。幼虫在地下土中为害松、柏科等多种林木幼嫩须根，严重时，造成植株的枯黄和死亡；成虫取食叶片，形成不规则的缺刻、孔洞或只留下叶脉和叶柄，严重影响植物的生长和观赏。铜绿丽金龟是中国金龟子中的重要优势种群，具有非常重要的经济意义。

【形态特征】成虫体长 15~22mm。椭圆形。前胸背板发达，密生刻点，铜绿色。小盾片色较深，有光泽。两侧边缘淡黄色。鞘翅铜绿色，色较浅，上有不明显的 3~4 隆起线。胸部腹板及足黄褐色，上着生有细毛。复眼深红色。触角 9 节。鳃浅黄褐色，叶状。足腿节和胫节色，其余均为深褐色，前足胫节外缘具两个较钝的齿，前足、中足大爪分叉。后足大爪不分叉。卵椭圆形至圆形。长 1.5~2.0mm，表面光滑，初为乳白色，后为淡黄色。幼虫老熟体长 30~40mm，头宽 5mm 左右，呈 "C" 字形。头部黄褐色，体乳白色。臀节肛腹板两排刺毛列相交错。每列由 10~20 根刺毛组成。蛹为长椭圆形，长约 18~20mm，宽 9~10mm，裸蛹。初期为浅白色，后渐变为淡褐色，羽化前为黄褐色。

【测报】颐和园一年发生 1 代，以 3 龄幼虫在土中越冬。翌春越冬幼虫开始上升活动、取食为害，一般在 4 月中、下旬开始活动，5 月上旬开始化蛹，5 月中旬成虫开始出现，6—8 月是为害盛期。适宜活动温度为 23~25℃，相对湿度为 70%~80%。成虫多在黄昏时活动，取食或交尾，20:00—23:00 为活动高峰，直至凌晨 3:00—4:00 潜伏土中。成虫喜欢栖息于疏松潮湿的土壤中，有趋光性、假死性和群集性。6 月中下旬成虫交尾产卵，雌成虫每次产卵 20~30 粒。散产在花木树下的土中或根系附近表土 6~15mm 深处。10 天左右孵化，孵化后的幼虫在土中为害植物的根茎。10 月上中旬幼虫钻入深土中越冬。

【生态治理】1. 物理防治。利用成虫的假死性，于傍晚成虫开始活动时振动树枝。捕杀成虫；利用成虫的趋光性，在 20:00—23:00，用黑光灯诱杀成虫；结合翻土整地，捕杀蛴螬、蛹和成虫；在卵孵盛期，灌水防治初龄幼虫；在成虫交尾时期，用雌虫性激素诱杀雄虫。2. 生物防治。如绿僵菌、白僵菌、病原线虫、苏云金芽孢杆菌等病原真菌。用乳状芽孢杆菌，孢子含量 100 亿 /g，每公顷用菌粉 1.5kg，均匀撒入土中，可使蛴螬感病致死。保护鸟类。3. 化学防治。结合整地采用阿维菌素、毒死蜱颗粒剂等进行土壤处理。施用的有机肥应充分腐熟并消毒。虫口密度不大时推荐使用吡虫啉、啶虫脒，严重发生时，用辛硫磷、毒死蜱灌根。

铜绿异丽金龟成虫

粗绿彩丽金龟　　鞘翅目金龟科

Mimela holosericea (Fabricius)

【寄主】柳、海棠、葡萄等观赏植物。

【形态特征】成虫体长 14~20mm，体宽 8.5~10.6mm，体中型至大型。体上面深铜绿色，有强烈的金属光泽，体腹面及足深紫铜色，有铜绿色闪光。胸腹面密被黄褐绒毛。鞘翅具纵纹 4 条，第 1 条明显而直，第 2 条模糊，第

3~4 条隐约可辨。

【测报】颐和园 1 年发生 1 代，以幼虫在土壤中越冬，每年 4 月中旬越冬幼虫开始为害，5 月下旬老熟幼虫开始化蛹，7 月上中旬为成虫盛发期，6 月下旬成虫开始产卵，幼虫进入 2 龄以后幼虫取食量暴增，老熟幼虫在 30cm 以下的坚硬土层里营土室化蛹。成虫具趋光性，尤以雌虫的趋光性最强，上灯时间以 20:00—22:00 最多。成虫喜食柳、海棠、葡萄等叶片，成虫期 29~32 天，雌雄性比接近 1∶1。生产上应采用成虫防治与幼虫防治相结合、地上防治与地下防治相结合、化学防治与物理防治相结合的原则进行。

【生态治理】1. 物理防治。于成虫羽化盛期采用黑光灯诱杀可大大降低林间产卵量。2. 化学防治。结合整地采用阿维菌素、毒死蜱颗粒剂等进行土壤处理。施用的有机肥应充分腐熟并消毒。应从每年 4 月下旬越冬幼虫发生为害时开始，至当年 10 月下旬幼虫下迁越冬为止，具体应根据林间的为害情况、幼虫的发育状况来确定最佳的防治时间和次数。

粗绿彩丽金龟成虫

苹毛丽金龟　　鞘翅目金龟科

Proagopertha lucidula Faldermann

【寄主】食性杂。为害多种花木，是北方果树花期主要害虫。

【形态特征】成虫体长 9.3~12.5mm，卵圆形，

茶褐色,有紫铜或青铜色光泽;除鞘翅外,各部均被淡褐绒毛,胸腹面毛长而密,腹两侧有黄白色毛丛。卵椭圆形,乳白色,表面平滑。幼虫老熟体长约 15mm,全身被黄褐色细毛。蛹体白、淡褐至深红褐色。

【测报】颐和园一年发生 1 代,以成虫在土中越冬。翌年 4 月中旬越冬成虫出土活动,群集为害花蕾、花、嫩梢等。成虫有假死性,昼夜为害。5 月上旬入土产卵,5 月下旬卵孵化,幼虫为害根部,幼虫期约 60 天,8 月入土化蛹,晚秋羽化成虫并越冬。

【生态治理】1. 物理防治。利用成虫假死性,早晚震枝,人工捕杀落地成虫;利用性信息素诱杀成虫,寄主挥发物和光周期对性信息释放有影响。苹毛丽金龟是一种多食性的昆虫,其寄主植物多达几十种,但不同寄主上种群数量差异很大,其对个别寄主植物显示出了特殊的选择偏好性。金龟在求偶、觅食、聚集等活动中常常借助化学气味物质传递信息,许多植食性金龟子的感觉细胞对绿叶挥发物及花的挥发物敏感。以丽金龟和花金龟为例,取食和求偶都在花上,花的挥发物为其营养和繁殖提供必要的资源信息,可利用这些花的挥发物来诱集金龟子,进行预测预报和防治工作。榆树可以作为诱集植物之一。2. 化学防治。结合整地采用阿维菌素、毒死蜱颗粒剂等进行土壤处理。施用的有机肥应充分腐熟并消毒。发生严重时,喷洒辛硫磷等药剂。

苹毛丽金龟成虫

中华弧丽金龟　　　　鞘翅目金龟科

Popillia quadriguttata (Fabricius)

【寄主】食性杂,如大花锦葵、金叶女贞、紫藤、月季等观赏植物。

【形态特征】成虫体长约 12mm,色较多,多墨绿色,带金属光泽;头和前胸金绿色,鞘翅黄褐色带漆光;鞘翅宽短,有粗刻点深沟行 6 条;臀板基部露出鞘翅外,具白色圆斑 2 个,第 1~5 腹节两侧白色缘毛密集成斑。卵乳白色,椭圆形。幼虫老熟体头前顶每侧毛 5~6 根排成一纵列,覆毛区刺毛呈"八"字形岔开,每列毛 6~7 根。蛹体离蛹,第 2~7 腹节两侧锥状突起,尾节呈三角形,端部双峰状。

【测报】颐和园一年发生 1 代,以 3 龄幼虫在土

中华弧丽金龟成虫

中华弧丽金龟成虫

中华弧丽金龟腹面

中约 60cm 处越冬。6月幼虫老熟，在土中筑蛹室化蛹，7月初成虫羽化，无趋光性，昼出夜伏，取食和求偶都在花上，有群集性和假死性，受惊坠落。

【生态治理】1. 人工捕杀成虫。2. 灯光诱杀成虫。3. 丽金龟取食和求偶都在花上，花的挥发物为其营养和繁殖提供必要的资源信息，可利用这些花的挥发物来诱集金龟子，进行预测预报和防治工作。4. 化学防治。结合整地采用阿维菌素、毒死蜱颗粒剂等进行土壤处理。施用的有机肥应充分腐熟并消毒。

无斑弧丽金龟　　鞘翅目金龟科

Popillia mutans Newman

【寄主】食性杂，为害月季、紫藤、紫薇、大丽花、金盏菊、蜀葵等观赏植物，是花期重要害虫。

【形态特征】成虫体长约 12mm，宽约 7mm，墨绿、蓝黑或蓝色，具强烈蓝色光泽；前胸背板拢拱，侧缘中部外扩呈弧状；鞘翅宽短，蓝紫色，翅面有刻点沟线 6 条，第 2 条短，略过中部；第 1~5 腹节两侧具白色毛斑，臀板外露，无白色毛斑。幼虫体长 24~28mm，乳白色，背面有圆形开口的骨化环，环内密布细毛；刺毛列由长针毛组成，每列毛 5~7 根，尖端相交，后方略岔开。蛹为离蛹。

【测报】颐和园一年发生 1 代，以幼虫在土中越冬。翌年 5 月化蛹，蛹期约 15 天。成虫羽化后要补充营养，食害各种花卉，被害花冠残缺不全，凋谢早落。产卵于土中，卵期约 15 天。幼虫孵化后在土中取食细根和腐殖质，10 月随气温下降，幼虫向深土层移动和越冬。

【生态治理】1. 物理防治。灯光诱杀成虫。人工捕杀成虫。丽金龟取食和求偶都在花上，花的挥发物为其营养和繁殖提供必要的资源信息，可利用这些花的挥发物来诱集金龟子，进行预

测预报和防治工作。2. 化学防治。结合整地采用阿维菌素、毒死蜱颗粒剂等进行土壤处理。施用的有机肥应充分腐熟并消毒。发生严重时，喷洒高渗苯氧威。

无斑弧丽金龟成虫

无斑弧丽金龟成虫

小青花金龟　　鞘翅目金龟科

Oxycetonia jucunda Faldermann

【寄主】寄主范围广，为害月季、梅、蔷薇、玫瑰、菊、萱草杨、柳、苹果等多种花卉林木。成虫主要为害寄主的嫩芽、新叶及花朵，常群集暴食，幼树受害较严重；幼虫属地下害虫类，主要取食植物的地下根。

【形态特征】成虫体长 12~15mm，暗绿色，常有青、紫等色闪光，头较长，前胸背板和鞘翅密生许多黄色绒毛，无光泽，鞘翅上有深浅不一的半椭圆条刻，并有黄白色斑纹，腹部两侧各有 6 个黄白色斑纹，臀板横列 4 个白斑，足

皆为黑褐色。卵初为乳白色，椭圆形，膨大后为球形，污白色。幼虫老熟头部较小，褐色，前顶毛每侧 4~5 根，后顶毛每侧 3~4 根，胴部乳白色，各体节多皱褶，密生绒毛，肛腹板上具有 2 列纵向排列的刺毛。蛹为裸蛹，白色，心端为橙黄色。

【生物学特性】颐和园一年发生 1 代，以成虫在土中越冬。翌年 4—5 月成虫出土活动，成虫白天活动，主要取食花蕊和花瓣，尤其在晴天无风和气温较高的 10:00—16:00 时，取食、飞翔最烈，同时，也是交尾盛期，如遇风雨，则栖息在花中，不大活动，日落后飞回土中潜伏、产卵，成虫喜在腐殖质多的土壤和枯枝落叶层下产卵，6—7 月始见幼虫，9 月后成虫绝迹。

【生态治理】1. 物理防治。可利用成虫假死性，人工振落捕杀大量成虫。2. 栽培防治。加强肥水管理，勿施未腐熟的有机肥，适时灌水，淹杀幼虫，结合翻耕，将虫体暴露至土表。3. 生物防治。保护园林绿地中的步甲、刺猬、杜鹃、喜鹊、寄生蜂等天敌；防治成虫可喷施白僵菌、乳状菌等生物药剂，对土中幼虫可用病原线虫防治。4. 化学防治。喷施吡虫啉、辛硫磷等。

小青花金龟成虫

小青花金龟成虫

小青花金龟为害松果菊

细胸锥尾叩甲　　　　鞘翅目叩甲科

Agriotes subvittaus Motschulsky

【寄主】各种园林苗木。

【形态特征】成虫体细长，长约 9mm，背扁平，被黄色细卧毛。头顶拱凸，刻点深密。触角细短。前胸背板长稍大于宽，后角尖锐上翘。鞘翅翅面细粒状，每翅具深刻点沟 9 行。卵近圆形，乳白色。幼虫体细长筒形，淡黄色，光亮。第 1 胸节短于其他胸节，1~8 腹节等长，尾节近基部两侧各有褐色圆斑 1 个和纵纹 4 条，顶端具圆形突起 1 个。蛹体浅黄色。

【测报】颐和园三年发生 1 代，以成虫和幼虫在土中越冬。6 月成虫羽化，活动力强，7 月产卵于土表，卵经 10~20 天发育成幼虫，幼虫喜潮湿和酸性土壤。成虫对禾本科草类刚腐烂发酵时的气味有趋性。

【生态治理】1. 物理防治。灯光诱杀成虫，初冬深翻土层人工除虫。2. 化学防治。在虫口密度超过 1.5 头 / m² 时，要向土中撒施药剂，如高渗苯氧威等。

沟线角叩甲　　　　鞘翅目叩甲科

Pleonomus canaliculatus (Faldermann)

【寄主】在土壤中为害松柏类、刺槐、青桐、悬铃木、元宝枫、丁香、海棠等各种园林苗木，或刚出土幼苗的根和嫩茎，造成成片的缺苗现象。为亚洲特有种，又名沟金针虫。

【形态特征】成虫长 14~18mm，体棕红至深栗褐色，体表密被金黄色半卧细毛，头胸毛较长，鞘翅毛较短。头部密生粗刻点。头顶中央低凹。雄触角细长，与体等长，雌触角刚过翅基部。前胸背板长大于宽，侧过直，略向前端收，无边框，后角尖锐。卵近椭圆形，乳白色。幼虫体细长，黄色，扁圆筒形，体壁坚硬光滑，具黄色细毛。头扁平，胸、腹背中有细纵沟 1 条。尾端分叉并略向上弯，各叉内侧部有小齿 1 个。蛹体长纺锤形，乳白色。

【测报】颐和园两至三年发生 1 代，以幼虫和成虫在土中越冬。翌年 3—4 月为幼虫和成虫活动盛期，每雌产卵平均约 100 粒。成虫有趋光性，善飞。卵期约 40 天，5 月孵化，第三年 8 月老熟幼虫于土内化蛹，蛹期约 16 天，9 月羽化并越冬。雌成虫活动能力弱，一般多在原地交尾产卵，扩散受限。

【生态治理】参考细胸锥尾叩甲。

沟线角叩甲幼虫（背面）

沟线角叩甲幼虫（腹面）

沟线角叩甲幼虫尾部

沟线角叩甲幼虫为害菊

沟线角叩甲成虫

杨梢叶甲　　　鞘翅目叶甲科

Parnops glasunowi Jacobson

【寄主】杨、柳、梨。

【形态特征】成虫体长 5~7.3mm，狭长，黑褐色，密被灰白色鳞片状毛。头宽，基部嵌于前胸内。前胸背板矩形，前缘稍弯曲，侧边平直和饰边，前角圆形，稍前突，后角成直角。鞘翅两侧平行，端圆。足粗、长、黄色。卵长椭圆形，乳白至乳黄色。幼虫老熟体长 10mm 左右，蛴螬型。黄白色。腹部仅气门线上毛瘤较显著，腹末具 2 个角状突起尾刺。蛹乳白色，前胸背板具黄色刚毛，尾节有 2 簇刚毛。

【测报】颐和园一年发生 1 代，以幼虫在土壤中越冬。翌年 4 月开始化蛹，蛹期约 1 周。5 月出现成虫，羽化盛期为 5 月中旬至 6 月上旬。成虫上树为害，主要取食嫩梢幼叶顶端以下 5~6cm 处，把叶柄和嫩梢咬成 2~3 缺刻。5—6 月气温升高时成虫集体在林冠或丛林中，食害幼苗和新梢，残食叶柄和叶片，造成大量落叶和秃枝，尤以纯林为重。成虫有假死性，寿命 6~13 天。产卵于土中，产卵几粒至几十粒，卵粒成堆直立，卵期 7~8 天。幼虫孵化后一直在土中食根，直至越冬。此类幼虫食根，成虫食叶。主要为害美杨、加杨、旱柳等幼苗及幼树的叶柄和新梢，毛白杨次之。

【生态治理】成虫期向植叶喷洒 1.8% 爱福丁乳液 3 000 倍液、10% 吡虫啉可湿性粉剂 2 000 倍液或 3% 高渗苯氧威乳油 3 000 倍液。

杨梢叶甲

杨波纹象虫　　　　　鞘翅目象甲科

Lepyrus japonlcus Roelofs

别名：杨黄星象。

【寄主】杨、柳等植物。

【形态特征】成虫体长约 13mm，黑色，全体密被灰黄色鳞毛；头部密生小刻点，中央有一点状凹窝，喙中央黑色鳞毛呈一细纵线；前胸背板外缘弧形，中央有细隆脊 1 条；鞘翅背面隆起，两侧平行，中间以后渐收窄，每翅具点刻列 10 条，中部各有 "∧" 或 "N" 形白色波状纹 1 个。幼虫老熟时体长 10~12mm，白色，头部棕褐色。蛹体椭圆形，白色，头管垂于前胸之下，触角斜向伸置于前胸腿节末端。

【测报】全国林业危险性有害生物。该虫一年发生 1 代，以成虫及幼虫在土中根部附近越冬。越冬成虫于 4 月中旬出土活动为害，最盛期为 5 月中旬，常群栖于苗根。越冬成虫继续为害。4 月上旬成虫大量产卵，将卵产于表土层中。卵期 8~10 天，幼虫孵化后，以上颚咬破卵壳爬出，即潜入土中为害，以 6 月中旬最为猖獗。越冬幼虫比新孵幼虫早化蛹，7 月中旬当年早期孵化的幼虫老熟开始化蛹，蛹期 7~8 天，8 月上旬羽化成虫。成虫爬行迅速，可做短距离飞行，常群栖于根苗的五杈股处，多在 7:00—17:00 活动，寻食和求偶。温度高时成虫四处爬行，温度低时便潜伏于落叶层中；土壤湿度过大，成虫活动缓慢，并很少取食，故在低洼潮湿的地方发生较少。新羽化的成虫于 8 月下旬开始交尾产卵，至 10 月上旬随气温下降，成虫和新孵化的幼虫被迫越冬。

【防治】1. 物理防治。利用其群栖性，人工捕杀成虫。2. 药剂防治。春季对发生严重的苗木根部浇灌高渗苯氧威、辛硫磷等。

杨波纹象虫成虫

大灰象 鞘翅目象甲科

Sympiezomias velatus (Chevrolat)

【寄主】食性杂。枣树、槐树、杨、柳、桃、海棠等多种林木，严重时，能吃光全树叶片。

【形态特征】成虫体长 10mm 左右，体黑色，密被灰白色鳞毛，前胸背板中央黑褐色，两侧及鞘翅上的斑纹呈褐色。头部粗而宽，表面有 3 条纵沟，中央 1 沟黑色，头部先端呈三角形凹入，边缘生有长刚毛。前胸背板卵形，后缘较前缘宽，整个胸部布满粗糙而突出的圆点。小盾片半圆形，中央也有 1 条纵沟，鞘翅卵圆形，末端尖锐，鞘翅上各有一近环状的褐色斑纹和 10 条刻点列，后翅退化。雄虫腹部窄长，鞘翅末端不缢缩，钝圆锥形；雌虫腹部膨大，胸部宽短，鞘翅末端缢缩，且较尖锐。卵长 1mm，长椭圆形，初产时乳白色，两端半透明，近孵化时乳黄色。数 10 粒卵黏在一起成为 1 个卵块。幼虫老熟体长 14mm，乳白色，头部米黄色，上颚褐色，先端具有 2 齿，后方有 1 钝齿。虫体弯曲呈 "C" 形，无足。蛹体长 9~10mm，长椭圆形，体乳黄色，复眼褐色。头管下垂达于前胸，上颚较大，盖于前足跗节基部。触角向后斜伸垂于前足腿节基部，头顶及腹背疏生刺毛。尾端向腹面弯曲，其末端两侧各生 1 刺。

【测报】颐和园二年发生 1 代，以成虫和幼虫在土中越冬。翌年 4 月上旬越冬成虫出土为害，昼伏夜出，咬食树木嫩芽、嫩叶，4—5 月严重为害期，常将芽叶食光。5—6 月经常可见成对的成虫静伏在枝叶上。6 月陆续产卵于叶上，多将叶纵合成饺子状，折合部分叶缘，产卵于其中，分泌有半透明胶质物质，黏结叶片和卵块，使叶片与卵块牢牢粘在一起。孵化的幼虫在抱合的叶片中稍微取食后，即钻入土中取食植物根部为生，造成树木根系受害严重。第一年以幼虫越冬，翌年继续为害，6 月在土中化

蛹，羽化后不出土即以成虫越冬。一个世代跨 2 周年。

【生态治理】1. 物理防治。在成虫发生期，利用其假死性、行动迟缓、不能飞翔之特点，于 9:00 前或 16:00 后进行人工捕捉，先在树下铺塑料布，振落后收集消灭。2. 选用抗虫品种，培育壮苗，增强棉苗抗虫能力。3. 化学防治。辛硫磷、毒死蜱灌根。

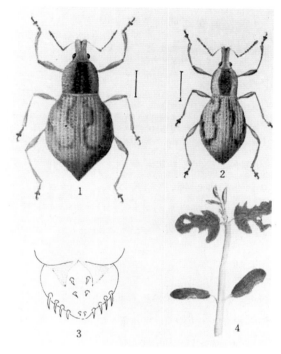

大灰象甲

小地老虎 鳞翅目夜蛾科

Agrotis ipsilon (Hufnagel)

【寄主】食性杂。为害松、杨、柳、广玉兰、大丽花、菊花、蜀葵、百日草、一串红、羽衣甘蓝等多种植物。

【形态特征】成虫体长约 20mm，翅展约 50mm，灰褐色；前翅暗褐色，具有显著的环状纹、肾状斑、棒状纹和 2 个剑纹，均为黑色，在肾状纹外侧有一明显的尖端向外的楔形黑斑，在亚缘线上侧有 2 个尖端向内的楔形黑斑，3 斑相

对便于识别；后翅灰白色。雌虫触角丝状，雄虫双栉状（端半部为丝状）。卵扁圆形，有网纹。幼虫老熟时体长约 50mm，灰褐或黑褐色；体表粗糙，有黑粒点；背中线明显，臀板黄褐色。蛹体赤褐色，臀刺 2 根。

【测报】颐和园一年发生 3 代，以蛹或老熟幼虫在土中越冬。5—6 月、8 月、9—10 月为幼虫为害期，10 月中下旬老熟幼虫在土中化蛹越冬，来不及化蛹的则以老熟幼虫越冬。成虫日伏夜出，飞翔力很强，对光和糖醋液具有较强的趋性。幼虫共 6 龄，10 月越冬。2 龄前昼夜均可为害，群集取食草坪、花木嫩叶，3 龄以后分散活动；4 龄时白天潜伏于表土的干湿层之间，夜晚出土为害，以黎明前露水多时为害最烈，从地面将植株咬断，拖入土穴中，或咬食未出土的种子。幼苗主茎硬化后，也能为害生长点，也有在白天迁移为害的。5 龄进入暴食期，为害性更大。幼虫有假死习性，受到惊扰即蜷缩成团。生产上造成严重损失的是第 1 代幼虫。第 1 代幼虫期一般为 30~40 天。

【生态治理】1. 栽培防治。做好林间清洁卫生，清除杂草，结合灌溉、翻地，有效地降低虫口密度。2. 做好预测预报。用黑光灯或糖醋液（红糖 6 份、醋 3 份、水 10 份）诱虫，逐日记载诱集的雌雄蛾总数，当诱蛾总数突然增大时即为发蛾始盛期，结合历年资料及气候条件，可初步估计当年的发生期和为害程度。在 20~25℃气温下，小地老虎卵须经 3~6 天孵化，这可作为幼虫发生期预测的参考。3. 物理防治。根据小地老虎具有趋光和趋化性的特点，采用黑光灯、性引诱剂、糖醋液诱杀成虫。人工捕捉幼虫，在高龄幼虫盛发期，每天早晨拨开萎蔫苗周围泥土，挖除小地老虎的大龄幼虫处死。4. 生物防治。天敌种类至少有 120 多种，主要有天敌昆虫和病原微生物两大类，捕食性天敌昆虫代表种类有广腹螳螂、中华虎甲、细颈步甲等。寄生性天敌昆虫分属于双翅目寄蝇科和膜翅目姬蜂科、茧蜂科、小蜂科、细蜂科、赤眼蜂科等，均为小地老虎卵寄生蜂。苏云金杆菌有 9 个亚种对小地老虎有杀虫活性，以鲇泽亚种毒性最强。对小地老虎有侵染毒性的真菌有五大类群，如白僵菌、金龟子绿僵菌等。病毒有质多角体病毒、核型多角体病毒和颗粒体病毒。病原线虫有斯氏线虫科、索科、异小杆科。微孢子虫有 4 种，代表种为杀蛾多形微孢子和具褶微孢子。5. 化学防治。幼虫初孵期，用高渗苯氧威、辛硫磷灌根，兼治其他害虫。

小地老虎成虫

小地老虎成虫

大地老虎　　　　鳞翅目夜蛾科

Agrotis tokionis Butler

【寄主】食性杂。为害杨、柳、女贞、月季、菊花等多种植物。

【形态特征】成虫体长 20~25mm，翅展 52~58mm，黑褐色；前翅暗褐色，前缘 2/3 呈黑褐色，前翅上有明显的肾形、环状和棒状斑纹，其周围有黑褐色边；后翅浅灰褐色，上具薄层闪光鳞粉，外缘有较宽的黑褐色边，翅脉不太明显。卵半球形，直径 1.8mm，高 1.5mm，初产时浅黄色，孵化前灰褐色。幼虫体长 40~62mm，扁圆筒形，黄褐至黑褐色，体表多皱纹。蛹体纺锤形，体长 22~29mm，赤褐色，第 4~5 节前缘密布刻点，腹末臀棘三角形，具短刺 1 对，黑色。

【测报】颐和园一年发生 1 代，以低龄幼虫在表土层或草丛根颈部越冬。翌年 3 月开始活动，昼伏夜出咬食花木幼苗根茎和草根。幼虫经 7 龄后在 5—6 月间钻入 15cm 以下土层深处筑土室越夏，8 月化蛹，9 月成虫羽化后产卵于表土层，卵期约 1 个月。10 月中旬孵化不久的小幼虫潜入表土越冬。成虫寿命 15~30 天，具趋光性。

【生态治理】1. 栽培防治。栽植前深翻土壤，消灭土中幼虫及蛹。2. 物理防治。可在幼虫取食为害期的清晨或傍晚，于苗木根际人工捕杀幼虫。利用糖醋液、黑光灯、性引诱剂诱杀成虫。3. 生物防治。利用天敌昆虫和病原微生物，保护鸟类。

【形态特征】成虫雄蛾触角双栉齿状，雌蛾丝状；前翅各横线为不明显双曲线，有肾状和环状纹，无楔状纹，具黑褐色边；后翅白色，略带黄褐色。卵半球形，表面有纵横脊纹。幼虫体黄褐色，有光泽，体表多皱纹，颗粒不明显，腹背有毛片 4 个，前大后稍小；臀板具黄褐大斑 2 块。蛹体第 4 腹节背有稀小刻点，第 5~7 腹节刻点小而多。

【生物学特性】颐和园一年发生 3~4 代，以老熟幼虫在土中越冬。具有昼伏夜出、隐蔽性强、在土层以下活动等特点，防治难度较大。翌年 4 月化蛹并出现成虫，有较强的趋光性和趋化性。5 月产卵和孵化，产卵前需要丰富的补充营养，能大量繁殖。卵产于根茬、草棒，数十粒成串，每雌产卵 400~500 粒。黄地老虎成虫具有远距离迁飞习性，与棉铃虫和黏虫接近，显著高于草地螟。

【防治】1. 栽培防治。结合松土，搂草，加强养护管理，可大量降低虫口密度。2. 物理防治。利用灯光、糖醋液、性引诱剂诱杀成虫。3. 生物防治。利用天敌昆虫和病原微生物，保护鸟类。4. 化学防治。幼虫盛发期辛硫磷灌根。

大地老虎成虫

黄地老虎成虫

黄地老虎　　　鳞翅目夜蛾科

Agrotis segetum (Denis et Schiffermüller)

【分布】全国各地。

【寄主】杂食，树木、花卉和草坪。

黄地老虎成虫

八字地老虎 　　　鳞翅目夜蛾科

Xestia c-nigrum Linnaeus

【寄主】食性广，可为害多种花卉、草坪、林木苗圃和农作物等。幼虫为害茎基部，可使幼苗致死。

【形态特征】成虫体长 11~13mm，翅展 29~36mm。头部及胸部褐色，颈板杂有灰白色。腹部灰褐色，前翅灰褐色带紫色，前缘区 2/3 淡褐色，中室后色较黑，环纹淡褐色，宽 "V" 形，肾纹较窄，中有深褐圈，黑边，中室除基部外均黑色，基线双线黑色，只达 1 脉，外侧在亚中褶处为一黑斑，内线双线黑色，剑纹小，外端黑边，外线不明显，双线锯齿形，齿尖在各脉上呈黑点，严端线淡，内侧一黑线，前端为黑斜条，外线与亚端线间的前缘脉有 3 个土黄点，端线为一列黑点。后翅淡褐色，端区较暗。雌蛾触角丝状，雄蛾触角双栉齿状。卵半球形，直径 0.5mm，高 0.3mm。表面有纵横隆起线。初产时乳白色，后渐变为黄色。孵化前卵顶上呈现黑点。幼虫老熟体长 40~47mm，黄褐色至暗褐色。体表有黑色颗粒。头部褐色，有光泽，顶带宽，头顶有斑点，身体褐色，亚背线褐色，5~9 节有斜斑纹，其后为楔形，第 12 节最大，后有一黄线，侧斑斜，反向，气门下线粗，桃红色，气门白色，底色黑。蛹体长 18~24mm。初化蛹赤褐色，有光泽。腹部前 5 节呈圆筒形，与胸部同粗；第 4~7 腹节各节前缘中央深褐色，且有粗大的刻点，两侧尚有细小刻点，延伸至气门附近。腹部末端臀棘短，具短刺一对。

【测报】颐和园一年发生 2~3 代，以蛹及老熟幼虫越冬。翌春 4 月出现第一次成虫高峰，4 月中下旬越冬老熟幼虫化蛹，5—6 月是幼虫为害盛期；6 月下旬出现第二次成虫高峰，7 月幼虫为害；8 月中旬出现第三次成虫高峰。成虫有很强的趋光性，嗜好甜香物质。卵多散产在接近地面部位的茎叶上，或地面落叶和土缝中。土壤肥沃而湿润的地方较多。第一代成虫在北方地区主要产卵于小蓟、灰菜、小旋花等地被植物上，在苜蓿上产卵的也很多。每头雌蛾补充营养后通常产卵千粒左右，多者达 2 000 粒。卵期 5~7 天。初孵幼虫常群集于幼苗上啃食嫩叶。幼虫多数 6 龄，少数为 7 龄或 8 龄。3 龄以前昼夜活动，3 龄以后白天在表土的干湿层间潜伏，夜间活动取食，常咬断幼苗嫩茎拖入土穴内咬食。当植株木质化后则改食嫩芽和叶片，秋后取食杂草及小蓟。10 月初老熟幼虫潜入 6cm 左右土中做土室化蛹，蛹期在 18~25℃ 时须 20~25 天。成虫寿命不超过 2 周，有较强的趋光性。

【生态治理】1. 做好预测预报。适宜虫态和幼虫期的选择要依靠害虫发生的预测预报，如黑光灯诱集成虫，在成虫的盛发期（收集的成虫量急剧上升时）即八字地老虎羽化后的 3~8 天是交配盛期，往后推 2~7 天是产卵盛期。2. 物理防治。灯光诱杀成虫。3. 生物防治。利用天敌昆虫和病原微生物，保护鸟类。昆虫病原线虫尽量选择幼虫期施用，并以低龄幼虫为主。有报道，昆虫病原线虫与低毒化学药剂混用，可提高对目标害虫的防治效果。

八字地老虎成虫

八字地老虎成虫

刺吸类害虫

刺吸类害虫，包括蜡、蝉、木虱、粉虱、蚜、蚧、蓟马、螨类等，它们刺吸植物组织汁液，导致褪绿、卷曲、煤污病和病毒病的传播。这类害虫大多形体较小，具有隐蔽性，初期不易发现。各类园林植物要加强修剪，保证植物通风透光；蚧类应加强检疫，防止人为传播；由于此类害虫多具有趋色性，故应在每年的合适时期采取悬挂色板等物理措施诱杀；对于具有趋光性的害虫，也可以使用黑光灯进行灯光诱杀；可利用天敌昆虫进行生物防治，在人工补充释放的同时，注重保护自然繁育的天敌；药物防治最好选择在第一代若虫期提前防治，首选无公害低毒农药。

茶翅蝽　　　半翅目蝽科

Halyomorpha halys (Stål)

【寄主】为害梨、泡桐、丁香、榆、桑、海棠、山楂、樱花、桃等植物的叶片、花蕾、嫩梢或果实，导致叶片褪绿、果实畸形。

【形态特征】成虫体长 15mm 左右，宽约 8mm，体扁平茶褐色。触角 5 节，黄褐色，第 3 节端部、第 4 节中段、第 5 节大半黑褐色。前胸背板前缘横列 4 个黄褐色小点，小盾片基部横列 5 个小黄点，腹面两侧黑白相间。卵短圆筒形，直径 0.7mm 左右，周缘环生短小刺毛，初产时乳白色、近孵化时变黑褐色。若虫分 5 龄，初孵若虫近圆形，体为白色，后变为黑褐色，腹部淡橙黄色，各腹节两侧节间有一长方形黑斑，老熟若虫与成虫相似，无翅。

【测报】颐和园一年发生 1~2 代，以受精的雌成虫在屋檐下、窗缝、墙缝、草丛等处越冬，来年 4 月下旬至 5 月上旬陆续出蛰为害，产卵于植物叶背，呈块状，每卵块含卵约 20 粒。在 6 月上旬以前所产的卵，可于 8 月以前羽化为第一代成虫，第一代成虫可很快产卵，并发生第二代若虫；而在 6 月上旬以后产的卵，只能发生 1 代。在 8 月中旬以后羽化的成虫均为越冬代成虫。10 月后成虫陆续潜藏越冬。

【生态治理】1. 冬季清除枯枝杂草，消除越冬场所。2. 成虫、若虫期扫网捕杀，产卵期，查找卵块摘除。3. 在 5 月下旬至 6 月中旬和 7 月下旬至 8 月上旬两个产卵高峰期，注意保护卵寄生蜂，如茶翅蝽沟卵蜂 *Trissolcus halyomorphae* Yang 和平腹小蜂 *Anastatus* sp. 等。4. 成虫期灯光诱杀。5. 若虫严重时喷洒 3% 高渗苯氧威 3 000 倍液等。

茶翅蝽成虫

茶翅蝽若虫、成虫

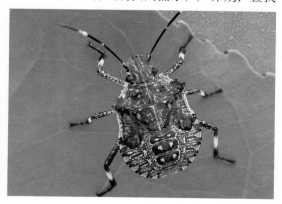

茶翅蝽若虫

麻皮蝽　　　半翅目蝽科

Erthesina fullo (Thunberg)

【寄主】为害多种阔叶树木，刺吸枝干、茎、叶及果实汁液，枝干受害出现干枯枝条，茎叶受害出现黄褐色斑点，严重时，叶片提前脱落，果实被害部位常木栓化，失去食用价值。

【形态特征】成虫体长 21~24mm，体黑褐密布黑色刻点及细碎不规则黄斑。头部狭长，头部前端至小盾片有 1 条黄色细中纵线。触角 5 节黑色，第 1 节短而粗大，第 5 节基部 1/3 为浅黄色。前胸背板前缘及前侧缘具黄色窄边。胸部腹板黄白色，密布黑色刻点。腹面中央具一纵沟，长达第 5 腹节。卵长圆形，光亮，顶端有盖。若虫各龄均扁洋梨形，前尖削后浑圆，老龄体长约 19mm，似成虫，细中纵线橙色。

【测报】颐和园一年发生 1 代，以成虫于枯枝落叶下、草丛中、树皮裂缝、围墙缝等处越冬。5—7 月产卵于植物叶背，每卵块约含卵 12 粒，排成 4 行，卵期约为 10 天。初龄若虫常群集叶背，2~3 龄才分散活动，若虫期约 50 天。成

麻皮蝽初孵若虫

麻皮蝽低龄若虫

虫飞翔能力强，趋光性弱，具假死性，受惊扰时均分泌臭液。9 月开始成虫陆续潜藏越冬，建筑物周围，其可潜入室内，或于屋檐处越冬。

【生态治理】1. 清理园内枯枝落叶、杂草、刮粗皮、堵树洞，集中处理，消灭部分越冬成虫。2. 成虫期利用假死性，在早晚进行人工振树捕杀。3. 摘除卵块和初孵群集若虫。4. 成虫期灯光诱杀。5. 成虫及若虫高峰期喷洒 3% 高渗苯氧威 3 000 倍液等。

麻皮蝽成虫

麻皮蝽成虫

珀蝽　　　　　　半翅目蝽科

Plautia fimbriata (Fabricius)

【寄主】柏、楸、柿、桃、梨、杏等，在颐和园主要为害柏。

【形态特征】成虫体长 8~11.5mm，宽 5~6.5mm。长卵圆形，具光泽，密被黑色或与体同色的细点刻。头鲜绿，触角淡黄绿色，3 节、4 节、5

节末端黑色；复眼棕黑，单眼棕红。前胸背板鲜绿，两侧角圆而稍突起，红褐色，后侧缘红褐。小盾片鲜绿，末端色淡。前翅革片暗红色，刻点粗黑，并常组成不规则的斑。腹部侧缘后角黑色，腹面淡绿，胸部及腹部腹面中央淡黄，中胸片上有小脊，足鲜绿色。卵圆筒形，初产时灰黄，渐变为暗灰黄色。假卵盖周缘具精孔 32 枚，卵壳光滑，网状。若虫黑色，卵圆形。

【测报】颐和园一年发生 2 代，以成虫越冬，卵成块产于植物叶背，紧凑排列。成虫趋光性弱。

【生态治理】1. 清除枯枝杂草，消除越冬场所和成虫。2. 成虫期黑光灯诱杀。3. 成虫及若虫期喷洒 20% 吡虫啉 3 000 倍液。

珀蝽成虫

珀蝽为害状

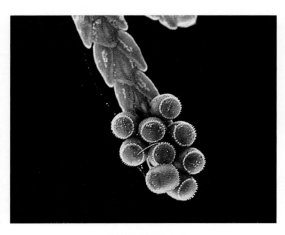

珀蝽卵（近孵化）

珀蝽若虫

菜蝽　　　　　半翅目蝽科

Eurydema dominulus (Scopoli)

【寄主】刺槐、菊花、十字花科花卉植物。在颐和园主要为害二月兰、醉蝶等。

【形态特征】成虫椭圆形，体长 6~9mm，体色橙红或橙黄，有黑色斑纹。头部黑色，侧缘上卷，橙色或橙红。前胸背板上有 6 个大黑斑，略成两排，前排 2 个，后排 4 个；小盾片基部有 1 个三角形大黑斑，近端部两侧各有 1 个较小黑斑，小盾片橙红色部分成 "Y" 字形，交会处缢缩。翅革片具橙黄或橙红色曲纹，在翅外缘形成 2 黑斑；膜片黑色，具白边。足黄、黑相间。腹部腹面黄白色，具 4 纵列黑斑。卵鼓形，初为白色，后变灰白色，孵化前灰黑色。

若虫无翅，外形与成虫相似，虫体与翅芽均有黑色与橙红色斑纹。

【测报】颐和园一年发生3代，以成虫越冬，4—8月产卵于植物叶背，约100粒，卵期约12天。成虫寿命300天。

【生态治理】1.秋季清除枯枝杂草，消除越冬成虫。2.成虫期黑光灯诱杀、扫网捕杀成虫。3.成虫及若虫高峰期喷洒20%吡虫啉3 000倍液。

菜蝽为害菊科植物

菜蝽成虫

红脊长蝽　　　半翅目长蝽科

Tropidothorax elegans (Distant)

【寄主】垂柳、黄檀、刺槐、花椒、鼠李、瓜类蔬菜等。在颐和园主要取食萝藦、葎草等杂草。

【形态特征】成虫体长10mm，长椭圆形，赤黄色，有黑色大斑纹；头、触角和足黑色；前胸背板中央赤黄、红色，纵脊两侧各有近方形大

黑斑1个，小盾片黑色，革片和缘片中间有黑斑一个。卵长卵形，白黄至赭黄色，表面光滑，有许多纵线，盖上有精孔7~11枚。若虫最后5腹节腹板呈黄黑相间横纹。

【测报】颐和园一年发生2代，以成虫在寄主附近的树洞或枯叶、石块和土块下面的穴洞中结团越冬。4—5月上产卵于土缝或寄主根际，6月开始出现成虫，群居性强，先成团，聚集在嫩梢上为害，后分散，成虫趋光性强。

【生态治理】1.秋季清除枯枝杂草，消除越冬成虫。2.成虫期黑光灯诱杀。3.成虫未分散前，为害盛期喷洒48%乐斯本3 500倍、10%吡虫啉2 000倍或3%高渗苯氧威3 000倍液。

红脊长蝽若虫

红脊长蝽成虫

红脊长蝽交尾

红脊长蝽取食葎草

绿盲蝽　　半翅目盲蝽科

Lygocoris lucorum (Meyer-Dür)

【寄主】木槿、月季、一串红、扶桑、大丽花、紫薇、石榴、海棠、菊花、枣树、蒿类、十字花科植物、草坪草等。叶片受害形成大量破孔、皱缩不平。腋芽生长点受害造成腋芽丛生，幼蕾受害变成黄褐色干枯或脱落。

【形态特征】成虫体长 5mm，宽 2.2mm，绿色，密被短毛。头部三角形，黄绿色，复眼黑色突出，无单眼，触角 4 节丝状，第 2 节长等于 3 节、4 节之和，向端部颜色渐深，第 1 节黄绿色，第 4 节黑褐色。前胸背板深绿色，布许多小黑点，前缘宽。小盾片三角形微突，黄绿色，中央具 1 浅纵纹。足黄绿色，后足腿节末端具褐色环斑，雌虫后足腿节较雄虫短，不超腹部末端，跗节 3 节，末端黑色。卵长 1mm，黄绿色，长口袋形，卵盖奶黄色，中央凹陷，两

端突起，边缘无附属物。若虫 5 龄，与成虫相似。初孵时绿色，复眼桃红色。2 龄黄褐色，3 龄出现翅芽，4 龄超过第 1 腹节，2 龄、3 龄、4 龄触角端和足端黑褐色，5 龄后全体鲜绿色，密被黑细毛，触角淡黄色，端部色渐深，眼灰色。

【测报】颐和园一年发生 3~4 代，以卵越冬。4 月初卵孵化，5 月初出现成虫，卵产于嫩叶主脉、叶柄及嫩茎组织内，每处产卵 2~3 粒。6 月初出现第二代成虫，是为害盛期。7 月、9 月分别出现第 3~4 代卵。成虫活跃善飞，有趋光性，寿命 30~50 天，不耐高温和干旱，晚间喜群集于花叶嫩头、幼蕾处。

【生态治理】1. 清除绿地内杂草，减少繁殖场所。2. 成虫期黑光灯诱杀。3. 为害严重时，喷洒 48% 乐斯本 3 500 倍或 10% 吡虫啉 2 000 倍液。

绿盲蝽卵（罗淑萍摄）

绿盲蝽若虫（罗淑萍摄）

绿盲蝽成虫（罗淑萍摄）

绿盲蝽为害状（罗淑萍摄）

三点苜蓿盲蝽 半翅目盲蝽科

Adelphocoris fasciaticollis Reuter

【寄主】杨、柳、榆、泡桐、刺槐、芦苇、麦冬、白三叶等。

【形态特征】成虫体长 6.5~7.5mm，宽 2.5~2.8mm。体长卵型，暗黄色。触角红褐，第1~2节基半及第3~4节基部黄褐色。头顶黄褐色，中叶黑褐。喙伸达后足基节。胝黑，前胸背板后部有1黑色横带，通常在中央断开。小盾片两基角、爪片、革片端半及其顶角暗褐色，衬出小盾片及2楔片为背面颜色最浅的3个部位，故名。足黄褐色，腿节具黑褐色斑点，胫节端部黑褐。卵口袋形，淡黄色，领状缘有一丝状突起。若虫老龄体黄绿色，被暗色细毛。

【测报】颐和园一年发生 2~3 代，以卵在树木茎皮组织及疤痕处越冬。5—6 月和 8 月各代幼虫孵化，世代重叠。成虫喜开放花朵。卵产在茎叶交叉处。

【生态治理】1. 向寄主植物喷施 3~5 度石硫合剂，杀灭越冬卵。2. 成虫期灯光诱杀。3. 若虫发生严重时，喷洒 48% 乐斯本 3 500 倍或 10% 吡虫啉 2 000 倍液。

三点苜蓿盲蝽成虫

梨冠网蝽 半翅目网蝽科

Stephanitis nashi Esaki et Takeya

【寄主】为害月季、梨、桃、海棠、樱花、腊梅等植物。主要为害海棠、梨等。

【形态特征】成虫体扁，暗褐色，具黑斑纹。头刺 5 枚，前端 3 枚，鼎立向前斜伸，两复眼内侧各 1 枚。触角 4 节，复眼红色。翅半透明，布满网状纹，静止时两翅重叠，中间黑褐色斑纹呈"X"形。卵长约 0.6mm，香蕉状，产在叶肉内。若虫 3 龄后长出翅芽，共 5 龄，老龄若虫体形似成虫，头、胸、腹部有刺突，腹部末端每侧有 4 个刺突。

【测报】颐和园一年发生 4 代，以成虫在落叶、杂草、树皮缝及根际土壤等处越冬。4 月上旬至 10 月下旬均可为害，以 7—8 月为害最重，有世代重叠现象。雌成虫产卵于叶背叶肉内，常数十粒在一起。孵化后若虫活动能力较弱，多于叶背叶脉两侧为害，且多在叶脉中段。若虫与成虫怕光，群栖在叶背为害，先从嫩叶开始为害，并分泌黄褐色黏液。被害叶片褪绿、呈现苍白斑点，严重时，呈黄褐色锈斑状，引起早期落叶。10月下旬开始越冬。

【生态治理】1. 秋季绑草帘诱集并消灭下树越冬成虫。2. 成虫期灯光诱杀。3. 严重时，喷施10% 吡虫啉2 000倍液。4. 保护天敌草蛉、小花蝽等。

梨冠网蝽造成叶片褪绿

梨冠网蝽为害海棠致使整株褪绿 (2010.8.19 摄)

梨冠网蝽成虫（腹面）

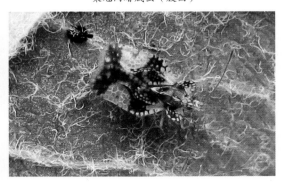

梨冠网蝽成虫（正面）

梨冠网蝽若虫

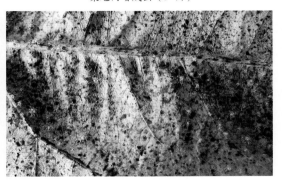

梨冠网蝽在叶背为害状

娇膜肩网蝽 半翅目网蝽科

Hegesidemus habrus Drake

【寄主】柳、杨。

【形态特征】成虫体长约3mm，暗褐色，头小，褐色，头兜屋脊状，前端稍锐，覆盖头顶；触角4节，细长，浅黄褐色，第4节端半部黑色；侧背板薄片状，向上强烈翘伸，前胸背板浅黄褐，黑褐色，遍布细刻点，中隆线和侧隆线呈纵脊状隆起，侧隆线基部与中隆线平行，其前伸向外分歧，至胝部又向内略弯；三角突近端部具大褐斑1块；前翅透明，黄白色，具网状纹，前缘基部稍翘，后域近基处具菱形隆起，翅上有"C"形暗色斑纹；腹部黑褐，侧区色淡，足淡黄色。卵长椭圆形，略弯，乳白、淡黄、浅红至红色。若虫4龄头黑色，腹部黑斑横向和纵向，断续分别分成3小块与尾须连接。

【测报】颐和园零星发生，一年发生3代，世代重叠，以成虫在枯枝落叶下或树皮缝中越冬。翌年5月越冬成虫活动，成行产卵于叶背主脉和侧脉内，并用黏稠状黑液覆盖产卵处。卵期9~11天，各代若虫期分别为20天、15天和17天。成、若虫具有群集为害习性。

【生态治理】1. 建造树种多样化的绿地。2. 清除冠下枯枝落叶。3. 大发生时喷洒10%吡虫啉可湿性粉剂2 000倍液。4. 保护天敌（卵寄生蜂、瓢虫）。

娇膜肩网蝽

小绿叶蝉 半翅目叶蝉科

Empoasca flavescens (Fabricius)

【寄主】桃、杨、桑、李、梅、杏、柳、泡桐、月季、草坪草等。

【形态特征】成虫体长3~4mm，淡黄绿至绿色，头顶中部有白纹1个，复眼灰褐至深褐色，较大，无单眼，触角刚毛状，末端黑色。前胸背板、小盾片浅鲜绿色。前翅半透明，略呈革质，后翅透明膜质。跗节3节，后足跳跃足，后足胫节有棱脊，棱脊上生有三列或四列刺状毛，末端不膨大，此后足胫节刺毛列是叶蝉科最显著的鉴别特征。卵长椭圆形，略弯曲，初产乳白色，孵化前淡绿色。若虫与成虫相似，无翅。

【测报】颐和园一年4~6代，以成虫在落叶、杂草或低矮绿色植物中越冬。翌春桃、李、杏发芽后出蛰，飞到树上刺吸汁液，取食后交尾产卵，卵多产在新梢或叶片主脉里。卵期5~20天；若虫期10~20天，非越冬成虫寿命30天；完成1个世代40~50天。因发生期不整齐致世代重叠。6月虫口数量增加，8—9月最多且为害重。秋后以末代成虫越冬。成虫、若虫喜白天活动，在叶背刺吸汁液或栖息。成虫善跳，受惊后纷纷跳弹迁移，可借风力扩散，旬均温15~25℃适其生长发育，28℃以上及连阴雨天气虫口密度下降。

小绿叶蝉若虫

【生态治理】1. 冬季清除落叶及杂草减少越冬虫源，生长期清除植物周边杂草。2. 掌握在越冬代成虫迁入后，各代若虫孵化盛期及时喷洒 10% 吡虫啉 2 500 倍液。3. 色板诱杀。

小绿叶蝉成虫

小绿叶蝉成虫

小绿叶蝉成虫及为害状

大青叶蝉　　　　半翅目叶蝉科

Cicadella viridis (Linnaeus)

【寄主】杨、柳、榆、白蜡、槐树、刺槐、泡桐、梧桐、臭椿、桑、核桃、柿、桃、梨、竹等。刺吸汁液，造成褪色、畸形、蜷缩，甚至全叶枯死。此外，还可传播病毒病。

【形态特征】成虫雌体长 9.4~10.1mm，头宽 2.4~2.7mm；雄体长 7.2~8.3mm，头宽 2.3~2.5mm。头部正面淡褐色，两颊微青，在颊区近唇基缝处左右各有 1 小黑斑。触角窝上方、两单眼之间有 1 对黑斑。复眼绿色。前胸背板淡黄绿色，后半部深青绿色。小盾片淡黄绿色，中间横刻痕较短，不伸达边缘。前翅绿色带有青蓝色泽，前缘淡白，端部透明，翅脉为青黄色，具有狭窄的淡黑色边缘。后翅烟黑色，半透明。腹部背面蓝黑色，两侧及末节淡为橙黄带有烟黑色，胸、腹部腹面及足为橙黄色，附爪及后足腔节内侧细条纹、刺列的每一刻基部为黑色。卵为白色微黄，长卵圆形，长 1.6mm，宽 0.4mm，中间微弯曲，一端稍细，表面光滑。若虫初孵化时为白色，微带黄绿。头大腹小。复眼红色。2~6 小时后，体色渐变淡黄、浅灰或灰黑色。3 龄后出现翅芽。老熟若虫体长 6~7mm，头冠部有 2 个黑斑，胸背及两侧有 4 条褐色纵纹直达腹端。

【测报】颐和园一年发生 3 代，以卵在林木嫩梢和干部皮层内越冬。各代成虫发生期为 6 月、7—8 月、9—10 月。若虫近孵化时，卵的顶端常露在产卵痕外。孵化时间均在早晨，以 7:30—8:00 为孵化高峰。越冬卵的孵化与温度关系密切。孵化较早的卵块多在树干的东南向。若虫孵出后大约经 1 小时开始取食。1 天以后，跳跃能力渐渐强大。初孵若虫常喜群聚取食。在寄主叶面或嫩茎上常见 10 多个或 20 多个若虫群聚为害，偶然受惊便斜行或横行，由叶面向叶背逃避，如惊动太大，便跳跃而逃。一般早晨，气温较冷或潮湿，不很活跃；午前到黄昏，较为活跃。若虫爬行一般均由下往上，多沿树木枝干上行，极少下行。若虫孵出3天后大多由原来产卵寄主植物上，移到矮小的寄主如禾本科植物上为害。第一代若虫期43.9天，第二、第三代若虫平均为24天。成虫趋光性强，以中午或午后气候温和、日光强烈时，活动较盛。遇惊如若虫般斜行或横行逃避，或跃足振翅而飞。交尾产卵均在白天进行，产卵时，雌成虫先用锯状产卵器刺破寄主植物表皮形成月牙形产卵痕，再将卵成排产于表皮下。

【生态治理】1. 在成虫期利用灯光诱杀，可以大量消灭成虫，颐和园地区最佳灯诱时间为6月中旬、7月底至8月初、9月下旬。2. 成虫早晨不活跃，可以在露水未平时，进行网捕。3. 保护天敌，如小枕异绒螨、华姬猎蝽、寄生蜂、蜘蛛、鸟类等。4. 幼龄若虫期可以用48%乐斯本乳油3 500倍液喷杀。

大青叶蝉成虫

蚱蝉　　　　　　　　半翅目蝉科

Cryptotympana atrata (Fabricius)

【寄主】杨、柳、榆、元宝枫、悬铃木、樱花、槐、桑、白蜡、桃、梨。

【形态特征】成虫体长约55mm，翅展约124mm，大型，漆黑色，有光泽。头部中央及额上各有红黄色斑纹1块，中胸背板宽大，中央有"X"形黄褐色隆起，被有金色绒毛。翅透明，前翅基部1/3部分烟黑色，翅脉红褐色，其端半部均为黑褐色。雄虫第1~2腹节有鸣器，腹瓣后端圆形，端部不达腹部一半；雌虫无鸣器，腹部第9~10节黄褐色，中间开裂，产卵器长矛形。卵长3.3~3.7mm，宽0.5~0.9mm，梭形，稍弯曲，乳白色，有光泽，一端较圆钝，一端较尖削。若虫老熟体态略似成虫，土黄褐色，老熟体长约33mm，胸部粗大，翅芽发达，前足为开掘足，腹部等宽。

【测报】颐和园四至五年发生1代，以若虫在土壤中或以卵在寄主枝干内越冬。若虫在土壤中刺吸植物根部液汁，为害数年，6月老熟若虫在雨后傍晚钻出地面，出土时刻为晚上8:00至次日早晨6:00，以21:00—22:00最多，爬到植物茎干上找到合适的羽化地点后，从固定虫体到完成羽化，历时93~147分钟。成虫羽化后先刺吸树木汁液补充营养，夏季不停地鸣叫，寿命约2个月，7月下旬开始产卵，8月

蚱蝉成虫

蚱蝉成虫（腹面）

为产卵盛期，卵多产于 4~5mm 粗的枝梢髓心部。卵孔纵斜排列整齐，每卵孔内有卵 6~8 粒，每枝产卵量 153~358 粒。成虫具群居性和群迁性，8:00~11:00 成群由大树向小树迁移，18:00~20:00 又成群从小树向大树集中。成虫飞翔能力很强，具一定的趋光性。以卵越冬者，翌年 6 月孵化若虫，并落入土中生活，秋后向深土层移动越冬。翌年随气温回暖，上移刺吸为害。

【生态治理】1. 剪除并集中烧毁有卵枝条。2. 人工捕杀新羽化成虫。3. 保护天敌，如布谷鸟、黄莺、喜鹊、灰喜鹊、麻雀等鸟类，螳螂、蜘蛛、异色瓢虫等捕食性昆虫和寄生蜂、寄生菌。4. 喷洒 48% 乐斯本乳油 3 500 倍液。

鸣鸣蝉　　　　　　　半翅目蝉科

Oncotympana maculaticollis Motschulsky

【寄主】白蜡、刺槐、椿、榆、桑、杨、梧桐。

【形态特征】成虫体长 35mm 左右，翅展 110~120mm，体粗壮，暗绿色，有黑斑纹，局部具白蜡粉。复眼大，暗褐色，头部 3 个单眼红色，呈三角形排列。前胸背板近梯形，后侧角扩张成叶状，宽于头部，背板上横列 5 个长形瘤状突起，中胸背板前半部中央具一"W"形凹纹。翅透明，翅脉黄褐色。卵梭形，长 1.8mm 左右，宽约 0.3mm，乳白色，渐变黄，头端比尾端略尖。若虫体长 3mm 左右，黄褐色，有翅芽，形似成虫，额显著膨大，触角和喙发达。

【测报】以若虫和卵越冬，但每年均有一次成虫发生，若虫在土中生活数年，每年 6 月中下旬开始在落日后出土，爬到树干或树干基部的树枝上蜕皮，羽化为成虫。刚蜕皮的成虫为黄白色，经数小时后变为暗绿色。雄虫善鸣，有趋光性。7 月成虫开始产卵，8 月为盛期，产卵枝因伤口失水而枯死，以卵越冬，翌年 5—6 月卵孵化为若虫落地入土。

【生态治理】1. 黑光灯诱杀成虫。2. 人工捕捉老熟若虫和成虫。3. 及时剪除有卵枝条。4. 喷洒 25% 除尽悬浮剂 1 000 倍液。

鸣鸣蝉成虫

鸣鸣蝉成虫

鸣鸣蝉交配

鸣鸣蝉产卵槽及卵

鸣鸣蝉蝉蜕

蟪蛄卵

蟪蛄　　　　　半翅目蝉科

Platypleura kaempferi (Fabricius)

【寄主】杨、柳、槐、梨、桃、核桃、柿、桑。

【形态特征】成虫是一种比较小型的蝉，紫青色，体长约25mm，宽短，头、前胸和中胸背板暗绿色，有时带黑褐色，斑纹黑色。前胸前端平截，两侧叶突出，背中有纵带1条，中胸前面有倒圆锥纹2对。腹部多黑色，后缘暗绿色。前翅端室8个，翅面布满黑色云状斑，只留出少数半透明斑。前足腿节中部有黄褐色环。

蟪蛄蝉蜕

【测报】成虫出现于5—8月，生活在平地至低海拔地区树木枝干上。夜晚有趋光性，趋光个体还会鸣叫。蟪蛄成虫一般喜欢栖息在树干上，一边用中空的管状物插入树枝来吸吮汁液，一边鸣叫，从早到晚，鸣声作"哧——哧"，其叫声不如炸蝉等大型蝉大。另外，蟪蛄在3种情况下才会发出声音：1. 集合鸣叫，所有的雄蝉集体鸣叫；2. 受到惊吓的短促声音，或者被捕捉；3. 求偶声。

蟪蛄成虫

【生态治理】1. 人工捕杀成虫。2. 若虫期喷洒3% 高渗苯氧威乳油 3 000 倍液。

蟪蛄产卵槽

蟪蛄成虫（示后翅）

斑衣蜡蝉 　　　　半翅目蜡蝉科

Lycorma delicatula (White)

【寄主】臭椿、香椿、洋槐、杨、柳、榆、梧桐、枫树、珍珠梅、海棠、桃、李、黄杨、合欢、葡萄、地锦等。

【形态特征】成虫全身灰褐色，体长 18mm 左右，体隆起，头部小。触角在复眼下方，鲜红色。前翅基部 2/3 为淡褐色，上有黑点 20 个左右，端部 1/3 为黑褐色，脉纹白色。后翅基部鲜红色，布黑点 7~8 个，翅中有倒三角形白色区，翅端及脉纹黑色。若虫共 4 龄，1~3 龄为黑色，体背具白点，触角黑色，足黑色。4龄若虫体长约 13mm，背淡红色，头前端尖角，复眼基部黑色，足黑色有白点，翅芽明显，由中、后胸向后延伸。卵长圆形，灰色，长约 3mm，背两侧有凹入线，中部纵脊。

【测报】颐和园一年发生 1 代，以卵在树干或附近建筑物上越冬。翌年 4 月中、下旬（臭椿术发芽期、黄刺玫花初开期）孵出若虫为害，5月上旬为害盛期，若虫善跳。6 月中下旬成虫出现，苗木受害更为严重。8 月中旬成虫交尾产卵，卵多产在避风向阳枝干上。卵块中卵排列整齐，5~10 行，每行 10~30 粒，卵块表面覆盖一层似黄泥土的灰色疏松粉状蜡质。卵孵化率因树而异，臭椿上卵的孵化率高达 80% 以上，槐、榆山卵的孵化率仅为 2%~3%。若虫和成虫均喜群集于树干或叶片，以叶基为多，遇惊即快速移动或跳飞，跳跃力极强。取食时口器深深刺入植物组织，造成的伤口流出汁液，体末排出蜜汁诱发煤污病的发生。秋季多雨、高湿和低温对成虫寿命极为不利，干燥则有利于成虫生长和灾变。10 月下旬成虫逐渐死亡，留下卵块越冬。

【生态治理】1. 避免建植臭椿纯林，在严重发生区应营造混交林。2. 人工刮除越冬卵块。3.保护天敌，如舞毒蛾卵平腹小蜂。4. 若虫孵化初期（5 月初），喷洒 48% 乐斯本乳油 3 000倍液或 40% 绿来宝乳油 500 倍液。

斑衣蜡蝉成虫（展翅）

斑衣蜡蝉成虫（停栖）

斑衣蜡蝉在交配

斑衣蜡蝉成虫为害状

斑衣蜡蝉卵块

斑衣蜡蝉若虫蜕皮

斑衣蜡蝉卵上覆盖分泌物

斑衣蜡蝉刺吸植物枝干为害状

斑衣蜡蝉低龄若虫

透明疏广翅蜡蝉 半翅目蜡蝉科

Euricania clara Kato

【寄主】刺槐、接骨木、连翘、桑、蔷薇、枸杞。

【形态特征】成虫体长约6mm，翅展通常超过20mm；身体黄褐色余栗褐色相间；前翅无色透明，略带有黄褐色，翅脉褐色，前缘有较宽的褐色带；前远近中部有一黄褐色斑，外方1/4处有不明显的黄褐色斑割断褐带；外缘和后缘有褐细纹；翅近基部中央有一隐约可见的褐色小斑点；后翅无色透明，翅周缘有褐色细线；后足胫节外侧有刺2个。卵麦粒状。若虫体扁平。

【测报】颐和园一年发生1代，以卵成行在枝条

斑衣蜡蝉老龄若虫

上越冬。若虫腹末有白色蜡丝，似孔雀开屏，常群栖排列于嫩枝上为害，地面落有一层"甘露"。主要为害苗木和灌木的枝条。

【生态治理】1. 冬初向寄主植物喷洒 3~5 波美度石硫合剂，杀灭越冬卵。2. 若虫群集枝上为害期，喷洒 10% 吡虫啉可湿性粉剂 2 000 倍液、48% 乐斯本乳油 3 500 倍液或 25% 除尽悬浮剂 1 000 倍液。

透明疏广翅蜡蝉成虫

透明疏广翅蜡蝉若虫

透明疏广翅蜡蝉成虫及若虫

透明疏广翅蜡蝉成虫及若虫

槐豆木虱　　半翅目木虱科

Cyamophila willieti (Wu)

木虱类翅脉横写的"介"字形，触角 10 节，端部有 2 根刚毛。木虱类害虫寄主多专一性强，通常只为害一种植物，多以成虫越冬。

【寄主】国槐、龙爪槐。

【形态特征】成虫体长 3.8~4.5mm，浅绿至黄绿色，冬型深褐色至黑褐色；触角基 2 节绿色，鞭节褐色，第 4~6 节端、第 7 节大部及第 8~10 节黑色；胸背具黑色条纹，前胸背板长方形，侧缝伸至背板侧缝中央；后足胫节具基齿，端距 5 个；前翅透明，长椭圆形，中间有主脉 1 条，3 分支，外缘至后缘有黑色缘斑 6 个。卵椭圆形，长 0.4~0.5mm，一端较尖有柄，一端较钝；初产白色透明，孵化时钝端变黄。若虫体略扁，初孵化体黄白色，后变绿色，复眼红色，腹部略带黄色。

【测报】颐和园一年发生 4 代，以成虫在树洞、冠下杂草、树皮缝处越冬。3 月末开始活动，卵多散产于嫩梢、嫩叶、嫩芽、花序、花苞等处，产卵量约 110 粒。4 月中旬卵开始孵化，若虫刺吸植物叶背、叶柄和嫩叶的幼嫩部分，并在叶片上分泌大量黏液，诱发煤污病。5 月成虫大量出现。5—6 月干旱和高温季节发生严重，雨季虫量减少，9 月虫口量又回升，10 月后越冬。

【生态治理】1. 发生初期向幼根部喷施 3% 高渗苯氧威乳油 3 000 倍液毒杀成虫。2. 若虫期喷洒清水冲洗树梢或喷洒 0.36% 苦参碱水剂 500 倍液。3. 保护、利用瓢虫、草蛉等天敌。

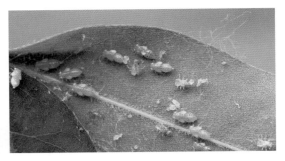

槐豆木虱 5 龄若虫

槐豆木虱卵

槐豆木虱成虫

槐豆木虱低龄若虫

槐豆木虱成虫群集为害

槐豆木虱高龄若虫

槐豆木虱为害状

槐豆木虱使地面布满黏液

梧桐裂木虱　　　　半翅目木虱科

Thysanogyna limbata Enderlein

【寄主】青桐、梧桐。

【形态特征】成虫体黄绿色，体长4~5mm，翅展13mm，头端部明显下陷，复眼半球状突起，红褐色。单眼3个，橙黄色，呈倒"品"字形排列。触角10节，4~8节上半部分深褐色，最后两节黑色。前胸背板弓形，前缘、后缘黑褐色。中胸背板有两条褐色纵线，中央有一条浅沟，前盾片后缘黑色，盾片上有6条深褐色纵线。足黄色，爪黑色，后足基节上有一对锥状突起。翅透明，翅脉浅褐色。腹部背板浅黄色，腹部各节前端有褐色横带。卵长卵圆形，一端梢尖，长0.7mm，初产时浅黄色或黄褐色，近孵时为红黄色，并可见红色眼点。若虫共5龄，第1~2龄若虫身体扁平，略呈长方形，黄色或绿色，末龄若虫体长3.4~4.9mm，身体近圆筒形，茶黄色常带绿色，腹部有发达的蜡腺，故身体上覆盖有白色的絮状物。翅芽发达，可见脉纹，在翅芽之间有一对黑色斑点。

【测报】颐和园一年发生2代，以卵在枝干上越冬，翌年4月底5月初越冬卵开始孵化为害，若虫期30多天。第一代成虫6月上旬羽化，第二代成虫于8月上、中旬羽化。成虫羽化后需补充营养才能产卵。第一代成虫多产卵于叶背，经2周左右孵化；第二代卵大都产在主枝阴面、侧枝分叉处或主侧枝表皮粗糙处。发育很不整齐，有世代重叠现象。若虫和成虫均有群居性，常常十多头至数十头群居在叶背等处。若虫潜居生活于白色蜡质物中，行走迅速；成虫飞翔力差，有很强的跳跃能力。该虫若虫和成虫多群集青桐叶背和幼枝嫩干上吸食为害，破坏输导组织，若虫分泌的白色絮状蜡质物，能堵塞气孔，影响叶面光合作用和呼吸作用，致使叶面呈苍白萎缩症状；且因同时招致真菌寄生，使树木受害更甚。严重时，树叶早落，枝梢干枯，表皮粗糙，易风折，严重影响树木的生长发育。此虫为单食性害虫，以若虫和成虫在梧桐叶背或幼枝嫩干上吸食树液，一年2个为害高峰，分别为5—6月、7—8月。

【生态治理】1.化学防治。提前防治，于未展叶前，4月中下旬喷施吡虫啉类药剂防治；若虫初孵和成虫羽化盛期，可清水冲洗或10%吡虫啉2 000倍液、1.8%阿维菌素2 500~3 000倍液。2.注意保护和利用寄生蜂、瓢虫、草蛉等天敌昆虫。

梧桐裂木虱卵

梧桐裂木虱卵

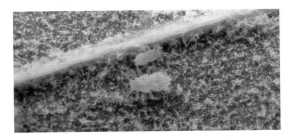

梧桐裂木虱低龄若虫

梧桐裂木虱老龄若虫

梧桐裂木虱成虫

梧桐裂木虱为害状

梧桐裂木虱为害状

黄栌丽木虱　　　半翅目木虱科

Calophya rhois (Loew)

【寄主】黄栌。

【形态特征】成虫分冬、夏两型：冬型褐色稍具黄斑，头顶黑褐色，眼橘红色，前翅透明，浅污黄色，腹部褐色；夏型除胸背橘黄色、腿节背面具褐斑外，均鲜黄色，美丽。卵椭圆形，黄色有光泽。若虫复眼赭红色，胸腹有淡褐斑，腹黄色。

【测报】颐和园一年2代，成虫越冬，一年黄栌发芽时成虫出蛰活动，交尾产卵。2个为害高峰，分别为5—6月、7月。

【生态治理】1.冬季尽早清园，消除越冬卵。2.于4月成虫交尾产卵时或若虫发生盛期喷施吡虫啉、苯氧威、苦参碱类药剂。

黄栌丽木虱若虫

黄栌丽木虱成虫

黄栌丽木虱为害状

桑异脉木虱　　　　半翅目木虱科

Anomoneura mori Schwarz

【寄主】桑、柏。

【形态特征】成虫体形似蝉，长 3~4mm，初羽化时淡绿色，1 周后变为黄褐色。前翅半透明，有咖啡色斑纹；越冬成虫整个翅面散有褐色点纹。卵谷粒状，乳白色，孵化前 3 天出现红色复眼。若虫体扁平，初孵时灰白色，后变为淡黄色，最长时可达 2.5mm，尾部有白色蜡质长毛；3 龄具翅芽，尾部有白毛 4 束。

【测报】颐和园一年发生 1 代，以成虫越冬。翌年桑树发芽时，越冬代成虫交尾，产卵于脱苞桑芽的脱出部分，致使嫩叶卷缩易落。3 月下旬开始孵化，若虫叶背刺吸，被害叶边缘向叶背卷起，4 月下旬开始羽化，5 月上中旬最盛。

成虫有迁移与密集的特性，5 月底至 6 月初，桑树夏伐无叶可食，即迁向柏树，群集为害，7 月上旬至 8 月下旬，桑夏叶再发后迁回，此时虫口密度大，是防治的适期。9—10 月有部分成虫因桑叶采摘再次迁至柏树。

【生态治理】1. 摘除卵叶，避免桑柏混栽。2. 桑芽脱苞期及卵孵化期喷施 3% 高渗苯氧威乳油 3 000 倍液防治。3. 桑木虱啮小蜂是有效天敌，对桑木虱若虫寄生率可达 42.69%，1 年发生 3 代，要保护利用。此外，还有异色瓢虫、七星瓢虫、龟纹瓢虫等天敌。

桑异脉木虱若虫

桑异脉木虱若虫

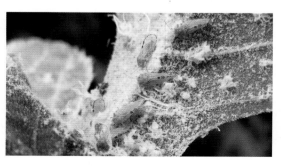

桑异脉木虱成虫

桑异脉木虱为害状

桑异脉木虱为害状

落叶或土隙中越冬。翌年4月开始活动，成虫产卵于嫩叶叶背，被害叶失绿，并诱发煤污病。

【生态治理】1. 卵孵化期喷施3%高渗苯氧威乳油3 000倍液防治。2. 保护异色瓢虫、草蛉等天敌。

杜梨喀木虱若虫

杜梨喀木虱成虫

杜梨喀木虱　　　半翅目木虱科

Cacopsylla betulaefoliae (Yang & Li)

【寄主】杜梨、褐梨。

【形态特征】成虫体2.7~2.9mm，粗壮，体色多变，多粉绿至粉黄色，似被一层白粉。触角黄色。体绿色者头顶有淡黄色斑2块，上方有小褐点2个，胸背具褐色斑纹；体黄色者腹部腹板两侧黑褐色，腹端黑色；体其他色者头胸黄色，腹部绿色。足黄色，爪黑色，前翅外缘各室均有明显褐斑。

【测报】代数不详，以成虫在树皮裂缝、杂草、

杜梨喀木虱若虫

杜梨喀木虱成虫

双斑白粉虱成虫

杜梨喀木虱成虫

双斑白粉虱成虫及伪蛹

双斑白粉虱　　半翅目粉虱科

Trialeurodes sp.

【寄主】金银木、太平花、紫花地丁。

【形态特征】成虫体长约 1.2mm，淡黄色，全体及翅面覆盖白色蜡粉，前翅中室外侧有与顶角外缘平行的褐色短条斑 1 个。卵长椭圆形，顶部尖，端部卵柄插入叶片中；卵由白到黄，近孵化时黑紫色，卵上明显覆盖成虫产的蜡粉。若虫 1 龄体尾部有毛 1 对。伪蛹（4 龄若虫）体椭圆形，初为淡黄色，透明，后渐变黑色，有光泽，周围有较宽的白色蜡边，背中有隆起纵脊，白至淡绿色，半透明。

双斑白粉虱成虫及伪蛹

【测报】颐和园一年发生 2 代，以老熟幼虫在寄主叶背越冬。翌年 4 月初化蛹，4 月中旬成虫开始羽化，卵多产于叶背。5 月下旬第一代幼虫开始发生，8 月第二代幼虫发生盛期。幼虫多群栖在叶背，固定刺吸为害，并分泌大量黏液，远观一片白色，诱发煤污病。

【生态治理】1. 保护粉虱寡节小蜂、刺粉虱黑蜂、草蛉等天敌。2. 实现植物品种多样化，加强修剪，保持通风透光。3. 低龄幼虫期喷施10% 吡虫啉可湿性粉剂 2 000 倍液。

双斑白粉虱为害太平花引发煤污病

双斑白粉虱为害太平花引发煤污病

柳倭蚜 　　　半翅目根瘤蚜科

Phylloxerina salicis (Lichtenstein)

【寄主】柳树。

【形态特征】无翅孤雌胎生蚜体长 0.8~0.9mm，梨形，黄色，头胸愈合，触角 3 节，第 3 节较长。复眼暗红色。卵长约 0.3mm，长卵形，初产白色，后变淡黄色，半透明，有反光。若蚜长约 0.5mm，长椭圆形，淡黄色，发育后期出现赤色眼点 2 个。触角和足灰黄色，复眼暗红色。喙深灰色，颇长，远越过腹端，从腹下延伸出尾后约 0.6mm。足发达。体背部有淡色毛4 纵列，体节明显。

【测报】颐和园一年发生约 10 代，以卵在树皮缝隙内越冬。翌春 3 月下旬至 4 月初孵化，4 月中下旬变成蚜，分泌白色蜡丝，卵产于蜡丝下，产卵成堆，表面覆盖厚层蜡丝，10 天后孵化。完成 1 代约需 20 天。9 月下旬成蚜分泌蜡丝，并产卵其中越冬。

【生态治理】1. 严格实行苗木检疫，防止带虫苗木进园。2. 保护天敌。3. 于柳树萌动前喷洒石硫合剂杀灭越冬卵。4. 若蚜孵化盛期喷洒 10%吡虫啉可湿性粉剂 2 000 倍液。

柳倭蚜无翅孤雌胎生蚜

秋四脉绵蚜 　　　半翅目瘿绵蚜科

Tetraneura akinire Sasaki

【寄主】榆、禾本科植物。

【形态特征】无翅孤雌胎生蚜体长 2.3mm，近圆形，体淡黄色，被薄蜡粉。胸腹部背面有灰色斑，第 7~8 节各有 1 条宽横带。触角 5 节。有翅孤雌胎生蚜体长约 2mm。头胸部黑色，腹部灰绿色，第 1~2 节背面各有 1 条不规则黑中横带，第 8 节黑中侧缘横带有时中断。触角粗短，6 节。前翅中脉不分叉，翅脉镶粗黑边，后翅具 1 条斜脉，无腹管。干母体长 2.1mm，灰绿色，无翅。卵长卵形，土黄色，表面有胶质物。雄性蚜体长 0.8mm，深绿色，狭长。雌性蚜体长 1.3mm，肥圆，黑褐色、墨绿色或黄绿色，无翅。虫瘿生于叶面。椭圆形，基部有柄。绿色，渐红色。

【测报】颐和园一年发生 10 余代，转主寄生。第一寄主（越冬寄主）是榆，第二寄主主要是芦苇等禾本科植物。秋四脉绵蚜以卵在榆树枝干裂缝等处越冬。翌年 4 月下旬越冬卵孵化为干母，干母均为有翅蚜，分散至榆树幼叶背面为害，被害部位出现微小红斑，叶面向上突起，渐成虫瘿；一头干母形成，一片叶片可有 1 至数个虫瘿；5 月中旬虫瘿开始开裂，下旬达到盛期，有翅孤雌蚜自裂口爬出，迁至禾本科植物根部为害繁殖。9 月下旬至 10 月上旬有翅性母迁回 4 年生以上榆树为害，10 月末在枝干裂缝、伤疤及分叉处等粗糙部分产下口器退化的无翅雌蚜和雄蚜，交尾后每雌只产 1 粒土黄色卵。雌蚜抱于卵上死亡。

【生态治理】1. 发生量少时可人工摘除虫瘿。2. 及时修剪徒长枝、过密枝、加强通风透光。3. 早春干母产卵之前进行化学防治，喷洒 10%吡虫啉可湿性粉剂 2 000 倍液或 1.2% 苦烟乳油 1 000 倍液。

秋四脉绵蚜一个虫瘿内可产幼蚜 30~50 头

秋四脉绵蚜虫瘿初期

秋四脉绵蚜干母若蚜

秋四脉绵蚜虫瘿早期

秋四脉绵蚜无翅孤雌胎生蚜

秋四脉绵蚜虫瘿早期

秋四脉绵蚜有翅孤雌胎生蚜

秋四脉绵蚜虫瘿后期

柏长足大蚜 半翅目大蚜科

Cinara tujafilina (del Guercio)

【寄主】侧柏。

【形态特征】成蚜体咖啡色，复眼黑色，触角6节，第三节最长。有翅孤雌胎生蚜体毛白色，中胸背板骨片凹陷形成"X"形斑。腹部背面前4节各节整齐排列2对褐色斑点，腹末梢尖。无翅孤雌胎生蚜体色较有翅型稍浅，胸部背面有黑色斑点组成的"八"字形条纹；腹背有6排黑色小点、每排4~6个。卵初产时为棕黄色，后变为黑褐色，长椭圆形。若蚜初产时橘红色，后变为黑褐色。若蚜在秋季有绿色型。

【测报】此蚜全年寄生于侧柏上，为留守型。颐和园一年10多代，以卵在鳞叶上越冬。每年4—6月、9—10月发生为害高峰，尤以春季最重，春季柏树散粉后，此蚜进入为害盛期，其所分泌的蜜露初为黄褐色，后变为黑色，常导致地面黏污，影响景观。可根据地面蜜露的掉落程度推断虫口密度。高温多雨的夏季成、若蚜大量死亡。从4月中旬到10月间，可以同时看到不同世代，不同龄期的成、若蚜，主要栖息在树皮光滑的红棕色枝条上，鳞叶上分布较稀疏。此蚜耐低温能力强，12月上旬当最低气温降到 -6℃，日均气温在 -3℃左右时成蚜死亡。

3月刚孵化的柏长足大蚜若蚜

柏长足大蚜无翅胎生蚜

柏长足大蚜胎生蚜（小）

鳞叶上的柏长足大蚜越冬卵

柏长足大蚜若蚜

柏长足大蚜有翅蚜

柏长足大蚜蜜露黏污地面

天敌草蛉的卵

柏长足大蚜被寄生蜂寄生

食蚜蝇的卵

食蚜蝇幼虫捕食柏长足大蚜若蚜

食蚜蝇成虫

【生态治理】1. 注意栽植密度，保持通风透光。2. 保护天敌。主要天敌为捕食性的异色瓢虫、七星瓢虫。从春季开始到秋季，其成虫和幼虫都能取食蚜虫，且食量很大。其次有草蛉和食蚜蝇等。3. 为害盛期喷施吡虫啉、烟碱、苦参碱、苯氧威类药剂。

白皮松长足大蚜 半翅目大蚜科

Cinara bungeanae Zhang, Zhang et Zhong

【寄主】白皮松。

【形态特征】无翅孤雌胎生蚜体褐色，薄被白蜡粉，腹部散生黑色颗粒状物，背片至少前几节背毛有毛基斑，中胸腹瘤存在，腹管短小。有翅孤雌胎生蚜体黑褐色，刚毛黑色，腹末梢尖。翅透明，前缘黑褐色。卵黑色，长椭圆形。若蚜体淡棕褐色。

【测报】颐和园一年发生数代，以卵在松针上越冬。翌年 4 月卵开始孵化，4 月下旬出现干母，6 月初出现有翅侨蚜，进行扩散，5—10 月世代重叠，集群为害嫩枝及针叶。10 月末出现性蚜，交尾后产卵越冬。若虫共 4 龄，每代约 20 天。

【生态治理】1. 冬季摘除、烧毁或埋带卵针叶。2. 秋末在主干上绑缚塑料薄膜环，阻隔落地后爬向树冠产卵成虫。3. 早春向树冠释放瓢虫和螳螂卵块，增加食蚜天敌。4. 保护天敌，如瓢虫、食蚜蝇、蚜茧蜂、草蛉等。5. 在蚜虫为害盛期，向树冠喷洒 10% 吡虫啉可湿性粉剂 2 000 倍液，1.8% 爱福丁乳油 2 000 倍液或 3% 高渗苯氧威乳油 3 000 倍液。

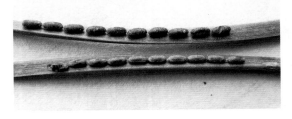

3 月白皮松长足大蚜越冬卵即将孵化

白皮松长足大蚜集群为害嫩枝

白皮松长足大蚜若蚜

白皮松长足大蚜蜜露黏污地面

华山松长足大蚜　　半翅目大蚜科

Cinara piniarmandicola Zhang, Zhang et Zhong

【寄主】华山松。

【形态特征】无翅孤雌胎生蚜体椭圆形，体长 3.11mm，体宽 1.69mm。活体紫红色。腹管、尾片和尾板黑色。中胸腹瘤发达，中胸腹盆有短柄。体背毛尖。头部背面有明显中缝。触角 6 节。尾片末端圆形，有毛 19 根。生殖突 3 簇，每簇有毛 8 根。

【测报】颐和园一年发生数代，以卵在松针上越冬。翌年 4 月卵开始孵化，出现干母，6 月初出现有翅侨蚜，进行扩散，5—10 月世代重叠，10 月末出现性蚜，交尾后产卵越冬。若虫共 4 龄，每代约 20 天。

3月即将孵化的华山松长足大蚜越冬卵

【生态治理】1.冬季喷施石硫合剂。2.秋末在主干上绑缚塑料薄膜环,阻隔落地后爬向树冠产卵成虫。3.早春向树冠释放瓢虫和螳螂卵块,增加食蚜天敌。4.保护天敌,如瓢虫、食蚜蝇、蚜茧蜂、草蛉等。5.在蚜虫为害盛期,向树冠喷洒10%吡虫啉可湿性粉剂2 000倍液、1.2%苦·烟乳油1 000倍液或3%高渗苯氧威乳油3 000倍液。

刚孵化的华山松长足大蚜若蚜

华山松长足大蚜无翅胎生蚜(仇兰芬摄)

华山松长足大蚜若蚜

居松长足大蚜　半翅目大蚜科

Cinara pinihabitans (Mordvilko)

【寄主】油松。

【形态特征】成蚜体形较大。触角6节,第三节最长。复眼黑色,突出于头侧。无腹管。无翅孤雌胎生蚜体较有翅型成虫粗壮;腹部散生黑色颗粒状物,被有白蜡质粉,末端钝圆。有翅蚜有黑色刚毛,足上尤多,腹部末端稍尖。卵黑色,长圆形,上有蜡质层,通常为8粒,整齐排列于针叶上。若蚜体态与无翅成蚜相似。

【测报】颐和园一年发生数代,以卵在松针上越冬。翌年4月上旬卵开始孵化,4月下旬出现干母,1头干母能胎生30多头雌性若虫,6月中旬出现有翅侨蚜进行扩散。从5月中旬到10月上旬世代重叠为害,其中,7—8月树上难见其踪影。若虫共4龄,1龄约10天,2龄约6天,3龄约3天,每代约20天。

【生态治理】1.冬季喷施石硫合剂。2.为害盛期喷施吡虫啉、烟碱、苦参碱、苯氧威类药剂。3.保护并合理释放天敌昆虫,如瓢虫、食蚜蝇、草蛉等。

10月下旬初产的居松长足大蚜越冬卵

3 月待孵化的居松长足大蚜卵和刚孵化后的卵壳

3 月待孵化的居松长足大蚜卵

刚刚孵化的居松长足大蚜若蚜

居松长足大蚜群集为害嫩梢

居松长足大蚜干母

居松长足大蚜干母若蚜

寄生蜂正在寄生居松长足大蚜卵

居松长足大蚜蜜露黏污地面

雪松长足大蚜　　半翅目大蚜科

Cinara cedri Mimeur

此种为 2013 年中国新记录种。颐和园雪松上的大蚜为雪松长足大蚜，对北京市等我国广大雪松栽培区来说，这是一种外来种。

【寄主】雪松。

【形态特征】无翅孤雌蚜体长 2.9~3.7mm，体梨形，深铜褐色，腹部具漆黑色小斑点。体表被淡褐色纤毛和白色蜡粉。头顶中央两侧各有一纵沟。触角6节。前胸背板两侧各有一斜置凹陷，呈"八"字形。中胸腹面前缘中央具一个突起，钝齿形。足淡黄褐色。腹管短。性蚜与无翅孤雌蚜相近，但繁殖方式不同，在枝梢针叶上以产卵的方式繁殖。有翅雌蚜与无翅孤雌蚜相近，但具2对翅膀。有翅雄蚜体长2.2~3.0mm，头胸部黑色，复眼红色。触角灰褐色。腹部灰褐或灰绿色。足黑褐色。喙可达腹末。卵长1.05~1.25mm，平均1.14mm，宽0.47~0.52mm，平均0.49mm。初产时黄棕色，后变为漆黑色。若蚜刚出生体长可达1.2mm，触角仅为5节，比成蚜少1节。

【测报】此蚜寄生于雪松上，秋冬季节可见性蚜在枝梢的针叶上产卵，为全周期生活，即颐和园一年内有孤雌世代与两性世代交替。其多生活在直径2.5~40mm的枝条上。11月中下旬有翅雄蚜、雌蚜和无翅性蚜（雌）产生，性蚜在枝梢的针叶上产卵，排列成行，在2~8粒，偶尔产在枝条上。12月最低气温降到−7℃，仅个别蚜虫死亡，大量的蚜虫仍在枝条上生活。

【生态治理】1.为害盛期喷施吡虫啉、烟碱、苦参碱、苯氧威类药剂。2.保护并合理释放天敌昆虫，目前已发现的捕食性天敌有异色瓢虫、丽草蛉和一种食蚜蝇。

雪松长足大蚜1月上旬的越冬卵

雪松长足大蚜3月下旬即将孵化

雪松长足大蚜11月中旬所产越冬卵

雪松长足大蚜10月下旬群集为害

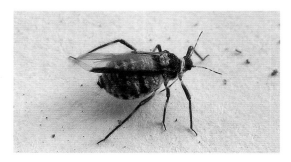

雪松长足大蚜有翅蚜

雪松长足大蚜为害状

雪松长足大蚜冬季持续为害蜜露黏污地面

柳瘤大蚜　　　半翅目大蚜科

Tuberolachnus salignus (Gmelin)

【寄主】柳树。

【形态特征】无翅孤雌胎生蚜体长 3.5~4.5mm，黑灰色，全体密被细毛。复眼黑褐色。触角 6 节，黑色，上着生毛。口器长达腹部。足暗红色，密生细毛，后足特长。腹部膨大，第 5 节背面中央有锥形突起瘤，腹管扁平，圆锥形，尾片半月形。有翅孤雌胎生蚜 4mm，头、胸色深，腹部色浅。翅透明，翅痣细长。

【测报】颐和园一年 10 多代，以成虫在主干下部的树皮缝越冬。翌年 3 月开始活动，由树干基部向上移动，为害盛期分别为：4—5 月、9—10 月。此虫为害柳条，多在小枝分叉处或嫩枝上群集为害。其个体较大，一天吸入的树汁是身体的 10 倍，大量发生时所分泌的蜜露纷纷飘落如微雨，有的蜜露在树枝上结成小球，引诱大批蚂蚁取食。

【生态治理】1. 黄板诱杀。2. 为害盛期喷施吡虫啉、烟碱类、苯氧威类药剂，每周 1 次，连续喷 2~3 次。

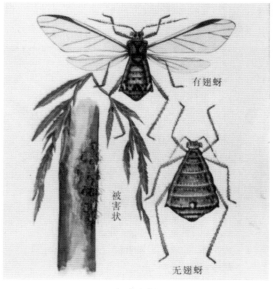

柳瘤大蚜

紫薇长斑蚜　　半翅目斑蚜科

Tinocallis kahawaluokalani (Kirkaldy)

【寄主】紫薇。

【形态特征】无翅胎生雌蚜长椭圆形，体长1.6mm左右，黄、黄绿或黄褐色。头、胸部黑斑较多，腹背部有灰绿和黑色斑。触角6节，细长，黄绿色。腹管短筒形。有翅胎生雌蚜体长约2mm，长卵形，黄或黄绿色，具黑色斑纹。触角6节。前足基节膨大，腹管截短筒状。有翅雄性蚜体较小，色深，尾片瘤状。若蚜体小，无翅。

【测报】颐和园一年发生10余代，以卵在其他寄主植物芽腋或树皮中越冬。翌年5月下旬开始迁至紫薇上，当紫薇萌发的新梢抽长时，开始出现无翅胎生蚜，至6月以后虫口密度不断上升，并随着气温的增高而不断产生有翅蚜，迁飞扩散为害，8月为害最为严重。炎热夏季和阴雨连绵时虫口密度下降。秋初产生有翅蚜，陆续迁移至其他植物。

【生态治理】1. 冬季结合修剪，清除病虫枝、瘦弱枝以及过密枝，以减少越冬蚜卵。2. 保护利用瓢虫、草蛉、食蚜蝇等天敌。3. 大发生期喷施10%吡虫啉可湿性粉剂2 000倍。

紫薇长斑蚜寄生叶背

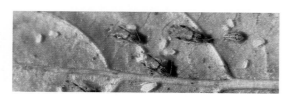

紫薇长斑蚜有翅蚜、孤雌胎生蚜、若蚜

紫薇长斑蚜有翅蚜、孤雌胎生蚜、若蚜

朴绵斑蚜　　半翅目斑蚜科

Shivaphis celti Das

【寄主】朴属植物。

【形态特征】无翅孤雌胎生蚜体长约2.3mm，长卵形，灰绿色，秋季带粉红色，体表有蜡粉和蜡丝，体背毛短尖。有眼瘤。触角6节。腹管极短，环状隆起。尾片瘤状，有互纹和曲毛、短毛，尾板末端深凹成2叶。有翅孤雌胎生蚜体长约2.2mm，长卵形，黄至淡绿色，头胸褐色，腹部有斑纹，全体被蜡粉蜡丝。触角6节。脉翅正常，褐色有宽晕。腹管环状，稍隆，无缘突。尾片长瘤状，毛8~11根，尾板分2叶。

【测报】颐和园一年发生多代，以卵在朴属枝上的绒毛和粗糙处越冬。翌年3月卵孵化为干母，以后孤雌胎生多代，在叶背叶脉附近为害，有时也在叶正面和幼枝为害。蚜体覆盖蜡丝很像小棉球，遇振动易落地或飞走。5—6月严重发生，10月出现有翅雄性蚜及无翅雌性蚜，交尾产卵越冬。

【生态治理】1. 保护天敌，如瓢虫、食蚜蝇、蚜茧蜂、草蛉等。2. 若、成虫发生初期，向叶背喷洒 10% 吡虫啉可湿性粉剂 2 000 倍液或 1.2% 苦烟乳油 1 000 倍液。

朴绵斑蚜初孵若蚜

朴绵斑蚜若蚜

朴绵斑蚜有翅孤雌胎生蚜

朴绵斑蚜无翅孤雌胎生蚜

朴绵斑蚜为害状

食蚜蝇正在取食朴绵斑蚜

竹纵斑蚜　　　　半翅目斑蚜科

Takecallis arundinariae Essig

【寄主】竹。

【形态特征】无翅孤雌胎生蚜复眼红色。有翅孤雌胎生蚜体长 2.3mm，长卵形，淡黄、淡绿色，背被薄白粉。触角细长，6 节，长于身体，全节分泌短蜡丝。头、胸背面有褐色纵斑，第

1~7腹节背面每节各有倒"八"字形纵斑1对。前翅中脉3叉。腹管短筒形，黑褐色，无缘突，基部有长毛1根。尾片黑褐色，瘤状，中央收缩，毛11~14根。足细长，灰白色。

【测报】颐和园一年发生数代，以卵越冬。在叶背取食，尤以叶基部为多。5—6月种群密度最大。

【生态治理】1. 控制竹林密度，保持通风透光。2. 保护瓢虫、草蛉、食蚜蝇、蚜茧蜂、食虫虻等天敌。3. 可采用清水洗刷法降低虫口密度。4. 发生初期（5月），向叶背喷雾10%吡虫啉可湿性粉剂2 000倍液或1.2%苦烟乳油1 000倍液。

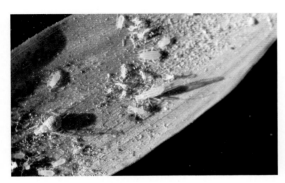

竹纵斑蚜聚集叶背

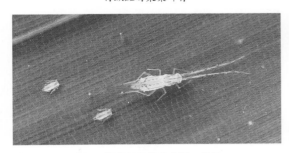

竹纵斑蚜有翅孤雌胎生蚜、若蚜

竹纵斑蚜有翅孤雌胎生蚜、无翅孤雌胎生蚜、若蚜

竹梢凸唇斑蚜　　半翅目斑蚜科

Takecallis taiwanus (Takahashi)

【寄主】竹。

【形态特征】有翅胎生雌蚜体长约2.3mm，长卵形，淡绿、绿或绿褐色，无斑纹。头部毛瘤4对。触角6节，短于体。前胸和第1~5腹节各有中毛瘤1对，第6~8腹节中毛瘤较小，第17腹节各具缘瘤1对，每瘤生毛1根。翅脉正常。腹管短筒形，基部无毛，无缘突，有切迹。尾片瘤状，中部收缩，毛10~17根，尾板分2节。若蚜体较小，背毛粗长，顶端扇形。

【测报】颐和园一年发生数代，以卵越冬。在未伸展的幼叶上为害，发生量大，威胁幼竹生长。

【生态治理】1. 保护天敌，如瓢虫、食蚜

竹梢凸唇斑蚜为害状

竹梢凸唇斑蚜若蚜、无翅胎生蚜、有翅胎生蚜

蝇、蚜茧蜂、草蛉等。2. 竹间疏密合理，通风透光。3. 若、成虫发生初期，向叶背喷洒 10% 吡虫啉可湿性粉剂 2 000 倍液或 1.2% 苦烟乳油 1 000 倍液。

4 月中旬白毛蚜若蚜和干母

竹梢凸唇斑蚜越冬卵、叶螨成螨和越冬卵冬

白毛蚜 半翅目毛蚜科

Chaitophorus populialbae (Boyer de Fonscolombe)

【寄主】毛白杨、河北杨、北京杨等杨树类，其中，以毛白杨受害最重。

【形态特征】无翅孤雌胎生蚜体长约 1.9mm。体绿色，头部、前胸浅黄绿色，足、触角浅黄色。胸背面中央有深绿色斑纹 2 个，腹背有 5 个。体密生刚毛。有翅孤雌胎生蚜体长约 1.9mm，浅绿色。头部黑色，复眼赤褐色。翅痣灰褐色，中、后胸黑色。腹部深绿或绿色，

白毛蚜若蚜和无翅胎生蚜、有翅蚜

白毛蚜若蚜和无翅胎生蚜

4 月中旬白毛蚜有翅蚜、无翅蚜和若蚜

白毛蚜为害根蘖

背面有黑横斑。若蚜初期白色，后变绿色。复眼赤褐色，体白色。干母体长 2.4~2.6mm，翠绿色，复眼赤褐色。卵长圆形，灰黑色。

【测报】颐和园一年发生 10 多代，10 月下旬起开始以卵在当年生枝条的芽腋处或皮缝处越冬，到 11 月中旬全部越冬。翌年春季杨树叶芽萌发时，越冬卵化为干母。干母多在新叶背面为害，5~6 月产生有翅孤雌胎生蚜飞迁扩大为害，往往一片叶背面产满幼蚜后，又转移到另一叶片上繁殖。每头孤雌胎生蚜可繁殖幼蚜 25~54 头，平均 41 头。此蚜的为害以叶背为主，一般大树之下的根蘖条和低矮散生树上虫口密度较大。6 月后易诱发煤污病。10 月发生性母，孤雌胎生雌、雄性蚜，交尾产卵越冬。

【生态治理】1. 保护天敌。杨白毛蚜的天敌主要有异色瓢虫、七星瓢虫、龟纹瓢虫、丽草蛉、杨腺溶蚜茧蜂。各天敌与毛蚜消长规律如下：5 月底或 6 月初开始，自然环境下繁育的瓢虫迁飞到杨树上取食。到 6 月中旬，种群中毛蚜已寥寥无几。瓢虫缺乏食料，复又转移飞迁到其他林木上。7 月中旬以后，毛白杨上又出现少量毛蚜，由于瓢虫数量极少，夏秋季节杨树毛蚜的优势种——杨花毛蚜的主要天敌杨腺溶蚜茧蜂的发生期已过，加上天气干旱、气温较高，导致毛蚜数量日益增多，8 月中、下旬平均每叶（枝梢）有毛蚜在 150 头以上，但在多雨年份，毛蚜种群数量较少。2. 4—5 月中旬喷洒 10% 吡虫啉可湿性粉剂 2 000 倍液、1.2% 烟碱·苦参碱乳油 1 000 倍或 3% 高渗苯氧威乳油 3 000 倍。

杨花毛蚜　　　　　半翅目毛蚜科

Chaitophorus sp.

【寄主】杨树类。

【形态特征】有翅蚜 2.4mm，胸黑、腹绿。翅痣黑色，大而明显。无翅蚜头和前胸为赤褐色、其余黄绿色。腹背部有赤褐色大型斑 2 个。若蚜黄绿色，腹背部有赤褐色大斑。

【测报】颐和园一年 10 多代，以卵在芽腋处越冬。春季干母多在嫩梢、叶柄上为害，整个生长季若蚜群集在嫩枝上为害，叶背发生量少。

【生态治理】1. 保护天敌。杨花毛蚜的主要天敌为杨腺溶蚜茧蜂。2. 4—5 月中旬喷洒 10% 吡虫啉可湿性粉剂 2 000 倍液、1.2% 烟碱·苦参碱乳油 1 000 倍或 3% 高渗苯氧威乳油 3 000 倍。

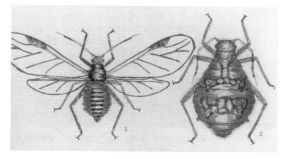

杨花毛蚜

柳黑毛蚜　　　　　半翅目毛蚜科

Chaitophorus saliniger Shinji

【寄主】柳树。

【形态特征】无翅胎生雌蚜体卵圆形，长约 1.4mm，全体黑色，体表粗糙，胸背有圆形粗刻点，构成瓦纹，腹管截断形，有很短瓦纹尾片瘤状；有翅胎生雌蚜体长卵形，长约1.5mm，体黑色，腹部有大斑、节间斑明显黑色，触角长，超过体长一半，腹管短筒形。

【测报】颐和园一年发生20余代，以卵在柳枝上越冬。每年3—4月柳树发芽时，越冬卵孵化，在柳叶正反面沿中脉为害，5—6月大发生，为害严重，在5月下旬至6月上旬可产生有翅孤雌胎生雌蚜扩散为害，多数世代为无翅孤雌胎生雌蚜，雨季种群数量下降。10月下旬产生性蚜后交尾产卵越冬。全年在柳树上生活。柳黑毛蚜是间歇性暴发为害的蚜虫，大发生时常盖满叶背，有时在枝干地面可到处爬行，同时，排泄大量蜜露在叶面上引起黑霉病。为害严重时，造成大量落叶，甚至可使10年以上的大柳树死亡。

【生态治理】1. 4—5月是防治有利时机，喷洒10%吡虫啉可湿性粉剂2 000倍液、1.2%苦·烟乳油1 000倍液或3%高渗苯氧威乳油3 000倍液。2. 保护异色瓢虫、食蚜蝇等天敌。

柳黑毛蚜无翅胎生蚜

柳黑毛蚜无翅胎生蚜

栾多态毛蚜　　半翅目毛蚜科

Periphyllus koelreuteriae (Takahashi)

【寄主】栾树。

【形态特征】无翅孤雌胎生蚜长卵圆形，黄绿色，越冬代初孵黑色，背面多毛，有深褐色品字形大斑，腹管间有长毛27~32根，触角第三节有毛23根和感觉圈33~46个。有翅孤雌胎生蚜体长约3.3mm，头、胸黑色，腹部色浅。干母体长2.2~2.8mm，深绿或暗褐色，腹、背部有明显缘斑。若蚜滞育型白色，体小而扁，腹背有明显斑纹。

【测报】具上下树习性。颐和园一年发生约4代，以卵在幼树芽苞附近、树皮伤疤、裂缝处越冬。早春芽苞开裂时是此虫全年的主要为害期，故始发期甚早，3月中旬就能见为害幼树枝条及叶背，造成卷叶。4月下旬至5月中旬有翅蚜大量发生，5月中旬大量滞育型若蚜开始发育，10月雌雄交尾后产卵。

【生态治理】1. 合理修枝，保持通风透光。2. 树干围环阻隔上下树蚜虫，并及时喷药或人工处理被阻隔的害虫。3. 保护七星瓢虫、异色瓢虫、食蚜蝇等天敌。4. 冬末在树体萌动前喷施石硫合剂；春初萌发幼叶时喷施吡虫啉、苦参碱、苯氧威类药剂。

栾多态毛蚜越冬代初孵若蚜

栾多态毛蚜若蚜

正在上下树的栾多态毛蚜

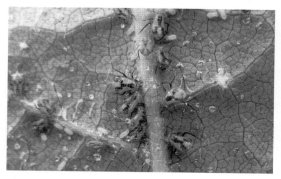

栾多态毛蚜无翅胎生蚜及若蚜

围环阻隔

栾多态毛蚜有翅胎生蚜

栾多态毛蚜群集为害

栾多态毛蚜有翅胎生蚜

七星瓢虫的卵

异色瓢虫幼虫

七星瓢虫

食蚜蝇幼虫

京枫多态毛蚜　　半翅目毛蚜科

Periphyllus diacerivorus Zhang

【寄主】元宝枫。

【形态特征】无翅孤雌胎生蚜体长约1.7mm，卵圆形，体色多变，有黑斑。触角6节。前胸黑色，背中央有纵裂，后胸及腹部各背片均有大块状毛基斑，腹背片毛基斑联合为中、侧、缘斑，有时第4~8腹节中侧斑联合为横带。腹管短筒形，端有网纹，缘突明显，毛4~5根。尾片半圆形，有粗刻点。尾板末端平，元宝状，毛13~16根。

【测报】颐和园一年10多代，以卵在树皮缝里过冬。翌年3月底（元宝枫发芽期）越冬卵开始孵化，多集聚在芽缝处。4月上旬（元宝枫显蕾期）为卵化盛期，4月下旬出现有翅蚜，开始迁飞传播胎生小蚜虫，进入点片发生阶段。4月底至5月上旬虫口显著增加，6—7月为害最严重，叶背布满一层黑色虫体，刺吸叶片的汁液，排尿在叶上，即易引起黑霉病，影响树木生长。8—9月虫口减少，树上少见。10月下旬在元宝枫上出现有翅蚜，并胎生小蚜虫，陆续出现雌雄蚜，交尾后产卵越冬。

【生态治理】1. 为害初期向枝叶上喷洒10%吡虫啉可湿性粉剂2 000倍液、1.2%苦·烟乳液1 000倍液或1%印楝素水剂7 000倍液。2. 保护天敌（瓢虫、草岭、食蚜蝇和蚜茧蜂等）。

食蚜蝇幼虫正在捕食枣多态毛蚜

京枫多态毛蚜的卵

孤雌生殖的京枫多态毛蚜

京枫多态毛蚜若蚜、干母、有翅蚜

京枫多态毛蚜无翅孤雌胎生蚜

柳蚜 半翅目蚜科

Aphis farinosa Gmelin

【寄主】柳树。

【形态特征】无翅孤雌胎生蚜体长约 2.1mm，蓝绿、绿、黄绿色，腹管白色（有时橙褐色或仅后几节橙色），顶端黑色，被薄粉，附肢淡色。中胸腹岔有短柄。体侧具缘瘤，以前胸者最大。腹管长圆筒形，向端部渐细，有瓦纹、缘突和切迹。尾片长圆锥形，近中部收缩，曲毛 9~13 根。有翅孤雌胎生蚜体长约 1.9mm，头、胸黑绿色，腹部黄绿色，腹管灰黑至黑色，前斑小，后斑大。

【测报】颐和园一年发生数代，以卵越冬。此蚜为柳树常见害虫，群集于柳树嫩梢及嫩叶背面，有时盖满嫩梢 15~20cm 以内和叶背面，尤喜为害根生蘖枝及修剪后生出的蘖枝。5—7 月大量

京枫多态毛蚜有翅孤雌胎生蚜

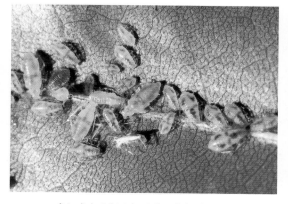

京枫多态毛蚜无翅孤雌胎生蚜（秋型）

柳蚜无翅孤雌胎生蚜、若蚜

发生。夏季不发生雌、雄性蚜，不以受精卵越夏，而以孤雌胎生蚜继续繁殖。

【生态治理】1. 保护天敌，如双带盘瓢虫、大突肩瓢虫、小花蝽、食蚜蝇、蚜茧蜂等。2. 剪除被害严重的嫩梢。3. 发生初期喷施 10% 吡虫啉可湿性粉剂 2 000 倍液。

柳蚜有翅孤雌胎生蚜和正在胎生的无翅蚜

柳蚜无翅孤雌胎生蚜

柳蚜无翅孤雌胎生蚜、若蚜和被寄生的僵蚜

棉蚜　　　　　半翅目蚜科

Aphis gossypii Glover

【寄主】木槿、石榴、紫叶李等，蜀葵、一串红、菊花等。

【形态特征】干母体长约 1.6mm，茶褐色。触角 5 节，为体长之半。无翅孤雌胎生蚜体长约 1.9mm，卵圆形。春季体深绿、黄褐、黑、棕、蓝黑色；夏季体黄、黄绿色，秋季体深绿、暗绿、黑色等，体被有薄层蜡粉。触角 6 节。腹管较短，圆筒形，灰黑至黑色。尾片圆锥形，近中部收缩，曲毛 4~5 根。有翅孤雌胎生蚜体长约 2mm，黄、浅绿或深绿色，头、前胸背板黑色。腹部春秋黑蓝色，夏季淡黄或绿色。触角 6 节，短于体。腹部两侧有黑斑 3~4 对。腹管短，为体长的 1/10，圆筒形。尾片短于腹管之半，曲毛 4~7 根。无翅雌性蚜体长 1~1.5mm，灰黑、墨绿、暗红或赤褐色。触角 5 节。后足胫节发达。腹管小而黑色。有翅雄性蚜体长 1.3~1.9mm，深绿、灰黄、暗红、赤褐色等。触角 6 节。卵椭圆形，初产时橙黄色，后变黑，有光泽。有翅若蚜体被蜡粉，两侧有短小翅芽，夏季体淡黄色，秋季体灰黄色。无翅若蚜 1 龄体淡绿色，触角 4 节，腹管长宽相等；2 龄体蓝绿色，触角 5 节，腹管长为宽的 2 倍；3 龄体蓝绿色，触角 5 节，腹管长约为 1 龄的 2 倍；4 龄体蓝绿、黄绿色，触角 6 节，腹管长约为 2 龄的 2 倍。体夏季多为黄绿色，秋季多为蓝绿色。

【测报】颐和园一年发生 10 多代，以卵在木槿、石榴等枝条芽腋间越冬。翌年 3 月上旬（木槿芽萌动）越冬卵开始孵化，在越冬寄主繁殖 3~4 代，4 月中旬至 6 月下旬为害盛期，并产生有翅蚜。多群集于叶背、花蕾等处为害，使叶片皱缩、变黄、脱落，并分泌蜜露，诱发煤污病。6 月产生大量有翅蚜，陆续迁往夏寄主（蜀

葵、一串红、菊花等及农作物）为害，9月下旬
又迁回第一寄主，10月雌雄性蚜交尾、产卵，
以卵越冬。

【生态治理】1. 合理修剪，做到通风透光，减少
虫口密度。2. 利用黄色粘胶板诱粘有翅蚜虫。
3. 天敌较多时应尽量利用天敌（瓢虫、食蚜蝇、
草岭、小花蝽、蚜茧蜂等）自然控制。4. 春季
越冬卵刚孵化和秋季蚜虫产卵前各喷施 10%
吡虫啉可湿性粉剂 2 000 倍液或 1.2% 苦烟乳
油 1 000 倍液进行防治。5. 冬季或春季剪除卵
枝或喷施石硫合剂。

木槿上异色瓢虫的卵

正在取食棉蚜的食蚜蝇

棉蚜无翅孤雌胎生蚜

为害黄杨的棉蚜有翅蚜和无翅蚜

为害黄杨的棉蚜有翅蚜和无翅蚜

绣线菊蚜　　　　　　半翅目蚜科

Aphis spiraecola Patch
国内多用学名 *Aphis citricola* van der Goot 是误
用，它是甜菜蚜 *Aphis fabae* Scopoli 的异名。

【寄主】海棠、梨、山楂、绣线菊、樱花、榆叶
梅等。

【形态特征】无翅孤雌胎生蚜体长约 1.7mm，
黄、黄绿或绿色。腹管圆筒形，黑色。尾片长
圆锥形，黑色，有长毛 9~13 根。有翅孤雌胎
生蚜体长约 1.7mm，头、胸部和腹管、尾片均
为黑色，腹部呈黄绿色或绿色，两侧有黑斑。
卵椭圆形，漆黑色，有光泽。若蚜鲜黄色，触
角、腹管及足均为黑色，形似无翅胎生雌蚜。

【测报】颐和园一年发生 10 余代，以卵在寄主
枝梢的皮缝、芽苞旁越冬。翌年 3 月，芽萌动
时开始孵化，初孵若蚜先在芽缝或芽侧为害

10 余天后，产生无翅和少量有翅胎生雌蚜。群集于幼叶、嫩枝及芽上，被害叶向下弯曲或横向卷缩。4 月下旬至 6 月中旬为发生盛期，5 月中旬至 6 月上旬为高峰，此间繁殖最快，产生大量有翅蚜扩散蔓延造成严重为害。之后由于气候不适，发生量逐渐减少，秋后又有回升。10 月间出现性母，产生性蚜，雌雄交尾产卵，以卵越冬。

【生态治理】1. 保护天敌，如异色瓢虫、食蚜蝇、草蛉、蚜茧蜂、蚜小蜂等。2. 春季越冬卵刚孵化和秋季蚜虫产卵前各喷施 1 次 10% 吡虫啉可湿性粉剂 2 000 倍液防治。3. 冬季或早春寄主植物发芽前喷施石硫合剂等矿物性杀虫剂，杀死越冬卵。

绣线菊蚜无翅孤雌胎生蚜群集为害

绣线菊蚜越冬卵

绣线菊蚜有翅孤雌胎生蚜、无翅孤雌胎生蚜、若蚜

绣线菊蚜无翅孤雌胎生蚜、若蚜

绣线菊蚜有翅孤雌胎生蚜

槐蚜　　　　半翅目蚜科

Aphis cytisorum Hartig

异名：*Aphis sophoricola* Zhang。

【寄主】槐、地丁、苜蓿。

【形态特征】无翅孤雌胎生蚜体卵圆形，黑褐色，被白粉。中胸被斑明显，腹背中、侧、缘斑不愈合。体背毛尖，腹面多毛。腹部仅 1/10 为黑斑覆盖，第 1 腹节毛为触角第 3 节基宽 1.3 倍。腹管长圆筒形，长为尾片 1.5 倍，尾片舌形，尾板半圆形。有翅孤雌胎生蚜体长卵形，黑褐色，被有白粉。第 1~6 腹节背中斑呈短横带。

【测报】颐和园一年发生 20 余代，以无翅孤雌胎生雌蚜在地丁、野苜蓿或其他杂草中越冬。3—4 月在越冬杂草上大量繁殖；4 月下旬和 5 月初出现有翅蚜，迁至刺槐、国槐、紫穗槐等树木的嫩梢为害，使受害节间缩短，幼叶生长停滞，常盖满槐树嫩梢 10~15cm 及豆荚；5—6 月到达为害最重期；6 月后迁向杂草为害；8 月下旬又迁回槐树；9 月末开始产生有翅蚜迁飞到越冬寄主上为害、繁殖、越冬。

【生态治理】1. 保护天敌草蛉、瓢虫、蚜茧蜂、食蚜蝇、小花蝽等。2. 为害初期向槐树喷洒 10% 吡虫啉可湿性粉剂 2 000 倍。

槐蚜无翅孤雌胎生蚜群集为害

槐蚜无翅孤雌胎生蚜群集为害及草蛉卵

槐蚜有翅孤雌胎生蚜（春季型）

槐蚜无翅孤雌胎生蚜

槐蚜有翅孤雌胎生蚜（秋季型）

豆蚜 半翅目蚜科

Aphis craccivora Koch

异名：*Aphis robiniae* Macchiati

别名：刺槐蚜。

【寄主】刺槐、紫穗槐等。

【形态特征】无翅孤雌胎生蚜体卵圆形，长2.3mm，宽1.4mm。体漆黑色，有光泽，附肢淡色间有黑色。腹部第1~6节大都愈合为一块大黑斑。第7~8节有一窄细横带。头、胸及腹部第1~6节背面有明显六角形网纹，第7~8腹节有横纹。缘瘤骨化，馒头状，位于前胸及腹部第1~7节，其他节偶有。体毛短，尖锐。触角长1.4mm，各节有瓦纹。喙长稍超过中足基节。腹管长0.46mm，长圆管形，基部粗大，有瓦纹。尾片长锥形，基部与中部收缩，两缘及端部3/5处有横排微刺突，有长曲毛6~7根。尾板半圆形，有长毛12~14根。有翅孤雌胎生蚜体黑色，长卵圆形，长2.0mm，宽0.94mm。触角与足灰白色间黑色。腹部淡色，斑纹黑色，第1~6节横带断续与绿斑相连为一块斑，各节有缘斑，第一节斑个腹管前斑小于后斑，第7~8节横带横贯全节，第2~4节偶有小缘瘤。触角长1.4mm。体表光滑，缘斑及第7~8腹节有瓦纹。尾片具长曲毛5~8根，尾板有长毛9~14根，其他特征与无翅型相似。

【测报】颐和园一年发生20多代，以无翅孤雌胎生蚜、若蚜或少量卵于背风向阳处的野豌豆、野苜蓿等豆科植物的心叶及根茎交界处越冬。翌年3月在越冬寄主上大量繁殖。至4月中、下旬产生有翅孤雌蚜迁飞扩散至豌豆、刺槐、槐树等豆科植物上为害，为第一次迁飞扩散高峰；5月底至6月初，有翅孤雌蚜又出现第二次迁飞高峰；6月在刺槐上大量增殖形成第三次迁飞扩散高峰。刺槐严重受害新梢枯萎弯曲、嫩叶卷缩。7月下旬因雨季高温高湿，种群数量明显下降；但分布在阴凉处的刺槐和紫穗槐上的蚜虫仍继续繁殖为害。到10月间又见在扁豆、菜豆、紫穗槐收割后的萌芽条和花生地遗留果粒自生幼苗上繁殖为害。以后逐渐产生有翅蚜迁飞至越冬奇主上繁殖为害并越冬。温度和降水是决定该蚜种群数量变动的主要因素。相对湿度在60%~75%时，有利于其繁殖，当达到80%以上时繁殖受阻，蚜群数量下降。一般4—6月因雨水少湿度低，常大量发生，7月雨季来临，因高温高湿发生数量明显下降。

【生态治理】1.保护和利用天敌，如瓢虫、食蚜蝇、草岭、小花蝽、蚜茧蜂等。2.在成蚜、若蚜发生期，特别是第一代若蚜期，用10%吡虫啉可湿性粉剂2 000倍液防治；亦可在树干基部打孔注射。

豆蚜群集为害

豆蚜无翅孤雌胎生蚜

豆蚜无翅孤雌胎生蚜及若蚜

东亚接骨木蚜　半翅目蚜科

Aphis horii Takahashi

【寄主】接骨木。

【形态特征】无翅孤雌胎生蚜体长约 2.3mm，卵圆形，棕褐、黑蓝色，具光泽。触角第 6 节基部短于鞭部的 1/2，长于第 4 节。前胸和各腹节分别有缘瘤 1 对。足黑色，体毛尖锐。腹管长筒形，长为尾片的 2.5 倍。喙几达后足基节。尾片舌状，毛 14~18 根，尾板半圆形。有翅孤雌胎生蚜体长约 2.4mm，长卵形，黑色有光泽，足黑色。触角第 6 节鞭部长于第 4 节。腹部有缘瘤。腹管长于触角第 3 节。

东亚接骨木蚜无翅孤雌胎生蚜

【测报】颐和园一年发生数代，以卵在接骨木上越冬。翌年 4 月孵化，群集于寄主嫩梢和嫩叶背面为害，5—6 月为害重。

【生态治理】1. 冬季喷洒 3~5 波美度石硫合剂，杀灭越冬卵。2. 发生初期喷洒 10% 吡虫啉可湿性粉剂 2 000 倍液。3. 保护天敌，如蚜茧蜂、瓢虫、草蛉和食蚜蝇等。

东亚接骨木蚜有翅孤雌胎生蚜

东亚接骨木蚜为害状

桃粉大尾蚜　半翅目蚜科

Hyalopterus pruni (Geoffroy)

【寄主】山桃、碧桃、梅、李、杏。

【形态特征】无翅孤雌胎生蚜长椭圆形，体绿色，被白蜡粉。触角 6 节，光滑。腹管圆筒形，光滑。有翅孤雌胎生蚜长卵形，头、胸部黑色，胸背有黑瘤，腹部绿色，体被一薄层白粉；

触角 6 节，为体长的 2/3。腹管筒形。卵初产时绿色，渐变黑绿色。若蚜体小，与无翅蚜相似，淡黄绿色，被白粉。共 4 龄。

【测报】颐和园一年发生 10 余代，转主寄生。以卵在蔷薇科核果类植物的枝条芽缝等处越冬。3 月上旬寄主芽孢膨大时越冬卵开始孵化为干母，干母成熟产生干雌，并大量繁殖后代。若蚜先群集于新叶为害，发育为成蚜后扩散到整株叶片，孤雌胎生。4 月中旬至 5 月中旬为繁殖高峰，出现有翅胎生蚜，6 月迁移至夏寄主（禾本科等植物）上为害繁殖，继续胎生，6—7 月为害最重，8—9 月又迁飞到其他植物上为害，出现性蚜，两性交尾后于 11 月上旬产卵。

【生态治理】1. 保护天敌，如瓢虫、食蚜蝇、蚜茧蜂、草蛉等。2. 虫量不多时可以用清水冲洗芽、嫩叶和叶背，击落蚜体。3. 10 月 20 日至 11 月 7 日期间，提前人工剪除寄主植物叶片，以破坏雌蚜产卵场所。4. 冬季或早春寄主植物发芽前喷洒石硫合剂，杀灭越冬卵。5. 4 月后在林间挂黄板，诱粘有翅蚜虫。6. 在春季（3 月上旬）越冬卵刚孵化和秋季（10 月下旬）蚜虫产卵前进行化学防治，喷洒 10% 吡虫啉可湿性粉剂 2 000 倍液。

桃粉大尾蚜有翅蚜、无翅蚜、被蚜茧蜂寄生的黑色蚜和僵蚜

被蚜茧蜂寄生的僵蚜、食蚜蝇老熟幼虫、草蛉幼虫
——蚜狮与桃粉大尾蚜

食蚜蝇、草蛉卵与桃粉大尾蚜

桃粉大尾蚜有翅孤雌胎生蚜

桃粉大尾蚜为害紫叶碧桃

食蚜蝇正在取食

桃粉大尾蚜天敌——异色瓢虫正在交尾

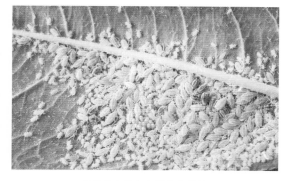

异色瓢虫的卵与桃粉大尾蚜

桃粉大尾蚜为害碧桃

禾谷缢管蚜   半翅目蚜科

Rhopalosiphum padi (Linnaeus)

【寄主】李、桃、榆叶梅等李属植物，禾本科、蒲草科、香蒲科植物。

【形态特征】无翅孤雌胎生蚜体宽卵形，长1.9mm，宽1.1mm。体表绿色至墨绿色或深紫色，杂以黄绿色纹，常被薄粉。头部光滑，胸腹背面有清楚网纹。腹管黑色，长圆筒形，端部略凹缢，有瓦纹，基部周围常有淡褐色或锈色斑，腹部末端稍带暗红色。触角6节，黑色，为体长的2/3。有翅孤雌胎生蚜体长卵形，长2.1mm，宽1.1mm。头、胸黑色，腹部绿色至深绿色，腹部背面两侧及后方有黑色斑纹。腹管黑色，下端稍膨大，末端略凹缢，后斑大。翅中脉分3叉，分叉较小。触角6节，黑色，短于体长。卵初产时黄绿色，较光亮，稍后转为墨绿色。无翅若蚜末龄体墨绿色，腹部后方暗红色；头、复眼暗褐色。

【测报】颐和园一年发生数代，以卵在第一寄主芽腋、小枝基部及皮层缝隙处中越冬。第一寄主李属植物，第二寄主玉米、高粱、麦类和杂草。在李属植物蘖枝上为害重，被害叶向背面纵卷。翌春3月中下旬越冬卵孵化为干母，干母孵出后即在枝梢上为害。禾谷缢管蚜为害梅花在5月上中旬最为猖獗，至5月下旬出现大量迁飞蚜，迁飞转移到细叶结缕草、狗尾草、狗牙根等禾本科杂草上取食越夏；10月下旬至11月上旬在禾本科杂草上又产生迁飞蚜迁回到梅花树上产生有性蚜，交尾产卵，每处产卵1~11粒，多数3~5粒。卵多产在枝条的东南方向。

【生态治理】1. 及时消除李属植物周边杂草，减少蚜虫越冬和繁殖场所。2. 保护和利用天敌昆虫，例如，异色瓢虫、草蛉、蚜茧蜂、食蚜蝇等。3. 害虫发生严重期，喷施10%吡虫啉可湿性粉剂2 000倍液或1.2%苦烟乳油1 000倍液进行防治。

禾谷缢管蚜卵

禾谷缢管蚜若蚜

禾谷缢管蚜为害榆叶梅

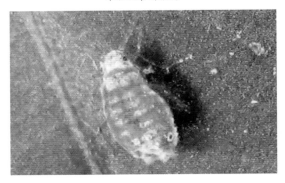

禾谷缢管蚜无翅孤雌胎生蚜

禾谷缢管蚜无翅孤雌胎生蚜

柳二尾蚜　　　　半翅目蚜科

Cavariella salicicola (Matsumura)

【寄主】柳树、芹菜。

【形态特征】无翅孤雌胎生蚜体长约2.2mm，长卵形，草绿、红褐色，无斑纹。触角为体长的1/3。体背刚毛粗短钝顶。腹管圆筒形，中部稍膨大，长为中宽的4倍。有翅孤雌胎生蚜体长约2.2mm，头、胸黑色，腹部淡色，有黑色斑纹。触角不及体长之半。

【测报】颐和园一年发生多代，以卵在柳芽腋或枝条裂缝处越冬。第一寄主柳属植物，第二寄主芹菜。为害柳树嫩梢和幼叶背面，有时满盖10cm以内嫩梢。翌年3月上旬，均温高于5℃时，越冬卵孵化为干母，干母成熟产生干雌，并以无性孤雌胎生方式繁殖2~3代，4—5

禾谷缢管蚜无翅孤雌胎生蚜

柳二尾蚜若蚜、无翅孤雌胎生蚜

月发生有翅蚜，由柳树向芹菜迁飞，部分蚜留居在柳树上为害。10月下旬发生雌性蚜和雄性蚜，在柳树枝条上交尾后产卵越冬。

【生态治理】1. 保护天敌，如瓢虫、食蚜蝇、蚜茧蜂、草蛉等。2. 剪除严重受害嫩枝。3. 于4月孵化盛期，喷洒10%吡虫啉可湿性粉剂2 000 倍液或1.2% 苦烟乳油 1 000 倍液。

柳二尾蚜无翅孤雌胎生蚜、有翅孤雌胎生蚜

初孵瓢虫正在取食

桃蚜　　　　　　半翅目蚜科

Myzus persicae (Sulzer)

【寄主】山桃、碧桃、李、杏、梅、樱花、月季等蔷薇科植物，金鱼草、大丽花、菊花等花卉。

【形态特征】无翅孤雌胎生雌蚜体长约 2.2mm，卵圆形；春季黄绿色，夏季白至淡黄绿色，秋季褐至赤褐色。复眼红色。触角 6 节，灰黑色。腹管较长，圆筒形，灰黑色，端有突。有翅孤雌胎生雌蚜体长约 2.2mm，头胸黑色，腹部

深褐、淡绿、橘红色。第 3~6 腹节背面中央有大型黑斑 1 块，第 2~4 腹节各有缘斑，腹节腹背有淡黑色斑纹。腹管绿、黑色，较长。卵长椭圆形，初产时淡绿色，后变漆黑色。若蚜与无翅雌蚜相似，体较小，淡绿或淡红色，共 4 龄：1 龄淡黄绿色，2 龄淡红绿或淡红色，3 龄淡黄、淡黄绿或淡橘红色，4 龄淡橘红、红褐、淡黄或淡绿色。无翅雌性蚜体长 1.5~2mm，赤褐或橘红色。腹管圆筒形，稍弯曲。有翅雄性蚜与秋季迁移蚜相似，体型稍小，腹部背面黑斑较大。

【测报】颐和园一年发生 10 余代，以卵在桃树的枝梢、芽腋和树皮裂缝等处越冬。翌年 3 月上旬越冬卵开始孵化，以孤雌胎生方式繁殖，先群集在芽上为害，展叶后多聚集在叶背取食，胎生若蚜。4—5 月繁殖最甚，为害也最严重，受害叶片不规则蜷缩或向反面横卷，排出油状液体。5 月产生有翅孤雌胎生雌蚜，陆续迁移到花卉、蔬菜和农作物等夏寄主植物上去繁殖和为害。9—10 月又迁回到桃树为害，出现性蚜，交尾后于 11 月上旬产卵，以卵越冬。

【生态治理】1. 冬季或早春寄主植物发芽前喷施石硫合剂，杀灭越冬卵。2. 利用黄色黏虫板诱粘有翅蚜虫。3. 保护天敌，如瓢虫、食蚜蝇、蚜茧蜂、草蛉等。4. 10 月 20 日至 11 月 7 日期间，提前人工剪除寄主植物叶片，以破坏雌蚜产卵场所。5. 虫量不多时以清水冲洗芽、嫩叶

桃蚜越冬卵

和叶背。6. 春季（3月上旬）越冬卵孵化后尚未进入繁殖阶段和秋季（10月下旬）蚜虫产卵前，分别喷洒10%吡虫啉可湿性粉剂2 000倍液进行防治。

初孵瓢虫正在捕食桃蚜若蚜

桃蚜无翅孤雌胎生雌蚜（春季型）

桃蚜有翅蚜、无翅蚜、被寄生的僵蚜和被蚜茧蜂寄生的黑色蚜

桃蚜无翅孤雌胎生蚜、若蚜

食蚜蝇正在捕食

回迁后的桃蚜有翅孤雌胎生雌蚜及性蚜

桃蚜用药良机

桃蚜为害碧桃

胡萝卜微管蚜无翅孤雌胎生蚜

胡萝卜微管蚜　　　半翅目蚜科

Semiaphis heraclei (Takahashi)

【寄主】金银木、樱花、金银花，当归等伞形科植物。

【形态特征】无翅孤雌胎生蚜体长 2.1mm，宽 1.1mm。卵形，黄绿至土黄色，有薄粉。触角不及体长之半。腹管短而弯曲。尾片圆锥形，中部收缩。尾板末端圆形，有毛 6~7 根。有翅孤雌胎生蚜体长 1.5~1.8mm，宽 0.6~0.8mm。黄绿色，有薄粉。头、胸黑色，腹部淡色。触角黑色，为体长的 2/3。尾片毛 6~8 根。翅脉正常。其他特征类似无翅型。

【测报】颐和园一年发生 10 余代，以卵在金银花等植物枝条上越冬。翌年 3 月孵化为干母，4—5 月严重为害芹菜和忍冬属植物，虫体常盖满忍冬属幼叶背面，叶畸形卷缩。5—6 月产生有翅蚜迁移至伞形科蔬菜和中草药如当归、防风、白芷等植物上为害。10 月间产生有翅性母和雄蚜，由伞形科植物上迁回。10—11 月雌雄性蚜交配，产卵越冬。

【生态治理】1. 保护天敌，如瓢虫、食蚜蝇、蚜茧蜂、草蛉等。2. 黄板诱杀有翅蚜。3. 冬季喷施 3~5 波美度石硫合剂，杀灭越冬卵。4. 早春在忍冬属植物上喷洒 10% 吡虫啉可湿性粉剂 2 000 倍液。

胡萝卜微管蚜无翅孤雌胎生蚜、若蚜

胡萝卜微管蚜无翅孤雌胎生蚜

胡萝卜微管蚜有翅孤雌胎生蚜、无翅孤雌胎生蚜、若蚜

胡萝卜微管蚜有翅孤雌胎生蚜

胡萝卜微管蚜干母、若蚜和正在取食的食蚜蝇

胡萝卜微管蚜有翅孤雌胎生蚜、若蚜

月季长管蚜　　　半翅目蚜科

Sitobion rosivorum (Zhang)

异名：*Macrosiphum rosivorum* Zhang et Zhong

【寄主】月季、蔷薇、玫瑰等蔷薇属植物。

【形态特征】无翅孤雌胎生雌蚜体长约 4.2mm，长卵形，头部土黄至浅绿色，胸腹草绿色，有时橙红色。触角 6 节，略短于体。第 1~6 腹节背板各有中侧毛 6~8 根，第 8 腹节有背毛 4~5 根。腹管长圆筒形，端部有网纹，尾片长圆锥形，有曲毛 7~9 根。有翅孤雌胎生雌蚜体长约 3.5mm，草绿色，中胸土黄色，各腹节有中、侧、缘斑，第 8 腹节有大宽横带 1 个。腹管黑至深褐色，长约 0.8mm，略超过尾端。尾片中部收缩，端部稍内凹，毛 9~11 根。卵椭圆形，初产时草绿色，后变墨绿色。若蚜初为白绿色，后为淡黄绿色。以成、若蚜群集刺吸汁液，使其生长不良，不能正常开花。

胡萝卜微管蚜被寄生的僵蚜

【测报】颐和园一年发生数代，以卵在寄主叶芽和枝上越冬。翌年早春卵孵化，在寄主新梢孵化、吸食和繁殖，经 2~3 代后开始出现有翅孤雌胎生雌蚜，虫口密度逐渐上升，5 月进入第一次繁殖和为害高峰期，夏季高温季节虫口密度下降，夏末秋初又开始上升，进入第二次繁殖高峰期。

瓢虫正在取食胡萝卜微管蚜

【生态治理】1. 合理修枝，保持通风透光，控制虫口上升。2. 保护天敌，如瓢虫、食蚜蝇、蚜

茧蜂、草蛉等。3.黄板诱杀有翅蚜。4.发生期可喷施中性洗衣粉 200 倍液。5.冬季喷施石硫合剂，杀灭越冬卵。6.喷洒 10% 吡虫啉可湿性粉剂 2 000 倍液或 1.2% 苦烟乳油 1 000 倍液。

月季长管蚜无翅蚜与有翅蚜

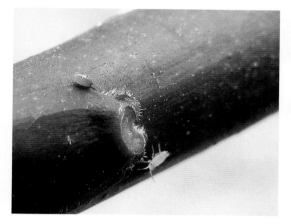

叶芽处的月季长管蚜越冬卵和若蚜

食蚜蝇正在捕食月季长管蚜

月季长管蚜无翅孤雌胎生雌蚜

桃瘤头蚜　　半翅目蚜科

Tuberocephalus momonis (Matsumura)

【寄主】桃树。

【形态特征】无翅孤雌胎生蚜体长约 1.7mm，卵圆形，灰绿至绿褐色，头背黑色，体背淡色，胸、腹背有斑纹，体表粗糙，有粒状刻点组成的网纹，毛短，额瘤圆。触角短，为体长 2/5。胫节粗糙。腹管圆筒形，长于尾片，有缘突及切迹。尾片三角形，顶尖，曲毛 6~8 根。有翅孤雌胎生蚜体长约 1.7mm，长卵形，头、胸部黑色，腹部绿色，有斑纹。翅脉粗黑。触角为体长的 2/3。腹管圆筒形，灰至灰黑色。

【测报】颐和园一年发生 10 余代，以卵在桃树芽腋、缝隙等处越冬。桃树芽苞膨大期时，卵

月季长管蚜有翅孤雌胎生雌蚜

孵化为干母，干母为害芽苞，幼叶展开时在叶背为害，使叶向反向纵卷、肿胀扭曲，由绿色变红色伪虫瘿。7月产生有翅蚜，向其他桃树扩散蔓延，夏季高温时发生受抑，秋末产生雌、雄性蚜，交配并以卵越冬。

【生态治理】1. 冬初喷洒 3~5 波美度石硫合剂，杀灭越冬卵。2. 干母于 4 月孵化完毕，幼叶尚未反卷时喷洒 10% 吡虫啉可湿性粉剂 2 000 倍液防治。3. 10 月防治雌、雄性蚜。

桃瘤头蚜无翅孤雌胎生蚜、若蚜

桃瘤头蚜为害状

桃瘤头蚜为害状

紫藤否蚜　　　　半翅目蚜科

Aulacophoroides hoffmanni (Takahashi)

【寄主】紫藤。

【形态特征】无翅孤雌胎生蚜体长约 3.3mm，卵圆形，棕褐、黑褐色。头、前胸背有颗粒状微刺，胸、腹背有小刺突组成的曲纹。触角稍长于体，节间斑黑色，腹岔有短柄。体背毛粗大、长尖。腹管长筒形，长为尾片 3 倍以上，尾片短锥形，毛 12~16 根，尾板端圆形。有翅孤雌胎生蚜体长约 3.3mm，卵圆形，头、胸黑色，腹部褐色有黑斑。翅黑色，前翅 2 肘脉镶黑边。腹管端有网纹 2~3 排，中有瓦纹，尾片长毛 14 根。

【测报】颐和园一年发生约 8 代，以卵在紫藤上越冬。翌年 4 月零星发生，集中在嫩梢为害，6—7 月常盖满 15~25cm 甚至 60cm 内嫩梢周围，使生长停止。夏季一度下降，秋季复增。

【生态治理】1. 冬季向紫藤喷洒 3~5 波美度石硫合剂，杀灭越冬卵。2. 发生初期喷洒 10% 吡虫啉可湿性粉剂 2 000 倍液。

紫藤否蚜无翅孤雌胎生蚜、若蚜

紫藤否蚜群集为害嫩叶

日本履绵蚧

半翅目绵蚧科

Drosicha corpulenta (Kuwana)

【寄主】柳、桑、白蜡、杨、槐、臭椿、泡桐、悬铃木、核桃、碧桃、樱花、蜡梅、杏、梨等。

【形态特征】雌成虫体长7.8~10mm，背面有褶皱、扁平椭圆形，似草鞋，赭色，周缘和腹面淡黄色，触角、口器和足均为亮黑色。体分节明显，胸背可见3节，腹背8节，多横褶皱和纵沟。体被白色蜡粉。雄成虫体紫红色，头胸淡黑色，长5~6mm，翅淡黑色至紫蓝色，前翅脉红色，后翅为平衡棒。触角丝状，10节，除基部2节外，其他各节生有长毛，毛呈三轮形；头部和前胸红紫色，足黑色。卵长椭圆形，初为淡黄色，后为褐黄色，外表卵囊白色。若虫体灰褐色，与雌成虫形似，赤褐色。雄蛹预蛹圆筒形，长约5mm，褐色。蛹体长约4mm，触角可见10节，翅芽明显。茧长椭圆形，白色，外有白色棉絮状物。

【测报】颐和园一年发生1代，大多以卵在卵囊内于寄主植物根际附近土壤、墙缝、树皮缝、枯枝落叶层及石块堆下越冬，极个别以1龄若虫越冬。此虫为颐和园地区冬末春初为害最早的刺吸式害虫，在颐和园最早可于1月20日发现其出蛰。翌年冬末，当白天最高温度达3℃时越冬卵开始孵化出蛰，10:00—14:00顺着枝干向阳面爬向树木幼嫩部分，寄生在芽腋、嫩梢、叶片和枝干。3月末至4月初1龄若虫第一次蜕皮进入2龄，并开始分泌蜡质物；4月中下旬2龄若虫蜕皮进入3龄，若虫自此开始出现雌雄分化，雄若虫此后停止取食，潜伏于树蜂、树皮、土缝、杂草等处分泌大量蜡丝缠身，化蛹其中，蛹期约10天，4月末雄成虫开始羽化；3龄雌若虫继续发育为害，直至4月末开始第三次蜕皮变成雌成虫。雄成虫多数在晚间寻找雌成虫交尾，5月中旬为交尾盛期。雄成虫

有趋光性，寿命约3天；交尾后的雌成虫仍继续为害，到6月中下旬开始下树，钻入根际附近的土壤、墙缝、树皮缝、枯枝落叶层及石块堆下，分泌白色蜡丝围城卵囊，产卵其上，再分泌蜡质覆盖卵粒，然后再次重叠产卵其上，一般产卵5~8层，每层20~30粒卵。每雌产卵100~180粒，多者达261粒，产卵期4~6天，产卵结束后雌成虫逐渐干瘪死亡。卵的自然死亡率与当时土层含水量关系密切，雌成虫入土后，土层湿润则死亡率低，干旱则会引起成虫和卵的死亡。

【生态治理】1. 加强检疫，在发生区挖运苗木时严禁带土，以防人为传播在土中越冬的卵或新孵若虫。2. 搞好林地环境卫生，清除林地砖头堆、渣土、垃圾和杂草等，消灭越冬虫卵。3. 冬末（2月下旬）树液即开始流动时，在树干基部上方图闭合黏虫胶环或绑缚闭合塑料环，胶或环宽约20cm，粘杀或阻隔上树若虫。4. 幼龄或爬行若虫期，可喷洒3%高渗苯氧威乳油3 000倍液或10%吡虫啉可湿性粉剂2 000倍液，喷洒时每药再加1‰的中性洗衣液，以增加药效。5. 保护和利用天敌如红环瓢虫、黑缘红瓢虫、草履蚧白僵菌等。

草履蚧卵（初产）

草履蚧卵（1周后）

草履蚧雌成虫与红环瓢虫幼虫

草履蚧1龄若虫

草履蚧雄成虫

草履蚧1龄若虫群集为害

草履蚧雌雄正在交尾

草履蚧雌成虫、孕卵雌成虫正在刺吸为害

准备越夏与越冬的草履蚧

泥环阻隔法防治草履蚧

红环瓢虫在土壤洞穴内越冬

3只红环瓢虫正在取食草履蚧（李颖超摄）

红环瓢虫蛹

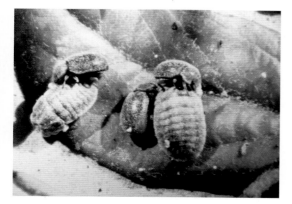

红环瓢虫成虫正在取食日本履绵蚧

白蜡绵粉蚧　　　半翅目粉蚧科

Phenacoccus fraxinus Tang

【寄主】白蜡、柿、榆、核桃、臭椿、悬铃木、栾树等。

【形态特征】雌成虫体长 4.5~6mm，椭圆形，紫褐色，腹面平，背面略隆起，全体覆被白色蜡粉，分节明显，分节处蜡粉薄。体缘有白色蜡丝 18 对，腹脐 5 个。体背前、后背裂发达。雄成虫体长约 2mm，初白黄色，后黑色，翅 1 对，腹末有白色长短蜡丝各 1 对。卵椭圆形，橘黄色。卵囊灰白色，长扁圆形，棉絮状，囊长为体长的 2 倍以上。若虫足发达，预蛹圆筒形，长约 5mm，褐色。蛹体长约 4mm，触角可见 10 节，翅芽明显。茧长椭圆形，白色，外有白色棉絮状物。

【测报】全国林业危险性有害生物。颐和园一年发生 1 代，大多以卵在卵囊内于寄主植物根际附近土壤、墙缝、树皮缝、枯枝落叶层及石块堆下越冬，极个别以 1 龄若虫越冬。翌年冬末，当白天最高温度达 3℃时越冬卵开始孵化出蛰，10:00—14:00 顺着枝干向阳面爬向树木幼嫩部分，寄生在芽腋、嫩梢、叶片和枝干。3月末至 4 月初 1 龄若虫第一次蜕皮进入 2 龄，并开始分泌蜡质物；4月中下旬 2 龄若虫蜕皮进入 3 龄，若虫自此开始出现雌雄分化，雄若虫此后停止取食，潜伏于树蜂、树皮、土缝、杂草等处分泌大量蜡丝缠身，化蛹其中，蛹期约 10 天，4 月末雄成虫开始羽化；3 龄雌若虫继续发育为害，直至 4 月末开始第三次蜕皮变成雌成虫。雄成虫多数在晚间寻找雌成虫交尾，5 月中旬为交尾盛期。雄成虫有趋光性，寿命约 3 天；交尾后的雌成虫仍继续为害，到 6 月中下旬开始下树，钻入根际附近的土壤、墙缝、树皮缝、枯枝落叶层及石块堆下，分泌白色蜡丝围城卵囊，产卵其上，再分泌蜡质覆盖卵粒，然后再次重叠产卵其上，一般产卵 5~8 层，每层 20~30 粒卵。每雌产卵 100~180 粒，多者达 261 粒，产卵期 4~6 天，产卵结束后雌成虫逐渐干瘪死亡。卵的自然死亡率与当时土层含水量关系密切，雌成虫入土后，土层湿润则死亡率低，干旱则会引起成虫和卵的死亡。

【生态治理】1. 加强检疫，在发生区挖运苗木时严禁带土，以防认为传播在土中越冬的卵或新孵若虫。2. 搞好林地环境卫生，清除林地砖头堆、渣土、垃圾和杂草等，消灭越冬虫卵。3. 冬末（2 月下旬）树液即开始流动时，在树干基部上方图闭合黏虫胶环或绑缚闭合塑料环，胶或环宽约 20cm，粘杀或阻隔上树若虫。4. 幼龄或爬行若虫期，可喷洒 3% 高渗苯氧威乳油 3 000 倍液或 10% 吡虫啉可湿性粉剂 2 000 倍液，喷洒时每药再加 1‰的中性洗衣服，以增加药效。5. 保护和利用天敌如红环瓢虫、黑缘红瓢虫、草履蚧白僵菌等。

白蜡绵粉蚧若虫

白蜡绵粉蚧雌成虫及卵囊

白蜡绵粉蚧雌成虫及卵囊

白蜡绵粉蚧雄成虫

白蜡绵粉蚧初产卵

白蜡绵粉蚧雄成虫

白蜡绵粉蚧被寄生蜂寄生

白蜡绵粉蚧群集在树干为害

白蜡绵粉蚧群集在树干为害

各节有刺毛2~3根，翅暗白色，腹末有与体等长的白色蜡丝1对。卵椭圆形，紫红色，被白色蜡粉及蜡丝。卵囊为纯白或暗白色毡状物，草履状，正面隆起，头端椭圆形，腹末内陷形成钳状，表面存在穿出卵囊的较为粗长的蜡毛。若虫椭圆或卵圆形，紫红色，体缘有长短不一的刺状突起。蛹胭脂红色，壳椭圆形，上下扁平，末端周缘有一横裂缝，将壳分成上下两层，全壳为暗白色絮状蜡质构成。

【测报】颐和园一年发生4代，以若虫在树皮裂缝、芽鳞等处隐蔽越冬。寄生在叶、枝和果实上，叶片被害，出现多角形黑斑；叶柄被害，色变黑、畸形生长和早落；果实被害，严重落果；枝干被害，使树势下降。4月末（柿树发芽展叶期）越冬若虫爬至叶部为害，5月中旬雌成虫体表开始产生白色蜡丝，形成白色蜡质囊壳，交配后卵囊由纯白变暗白色，即开始产卵，卵囊后缘稍微翘张则为产卵盛期，后缘大张并微露红色则为孵化盛期，每雌虫产卵约130粒，果实上寄生者产卵最多，平均340粒，叶上次之，枝干上最少。17~18℃时卵期约21天，31~32℃时约12天。6月下旬孵化的第1代若虫从囊内爬出，选择幼嫩枝叶为害。7月中旬、8月中下旬和9月下旬分别为第2代、第3代和第4代若虫孵化为害，10月越冬。

【生态治理】1.加强苗木检疫，防止人为扩散。2.加强肥水管理，增强树势，提高树木抗逆性

柿树白毡蚧　　　半翅目毡蚧科

Asiacornococcus kaki (Kuwana)

【寄主】柿、梧桐、桑。

【形态特征】雌成虫体扁，椭圆形，长约1.5~2.5mm，暗紫或红色。体节较明显，背面分布圆锥形刺，腹面平滑，具长短不等体毛。触角短，3~4节。腹缘有白色细蜡丝。雄成虫体长1~1.2mm，紫红色，触角9节，单眼2对，

树干上的柿树白毡蚧雌成虫及卵

能。3. 秋季人工刷除枝、干上越冬若虫。4. 柿树发芽前喷洒 1~2 波美度石硫合剂。5. 若虫爬离卵囊时喷洒 3% 高渗苯氧威乳油 3 000 倍液或 10% 吡虫啉可湿性粉剂 2 000 倍液。6. 保护红点唇瓢虫、黑缘红瓢虫、草蛉等天敌。

柿树白毡蚧孵化末期和若虫固定期

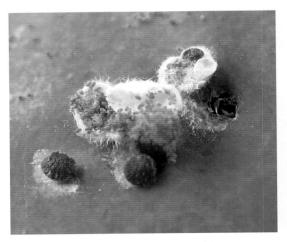

果实上的柿树白毡蚧雌成虫及卵

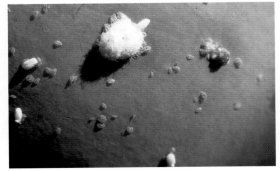

柿树白毡蚧初孵小若虫

叶片上的柿树白毡蚧雌成虫及卵

柿树白毡蚧卵囊及若虫

柿树绵粉蚧孵化盛期，卵囊后缘大张并微露红色

柿树白毡蚧为害果实

石榴囊毡蚧　半翅目毡蚧科

Eriococcus lagerostroemiae Kuwana

别名：紫薇绒蚧。

【寄主】紫薇、石榴等。

【形态特征】雌成虫扁平，椭圆形，长约 3mm，暗紫红色，遍生微细短刚毛，被有白色蜡粉，外观略呈灰色，体背有少量白蜡丝。近产卵时，分泌蜡质，形成白色毡绒状蜡囊，虫体与卵包在其中。触角 7 节。雄成虫体长约 1.2mm，翅展约 2mm，紫红色。前翅半透明，翅脉呈"人"字形，触角 10 节，腹末有长毛 1 对。卵呈卵圆形，紫红色，长约 0.3mm。若虫椭圆形，初孵若虫淡黄色，后变成紫红色，体缘有刺突。过冬若虫紫红色，足黄色，体背有少量白蜡丝。雄蛹紫褐色，长卵圆形，外包以袋状绒质白色茧。后半段具蜡壳，末端周缘有一横裂缝，将壳分成上下两侧。

【测报】全国林业危险性有害生物。颐和园一年发生 2 代。以 2 龄若虫在枝干的裂缝处、翅皮下或空蜡囊中越冬。越冬若虫天然死亡率一般在 62%左右。翌年 3 月下旬越冬若虫开始取食发育，4 月中下旬雌雄明显分化，雄性分泌白茧化蛹，雌性则至性成熟期才分泌白色蜡囊，体末常附一滴透明胶质露珠，标志已成熟。4 月底至 5 月上旬雄虫羽化，交尾后死去。5 月下旬，雌虫开始产卵，6 月上旬为产卵盛期，6 月中旬、8 月中旬至 9 月初分别为各代若虫孵化盛期，单雌产卵 30 粒至百余粒。第一代生活史较整齐，第二代不整齐。此蚧能进行孤雌生殖。交尾前与雄虫隔离的雌虫正常产卵孵化发育至成虫，它们又能繁殖第二代若虫。

【生态治理】1. 加强检疫，不栽有虫植株。2. 保护天敌。捕食性天敌有红点唇瓢虫，其捕食量最大，是优势种天敌，其余还有异色瓢虫、二星瓢虫、红环瓢虫及草蛉；寄生性天敌有豹纹花翅蚜小蜂、黑色软蚧蚜小蜂、绵蚧阔柄跳小蜂和粉蚧短角跳小蜂等，豹纹花翅蚜小蜂的寄生率可达 20%~80%。3. 结合冬季整形修剪，清除虫害为害严重、带有越冬虫态的枝条。4. 可在早春萌芽前喷洒波美 3~5 度石硫合剂，杀死越冬若虫。5. 对发生严重地区，抓住若虫孵化期用药，可选用 3%高渗苯氧威乳油 3 000 倍液或 10%吡虫啉可湿性粉剂 2 000 倍液。

石榴囊毡蚧雌成虫及卵

石榴囊毡蚧若虫

石榴囊毡蚧若虫、雌成虫及卵

石榴囊毡蚧卵囊被寄生

石榴囊毡蚧群集为害

日本龟蜡蚧　　半翅目蚧科

Ceroplastes japonica Green

【寄主】寄主已知有枣、柿、蔷薇、紫薇、海棠、石榴、玉兰等41科百余种植物。

【形态特征】雌成虫介壳长3.0~4.5mm，宽2~4mm，白色，半球形，中部隆起，表面具龟甲状凹陷，周缘蜡层厚而弯曲，内周缘有8个小角状突。虫体卵圆形，1~4mm，黄红、血红至紫红色，背部稍突起，腹面平坦。触角多

为6节。雄成虫体长1.3mm，翅展约3.5mm，棕褐色。触角10节。翅透明，触角丝状10节，第4节最长。介壳白色，星芒状，中间为一长椭圆形而突起的蜡板，周围有13个放射状排列的小角形蜡角。卵椭圆形，初为乳黄色，渐变为深红色。若虫体长约0.3mm，宽约0.2mm，长椭圆形，扁平，淡黄色。老龄雌若虫蜡壳与雌成虫近似，老龄雄若虫与雄成虫近似。蛹体长1.2mm，圆锥形，红褐色。

【测报】颐和园一年发生1代，以受精尚未长足的滞育雌成虫在枝条上越冬。两性卵生繁殖为主，也可孤雌卵生。越冬后仍可继续为害和膨大虫体。6月产卵，卵产于母体下，单雌产卵量200~3 000粒不等，卵期17~31天。初孵若虫在爬离母体后有向上爬行的习性，沿枝条向上爬行至叶片正面取食，少数在叶柄和嫩枝，固定后6小时开始泌蜡，约半月后形成初期星芒状蜡被。7月下旬雌雄若虫外形开始分化，雄性星芒状，雌性龟甲状。8月中旬至9月下旬为蛹期，9月上旬成虫开始羽化，雌虫在叶片上为害至8月中、下旬，多在蜕皮为成虫后迁回到枝条上固定取食。雌成虫与雄成虫交尾后为害至11月，进入越动期。

【生态治理】1.冬季和夏季对树木进行适度修剪，剪除过密枝。利于通风透光，不利于蚧体发育。2.冬季喷施石硫合剂杀灭越冬虫体。3.植物生长期的防治应立足于初孵若虫期，在未形成蜡质层或刚开始形成蜡质层时进行及时防治，可选用苯氧威、吡虫啉类药剂。4.该虫天敌较多，已知就有20多种，捕食性天敌如：红点唇瓢虫、黑缘红瓢虫、二双斑蠹瓢虫、蒙古光瓢虫、刀角瓢虫。寄生性天敌如：黑盔蚧长盾金小蜂、蜡蚧褐腰啮小蜂、日本食蚧蚜小蜂、长代食蚧蚜小蜂、赖实蚧蚜小蜂、蜡蚧食蚧蚜小蜂、闽奥食蚧蚜小蜂、黑色食蚧蚜小蜂、软蚧扁角跳小蜂、红蜡蚧扁角跳小蜂、蜡蚧扁角跳小蜂、红帽蜡蚧扁角跳小蜂、长缘刷盾跳

小蜂、刷盾短缘跳小蜂、绵蚧阔柄跳小蜂、龟蜡蚧花翅跳小蜂、球蚧花翅跳小蜂、蜡蚧花翅跳小蜂；故喷药应避开天敌发生高峰期，注意保护天敌。

黑缘红瓢虫老熟幼虫及蛹

日本龟蜡蚧雄成虫介壳

黑缘红瓢虫成虫

日本龟蜡蚧雌成虫介壳

日本纽绵蚧　　　半翅目蚧科

Takahashia japonica Cockerell

【寄主】桑、槐、核桃、榆、朴、地锦等。

【形态特征】雌成虫体长 3~7mm，卵圆或长圆形，红褐、深棕、浅灰褐或深褐近黑色，背面隆起，具黑褐色脊，不太硬化，缘褶明显；触角短，7 节；体缘锥刺密集成 1 列，气门刺 3 根，同形同大，短于缘刺，多格腺分布在腹面；肛板三角形，长为宽的 15 倍。卵呈圆形，长约 0.4mm，黄色，覆白色蜡粉。卵囊较长，约达 17mm，白色，棉絮状，质地密实，具纵行细线状沟纹，一端固着在植物体上，另一端固着在虫体腹部，中段悬空呈扭曲状。若虫体长椭圆形，淡黄色，扁平。

日本龟蜡蚧为害状

【测报】颐和园一年发生 1 代，以受精雌成虫在枝条上越冬。翌年 3 月末成虫开始活动和为害，5 月成虫产卵盛期，6 月上旬为卵孵化盛期。初孵若虫集中在枝条和叶背定栖为害，2 龄若虫转移到枝条上寄生。

【生态治理】1. 适时修剪，增加树体的通风透光程度。2. 若虫盛孵期喷洒 25% 高渗苯氧威可湿性粉剂 300 倍液，20% 速克灭乳油 1 000 倍液或 10% 吡虫啉可湿性粉剂 2 000 倍液。3. 保护天敌，寄生性天敌有方柄扁角跳小蜂和纽绵蚧跳小蜂：捕食性天敌有红点唇瓢虫和异色瓢虫等。

日本纽绵蚧卵

日本纽绵蚧卵囊

桦树绵蚧　　　　　半翅目蚧科

Pulvinaria betulae (Linnaeus)

【寄主】杨柳科、桦木科、木犀科、蔷薇科植物。

【形态特征】成虫雌体椭圆形，长约 7mm，宽约 5mm。活体灰褐色，背中线色深，腹部中线

两侧散布许多非正形黑斑，产卵后死体暗褐或暗黄色，有许多小灰瘤，以沿中线为多。触角多为 8 节，少数 9 节或 7 节。每气门路五格腺为 78~115 个，气门刺 3 根，中刺为侧刺长的 2 倍，中刺基粗于侧刺基。多格腺在中、后足基之后和阴门附近成群，在第 2~3 腹节腹板上成横列，在第 4~6 腹节腹板上成横带（列）。体背有圆形亮斑，斑距为斑径的 2~3 倍。大杯状腺在腹面亚缘区成带。体缘毛尖细，排成 2 列，毛间距离等于或小于毛长。卵囊椭圆形，长约 8mm，宽约 6mm，白色，棉絮状，高突，背中有 1 纵沟，两侧有许多细直沟纹。茧长椭圆形，两侧近平行，前、后端浑圆，毛玻璃状，分成下列多块：前 1、中 2、每侧各 2。

【测报】颐和园一年发生 1 代，以受精雌成虫在枝干上越冬。5 月雌成虫开始分泌白色腊丝，边分泌体后部边抬起，以藏卵粒，产卵后的死体与树干的夹角 45°~90°。6 月是产卵盛期，若虫孵化后寻找嫩枝或叶片固定为害，发育很缓慢，9 月叶上虫体爬回枝条，发育为成虫，交配后雄虫死去，雌虫越冬。

【生态治理】1. 合理修剪，增加树体的通风透光程度，减少虫口密度。2. 保护和利用天敌，如方柄扁角跳小蜂、红点唇瓢虫和异色瓢虫等。3. 若虫盛孵期喷洒 95% 蚧螨灵乳剂 400 倍液、20% 速克灭乳油 1 000 倍液或 10% 吡虫啉可湿性粉剂 2 000 倍液。

桦树绵蚧卵

桦树绵蚧雌成虫及卵囊

枣大球坚蚧　半翅目蚧科

Eulecanium gigantea (Shinji)

【寄主】紫叶李、国槐、枣、栾树、栎、刺槐、核桃、榛、杨、柳、榆、紫穗槐、栗、紫薇、苹果、玫瑰、槭属等。

【形态特征】雌成虫成熟体半球形，背面鲜黄或象牙色，带有整齐紫褐色斑，背中为粗纵带，带之两端扩大呈哑铃状，后端扩大部包住尾裂，背中纵带两侧各有大黑斑2纵排，每排黑斑5~6个。孕卵后体前半高突，后半斜狭，背面常有毛绒状蜡质分泌物，腹面常为不规则圆形；产卵后死体半球或近于球形，深褐色，红褐色花斑及绒毛蜡被消失，背面强烈向上隆起、硬化，壁薄，表面光滑洁亮，分布少数大小不同的凹点；触角7节，缘刺尖锥形，稀疏1列。雄成虫体长约2mm，翅展约5mm，头部黑褐色，无口器，前胸及腹部黄褐色，中、后胸红棕色。触角丝状，10节，腹末针状，两侧各有白色长蜡丝1根，其长度约是体长的1.6倍。卵长椭圆形，长约0.3mm，初产米黄色，渐变红棕色，被白色蜡粉。若虫初孵体长椭圆形，橘红色，背中线具深红色条斑1足、触角健全，黄褐色，体背形成白色薄介壳，2根长毛部分露出壳外；2龄体长约2mm，背部逐渐形成环状蜡斑3个，壳边缘具刺毛末期2根外

露的长毛仅见残迹。蛹体长椭圆形，淡褐色，长约2.2mm，眼点红色。茧长卵圆形，毛玻璃状，有蜡块，边缘有整齐蜡丝。

【测报】全国林业危险性有害生物。颐和园一年发生1代，以若虫在枝干上越冬，寄生在枝、干上为害。翌年3月末柳树吐绿芽5~10mm时若虫开始活动，选择幼嫩枝条为害，4月中旬雌体迅速膨大，密集在枝条上，4月中旬雄蛹大量羽化，两性卵生，5月上旬雌成虫开始产卵于母体向上隆起而腾出的空腔内，每头雌虫产卵4 200~9 000粒，卵期约25天，蛹期约15天。5月下旬为若虫孵化盛期。初孵若虫集中在叶背、叶面主脉两侧、嫩梢、枝条下方及果实上刺吸汁液为害，以叶片最多；10月下旬落叶前若虫陆续转移到枝条上越冬。此虫为检疫对象，1龄若虫又称浪荡若虫。此时，防治效果最佳。

【生态治理】1. 加强检疫，销毁带疫寄主植物。2. 初孵若虫期喷洒15%吡虫啉微胶囊干悬剂2 000倍液或95%蚧螨灵乳剂400倍液。3. 保护天敌，如斑翅食蚧蚜小蜂、赛黄盾食蚧蚜小蜂、豹纹花翅蚜小蜂、球蚧花角跳小蜂、刷盾短跳小蜂、短缘刷盾跳小蜂及颐和园举肢蛾，其中，球蚧花翅跳小蜂对各虫态均可寄生。

枣大球坚蚧雌成虫

枣大球坚蚧雌成虫

枣大球坚蚧雌成虫

槐花球蚧　　　　半翅目蚧科

Eulecanium kuwanai (Kanda)

【寄主】小叶杨、白榆、国槐、刺槐、旱柳、箭杆杨、复叶槭、苹果、桃、杏等林果树木。

【形态特征】雌成虫半球形，表现为两型。1种体表光滑，长 12.5~18.0mm，红褐色。另1种体壁皱缩，较小，长和宽均 6.0~6.7mm，雄成虫长约 1.7mm，翅展约 3.5mm，体紫红色。触角丝状，10节，腹末交尾器针状。前翅发达，透明无色，后翅特化为平衡棒。卵圆形，长约 0.38mm，宽 0.2mm。初产时乳白色，渐变为粉红色或橙色。若虫初孵椭圆形，肉红色，长 0.3~0.5mm，触角6节，腹末有2根长刺毛，2龄若虫椭圆形，黄褐至栗褐色。体长 1.0~1.2mm。触角7节。足发达。蛹长椭圆形，长约 1.7mm，棕褐色，触角和足可见分节，体被半透明蜡壳。

【测报】全国林业危险性有害生物。颐和园一年发生1代，以2龄若虫固定在当年生枝条上群聚越冬。翌春继续为害，4月中旬2龄若虫开始雌雄分化。雌虫蜕皮为成虫，雄虫则经2个蛹期于5月初羽化为成虫，雌、雄交配后，雌成虫于4月底至5月初产卵，6月上旬、中旬卵孵化。6月中下旬至7月中旬，此时1~2龄若虫无蜡质或被少量蜡质层，耐药性差，易于防治。初孵若虫爬行转移到叶片和嫩枝上刺吸为害，10月间，叶片上的若虫再转移到新枝上越冬。全年为害严重期是4月中旬至5月下旬。

【生态治理】1. 冬季落叶后到发芽前用 3~5 波美度石硫合剂喷洒枝干，可杀死越冬若虫，降低翌年虫口密度。2. 保护和利用天敌昆虫（槐花球蚧天敌有球蚧蓝绿跳小蜂，寄生率达35%；北京举肢蛾，寄生率达 21.5%，此外，还有球蚧跳小蜂、刷盾跳小蜂、金小蜂、黑缘红瓢虫等）的自然控制能力，在天敌大发生期避免用农药防治。3. 将阿维菌素、柴油和水按 1：4：1 500 配比后喷雾，7~10 天连续喷雾 2 次，灭虫率接近 100%。6 月中下旬至7月中旬防治效果尤为显著，灭虫率可达 100%。4. 松脂合剂药剂试验表明，松脂合剂防治效果很好，灭虫率可达 100%。同时，可兼治蚜虫、红蜘蛛。松脂合剂的配制与使用方法：松香、火碱和水的比例为 4：3：24。先将水放入锅内，再将火碱放入水中加热，煮沸至火碱全部溶化，再将碾成粉末的松香慢慢撒入，同时进行搅拌，待松香全部溶化后即成松脂合剂母液。使用时将此液稀释 25~30 倍喷雾，一般每隔 7~10 天连续喷雾 1~2 次。松脂合剂黏着性和渗透性都很强，有很强的触杀作用，能腐蚀蚧壳蜡质、侵蚀体壁而使蚧虫致死。此药为碱性药剂，不能与其他药物混合使用，对皮肤和器械有腐蚀性，使用中要注意安全。

槐花球蚧雌成虫

槐花球蚧雌成虫

朝鲜毛球蚧　　半翅目蚧科

Didesmococcus koreanus Borchsenius

【寄主】杏、李、桃、梅、樱桃等蔷薇科植物。

【形态特征】雌成虫体长约 4.5mm，宽约 4mm，高约 3.5mm，近球形，黑褐色，略带光泽，背面向上隆起，初孕卵体时体壁较软，黄褐色，产卵后高度硬化，背面体壁较大凹点呈 2 纵裂，体表常覆盖透明薄蜡片，触角 6 节。第 4~6 腹节腹面有成对长毛，腹面无杯状腺。肛板小，每板近三角形。雄成虫体长约 1.5mm，翅展 2.5mm，头胸部红褐色，腹部淡黄褐色，触角丝状、10 节，腹末交尾器两侧各有白色长蜡丝 1 条。卵椭圆形，初产橙黄色，渐变红褐色，半透明，被白色蜡粉。若虫初孵时体长椭圆形，长约 0.5mm，淡褐色，被白色蜡粉，雄若虫在

腹背末端两侧各有黄白色隆起 1 个，雌虫无。蛹体长 1.8.mm，红褐色。茧长约 2mm，长椭圆形。

【测报】颐和园一年发生 1 代，以 2 龄若虫在枝干白色毡状蜡质下越冬。翌年 3 月中下旬越冬若虫活动，从蜡堆蜕皮中爬出，群居在枝条上为害，4 月上旬成虫羽化始期，几天后进入盛期；4 月下旬至 5 月上旬成虫交尾。5 月中下旬为产卵盛期，产卵于母体下面，每头雌成虫产卵 1 200~2 900 粒，卵期 6~19 天，6 月初孵化若虫爬出母壳后在枝条缝隙处固定，直至翌年春季，固定后进入生长缓慢期，10 月后开始越冬。

【生态治理】1. 严格植物检疫，防止人为进行传播。2. 加强林间养护管理，增强树体自身抗御能力。3. 初冬或早春向树体喷洒 3~5 波美度石硫合剂，杀灭越冬虫体。4. 若虫活动盛期向干枝喷洒 95% 蚧螨灵乳剂 400 倍液、20% 速克灭乳油 1 000 倍液或 10% 吡虫啉可湿性粉剂 2 000 倍液。5. 保护跳小蜂、黑缘红瓢虫、蚧星尖蛾（*Pancalia didesmococcusphaga* Yang）等天敌。

朝鲜毛球蚧雌成虫正在刺吸

朝鲜毛球蚧为害状

朝鲜毛球蚧为害状

朝鲜毛球蚧天敌——蚧星尖蛾

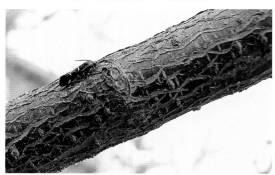

朝鲜毛球蚧天敌——蚧星尖蛾

朝鲜毛球蚧天敌——黑缘红瓢虫（图示蛹）

白蜡蚧　　半翅目蚧科

Ericerus pela Chavannes

【寄主】女贞、白蜡等。

【形态特征】雌成虫初成熟时体长 1.5mm，背部隆起，形似半边蚌壳。背面淡红褐色，上有大小不等的淡黑色斑点，覆盖一层极薄的蜡质。腹面黄绿色，受精后虫体近球形，体壁坚硬产卵期体径最大可达 14mm，一般 10mm 左右，高 7~8mm。触角 6 节。气门大，气门刺多根，背刺和缘刺锥状，缘刺排成 1 列。雄成虫体黄褐色，体长 2mm，翅展 5mm，头淡褐色，眼区紫褐色，单眼 6 对，触角丝状 10 节。胸部大，宽于头部。足细长，褐色。前翅近于透明，有虹彩闪光。腹部灰褐色，末端有等长的白蜡丝 2 根，长达 2mm 以上。卵多呈长椭圆形，长约 0.4mm，宽 0.25mm。包被于母体下网状白色蜡丝和蜡粉中。雌卵红褐色，在母壳口部；雄卵淡黄色，在壳底。若虫初孵雌体扁卵形，红褐色。初孵雄体长卵形，淡黄色，腹末有细长蜡毛 2 条。2 龄雌若虫体卵形，长约 1mm，淡黄绿色，背部微隆起，中脊灰白色。2 龄雄若虫体阔卵圆形，长约 0.8mm，淡黄褐色，体背中脊隆起。蛹分为前蛹和真蛹。前蛹梨形，体长约 2mm，黄褐色，眼点暗紫色，触角短小，足短粗，翅芽伸至第 2 腹节。真蛹体长 2.4mm，长椭圆形，眼点暗紫色，前足及腹部褐色，余均淡黄褐而带灰，触角 10 节，长达中足基部，翅芽达第 5 腹节。

【测报】颐和园一年发生 1 代，以受精雌成虫在枝条上越冬。翌年 3 月雌成虫虫体孕卵膨大，4 月上旬雌成虫从肛门排出白色透明糖液（吊糖），4 月下旬吊糖变为淡褐色，虫体变成绯红色，开始产卵，先产雌卵、后产雄卵。5 月上旬吊糖变为血红色，为产卵盛期，随后吊糖变为黑褐色，逐渐干固，产卵结束。平均气温达

18℃时，雌若虫先孵化，雄若虫后孵化，两者相差约1周。在20~26℃时十分活跃，行动迅速。雌若虫先固定在向阳叶片上，2龄后转移至1~2年生枝条上为害；雄若虫先固定在母壳附近叶背，2龄后爬至2~3年生枝条围枝汇集寄生，定干1个月后进入蛹期，分泌大量白色疏松泡沫状蜡花层，环包寄主枝条呈棒状，蜡花层约厚达7mm。雌若虫于7月下旬至8月下旬羽化为成虫。10月雄成虫羽化，交配后死亡。

【测报方法】倒春寒、夏季连续高温干旱或连续降水可引起若虫大量死亡。一年可为害3季。

【生态治理】1. 保护天敌。白蜡蚧的寄生性天敌有：日本食蚧蚜小蜂、方柄扁角蚜小蜂、蜡蚧阔柄跳小蜂、白蜡蚧花翅跳小蜂、白蜡蚧长角象以及真菌；捕食性天敌有：红点唇瓢虫、黑缘红瓢虫及螨类。2. 加强养护管理，冬季和夏季对树木进行合理修剪，及时修剪被害严重的虫枝，剪除过密枝，利用通风透光，减少虫口密度。3. 发生较多时，可用毛刷刷除虫体。4. 初冬或早春树木休眠期向枝干喷洒3~5波美度石硫合剂，杀灭越冬若虫。5. 初孵若虫期喷施10%吡虫啉可湿性粉剂2 000倍液或3%高渗苯氧威乳油3 000倍液防治。

白蜡蚧初孵雄若虫

白蜡蚧雄虫正在羽化

白蜡蚧蛹（前蛹）

白蜡蚧卵

白蜡蚧雌若虫

白蜡蚧蛹（真蛹）

白蜡蚧雄成虫

3月白蜡蚧越冬雌成虫出蛰

4月白蜡蚧雌成虫孕卵

白蜡蚧为害状

桑白盾蚧　　　半翅目盾蚧科

Pseudaulacaspis pentagona (Targioni-Tozzetti)

【寄主】寄主范围非常广泛，包括桃、桑、槐、臭椿、核桃、白蜡、樱花、杏、梅、杨、柳、丁香、连翘、木槿、紫薇、紫荆等近百种。

【形态特征】雌成虫介壳直径 2mm 左右，近圆形，略隆起，白色。壳点橘黄色，偏心，不突出介壳外。虫体陀螺形，长约 1mm，淡黄至橘红色。臀板红褐色。体节明显，两侧略突出。瘤状触角上具弯毛 1 根。各腹节侧突腹面有很多腺刺。雄成虫介壳长形，长约 1mm，白色，丝蜡质，有 3 条纵脊，壳点橘黄色，居端。虫体橙黄色。单眼 6 个，黑色。触角丝状，10 节，具膜质前翅 1 对，交尾器细长。卵乳白至黄褐色，椭圆形。若虫初孵若虫扁平椭圆形，触角 6 节。2 龄雌若虫橙褐色，触角和足消失。2 龄雄若虫淡黄色，体较窄。预蛹长卵形。眼点紫黑色。具触角、胸足、翅和交配器芽体。

【测报】全国林业危险性有害生物。颐和园一年 2 代。以受精雌成虫在枝干上越冬，雄成虫不能越冬。翌年寄主树液流动时雌成虫恢复取食，虫体发育迅速，介壳逐渐鼓起。此时介壳容易剥离，利于人工刷除。4 月末（柳树飞絮期）产卵于介壳下，每雌产卵量可多达 150 余粒。卵期约 15 天。5 月中旬若虫开始孵化，选择幼嫩枝条固定为害。6 月中旬雄虫羽化。7 月末第二代若虫孵化。9 月中旬第二代雄成虫羽化，雌成虫受精越冬。该蚧喜荫蔽多湿的小气候，所以，在通风不良、管理不善的林间发生重，高温干旱、通风透光不利其发生。

【生态治理】1. 春季人工刮除枝干上虫体。2. 及时合理修剪植株，注意通风透光。3. 初冬或早春喷施 3~5 波美度石硫合剂杀灭越冬蚧体。4. 保护瓢虫、草蛉等天敌，其优势种天敌为桑蚧寡节小蜂、黑缘红瓢虫。5. 5 月中旬和 7 月末为若虫孵化期，此时虫体最小，且体背无蜡质层保护，为喷药防治的最佳时期。可喷施10%吡虫啉可湿性粉剂或3%高渗苯氧威乳油或烟碱、苦参碱类药剂进行防治。

桑白盾蚧雄成虫及介壳

桑白盾蚧雌成虫、介壳及卵

桑白盾蚧为害桃

桑白盾蚧雌成虫及卵

桑白盾蚧雌成虫背面及侧面

桑白盾蚧雄成虫群集为害

桑白盾蚧雄成虫

寄生桑白盾蚧的小蜂（背面）

寄生桑白盾蚧的小蜂（腹面）及桑白盾蚧雄成虫

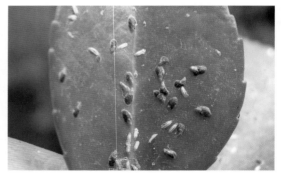

卫矛矢尖盾蚧雌成虫、雄成虫

卫矛矢尖盾蚧 半翅目盾蚧科

Unaspis euonymi (Comstock)

【寄主】卫矛、大叶黄杨、木槿、忍冬、丁香、鸢尾等。

【形态特征】雌成虫介壳长 1.4~2mm，长梨形，褐至紫褐色，前端尖，后短宽，常弯曲，背有浅中脊 1 条。壳点 2 个，位于前端，黄褐色。虫体宽纺锤形，长约 1.4mm，橙黄色，体前部膜质。臀叶 3 对，中叶大而突，端部略叉开，内缘略长于外缘，有细锯齿，第二叶和第三叶相仿，均双分，呈球状突出，每侧 60 余个，按节排成不太整齐的亚缘、亚中组。第 1~2 腹节之腹面有腺瘤，中胸至第 1 腹节腹面侧缘各有小管腺 1 群。缘腺 7 对。围阴腺 5 群。雄成虫介壳长条形，长约 1mm，白色，溶蜡状，背面有纵脊 3 条，黄褐色。

卫矛矢尖盾蚧雄成虫

【测报】全国林业危险性有害生物。颐和园一年发生 2 代，以受精雌成虫越冬。若虫孵化期分别是 4 月下旬至 6 月中旬。7 月上旬至 8 月上旬。每雌产卵 50 粒。

【生态治理】1. 加强树木养护管理，使之通风透光。2. 冬季对植株喷洒 3~5 波美度石硫合剂，杀灭越冬蚧体。3 抓住初孵若虫盛期，喷施 95% 蚧螨灵乳剂 400 倍液或 10% 吡虫啉可湿性粉剂 2 000 倍液。4 保护天敌，如草蛉，七星瓢虫等。

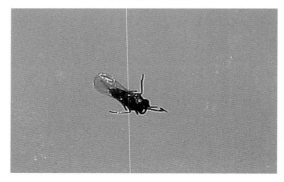

一种跳小蜂寄生卫矛矢尖蚧

卫矛矢尖蚧寄生蜂

卫矛矢尖蚧被寄生

日本单蜕盾蚧 　　半翅目盾蚧科

Fiorinia japonica Kuwana

【寄主】雪松、黑松、赤松、海松、罗汉松、桧柏、冷杉、云杉、铁杉、坚杉、油杉、红豆杉、土杉等。

【形态特征】雌成虫介壳狭长卵形，长约1.2mm，黄褐或深褐色，两侧几乎平行，主要由第2壳点形成，背面被一薄层白色粉状蜡质分泌物，中间有不明显的纵脊线1条，壳之周围有一圈白蜡缘；壳点2个，第1壳点椭圆形，黄色，有3/4伸出在第2壳点外。虫体长卵形，长约0.8mm，淡橙黄色，前端圆整，两侧略平行，后端尖削，分节不太明显，第3和4腹节侧缘略呈瓣状突出；触角近头缘，靠近，有一针状突，节间无囊状突；中臀叶小而狭，拱门状，陷入板内，基部轭连，侧叶小而发达，双分，内叶大而突，外叶小而尖；臀板缘腺大小2种，大者4对，有时第3对不见，第4对以上有小缘腺3~4个，臀板前侧角及前一腹节缘各有小管腺1群，后胸及第1腹节腹面缘区各有腺瘤1纵列。雄成虫介壳长条形，长约1mm，白色，溶蜡状，背纵脊不明显；壳点1个，位于前端，黄色。

【测报】全国林业危险性有害生物。颐和园一年发生2代，以受精雌成虫或2龄若虫在针叶正面基部或中部越冬，世代重叠，翌年4月末

越冬雌成虫开始产卵。每雌虫平均产卵量约7粒，各代产卵期分别为4月末至5月下旬、7月中旬至9月中旬，卵期15~20天；孵化盛期分别为6月中旬和9月中旬，雄成虫开始羽化期分别为5月下旬和7月下旬。

【生态治理】1.冬季对植株喷洒3~5波美度石硫合剂，杀灭越冬蚧体。2.若虫孵化盛期喷洒95%蚧螨灵乳剂400倍液、20%速克灭乳油1 000倍液或10%吡虫啉可湿性粉剂2 000倍液。3.保护天敌，如草蛉、七星瓢虫等。

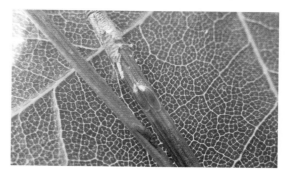

日本单蜕盾蚧雌成虫

日本单蜕盾蚧雌成虫

日本单蜕盾蚧为害状

山楂叶螨 　　　　蜱螨目叶螨科

Tetranychus viennensis Zacher

【寄主】榆叶梅、海棠、山桃。

【形态特征】雌成螨体长约 0.5mm，越冬型（滞育型）为鲜红色，有光泽；非越冬型为暗红色。背前方稍隆起，足和鄂体橙黄色，体有刚毛26 根。雄成螨体长约 0.4mm，腹部渐狭，末端尖，橙黄色或浅绿色。若螨体形似成虫，黄绿色，前期体背有刚毛，两侧有明显黑绿色斑纹，后期可辨雌雄，足四对，单眼红色。卵球形，有光泽。

【测报】颐和园一年发生约 7 代。均以受精雌螨在树体各种缝隙内及干基附近土缝里群集越冬。翌年 4 月当日平均气温上升到 9~11℃，树芽开始萌动和膨大时，越冬雌螨出蛰，出蛰盛期与花絮分离及初花期相吻合。树芽露顶时即为害芽，如遇阴雨或倒春寒，又会回到附近缝隙内潜藏不动，整个出蛰期达 40 余天。出蛰雌成螨取食后不久就开始产卵。越冬代产卵高峰期与苹果、梨的盛花期吻合。刚孵化的幼螨较活泼。雄若螨行动敏捷，前若螨已具吐丝结网习性。从雌幼螨发育到雌成螨要脱 3 次皮；雄性螨仅脱 2 次皮。7—8 月繁殖快，数量多，是全年为害高峰。9 月下旬出现越冬型雌螨，11 月下旬进入越冬。山楂叶螨可借风力传播，也可爬行或随人、畜、果实和树苗传带。山楂叶螨多栖息、为害于树冠的中、下部和内膛的叶背处，属聚集型分布，这是山楂叶螨本身的一种属性，与虫口密度无关。

【生态治理】1. 加强检疫，防止害虫人为或随苗木传播。2. 人工防治：合理修剪，发现叶背有黄点时，应仔细检查叶背和叶面，若个别叶片有螨，应及时摘除将螨处死。3. 药剂防治：较多叶片发生叶满时，应及早喷药，防治早期为害是控制后期猖獗的关键。可喷施 1.8% 爱福

丁乳油 3 000 倍液，因螨类易产生抗药性，所以，要注意杀螨剂的交替使用。4. 保护天敌。如束管食螨瓢虫、深点食螨瓢虫、陕西食螨瓢虫、智利小植绥螨、塔六点蓟马、草蛉、小花蝽、粉蛉等，对叶螨均有很好的自然控制作用。

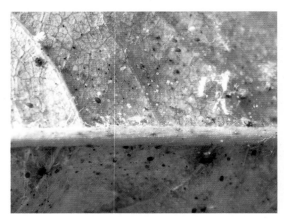

山楂叶螨成虫及卵

山楂叶螨成虫及卵

山楂叶螨越冬雌成螨

山楂叶螨在碧桃枝间结网

山楂叶螨在碧桃枝间结网

天敌——六点蓟马若虫

六点蓟马成虫

杨始叶螨　蜱螨目叶螨科

Eotetranychus populi (Koch)

【寄主】杨树、柳树。

【形态特征】雌成螨体长约 0.4mm，椭圆形，淡黄绿色。体背两侧各有纵行暗绿色斑 1 列。足淡黄白色。背表皮纹纤细前足体纵向，后半体横向。雄成螨体长约 0.3mm，黄绿色，末端略尖，稍小。卵球形，浅黄至红色。若螨短卵形淡黄色，体背两侧斑纹不明显，形态近似成螨。

【测报】颐和园一年发生 10 余代，多以成堆卵在主干 1~2m 的树皮间隙越冬，3 月上旬卵陆续孵化，发芽展叶时螨体开始为害在叶背沿叶脉结丝网，6—7 月为害盛期，受害叶布满失绿小点，重点斑点连片，造成大量黄叶、焦叶或落叶、焦叶或落叶。高温干旱及通风不良等有利于此螨为害。

【生态治理】1. 于 3 月上旬，在杨、柳树干 2m 处用黏虫胶刷宽 2cm 的闭合环，阻隔螨体上树。2. 冬季向主干喷洒 3~5 波美度石硫合剂，毒杀越冬卵。3. 在 6—7 月发生盛期，向叶面喷洒 1.8% 阿维菌素 3 000 倍液。

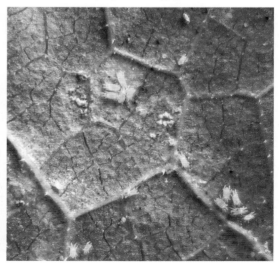

杨始叶螨

桑始叶螨　　　　蜱螨目叶螨科

Eotetranychus suginamensis Yokoyame

【寄主】桑树。

【形态特征】雌成螨体椭圆形，浅黄白色。须肢跗节端感器柱形，背感器枝状。背毛基粗壮，端细，26 根。雄成螨须肢跗节端感器退化，背感器小枝状。

【测报】颐和园一年发生数代。在叶背沿叶脉处所结白色致密丝网室局内为害，桑叶沿叶脉两侧或叶脉相交处呈现黄白色失绿斑点，甚至叶片枯黄。

【生态治理】1. 于 3 月在桑树干 2m 处用黏虫胶刷宽 2cm 闭合环，阻隔螨体上树。2. 早春向主干喷洒 3 波美度石硫合剂，毒杀越冬卵。3. 在 6 月发生期，向叶面喷洒 1.8% 阿维菌素 3 000 倍液或 3% 高渗苯氧威乳油 3 000 倍液。

桑始叶螨为害桑叶

柏小爪螨　　　　蜱螨目叶螨科

Ionychus perditus Pritchard et baker

【寄主】柏树。

【形态特征】雌成螨体长约 0.4mm，略呈椭圆形，暗红色，足及颚体橘黄色。口针鞘前端园钝。背面表皮纹路纤细，前足体背表皮纹纵向，后半体基本为横向。背毛细长，刚毛状具茸毛，26 根。足 4 对，节间具刚毛，爪间突爪

状，雄成螨椭圆形，体较细长，足 4 对，较细长。卵圆形，孵化时具卵壳，在中部横向开裂。初产红色，近孵化时紫红色。幼螨体近圆形，全体浅红色，足 3 对。若螨体近圆形，红褐色，背部花斑不明显，足 4 对。

【测报】柏小爪螨在颐和园一年发生 7~9 代。以卵在树干皮层空间，枝条和针叶或鳞叶基部越冬。越冬卵翌年 3 月底前后开始孵化，初孵幼螨经 4~5 天后蜕皮成为若螨，2~4 天后若螨第一次蜕皮进入第二若螨期，5~6 天后第二次蜕皮成为成螨。第二代卵产在柏树的针叶或鳞叶基部，其他各代产在针叶或鳞叶正面。雌螨有选择产卵场所的习性，多数情况下在一处产 1~3 粒，每头雌螨平均产卵 8 粒。成螨一般在一枚针叶上为害 1~3 个部位，然后在转移到其他针叶上继续为害。该螨繁殖速度极快，完成一代需 18~24 天，故世代重叠。柏小爪螨既营两性生殖，又可营孤雌生殖。4 月中旬以后，种群数量逐渐上升，5 月底达为害高峰，直至 6 月底种群数量一直较高。7—8 月因天气炎热和雨水冲刷的作用，种群数量骤减。9 月中旬以后，种群数量逐渐回升。10 月中旬以后，种群数量又趋向下降，直至 11 月中旬开始越冬。该螨在枝叶上多呈带状或片状分布，有群集为害的习性，可借内力传播。鳞叶受害初期，呈现黄白色小点，鳞叶间有丝网，其上粘有尘土，叶呈灰绿色；当发现鳞叶枯黄时，螨体已经转移。为害一般先从树冠下部，后上部；先小树，后大树。春季越干旱发生越重。

【生态治理】1. 保护天敌，柏小爪螨的天敌有粉蛉、全北褐蛉、圆果大赤螨、深点食螨瓢虫、苏氏盲走螨、黑花蝽、异色瓢虫及毛蛛科的几种蜘蛛。2. 3—4 月卵期喷施 5% 噻螨酮乳油 2 000 倍液。以后每代可喷施阿维菌素、炔螨特、哒螨灵、四螨嗪等杀螨剂进行防止。因螨类易产生抗药性，所以，要注意杀螨剂的交替使用。

柏小爪螨卵

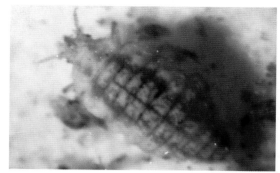

粉蛉幼虫

柏小爪螨卵

捕食性天敌——一种粉蛉的成虫

粉蛉初孵及蛹壳

针叶小爪螨　　　　蜱螨目叶螨科

Oligonychus ununguis (Jacobi)

【寄主】水杉、雪松、侧柏。

【形态特征】成螨雌体椭圆形，褐红色。口针鞘端部中央略呈凹陷。背毛刚毛状，具绒毛。爪退化为条状，各具黏毛一对。爪间突爪状，腹侧基部有 5 对针状毛。卵圆球形，出产为卵黄色，后变紫红色。半透明，有光泽。幼、若螨近圆形。孵化后取食呈淡绿色。幼螨比若螨活泼，体褐色带微红。

【测报】颐和园一年发生 4~9 代。以紫红色越冬卵在寄主的针叶、叶柄、叶痕、小枝条，以及粗皮缝隙等处越冬，极少数以雌螨在树缝或土块内越冬。翌年，当气温上升到 10℃以上时，或栗芽萌发时，越冬卵就开始孵化。幼螨爬上嫩叶取食为害，至成螨产卵繁殖。少数越冬雌螨出蛰，爬往新叶取食产卵。繁殖方式主要是两性生殖，其次为孤雌繁殖。刚羽化的雌螨既可进行交尾，经 1~2 天开始产卵。若螨和成螨均具有吐丝习性。一般情况下针叶小抓螨喜欢在叶面取食、繁殖，螨量大时，也能在叶背为害和产卵。温暖、干燥是针叶小爪螨生长发育和繁殖的有利环境条件。适宜温度为 25~30℃，久雨或暴雨能使螨量下降。

【生态治理】1. 保护天敌。2. 药剂防治，可同柏小爪螨。

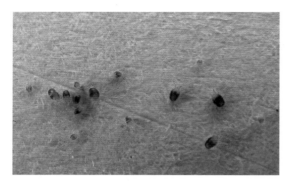

针叶小爪螨

初孵针叶小爪螨

针叶小爪螨卵

针叶小爪螨

呢柳刺皮瘿螨　　　　蜱螨目瘿螨科

Aculops niphocladae Keifer

【寄主】柳树。

【形态特征】雌成螨体长约 0.2mm，纺锤形扁平，棕黄色。足 2 对。背盾板有前叶突。背纵线虚线状，环纹不光滑，有锥状微突。

【测报】颐和园一年发生数代，以成螨在芽鳞间、皮缝中、一年生或二年生枝条上的裂缝或凹陷处越冬。主动扩散能力差，借风、昆虫和人为活动等传播。4 月下旬至 5 月上旬活动为害，随着气温升高，繁殖加速，为害加重，雨季螨量下降。受害叶片表面产生组织增生，形成珠状叶瘿，每个叶瘿在叶背只有 1 个开口，螨体经此口转移为害，形成新的虫瘿，被害叶片上常有数十个虫瘿。

【生态治理】1. 剪除带螨枝条。2. 6—7 月喷施 1.8% 爱福丁乳油 3 000 倍液，每周 1 次，连喷 3~4 次。

呢柳刺皮瘿螨为害状初期

呢柳刺皮瘿螨为害状初期

呢柳刺皮瘿螨为害状

呢柳刺皮瘿螨为害状

枸杞刺皮瘿螨　　　蜱螨目瘿螨科

Aculops lycil Kuang

【寄主】枸杞。

【形态特征】成螨雌螨分原雌和冬雌 2 型。原雌亦称夏型，体胡萝卜形，背盾版似三角状，盖于喙基部。背中线不完整，仅留后端 1/3。侧中线波状，亚中线分叉，各背中线之间有横线相联系，构成网状饰纹。背瘤明显，长形，足 2 对，具模式刚毛。羽状爪单一，4 支，雌性外生殖器钵状；冬雌亦称冬型，属于滞育越冬的雌螨，纺锤形。棕黄色背、腹环上的微瘤均消失，其他形态特征同原雌。雄螨体胡萝卜形。卵圆球形，半透明，乳白色，卵壳表面具网状饰纹。若螨 1 龄为无色半透明，足 2 对，背腹环还未分化完全，外生殖器还未完成。2 龄由乳白色变成黄色。背、腹环已分化完成，外形大小与成螨相似，但其外生殖器还未形成，仅有升值毛 1 对。

【测报】颐和园一年发生 10 余代，它以滞育雌螨即冬雌在枸杞冬芽鳞片间，或 1~2 年生的枝条裂缝及凹陷处越冬，聚集成团，少则几头，多则可达 1 380 头。冬雌抗寒能力很强，其体环上的微瘤消失，以保持体内水分，更有利于度过冬季。第二年 5 月出蛰，在新叶上取食和繁殖。6—7 月为害盛期。此时螨量最多，成为全年的高峰期，8 月开始陆续出现冬雌，野外螨的数量逐渐下降。营自由生活，主要在叶被为害、栖息和繁殖，螨量多时也在页面活动，其次也为害嫩茎和幼果。被害叶增厚，叶质变脆，夜色变成锈色，造成早期落叶、落花、落果，或叶花、果在树冠上干枯。被害植株会出现枝条缩短，叶片变小，状似丛枝，不仅使当年减产达 34% 左右，而且会影响抽发秋梢和花芽的形成，又会影响到翌年的枸杞产量。枸杞刺皮瘿螨主要营两性生殖，爬行极缓慢，在迁移扩散中作用不大。主动迁移是靠弹跳，体弯曲，头尾靠拢，凭借尾体之力，把螨体弹出数厘米至数十厘米。被动前移是靠风、雨、流水、昆虫、人、畜和苗木携带，这些是远距离扩散蔓延的重要形式。

【生态治理】在枸杞发叶初期进行防治，向叶面喷洒 1.8% 爱福丁乳油 3 000 倍液。

枸杞瘿螨为害全株

枸杞瘤瘿螨为害状初期

食叶类害虫

食叶类害虫，如蛾、蝶、叶甲等，是园林植物的普遍性害虫，它们取食植物组织，造成植物缺刻，直接影响园林景观效果。有些种类的发生具有周期性、爆发性和顽固性。此类害虫的防治策略应以防治成虫为主，实现主动防治。可以通过特殊灯光诱杀成虫、性信息素诱杀雄成虫，从根本上减少幼虫的发生数量。幼虫的防治应从生态学原理出发，在低龄幼龄期进行。采取无公害防治手段，如释放有效天敌、喷洒无公害农药等，严禁盲目喷洒剧毒和严重污染环境的药物。

短额负蝗　　　直翅目蝗科

Atractomorpha sinensis (Bolivar)

【寄主】泡桐、柑橘、桃、樟、菊花、香石竹、茉莉、唐菖蒲、鸡冠花、美人蕉、百日草、一串红、凤仙花等。

【形态特征】成虫体长约 30mm，瘦长，浅绿或褐色；头部向前突出；前翅绿色，后翅基部为红色，后足发达为跳跃足。卵乳白色，椭圆形。若虫体型似成虫，无翅，只有翅芽。

【测报】颐和园 1 年发生 1 代，以卵在土中越冬。翌年 5—6 月卵孵化，若虫群集在叶片上为害，随着虫体增长，将叶片咬成缺刻成孔洞。雄成虫在雌成虫的背上交尾，故称"负蝗"。雌成虫在向阳土层中产卵。

【生态治理】1. 少量发生时，在早晨人工捕杀。2. 发生严重时喷洒 20% 菊杀乳油 2 000 倍液防治。3. 保护螳螂、鸟类、蛙类等天敌。

短额负蝗成虫

榆三节叶蜂　　　膜翅目三节叶蜂科

Arge captive Smith

【寄主】榆树。

【形态特征】成虫雌体长 8.5~11.5mm，翅展 16.5~24.5mm。雄体较小，体蓝黑色，具金属光泽，头部蓝黑色，唇基上区（触角窝唇基及额基间部）具明显的中脊。触角黑色、圆筒形，3 节，其长大约等于头部和胸部之和。胸部与小盾片橘红色，小盾片有时蓝黑色。翅浓烟褐色，半透明。足全部蓝黑色。卵椭圆形，长 1.5~2mm，初产时淡绿色，近孵化时黑色。幼虫老熟体长 21~26mm 淡黄绿色，头部黑褐色，虫体各节具有横列的褐色肉瘤 3 排，体两侧近基部各具褐色大肉瘤 1 个，臀板黑色。蛹雌体长 8 .5~12mm，雄体较小，淡黄绿色。

【测报】颐和园一年发生 2 代，以老熟幼虫在 4~5cm 深土中结丝质茧越冬。翌年 5 月上旬开始化蛹。5 月下旬开始羽化、产卵，成虫具假死性。卵产于嫩叶叶缘上、下表皮间，单叶可产卵几粒至 30 余粒。每雌产卵最多可达 60 余粒。6 月上旬幼虫孵化，幼虫共 5 龄，历时约 15 天，为害至 6 月下旬陆续老熟。8 月出现第 2 代幼虫，8 月下旬入土结茧越冬。

【生态治理】6 月上旬和 8 月上旬分别喷施 Bt 乳剂 500 倍液毒杀幼虫。

榆三节叶蜂卵

榆三节叶蜂低龄幼虫

榆三节叶蜂成虫

榆三节叶蜂老熟幼虫

玫瑰三节叶蜂　　膜翅目三节叶蜂科

Arge pagana Panzer

【寄主】玫瑰、蔷薇、黄刺玫、月季、月月红、二姐妹。

【形态特征】成虫体长8mm，翅展17mm，头、胸及足黑色，腹部橘黄色。翅黑色半透明，有金属蓝光泽。触角黑色，棒状，共3节，第3节最长。卵椭圆形，初浅黄色，后渐变绿色，近孵化时呈灰黑色，有光泽。幼虫刚孵化时体乳白色，2龄后体色变绿，头黄褐色，臀板黑色。第2胸节至第8腹节各节有横列的黑褐色肉瘤3排。4龄后体色由绿变黄，腹足7对，第6~7对不发达退化成瘤状。蛹体乳白色，羽化前褐色。茧初为白色，后变为土黄色。

榆三节叶蜂老熟幼虫

【测报】颐和园一年发生2代。以老熟幼虫在根际土壤中做茧越冬。越冬代自4月初化蛹，羽化盛期在5—6月。雌蜂用镰刀状的产卵器在新梢上刺成裂口，在其内产卵数粒，排成"八"字形，卵期约12天。初孵幼虫群栖在嫩叶上为害，昼夜取食，有自相残杀和迁移为害习性。6—9月为幼虫期，10月老熟幼虫陆续入土结薄茧越冬。

【生态治理】1. 加强植物检疫。2. 人工剪除带虫枝。3. 有虫为害期喷施48%乐斯本乳油3 500倍液。

榆三节叶蜂茧

玫瑰三节叶蜂幼虫

玫瑰叶蜂正在产卵

玫瑰三节叶蜂成虫

【测报】颐和园一年 2~3 代，以老龄幼虫结丝茧在土中越冬。5—7 月中旬第 1 代，7 月末至 8 月中旬第 2 代，8 月中旬至 10 月初第 3 代。除第 2 代幼虫为 5 龄外，其他各代均为 6 龄。卵产于当年生嫩梢背阴处，刺破茎组织皮层深约 1mm，长 12~28mm；卵在槽内"S"字形排列。每雌产卵 1~4 次，每次 24~58 粒。成虫白天活动，有假死性，寿命约 4 天。

【生态治理】1. 秋末和初春挖灭越冬虫蛹。2. 剪除卵枝和扫除落叶。3. 幼虫发生初期喷洒 20% 除虫脲悬浮剂 7 000 倍液。4. 保护天敌（螳螂、蜘蛛、蚂蚁）。

月季三节叶蜂卵

月季三节叶蜂低龄幼虫

月季三节叶蜂　　膜翅目三节叶蜂科

Arge geei Rohwer

【寄主】月季、蔷薇、黄刺玫、玫瑰等。

【形态特征】成虫头、胸部黑色，微具蓝色金属光泽，腹部浅黄褐色，足黑色，前翅烟色，后翅透明，翅脉暗褐色。卵肾形，奶白至浅黄白色，光滑。幼虫老熟幼虫头部亮褐色，体和足均为浅绿色。蛹多变，浅黄至暗绿色。

月季三节叶蜂茧

月季三节叶蜂正在交配

月季三节叶蜂为害状

柳叶瘿叶蜂　　　膜翅目叶蜂科

Pontania postulator Forsius

【寄主】柳树。

【形态特征】成虫雌体长 5.7~7.3mm，翅展 14~17mm，体土黄色；头部土黄色，头顶中部前缘至后头区后缘具黑色宽纵带，带中单眼前方有倒三角形黄斑 1 个前胸背板土黄色；中胸背板中叶具椭圆形黑板 1 个，侧叶沿中线两侧各具近菱形的黑斑两个；中胸小盾片、盾片附器及足土黄色，后胸盾片黑色；翅脉多为黑色；腹部大部黑色，仅 6~7 腹节背板后缘和 8~9 腹节土黄色；缘锯鞘侧面观上下缘完整。先端钝圆，背面观两侧向尖端收缩；尚未发现雄性。卵长卵形，淡黄色，具光泽。幼虫体圆柱形，稍弯曲，黄白色，体表光滑，老熟幼虫体长 6~13.5mm，胸部分节明显，胸足具爪。蛹体长 6mm，黄白色。茧长椭圆形，土褐色，丝质紧密。

【测报】颐和园一年发生 1 代，以老熟幼虫在土壤表层结茧过冬。翌年 3 月下旬幼虫在茧内化蛹，4 月中旬成虫开始羽化，以 10:00~14:00 为高峰期，羽化后几小时即行孤雌生殖。每雌蜂产卵于主脉内，每脉单产 1~3 粒，一生产 30~90 粒，卵期 7~10 天。初孵化幼虫潜食处逐渐肿大，形成虫瘿。虫瘿多数近卵形或近豌豆形，虫瘿表面无毛，具瘤状小颗粒，闪现红色，虫瘿以叶背面中脉为多，严重时，枝条叶上虫瘿成串。幼虫 6~7 龄，一直在虫瘿内取食为害 10 月陆续咬破虫瘿，坠入土中结薄茧越冬。

【生态治理】1. 保护天敌，该虫有两种寄生天敌，即啮小蜂（*Tetrostichus* sp.），寄生率近 10%，被寄生后的虫瘿均为扁球形；沈阳宽唇姬蜂（*Lathrostizus shenyangensis* Xu et Sheng）。2. 剪除带虫枝条，集中处理。

柳叶瘿叶蜂低龄幼虫

柳叶瘿叶蜂幼虫

柳叶瘿叶蜂成虫

柳叶瘿叶蜂成虫

柳蜷叶蜂 膜翅目叶蜂科

Amauronematus saliciphagus Wu

【寄主】旱柳、垂柳、金丝垂柳、馒头柳、漳河柳等多种柳属植物。

【形态特征】成虫雌虫体长4.5~5.5mm，宽1.5mm，翅展12mm；翅透明，翅脉多为褐色，C脉和翅痣为淡褐色；体毛灰色，很短；额板、上唇、上颚基部、后颊区的大部分淡褐色；胸腹部黑色；前胸背板后缘黄白色，第9背板的后部、第7腹片中部突出的裂片和尾须都呈淡褐色；足黑色。前转节和中转节淡褐色。后转节、前腿节端部的2/3，中腿节端部的1/3及所有的胫节、胫节距淡褐色；跗节深咖色到黑棕色；头上部刻点细微，不清晰，前盾片和盾片上的刻点均匀清晰，无光泽。中胸小盾片具闪亮光泽，几乎无刻点；中胸侧板、后胸侧板具光泽，无刻点，也没有明显的小雕纹；中胸小盾片平坦宽阔，后背片约为中胸小盾片的1/3；锯鞘从后面看呈三角形，顶部尖锐；尾须细长，超出锯鞘顶点；产卵器比后胫节短；锯背片19环；锯腹片细长，21齿。雄虫体长4.0~4.5mm。下生殖板长大于宽，顶部边缘在中部延长；阳茎瓣背瓣狭长，先端窄圆形，不尖；腹瓣近截形，不突出。基部2齿没有边缘齿。幼虫老熟幼虫体长8~10mm，体绿色，头褐色。预蛹绿色。茧椭圆形，长6~8mm，宽4~5mm，土褐色。

【测报】颐和园一年发生1代，以老熟幼虫在1~5cm的表土内结茧越夏越冬，翌年3月上旬开始化蛹，3月下旬为成虫羽化盛期，4月下旬成虫期结束。3月中旬成虫开始产卵。3月下旬幼虫开始孵化，4月上旬为孵化盛期，柳芽处可见虫苞产生，幼虫在柳芽内取食为害，4月中旬幼虫开始老熟，5月上旬幼虫期结束。幼虫老熟后，下树入土结茧越夏越冬。

柳叶瘿叶蜂虫瘿

柳叶瘿叶蜂虫瘿

【**测报方法**】柳蜷叶蜂成虫出蛰后，有沿树干向上爬行和绕树飞舞的习性，可根据此特点进行防治。

【**生态治理**】1. 幼虫期剪除虫叶。2. 成虫期是最佳防治时期，利用黄板诱杀或在树干上粘黄绿色即时贴膜并刷涂黏虫胶，可成功诱杀大量成虫。黏虫胶还可杀死二次上树为害的幼虫，有效降低越冬虫口基数。3. 可在冬季采取疏松表土、人工挖茧等措施消灭部分越冬蛹。

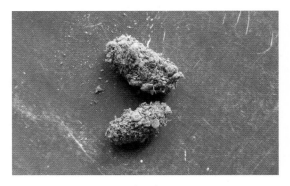

柳蜷叶蜂蛹

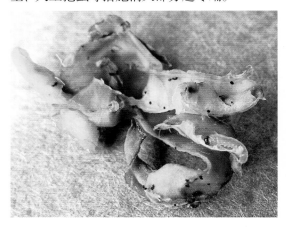

柳蜷叶蜂低龄幼虫

黄板诱杀柳蜷叶蜂成虫

柳蜷叶蜂幼虫

柳蜷叶蜂为害状

柳蜷叶蜂幼虫

北京杨锉叶蜂　　膜翅目叶蜂科

Pristiphora beijingensis Zhou et Zhang

【**寄主**】杨树。

【**形态特征**】成虫雌体长 5.8~7.6mm，头、胸、体背黑色，腹面淡黄褐色，唇基黄褐色翅痣，中央淡黄色，前胸背板两侧，翅基片淡黄褐色，中胸侧板前缘稍具褐色，翅上密生淡褐色细毛。卵椭圆形，乳白色，表面光滑。幼虫头黑褐色，体黄绿色。胸足黑褐色。蛹绿色，头部橘黄色，复眼赤褐色。触角和胸足乳白色。腹部黄色。茧椭圆形，初为灰白色。后为茶褐色。

【测报】颐和园一年发生约 8 代，以老龄幼虫结茧在土内越冬，个体群聚集分布。孤雌生殖后代为雌性，两性生殖后代为雌或雄性。雄性 4 龄，雌性 5 龄。温度是种群变化的决定因素。

【生态治理】1. 人工摘除虫叶。2. 幼虫期喷洒 25% 除尽悬浮剂 1 000 倍液。

北京杨锉叶蜂幼虫群集为害

北京杨锉叶蜂成虫

北京杨锉叶蜂卵及初孵幼虫

北京杨锉叶蜂茧

北京杨锉叶蜂幼虫

北京杨锉叶蜂幼虫蚕食叶片

拟蔷薇切叶蜂　　　膜翅目切叶蜂科

Megachile subtranquilla Yasumatsu

【寄主】以蔷薇科植物为主，槐树、白蜡、杨、核桃、枣、柿等。

【形态特征】成虫雌体长13~14mm，宽5~6mm，体黑色，被黄色毛。头宽于长，颚4齿，第3齿宽大呈刀片状。翅透明。腹部有黄色毛带，腹毛刷为褐黄、黑褐色，第2~3腹节具横沟，沟前刻点密，后部平滑。雄体长11~12mm，宽5~5.5mm；头、胸及第1腹节背板密被黄色长毛；前足基节具尖突；2~3腹节背板具浅黄色宽毛带，4~6腹节背板具黑稀短毛。卵长卵形，乳白色。幼虫体呈"C"形，淡褐黄色，体多皱纹。蛹体褐色。茧近圆筒形。

【测报】颐和园一年发生1代，以老熟幼虫在茧内于潮湿的洞穴、墙缝内越冬。翌年6月上中旬化蛹。6月末至8月中旬为羽化期，7月为高峰。独居，单具群栖习性，在寄主附近的地下旱井、菜窖、潮湿的墙缝隙内以切下来的椭圆形叶片作巢壁，巢穴首尾相连可数个相连，每巢内备有蜂粮（花粉、蜂蜜混合物），内产卵1粒，最后以圆形叶片将巢封闭。幼虫孵化后以蜂粮为食，约经1个月，2~4龄幼虫吐丝做茧，将虫体包在茧内并越冬。

【生态治理】1. 保护天敌。在该蜂羽化时，尖腹蜂（*Coelioxy* sp.）将卵产在蜂巢内，利用其幼虫发育快的优势将蜂粮抢先食光，令切叶蜂饿死。壁虎、步甲也是取食幼虫的天敌。2. 在切叶蜂高峰时向叶面喷施胃毒农药，1~2天内蜂量即明显减少。3. 捣毁巢穴。巢穴距离寄主多在200m之内，在羽化时将其捣毁或封闭。

拟蔷薇切叶蜂成虫

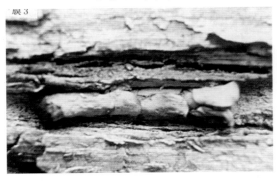

拟蔷薇切叶蜂巢排列状（木内）

拟蔷薇切叶蜂茧与幼虫

拟蔷薇切叶蜂巢（井）

拟蔷薇切叶蜂为害状

拟蔷薇切叶蜂为害状

天敌——尖腹蜂（左雌右雄）

豌豆彩潜蝇　　双翅目潜蝇科

Chromatomyia horticola (Goureau)

【寄主】地被植物及草本花卉。

【形态特征】成虫暗灰色，面有稀疏刚毛。头部黄色，短而宽。复眼红褐色。胸部发达，翅有紫色光泽。平衡棒黄色至橙黄色。卵椭圆形，乳白或灰白色，略透明。幼虫蛆状，体表光滑柔软，由乳白色或黄白色转为鲜黄色。蛹卵圆形，略扁，初为黄色，后呈黑褐色。

【测报】颐和园一年发生 5 代，以蛹在被害的叶片内越冬。翌春 4 月中下旬成虫羽化，第一代幼虫为害阳畦菜苗、豆类，5—6 月为害最重；夏季气温高时很少见到为害，到秋天又有活动，但数量不大。成虫白天活动，吸食花蜜，交尾产卵。产卵多选择幼嫩绿叶，产于叶背边缘的叶肉里，尤以近叶尖处为多，卵散产，每次 1 粒，每雌可产 50~100 粒。幼虫孵化后即蛀食叶肉，隧道随虫龄增大而加宽。幼虫 3 龄老熟，即在隧道末端化蛹。成虫寿命一般 7~20 天。新孵幼虫即潜食叶肉，形成曲折的潜道，幼虫期 5~14 天，共 3 龄，老熟后在潜道末端化蛹，蛹期 5~16 天。

【生态治理】1. 早春清除绿地内杂草和枯枝败叶，减少虫口密度。2. 在成虫羽化盛期进行诱杀，以甘蔗或葫芦卜煮液。3. 发生特别严重时，向叶背喷施 1.8% 阿维菌素 3 000 倍液。

豌豆彩潜蝇幼虫

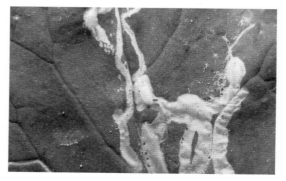

豌豆彩潜蝇蛹

豌豆彩潜蝇成虫

菊瘿蚊　　　双翅目瘿蚊科

Diarthronomyia chrysattthemi Ahlberg

【寄主】早小菊、甘野菊各品种、悬崖菊、九月菊、万寿菊及菊科其他植物。

【形态特征】成虫雌成虫体长 3~3.5mm，体表有灰黄色细毛。触角灰黑色，念珠状，有轮生毛。腹部橘红色至暗橘红色，腹、背部各节有灰黑色横斑。胸部发达，胸背部灰黑色。翅椭圆形，淡灰色，半透明，翅面密生灰黄色细毛，翅脉简单，有 3 条明显的纵脉，无横脉。雄成虫比雌成虫稍瘦小，体表布满灰至灰黑色细毛，体长 3mm 左右，腹部灰至灰褐色，触角 17 节，灰黑色，念珠状，珠间收缩部分和轮生毛均较雌的长，较明显。卵长椭圆形，长 0.3mm 左右，淡琥珀色略带红色。幼虫体纺锤形，一端稍钝，一端稍尖，末龄幼虫体长 3.5mm 左右，刚孵化时淡黄色，后由橘色变为橘红色。蛹体长 3.5mm，腹部橘黄色，胸部附器及胸背紫黑色。

【测报】颐和园一年发生约 3 代，以幼虫在土中越冬。翌年 3 月化蛹，成虫于 4—5 月发生。幼虫老熟后，在瘿内化蛹，蛹期约 20 天，7 月上旬为大量成虫羽化期，成虫多从虫瘿顶部羽化，将蛹壳留在羽化孔口内外各一半。成虫交尾后，将卵多产在幼芽上，卵多呈块状，每块数粒不等，数日后幼虫孵化，1 天即可蛀入菊

株组织中，刺激幼芽或嫩叶被害组织增生，形成虫瘿。一处一般有虫瘿 1~3 个，最多可达 6 个。严重的一株上有虫瘿可达几十个，几乎每个顶梢和叶腋处都有。虫瘿多为桃形或近圆形，最大的长约 5mm，宽约 4mm，初为绿色，逐渐顶端变为紫红色，枯干时为褐色。瘿内有室，室内有 1~4 头幼虫为害。8 月上旬大量幼虫孵化，9 月为成虫期，10 月幼虫越冬。

【测报方法】由于菊瘿蚊幼虫长期在虫瘿中活动和为害，在初显虫瘿期根灌药剂和防治成虫是重点。

【生态治理】1. 保护天敌。主要是寄生蜂，从 6—10 月都可见寄生，寄生率高达 46.7%。2. 清除田间菊科植物杂草，减少虫源。3. 避免从菊瘿蚊发生严重地区引种菊苗。4. 幼虫期喷药难以防治，可在成虫发生期且天敌发生量不大的情况下，连续喷 2~3 次菊酯类药剂。5. 在初显虫瘿期，根部浇灌吡虫啉等内吸性药剂，防效不错，还可兼治蚜虫等其他害虫。

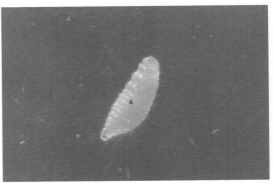

菊瘿蚊幼虫

菊瘿蚊蛹

菊瘿蚊为害蒿草

菊瘿蚊蛹

菊瘿蚊寄生蜂

菊蝇蚊成虫

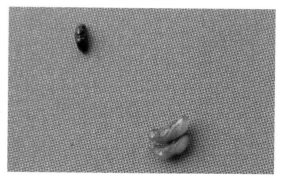

菊瘿蚊天敌——一种甲虫的幼虫及蛹

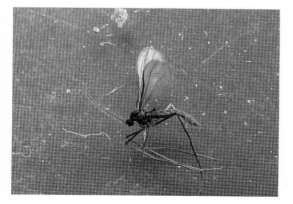

菊蝇蚊成虫

菊瘿蚊虫瘿内天敌甲虫的蛹

刺槐叶瘿蚊　　　　双翅目瘿蚊科

Obolodiplosis robiniae (Haldemann)

【寄主】刺槐。

【形态特征】成虫雌体长 3.2~3.8mm，雄体长 2.7~3.0mm，红褐色；头部复眼大而发达，触角细长，中部稍缢缩，念珠状。雌体 14 节，雄体 26 节，各节上有长刚毛 2 轮，基部 1 轮明显长于近端部 1 轮。胸部背板红色，凸起，有黑色纵纹 3 条，侧面 2 条向后延伸至胸部后缘，中部 1 条仅后伸至胸中部；前翅膜质，灰黑色，半透明，被微毛，纵脉 3 条，前条脉在前缘 2/5 处斜伸达前缘，中条脉基部较弱，自翅 2/5 处向后加粗而强壮，伸达外缘，并与前条脉在翅基部 1/3 处有斜脉相连，后条脉近于翅后缘着生，在后缘 2/5 处下弯，伸达后缘；后翅特化成平衡棒，端部显著膨大。足细长，密被鳞片，前足胫节和中足胫节均白色。腹部红或红褐色。卵长椭圆形，光滑。幼虫老熟体长 2.8~3.6mm，纺锤形至长椭圆形，幼龄体白色，老龄体红色，胸部腹面有"丫"形骨片，头顶圆突 2 个。蛹体初期黄白色，后期红褐色，额刺 1 对，直立而伸出头顶。

【测报】全国林业危险性有害生物。颐和园一年发生 5 代，以老龄幼虫在表土做茧越冬。幼虫在刺槐叶背面沿叶缘取食，为害新、老叶，导致叶片组织增生肿大并沿侧缘向背面纵向褶卷成月牙形，数头幼虫群集其内为害和化蛹，被害叶片发黄，严重时，大量叶片不能正常生长，嫩梢部受害叶两边缘纵向反卷，不能舒展，内居幼虫数头，造成树势衰弱，影响景观效果。翌年 4 月化蛹，蛹期 2~3 天。4 月越冬代成虫出现，以早晨为多。一年中约有 4 次为害高峰期，6 月上旬为第 1 代成虫发生高峰期，7 月、8 月、9 月分别为第 2、第 3、第 4 代成虫期，8 月下旬老熟幼虫盛期，部分化蛹和成虫羽化。

成虫产卵于嫩叶和新生芽间。幼虫期 10 余天，每卷曲中有虫数头，一叶上可有数个卷曲。在卷曲中化蛹，成虫从卷曲两端飞出，蛹壳半露半留。幼虫善于弹跳。

【防治】1. 成虫发生盛期，用网扫捕成虫。

2. 幼虫期向叶背喷洒高渗苯氧威、吡虫啉。

3. 保护寄生蜂等天敌。

刺槐叶瘿蚊为害状

刺槐叶瘿蚊幼虫

刺槐叶瘿蚊老熟幼虫

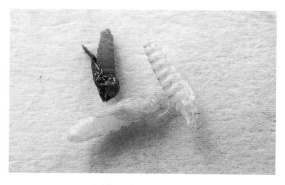

刺槐叶瘿蚊蛹及蛹壳

刺槐叶瘿蚊被寄生

刺槐叶瘿蚊蛹

刺槐叶蚊瘿寄生蜂

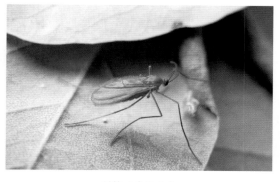

刺槐叶瘿蚊成虫

刺槐叶瘿蚊寄生蜂的茧

刺槐叶瘿蚊成虫

白星花金龟　　　鞘翅目金龟科

Liocola brevitarsis (Lewis)

【寄主】白星花金龟仅成虫期为害。喜食玉米雌穗抽丝期的果穗，常聚集果穗顶部，致果穗呈不同程度的秃头。也喜食果树成熟的果实，如桃、李等果实，如不及时采摘，则易被钻入取食，致果品腐毁。成虫还喜群集在多种树木，如榆、麻栎等主干上的凹皮处吸食浆汁。因此，白星花金龟成虫由于口器构造所限，仅取食植物花器、成熟果实或浆汁而绝不取食植物叶片。幼虫栖于堆肥或极富腐殖质的松软土壤中。由于幼虫胸足很小，体粗肥，口器较弱，上颚切齿叶不锋利，不如鳃金龟上颚切齿叶锋利，在土中切开通道前进并取食植物根部。白星花金龟幼虫只能在松软的基质栖境中，背部向着地面，靠身体背部的刺毛接触基质，及体节各节的蠕动而行进。同样，白星花金龟幼虫口器的上颚切齿叶不像鳃金龟幼虫上颚切齿叶锋利，只适于腐食，而不能取食活的植物根部。

【形态特征】成虫体长 20~24mm，暗紫铜色，具较强光泽；前胸背板和鞘翅有不规则白斑 10 多个，鞘翅中后部近翅缝处有较深压陷，侧缘在肩角后明显内曲。卵椭圆形，乳白色。幼虫体软多皱，乳白色，腹末节膨大；花金龟幼虫通常前后弯曲度较小，不弯曲成典型的"C"型，而由头部向尾部呈逐渐粗肥，微弯。

【测报】颐和园一年发生 1 代，以成熟幼虫越冬。成虫始见于 6 月上旬，9 月下旬终见，盛期为 7 月中旬至 8 月上旬。成虫为日出活动性，随日出成虫钻出栖息地或土面，而随日落复又回到栖息地或土中。一般在 10:00—15:00 为成虫活动盛期，飞翔能力不甚强，常在低空盘旋飞翔，飞翔时发出嗡嗡声响。成虫寿命为 1~2 个月。在白星花金龟生活史中以幼虫期最长。幼虫共 3 龄。1~2 龄较短，不足 1 个月，而 3 龄幼虫期为 8~9 个月，为生活史中最长的虫期。蛹期约 20 天，幼虫老熟后吐黏液将土粒黏结成土茧，置身其中，成虫在土茧中羽化后，稍待数日，头部和足完全骨化后，逐渐突破土茧而爬出。

【生态治理】1. 环境治理。有机肥料以及土壤腐殖质的增加，为幼虫栖息创造了条件，增加了成虫的数量，因而也加重了白星花金龟的为害。白星花金龟的为害正值作物的花期和果树的果实成熟期，加之化学农药的限制使用，白星花

金龟的为害控制提上了日程。如前所述，白星花金龟的生活史中以幼虫期最长，为 8~9 个月，而且栖境比较集中，为集中防治创造了条件。因此，防治的重点应在幼虫期，应在 6 月初成虫始见前，翻转堆肥，人工拾捡其中翻出的幼虫和蛹（土茧中），可消灭大部分。2. 物理防治。若错过幼虫期防治，或幼虫期防治不彻底，成虫期的防治，可用腐果加蜜诱集法加以灭杀。将成熟腐果 2~3 个加蜜少许，挂在果树干上。成虫会因食饵的诱惑力爬入，可隔日收集 1 次，集中杀死。3. 化学防治。可用辛硫磷浇灌。

白星花金龟成虫

榆绿毛莹叶甲　　　　　鞘翅目叶甲科

Pyrrhalta aenescens (Fairmaire)

【寄主】榆树。

【形态特征】成虫体长约 8mm，长椭圆形，黄褐色，鞘翅蓝绿色，具金属光泽，全体密被细柔毛及刺突。头小，顶具钝三角形黑斑 1 个，前头瘤三角形。触角丝状，第 1~7 节背面及第 8~11 节黑色。前胸背板横宽，中央有凹陷，上具倒葫芦形黑斑 1 个，两侧凹陷部各有卵形黑纹 1 个。鞘翅宽于前胸背板后半部稍膨大，每鞘翅各具明显隆起线 2 条。小盾片黑色，倒梯形。卵梨形，顶端尖细，长约 1mm，黄色。幼虫老龄体长约 11mm，长条形，微扁，深黄色。中、后胸及第 1~8 腹节背面黑色，每节可分为

前后两小节，中、后胸节背面各有毛瘤 4 个，两侧各有毛瘤 2 个，第 1~8 腹节前小节各有毛瘤 4 个，后小节各有毛瘤 6 个，两侧各有毛瘤 3 个。前胸背板中央有近四方形黑斑 1 个。蛹体椭圆形，长约 7mm，暗黄色。

【生物学】颐和园一年发生 2 代，以成虫在建筑物缝隙及枯枝落叶下越冬。翌年 4 月中旬成虫开始活动，交尾和产卵。卵期 5~7 天。幼虫 3 龄，各龄期依次为 3~8 天、3~9 天和 8~13 天，初龄幼虫剥食叶肉，残留表皮，被害叶网眼状，后渐取食枝梢嫩叶中部，2 龄后将叶食成孔洞。第 1 代幼虫期约 20 天，在榆树干、枝及裂缝等处群集一起化蛹，第 2 代幼虫期约 25 天，下树化蛹。成虫羽化后即可取食，多在叶背面剥食叶肉，残留叶表，表皮脱落成穿孔。产卵于叶背面成块状，每卵块 1~38 粒，每雌虫可产卵 800 余粒。成虫寿命较长，可越冬 2 次。成虫越冬死亡率较高，所以，第 1 代为害不太严重。

【生态治理】1. 成虫期喷洒 25% 高渗苯氧威可湿性粉剂 300 倍液。2. 幼虫群集在枝干上化蛹时，人工捕杀并烧毁虫体。幼虫初期喷洒 3% 高渗苯氧威乳油 3 000 倍液。

榆绿毛莹叶甲幼虫及为害状

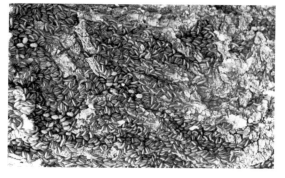

榆绿毛莹叶甲集中化蛹

榆绿毛莹叶甲成虫

榆绿毛莹叶甲卵

榆绿毛莹叶甲卵

榆绿毛莹叶甲成虫

柳圆叶甲　　　　　　　鞘翅目叶甲科

Plagiodera versicolora (Laicharting)

【寄主】垂柳、旱柳。

【形态特征】成虫体长 4mm；体卵圆形，背面相当拱凸；全体深蓝色，有金属光泽，鞘翅铜绿色或周缘、头、胸、腹面棕红色；头小横宽，刻点细密；前胸背板横宽、光滑；鞘翅上刻点粗密而深。头部刻点非常细密略显皮纹状。触角超过前胸背板基部，第 2、第 4 节均短于第 3 节，其余各节向端逐渐加粗。卵橙黄色，椭圆形，成堆直立在叶片上。幼虫体长约 6mm，灰褐色，全身有黑褐色凸起状物，胸部宽，体背每节具 4 个黑斑，两侧具乳突。蛹长 4mm，椭圆形，黄褐色，腹部背面有 4 列黑斑。

【测报】颐和园一年发生 3~6 代，以成虫在落叶、杂草及土中越冬。春季柳树发芽时出蛰活动、交配、产卵，单雌可产 1 000~1 500 粒卵。卵期 1 周左右。幼虫孵化后，多群集为害，啃食叶肉，被害处叶片呈网状，共 4 龄。5 月底至 8 月中旬是为害盛期。成虫有假死性。约 21 天既可完成 1 代。此虫发生极不整齐，从春季到秋季均可见成虫、幼虫活动。

【生态治理】1. 在成虫幼虫发生期喷洒 1.2% 烟参碱 1 000 倍液、10% 吡虫啉可湿性粉剂 2 000 倍液。2. 冬季清除落叶、杂草和翻土，消灭越冬成虫。

柳圆叶甲初孵幼虫

柳圆叶甲中龄幼虫

柳圆叶甲老龄幼虫及蛹

柳圆叶甲卵

柳圆叶甲成虫

柳圆叶甲为害状

柳圆叶甲为害状

十星瓢萤叶甲　　　　鞘翅目叶甲科

Oides decempunctatus (Billberg)

【寄主】美国地锦、中国地锦、葡萄、芍药、牡丹、紫藤等。

【形态特征】成虫体长 10~12mm，椭圆形，似瓢虫，黄褐或橙褐色。鞘翅密布小刻点，每翅上各有黑色斑 5 个，呈 221 排列。足淡黄色。卵椭圆形，长约 1mm，初草绿色，后变黄褐色。幼虫老熟幼虫体长 8~13mm，长椭圆形略扁，土黄色。胸足 3 对，较小，黄色，无腹足。胸背有褐色突起 2 行，每行 4 个。蛹金黄色，体长 9~12mm，腹部两侧具齿状突起。

【测报】颐和园一年发生 1 代，以卵在寄主根际、表土层、墙缝隙处越冬。翌年 5 月卵孵化，

幼虫沿墙体或寄主藤蔓向上爬，寻找嫩芽幼叶为害。6—7 月化蛹，蛹期 10 天。成虫夜伏日出，有假死性产卵于杂草中或石块下，卵粒不等。

【生态治理】1. 及时清除杂草、落叶，减少虫源。2. 利用成虫假死性，人工消灭落地虫体。3. 喷施 25% 高渗苯氧威可湿性粉剂 300 倍液毒杀幼虫。

十星瓢萤叶甲幼虫

十星瓢萤叶甲成虫

十星瓢萤叶甲正在交配

十星瓢萤叶甲为害状

黄斑直缘跳甲　　　　鞘翅目叶甲科

Ophrida xanthospilota (Baly)

【寄主】黄栌。

【形态特征】成虫体长 6~8mm，长椭圆形，棕黄、棕褐色，有光泽。头小，稀布圆形刻点。前胸背板横宽，前缘中央弧形，基缘两侧平直，近侧缘各有大凹陷 1 个。鞘翅光亮，翅面有纵行细小刻点 9 列，排列整齐，刻点间密布白色圆斑。后足肥大，胫节弯曲，有黄毛。腹部深棕色。卵圆柱形，金黄色，有光泽。幼虫体黄至淡绿色。老熟体头黑褐色，余者黄色。体躯被有透明黏液。前胸背板有方形褐斑，斑中有白色细纹 1 条。中、后胸背侧面各有月形褐斑 1 个，胸足发达。蛹体淡黄色，裸蛹，复眼间有刺毛 2 列，每腹节毛 8 根。茧椭圆形，由细土粘成。

【测报】颐和园一年发生 1 代，以卵在 2 年生枝条杈或树疤上越冬。翌年 4 月黄栌发芽时，幼虫孵化、食叶，初孵幼虫沿枝条爬行，不久即分散取食，昼夜均能为害。4 月下旬幼虫盛发，5 月幼虫落地入土，筑土茧化蛹，蛹期约 25 天，6 月成虫羽化，出土经补充营养后交尾，经 8~10 天后 6 月下旬产卵，喜产于小枝杈处，卵呈块状，外包被灰褐色蜡壳，内有卵 10 余粒，

每雌产卵 100~200 粒。成虫寿命长达 2 个多月。夏、秋季节成虫持续取食、产卵，再取食、再产卵，具有明显的恢复营养习性，因此，产卵期也相应延续到 9—10 月。

【生态治理】1. 保护天敌。卵寄生蜂主要有赤眼蜂、其次有跳小蜂；幼虫天敌主要是蠋蝽，1 头蠋蝽单日可食跳甲幼虫 2~4 头；蛹的主要天敌是蚂蚁；成虫的天敌除蠋蝽外，还有一种猎蝽，皆以口针刺入成虫腹部吸食。2. 人工摘除树上卵块。3. 幼虫期喷洒 3% 高渗苯氧威乳油 3 000 倍液。

黄斑直缘跳甲卵

黄斑直缘跳甲低龄幼虫

黄斑直缘跳甲老龄幼虫

黄斑直缘跳甲正在交配

黄斑直缘跳甲老龄幼虫

黄斑直缘跳甲为害状

黄斑直缘跳甲成虫

棕色瓢跳甲　　　鞘翅目叶甲科

Argopistes hoenei (Maulik)

【寄主】丁香、女贞。

【形态特征】成虫体长 2.2mm，卵圆形，棕黄色至棕红色，背面明显隆起。头小，缩入前胸背板。复眼大，唇基三角形。触角褐黄色，端部 4 节，其间有细纵脊纹 1 条。前胸背板表面密布粗深刻点，横宽，后端中部后拱，前角下弯。小盾片三角形，极小，黑色。鞘翅密布刻点，略纵行排列，肩瘤略突，缘折陡峭。后足腿节粗大，棕褐色。幼虫老龄体长 3.5~5.5mm，头小，黄褐色，第 10 体节最小。蛹体初为乳白色，后黄色。

【测报】颐和园一年发生 1 代，以成虫在落叶下、表土层越冬。翌年 5 月初出蛰，取食嫩叶。成虫飞翔力不强，善跳跃，受惊时则跳起，在跳起中途又展翅起飞，旋即呈弧形着落于树

黄斑直缘跳甲成虫（腹面）

冠上。成虫在叶背取食补充营养，食痕呈不规则麻点，仅留表皮。约半个月开始交尾，交尾后2~3天（5月中旬）开始产卵于叶背，卵室位于叶肉中，呈长椭圆形，边缘整齐，表面淡黄色，每室有卵1粒，每雌产卵100余粒，每叶片可产卵约10粒，卵期约10天。5月下旬卵开始孵化，潜食叶肉，幼虫在叶内蛀成弯曲食痕，由细到粗，长达50~80mm，约经半月幼虫老熟，6月上旬老熟幼虫离叶落地，入土化蛹，蛹期约1周。6月下旬开始出现成虫。白天可见成虫活动，夜间停息在叶背及枝上。9月成虫越冬。

【生态治理】1. 加强检疫，防止土内越冬成虫随苗木调运而人为传播。2. 初孵幼虫期喷洒1.8%阿维菌素2 000倍液。

棕色瓢跳甲成虫

枸杞负泥虫　　　鞘翅目叶甲科

Lema decempunctata Gebler

【寄主】枸杞。

【形态特征】成虫体长椭圆形，头胸狭长，鞘翅宽大。头、触角、前胸背板、小盾片、体腹面均蓝黑色，鞘翅黄褐至红褐色。每个鞘翅上有近圆形黑斑5个，其中，肩胛1个，中部前后各2个，斑点变异大，直至全消失，鞘翅每行刻点4~6个。头部有粗密黑点，头顶平，中央有纵沟一条。卵长形，橙黄色。幼虫体灰黄色，

头黑色，反光。前胸背板黑色，中间分离，胴部各节背面具细毛2横列，腹部各节具吸盘1对。蛹体浅黄色，腹端具刺毛2根。

【测报】颐和园一年发生3~4代，以老熟幼虫入土结茧过冬。4—9月为害期。成虫喜在枝叶上栖息，产卵于叶的正、背面，卵排成"人"字形。

【生态治理】1. 秋末或早春挖除土表的越冬幼虫。2. 在幼虫盛发期向树冠喷洒3%高渗苯氧威乳油3 000倍液。

枸杞负泥虫卵

枸杞负泥虫幼虫

枸杞负泥虫成虫

菱斑食植瓢虫 　　鞘翅目瓢虫科

Epilachna insignis Gorham

【寄主】栝楼、龙葵、茄、等葫芦科植物。

【形态特征】成虫背面红褐色，明显拱起，被黄白色绒毛。胸部背板上有一个黑色横斑，小盾片浅色。每一鞘翅上具 7 个黑斑，即 6 个基斑与 a 斑。斑点排列如下：1 斑在小盾片之后，成三角形，5 斑在鞘缝的 2/3 处，成五角形，1 斑和 5 斑与另一鞘翅上相对应的斑点构成缝斑，a 斑与基缘相连；2 斑独立；3 斑位于中线上；4 斑与鞘翅外缘相连；6 斑距鞘缝及外缘较近而距端角较远。卵长卵形，两端较尖，聚产成堆竖立在一起。幼虫体椭圆形，黄色。体背拱突密生枝刺，每节 6 枚，中、后胸中央两边两枚枝刺连在一起。蛹裸蛹，蛹体黄白色，背面有红褐色斑，羽化时蜕皮及壳从背面中央开裂，包围蛹体的大部分硬化，成为蛹体的蔽护物。

【测报】颐和园一年发生 2 代，以成虫在背阴处的土缝、墙缝和表土中越冬。越冬成虫翌年 4 月中旬开始出来活动为害（最早时间为 4 月 12 日）。第一代发生在 5 月中旬至 8 月中旬，第 2 代发生在 8 月中旬至 11 月上旬。成虫有假死性，且受惊时从足的腿节和胫节间分泌出 1 种黄色体液，惊扰天敌的侵害。成虫多在白天羽化。一般羽化后当天即可取食为害，1 周后，开始交配。成虫昼夜均可取食，但以白天取食为主，多散居于叶面取食，有时也可在叶背面取食。温度较低时成虫多在叶正面不动，有耐饥性，运动多以爬行为主，少见飞翔，有转移为害习性。多次交配，多次产卵。越冬代成虫产卵期长达数月。卵集产，多位于叶背，也有产在卷须上的，卵粒排列松散。越冬代成虫寿命：雄虫平均为 330 天，雌虫 340 天。第 1 代成虫，雄虫平均 90 天，雌虫 100 天。一块卵从孵化到结束需 3~5 小时，最长的可达 6 小时。卵块的孵化率较高，达 90% 以上。多数上午孵化。初孵幼虫群集在叶背面，5~6 小时不食不动，以后开始爬行为害，2 龄以后分散取食。2~4 龄食量逐渐增大。以 4 龄食量最大，取食叶肉，不甚活动。未取食完所在叶片前，一般不转移为害。幼虫受触动时，可从体枝刺上分泌出黄色臭液。老熟幼虫多在叶面化蛹。

【生态治理】1. 清洁田园，冬季清除田间枯藤，减少来年虫源，效果明显。2. 人工捕杀。可有效减少虫口数量。3. 化学防治。卵孵盛期用阿维菌素 1 000 倍液喷雾，7~10 天再施 1 次，可有效防治菱斑食植瓢虫卵、幼虫及成虫。

菱斑整瓢虫蛹

菱斑整瓢虫低龄幼虫

菱斑食植瓢虫中龄幼虫

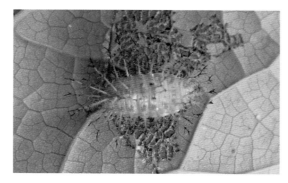

菱斑食植瓢虫老龄幼虫

菱斑食植瓢虫成虫

菱斑食植瓢虫成虫防御反应（虞国跃摄）

马铃薯瓢虫　　　　鞘翅目瓢虫科

Henosepilachna vigintioctomaculata (Motschulsky)

【寄主】龙葵等茄科植物、牛膝菊等菊科植物、碧桃、榆叶梅、菊花、桃、柳等。

【形态特征】成虫体长 6.5~8.2mm，体背黄褐色至红褐色，被黄灰短毛，黑斑毛黑色。头部 0~2 个黑斑，前胸背板 1 个大斑或几个小斑，每鞘翅黑斑 14 个。卵梭形，黄色。幼虫长圆形，灰褐色，体各节背面着生一横列分枝的硬长刺，口向下，触角 3 节，长 3 倍于宽，上唇宽形。胸部 3 节明显分开，胸足 3 对，腹部 10 节，扁平。蛹体离蛹形，长圆形，背面拱，腹面前半扁平，后半弯曲。

【测报】发生代数因地而异。成虫和幼虫均在叶背取食叶肉，只剩下表皮，形成留有平行细线的透明斑。成虫有假死性。

【生态治理】1. 利用成虫的假死性震落杀灭成虫。2. 幼虫为害期向叶倍喷施 10% 吡虫啉可湿性粉剂 1 500 倍液。

马铃薯瓢虫低龄卵

马铃薯瓢虫幼虫

菱斑食植瓢虫为害状

马铃薯瓢虫老龄幼虫

马铃薯瓢虫为害龙葵、牛膝菊

马铃薯瓢虫成虫

马铃薯瓢虫成虫

马铃薯瓢虫为害龙葵、牛膝菊

榆锐卷叶象虫 鞘翅目卷象科

Tomapoderus ruficollis Fabricius

【寄主】榆树。

【形态特征】成虫体长约15mm，喙、头、足和前胸背板黄红色，鞘翅蓝色，有金属光泽，两侧近平行，前端和后端直。卵黄白色，卵形，长约1mm。幼虫虫体橙黄色，老熟时长约20mm。蛹体裸蛹。

【测报】颐和园一年发生1代，以成虫在林木附近的土缝内、砖石或枯枝落叶下越冬。幼虫共3龄。成虫寿命20~50天，一般都在25天以上（越冬成虫例外）。越冬成虫在翌年5月气温稳定到26℃以上时开始活动，经过一段时间补充营养后，开始飞迁，寻偶、交尾和产卵。雌虫可交尾1~3次，一生可产20~50粒卵，产卵时多在白天，以午前居多。产卵前，雌虫选择发育良好的、较大、老嫩适中的叶子作为卵床。先用口器将叶片一侧横着咬断至叶子中脉处，再用喙和足将咬开的部分卷向未咬的半个叶片，使两半叶片紧贴在一起并卷折成筒状，产1粒卵后，再把口封住。若饲以小的幼叶或老叶，则常因卷不成筒状而将卵粒掉到地上。幼虫孵化后在卷筒内取食，生长较缓慢，于8月老熟，咬破卷叶，落地入土化蛹、羽化越冬。成虫稍具向光性及一定假死性。该虫食性专一。成虫食量较大，除雌虫产卵时卷折榆叶成筒状外，一生可为害 30~50 个叶片。叶子被咬成不规则的圆孔或叶边被咬成缺刻。繁殖期易在叶筒内找到卵、幼虫或蛹。

【生态治理】人工摘除卷叶虫筒和捕杀成虫。

榆锐卷叶象虫蛹

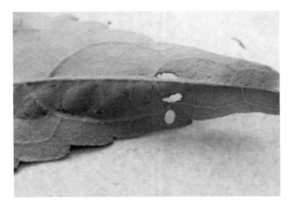

榆锐卷叶象虫卵

榆锐卷叶象虫蛹

榆锐卷叶象虫初孵幼虫

榆锐卷叶象虫成虫

榆锐卷叶象虫老熟幼虫

榆锐卷叶象虫成虫

榆锐卷叶象虫为害状

柞栎象 　　　　　　　　　鞘翅目象甲科

Curculio dentipes (Roelofs)

【寄主】柞栎、麻栎、栓皮栎、辽东栎和板栗。

【形态特征】成虫雌成虫体长 8.9~13.5mm，身体卵圆形，赤褐色，被黄褐色或灰色鳞毛。头半圆形，上布满均匀的椭圆形刻点。喙圆筒形，中央以前向下弯曲，基部黑褐色，端部赤褐色，有光泽，中央有 1 条隆脊，从喙的基部延伸到中央即消失。复眼黑褐色，近圆形，位于喙基部两侧。触角膝状，赤褐色，有光泽，11 节，着生于接近喙 1/3 处。前胸背板宽大于长，似梯形，上有稠密而均匀的窝状刻点和黄色鳞毛，中央有 3 条纵隆起，隆起处毛色稍浅，形成 3 条花纹。小盾片近似长方形，周围下陷，其上密布灰黄色鳞毛。腿节下半部膨大，近端部下方内侧有 1 个三角形齿状突起，突起上排列 4 个小齿，胫节直，跗节 3 节，第三节分裂成两瓣。爪具双齿，整个足上覆盖稀疏的淡黄色鳞毛。鞘翅两肩隆起，末端显著收缩。鞘翅上具稠密的窝状刻点，上面覆盖褐色鳞片，这些鳞片聚集成不规则的斑点。卵呈圆形或长圆形，乳白色。幼虫老熟体约 9.9mm。在种实内乳白色，入土越冬后变为乳黄色。身体肥胖、弯曲、多褶皱。头部椭圆形，黄褐色，有光泽。口器黑褐色。后头缝在额上分为两叉。额的基部靠近上唇基片有两对刚毛呈"八"字形排列。身体各节有稀疏的刚毛。肛门上无任何附属物。蛹约长 7.8mm，乳白色，身体各节均有褐色刚毛，头的基部和中央背面各有 1 对刚毛。额上 4 根刚毛呈"八"字形排列。前胸背板有 3 排刚毛。腹部末端有 1 对尾刺。

【测报】据观察 1 年一代的占 68%，2 年 1 代的占 26%，3 年代的占 5.5%。颐和园地区越冬幼虫翌年 6 月上中旬开始化蛹，7 月上旬为化蛹盛期，末期为 8 月底。6 月初见越冬成虫出土，进行补充营养，但不产卵。当年羽化的成虫始见于 7 月上中旬，8 月中下旬为盛期，末期迟至 9 月底。无论越冬成虫或当年羽化的成虫都在 7 月底开始交尾、产卵。9 月中旬以后林内则很少见卵。8 月中旬在种实内可以找到初孵化幼虫，幼虫为害盛期在 9 月上中旬，末期接近 10 月中旬；幼虫脱果期始于 8 月下旬，盛期在 9 月中下旬，末期至 10 月中下旬。一般仅做近距离地爬行，多数躲在果枝叶之间。一日内 18:00~22:00 最活跃，偶尔也有短距离飞行的，有时也取食总苞、叶柄、雄穗等，也有将口器整天插在种实里不拔出来的。交尾一般需要 70~80 分钟，最长需要 8 小时。雌雄性比接近 1：1。雌虫寿命稍长于雄虫，以成虫越冬者，寿命可达 8 个月。卵的孵化率为 85.1%。1~3 龄幼虫经历日数分别为 2 天、2~3 天，4 龄至脱果约 8 天。老熟幼虫脱果后入土深度与土壤质地、厚度有关，一般为 4~20cm。幼虫

柞栎象虫幼虫

化蛹时间以早晨 5:00 之多，10:00 次之，中午和下午则很少，晚上零点以后又有化蛹，蛹期12~37 天。

【生态治理】1. 秋季收板栗后，犁翻林地，破坏越冬幼虫的土室。2. 生物防治：在越冬幼虫入土初期喷施白僵菌。

柞栎象虫幼虫

柞栎象虫成虫

杨潜叶跳象　　　　鞘翅目象甲科

Rhynchaenus empopulifolis (Chen)

【寄主】杨树。

【形态特征】成虫体长 2.3~3mm，近椭圆形，黑至黑褐色，密被黄褐色短毛。喙短粗，黄褐色，略向内弯曲，表面被稀疏细小刻点。触角黄褐色，着生于喙基部近 1/3 处。眼大，彼此接近。前胸横宽，前缘平直，后缘略呈二凹形，被覆黄褐色内向尖细卧毛。小盾片被白色鳞毛，舌形。鞘翅各行间除一列褐长尖细卧毛外，还散步短细淡褐卧毛，行间隆，有横皱纹，刻点近方形。足黄褐色，后足腿节粗壮。卵长

卵形，乳白色。幼虫老龄时体扁宽，半圆形，深褐色，前胸长，背板 2 块，腹板 3 块，中间上块为长方形，无足，两侧有泡状突。蛹体乳白、黄褐至黑褐色。

【测报】颐和园一年发生 1 代，以成虫在树干基部、落叶层下、石块下、表土浅层中越冬。成虫春季出蛰活动的时期与寄主叶片展放的迟早有密切关系，在自然变温情况下，春天天气较好，气温较高，有益于成虫活动，出蛰时间较早；反之，春季阴雨连绵，气温较低，出蛰的时间也要相应的推迟。翌年 4 月上旬开始活动，产卵于嫩叶叶尖背面的中脉两侧或其稍下部，卵期 5~6 天。5 月上旬为卵孵化盛期，幼虫孵化后，即开始潜食叶肉，潜到 3~5cm，潜食约5 天即在潜道末端做一直径约 5mm 的十分规则的圆形叶苞，当食尽叶苞内叶肉时，幼虫即随叶苞落地。落地的叶苞依靠内部幼虫的伸曲而不断弹跳，当弹跳至落叶层、石块下或墙脚处等潮湿处时，则不再弹跳，进入预蛹期。4 月下旬至 6 月上旬幼虫为害期，在此期间内应注意随时清扫叶苞，集中处理，以消灭虫源。自叶苞落地至幼虫化蛹约需 8 天，5 月中旬化蛹盛期。蛹期 9~11 天。5 月下旬成虫羽化盛期，羽化时成虫在叶苞的正面中央开 1 个约 2mm 的十分规则的圆形盖，然后臀部外伸，脱离叶苞。成虫羽化后即取食叶背下表皮及叶肉补充营养。成虫能飞善跳，无趋光性。9 月上旬开始下树越冬。

杨潜叶跳象叶苞

【生态治理】1. 加强检疫，严禁带虫苗木外调。2. 早春（4月初）在杨树上涂刷黏虫胶，粘上树成虫。3. 清除落地叶苞。4. 秋冬清除落叶，消灭越冬成虫。

杨潜叶跳象叶苞及幼虫

杨潜叶跳象成虫

杨潜叶跳象嗑食叶片

菜蛾　　　　　鳞翅目菜蛾科

Plutella xylostella (Linnaeus)

【寄主】二月兰等十字花科植物。

【形态特征】成虫体长 6~7mm，灰褐色。唇须第 2 节有 2 节褐色长麟毛、末端白色、细长、略向上弯曲。前翅狭长，灰黑或灰白色，缘毛长，从翅基到外缘有黄白三度曲折波状的淡黄色带；后翅银灰色，两翅合拢时呈屋脊状，形成 3 个相连接的菱形斑。卵椭圆形，稍扁平，浅黄绿色，表面光滑。幼虫老龄体长约 11mm，纺锤形，头黄褐色，胸腹部黄绿色，体节明显，两头尖细，第 4~5 腹节膨大，臀足向后伸长。蛹体纺锤形，长 5~8mm，黄绿至灰褐色，无臀棘，肛门周围有钩刺 3 对，体外被灰白透明薄茧。

【测报】颐和园一年发生 4~6 代，世代重叠严重，以蛹越冬。翌年 5 月成虫羽化，当天交尾，1~2 天后产卵于叶脉见凹陷处，每雌产卵约 200 粒，卵经 3~11 天孵化。幼虫期 12~27 天，4 龄。1~2 龄幼虫食叶呈天窗状，3~4 龄幼虫食叶呈孔洞。幼虫活跃，遇惊快速扭动、倒退、翻滚或吐丝下垂。在叶背、枯叶、枯草上化蛹。5—6 月和 8—9 月是 2 个为害高峰期。

【生态治理】1. 性引诱剂诱杀成虫。2. 幼虫期喷施 100 亿孢子/mL 的 Bt 乳剂 500 倍液或 3% 高渗苯氧威乳油 3 000 倍液毒杀幼虫。

菜蛾成虫（金伟摄）

柳细蛾　　　　　　鳞翅目细蛾科

Lithocolletis pastorella Zeller

【寄主】柳树。

【形态特征】成虫体长约 3mm，翅展约 9mm。体银白色，有黄铜色花纹。前翅狭长，近中室处有 1 个圆形小铜斑，后半部有 3 条铜色波状横带，外缘中部有长形黑斑。卵扁圆形，乳白色，有网状花纹，四周有扁边，如帽缘状。幼虫体淡黄色，腹部各节背后有 1 个近三角形黑斑，老熟幼虫体长平均 4.4mm。蛹体黄褐色，长约 4mm。

【测报】颐和园一年发生 3 代，以成虫在老树皮下、建筑物缝隙、土缝里越冬。翌年 4 月（柳叶展叶初期）成虫开始活动、产卵，卵散产于叶背。成虫昼伏夜出。清晨交尾产卵。第 1、第 2 代多在叶背产卵。一般 1 叶产 1 粒，少数产 2~3 粒。4 月下旬幼虫孵化，从卵壳底部潜入叶内，被害处呈椭圆形稍鼓起的褪绿网状斑块，能见叶内的幼虫及黑色虫粪，幼虫蛀入叶片后不再转移。约经 1 个月在潜斑内化蛹，6 月上旬出现成虫。各代成虫期分别为 6 月上旬至 6 月下旬，7 月中下旬至 8 月中旬，9 月中下旬到翌年 4 月底至 5 月初。10 月第三代成虫开始越冬。幼虫为害期分别为 4 月中下旬到 6 月中旬，6 月中下旬到 7 月末，8 月到 9 月中旬，其中，以第一代发生最为严重。

【生态治理】1. 保护和利用跳小蜂等天敌。捕食性天敌有瓢虫及食虫螨等。寄生性天敌有寡节小蜂科 *Pnigalio* sp. 3 种，*Diglypnus* sp.1 种，金小蜂小蜂科 *Pachymeuron* sp.2 种和跳小蜂科多胚跳小蜂。其中，以多胚跳小蜂寄生率高，达 26.8%。此种跳小蜂寄生在 4 龄以后的幼虫体内，每一细蛾幼虫体内寄生有跳小蜂 12~22 头。此蜂近化蛹时，细蛾体躯内含物全部被食光，只留一薄而透明的体壁及头壳。此种跳小蜂对柳细蛾的数量起着很大的抑制作用。另外，病菌在卵期和幼龄幼虫期寄生率也较高。

2. 幼虫孵化潜叶为害初期喷洒 1.8% 爱福丁乳油 3 000 倍液毒杀幼虫。

柳细蛾和茧

柳细蛾蛹

柳细蛾成虫

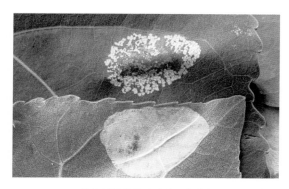

柳细蛾为害杨叶（正、反面）

柳细蛾幼虫

柳细蛾寄生蜂

柳细蛾寄生蜂

柳丽细蛾　　鳞翅目细蛾科

Caloptilia chrysolampra Meyrick

【寄主】柳树。

【形态特征】成虫体长约 4mm，翅展约 12mm。前翅淡黄色，近中段前缘至后缘有淡黄白色大三角形斑 1 个，其顶角达后缘，后缘从翅基部至三角斑处有淡灰白色条斑 1 个，停落时两翅上的条斑汇合在体背上呈前钝后尖的灰白色锥形斑，翅的缘毛较长，淡灰褐色，尖端的缘毛为黑色或带黑点。顶端翅面上有褐斑纹。触角长过腹部末端。足长约接近体长，颜色白、褐相间。幼虫老熟时体长 5.3mm 左右，长筒形略扁，幼龄时乳白色略带黄色，近老熟时黄色略加深。蛹近梭形，体长约 4.8mm，胸背黄褐色，腹部颜色较淡。茧丝质灰白色，近梭形。

【测报】发生代数不详。6 月上、中旬多在树冠低层有低龄幼虫，将柳叶从尖端往背面一般卷叠 4 折，呈粽子状，幼虫在虫包内啃食叶肉呈网状，7 月上中旬见有蛹和成虫，7 月中旬多见大小不等的幼虫、未见蛹，8 月上旬多数幼虫老熟，以后各代重叠，虫态不整齐。一直为害到 9 月。

【生态治理】1. 保护利用天敌，一般情况下小蜂寄生率可达 80%~90%，不必防治。 2. 虫量小时可摘除虫包。3. 低龄幼虫期，可于傍晚喷洒 1.8% 爱福丁乳油 3 000 倍液。

柳丽细蛾幼虫

柳丽细蛾蛹

柳丽细蛾为害状

柳丽细蛾成虫正在羽化

柳丽细蛾寄生蜂

柳丽细蛾成虫（夏型）

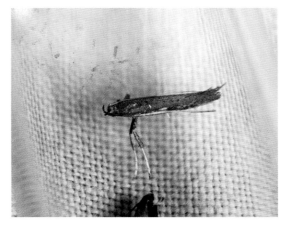

柳丽细蛾成虫（越冬型）

金纹小潜细蛾　　鳞翅目细蛾科

Phyllonorycer ringoniella（Matsumura）

【寄主】加杨、小叶杨、海棠、梨等。

【形态特征】成虫体长 2.5~3mm。头顶有银白色鳞毛，复眼黑褐色。前翅黄金色，基部具银白色细纵纹 3 条，翅端前缘有银白色爪状纹 3 个，后缘有三角形白色斑 1 个。后翅褐色，狭长，缘毛长。卵椭圆形，直径 0.3mm，乳白色，扁平。幼虫老熟体长 3~4mm，黄褐色。

【测报】颐和园一年发生 3 代，以蛹越冬。翌年 4 月上中旬，海棠展叶时越冬成虫羽化。成虫喜在晨、晚飞舞、交尾，产卵于嫩叶背面。幼虫孵化后即潜入叶表皮下食害叶肉，形成斑状害，每叶片有虫斑 3 块以上者即可落叶。老熟幼虫使叶片向背面卷折，在虫斑内化蛹。7 月中下旬至 8 月为害严重，9 月下旬至 10 月中旬幼虫形成一薄茧化蛹，随落叶在虫斑内越冬。

【**生态治理**】1. 保护跳小蜂、姬小蜂等有明显控制作用的天敌。2. 冬、春清除带虫落叶，消灭越冬虫代成虫，减轻虫口密度。3. 越冬代羽化整齐，海棠展叶期用性诱捕器诱杀成虫。4. 严重时，期喷洒1.8%爱福丁乳油3 000倍液，避免大量使用高浓度、广谱性化学农药。

金纹小潜细蛾为害状

金纹小潜细蛾老熟幼虫

金纹小潜细蛾寄生蜂（单独寄生）

金纹小潜细蛾蛹

金纹小潜细蛾寄生蜂（单独寄生）

金纹小潜细蛾寄生蜂（集群寄生）

金纹小潜细蛾成虫

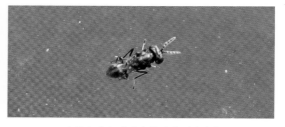

金纹小潜细蛾寄生蜂（集群寄生）

金纹小潜细蛾寄生蜂（集群寄生）

金纹小潜细蛾两种寄生蜂

国槐小潜细蛾　　鳞翅目细蛾科

Phyllonorycter acucilla Mn.

【寄主】国槐、龙爪槐。

【形态特征】成虫体长约 2mm，银白色，有光泽，触角丝状，近体长。前胸狭，中胸背隆起。前翅外缘从中部到顶角具纵褐色斜纹 4 条，顶端有金色星状纹，臀角具近三角形褐色斑。中足胫节具端距 2 个，后足腿节多长毛。卵圆形，黄白色。幼虫老熟体长 2.5~4mm，黄白色，头扁，1/3 缩入前胸。前胸背板褐色，中间具近梭形白色纵斑 1 个，腹板中央具凹形褐斑。蛹体锥形，胸背黑，腹部黄。茧白色，丝质。两端各伸出丝带 2 条，附于叶背、树皮或建筑物上。

【测报】颐和园一年发生 2~3 代，以蛹包在茧内于树枝、树干或建筑物上越冬。翌年 4 月中旬成虫羽化，4 月下旬为成虫羽化盛期，此时应

加强监测，是全年测报的重点。卵散产于叶片上，5 月上旬第一代幼虫开始孵化，潜入叶内取食，潜道稍弯曲，后扩大成灰褐色斑块，6 月上旬老龄幼虫钻出潜道吐丝下垂，随风飘荡到其他叶背、枝干上作茧化蛹。5 月上旬至 6 月上旬、6 月下旬至 7 月中旬和 8 月中旬至 9 月下旬分别第 1、第 2、第 3 代幼虫孵化、为害期。

【生态治理】1. 春、秋季刷除树干上和附近建筑物上的越冬茧、蛹。2. 幼虫发生盛期向叶面喷洒 1.8% 阿维菌素 3 000 倍液。3. 黑光灯诱杀成虫。4. 人工摘除虫叶。

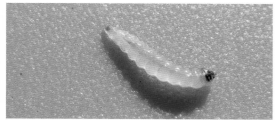

国槐小潜细蛾老熟幼虫

国槐小潜细蛾老熟幼虫

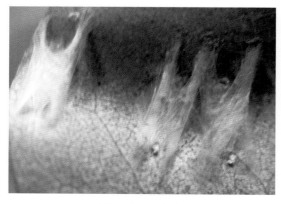

国槐小潜细蛾越夏茧

国槐小潜细蛾成虫

国槐小潜细蛾冬茧

国槐小潜细蛾越冬茧

朴树小潜细蛾　　鳞翅目细蛾科

Phyllonorycter sp.

【寄主】朴树。

【形态特征】成虫翅展 6.5~7.0mm。触角黑白相间，头顶具金赭色毛。足白色，胫节和腿节内侧黑色，前跗节的 1/3~2/3 为黑色，腿节外侧有 3 个黑色的条纹，后足腿节外侧暗色，跗节端部黑色。前翅金赭色的，有白色斑纹。翅的顶端边缘没有暗区，缘毛黄白色，后翅灰色，缘毛黄白色。

【测报】发生代数不详。于朴树叶背蛀潜斑，潜斑似金纹小潜细蛾。

【生态治理】少量发生时摘除带虫叶片。

朴树小潜细蛾成虫

国槐小细叶蛾为害状

朴树小潜细蛾成虫

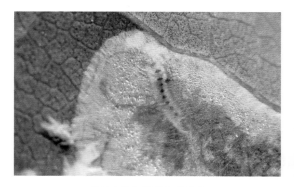

朴树小潜细蛾幼虫及潜斑

朴树小潜细蛾寄生蜂

杨黄斑叶潜蛾　　鳞翅目细蛾科

Phyllocnistis sp.

【寄主】杨树。

【形态特征】成虫体长（及翅）2.8mm。体翅银白色，具闪光。头部鳞片光滑，唇须短小，上伸。前翅柳叶形，后缘近基部具褐色斑，翅中部具纵向黑褐斑，中间黄色。端半部前缘具4条横纹，外侧3条淡黄色，在缘毛处褐色，最内侧1条褐色。翅顶角具近圆形黑斑，其后内侧具1大灰褐斑，斑中间染黄色。幼虫老熟体长6mm，浅黄绿色，光滑。头、胸扁平，头部狭小。中胸及第3腹节最宽，第11~12腹节侧方各生肉质突起1个，腹末细长如尾。足退化。蛹体浅褐色，头顶有钩，侧方有突起。各腹节侧方有长毛。

【测报】发生代数不详。成虫6月、10月可见，具趋光性。幼虫在叶背表面潜叶，在叶

缘或叶中结茧化蛹。国内记录了杨银叶潜蛾 *Phyllocnistis saligna* Zeller，但其寄生柳，并不寄生杨，形态也不同，似鉴定有误。寄生在杨叶正面的应为另一种。

【生态治理】1. 保护天敌，已知有2种寄生蜂。2. 少量发生时摘除带虫叶片。

杨黄斑叶潜蛾幼虫及潜斑

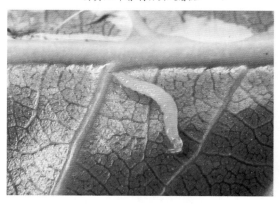

杨黄斑叶潜蛾幼虫

杨黄斑叶潜蛾为害状

杨黄斑叶潜蛾于叶缘化蛹

杨黄斑叶潜蛾寄生蜂（背面）

杨黄斑叶潜蛾于叶中化蛹

杨黄斑叶潜蛾寄生蜂（腹面）

杨黄斑叶潜蛾于叶缘化蛹

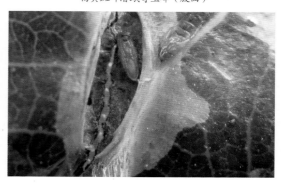

杨黄斑叶潜蛾寄生蜂蛹

杨黄斑叶潜蛾成虫

杨黄斑叶潜蛾寄生蜂（背面）

杨黄斑叶潜蛾寄生蜂（腹面）

杨黄斑叶潜蛾寄生蜂蛹

元宝枫花细蛾　　　鳞翅目细蛾科

Caloptilia dentate Liu et Yuang

【寄主】元宝枫、五角枫。

【形态特征】成虫分夏型与越冬型，夏型长约4.3mm，触角长过于体。胸部黑褐色，腹背灰褐色，腹面白色。前翅狭长，翅缘有黄褐色长缘毛，由黑、褐、黄、白色鳞片组成，翅中有金黄色三角形大斑1个。后翅灰色，缘毛较长。越冬型体形稍大，体色较深。卵扁椭圆形。幼虫幼龄潜叶期体扁平，乳白色，半透明；大龄幼虫卷叶期体圆筒形，乳黄色，胸足发达，腹足3对，老熟时体长约7mm。蛹背部黄褐色，有许多黑褐色粒点，腹面浅黄绿色。触角超过体长，复眼红色。

【测报】颐和园一年发生3~4代，以成虫在草丛根际越冬，特别是在具有荆条等灌木下的深草丛中，附近又有野菊花等鲜花植物的复杂环

境里越冬成虫更多。翌年4月上旬元宝枫展叶时成虫出现，喜食花蜜补充营养，白天潜伏在草丛中，栖息时倾斜呈"坐"状。成虫很活泼，稍一惊动，即在草丛钻行或呈螺旋式飞舞。成虫产卵于叶主脉附近，每叶片产卵1~3粒，卵期约10天。4月下旬为幼虫潜叶盛期，幼虫潜道线状，先由主脉伸向叶缘，然后沿叶缘伸到叶尖，幼虫食去叶尖部分叶肉后脱皮、钻出潜道，进行卷叶为害，5月上旬为幼虫卷叶为害盛期。老熟幼虫从卷叶内咬孔钻出，在叶背作白色薄茧化蛹。5月中旬为化蛹盛期，且始见第一代成虫，成虫羽化时从茧一端爬出，蛹壳一半留在茧内。于4月中旬开始加强虫情调查，4月、5月、7月、9月、10月为各代成虫发生期。全年以第2代发生数量较多，为害最重，第3代次之，第4代最少。

【生态治理】1.清除杂草，消灭越冬虫源。2.保护小茧蜂、蚜小蜂、姬小蜂、蚂蚁、蜘蛛等天敌，已知还有羽角姬小蜂科1种，无后缘姬小蜂科2种。其中，无后缘姬小蜂为优势种，数量多，作用大；主要以幼虫在细蛾茧内蛹壳中越冬，翌年4月中大量化蛹，4月底成虫才大量羽化，这为保护利用这些天敌，合理使用化学农药创造了有利的条件。3.发现叶片有线状潜道时，喷洒1.8%爱福丁2000倍药液。不要在卷叶期喷药，不仅效果不好，反而会大量杀伤天敌。

元宝枫花细蛾卵

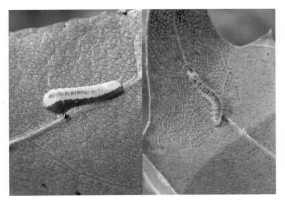

元宝枫花细蛾幼虫

元宝枫花细蛾茧

元宝枫花细蛾幼虫及为害状

元宝枫花细蛾成虫

元宝枫花细蛾蛹壳一半留在茧内

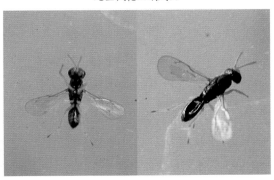

元宝枫花细蛾寄生蜂（示背腹面）

元宝枫花细蛾蛹

元宝枫花细蛾寄生蜂正在交配

桃潜蛾　　　　　　鳞翅目潜蛾科

Lyonetia clerkella Linnaeus

【寄主】山桃、碧桃、李、杏、樱桃。

【形态特征】成虫体长约 3mm，翅展约 8mm，全体银白色。触角长于体。前翅银白色，狭长，有长缘毛，中室端部有椭圆形黄褐色斑 1 个，从前缘和后缘来的 2 条黑色斜纹汇合在末端，外有黄褐色三角斑 1 个，前缘缘毛在斑前形成黑褐色线 3 条，端斑后面有黑色缘毛，并有长缘毛在斑前形成的 2 条黑线，斑端部缘毛上有黑圆点 1 个和黑尖毛丛 1 撮。后翅灰色，细长，尖端较长，缘毛长。卵圆形，乳白色。幼虫老熟体约 6mm 长筒形，稍扁，白、淡绿色。胸足 3 对，黑褐色。蛹体长约 3mm。

【测报】颐和园一年发生 5 代，以冬型成虫在树木附近的草丛、落叶层或树洞死翘皮下越冬。翌年 3 月上旬至 4 月下旬越冬成虫出蛰活动、产卵，4 月中下旬越冬代幼虫潜叶为害，叶片出现表皮不破裂的弯曲条状潜道。成虫寿命夏型 6~8 天，越冬型约 200 天。卵散产，产于下表皮叶肉组织内，每雌卵产卵 21~42 粒，卵期各代不一。幼虫老熟后由虫道末端咬破上表皮爬出，在叶表活动数分钟后吐丝下坠，然后至叶背、杂草、树干等处结茧化蛹，蛹期 6~19 天。成虫中午最活跃，有较强的迁飞能力和趋光性，树木严重受害时引起红叶、枯叶和落叶。第 1~5 代成虫活动期分别是 5 月中旬至 6 月上旬，7 月中旬至 8 月上旬，8 月下旬至 9 月下旬，9 月下旬出现越冬代。第 4 代开始世代重叠。

【生态治理】1. 保护天敌，如姬小蜂、草蛉等。2. 秋冬季清除落叶、杂草丛，刮除死裂树皮，消灭越冬害虫。3. 幼虫初期（5 月、6 月、7 月、8 月、9 各月 10 日之前），喷洒 1.8% 爱福丁 3 000~4 000 倍液或灭幼脲 3 号悬浮剂 5 000 倍液毒杀幼虫。4. 老熟幼虫为害期，可人工摘除虫叶。5. 各代成虫期可利用黄板、性信息素诱杀成虫。

桃潜蛾越冬成虫

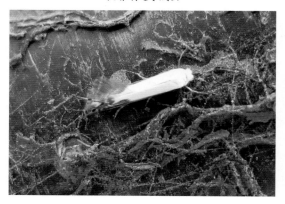

桃潜蛾第 1 代成虫

桃潜越冬代要化蛹

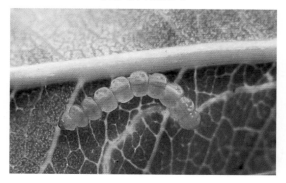

桃潜蛾越冬代幼虫

桃潜蛾茧

桃潜蛾虫道

桃冠潜蛾　　鳞翅目冠潜蛾科

Tischeria gaunacella Duponchel

【寄主】桃树。

【形态特征】成虫展翅6~7mm，体翅银灰色、灰色，腹部微黄。头顶浓密鳞片前伸或冠形，颜面鳞片状密布呈三角形，触角丝状很长，基部位于额面两侧，有伸在复眼前的毛丛1束。前翅狭长披针形，端尖，翅上有灰黑鳞色，缘毛长，灰色。后足长。卵扁圆形，乳白色。幼虫老龄体约6mm，黄绿至乳白色。体细长，较扁，头、尾细，节间缩缢略呈念珠状。头灰黑，口器前伸。前胸盾板半圆形，上有黑纵纹2条，腹板上有"工"形黑点1个。胸足退化仅留痕，腹足退化，甚小，臀足微显。胴部13节。蛹体长3~3.5mm，扁。近纺锤形，黄绿至黄褐色。

【测报】颐和园一年发生3代，以老熟幼虫在被为害叶内越冬。幼虫在叶肉蛀食，蛀道白色，初期线状，由主脉垂直向叶缘蛀食，蛀道逐渐加粗，后沿叶缘蛀食，叶缘内卷盖住蛀道。卵产于叶背主脉两侧，每叶数粒，每雌约产10粒。幼虫在蛀道内化蛹，羽化时半截蛹留在蛀道内。6月中旬、8月上旬和9月下旬为各代成虫期。

【生态治理】1.清除枯枝落叶，消灭越冬虫蛹。2.性引诱剂或黑光灯诱杀成虫。

桃冠潜蛾幼虫

桃冠潜蛾幼虫

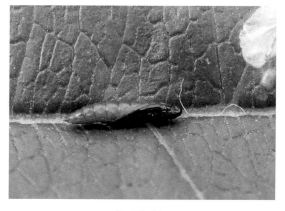

桃冠潜蛾蛹

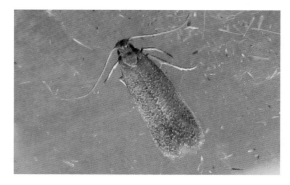

桃冠潜蛾成虫

桃冠潜蛾幼虫被寄生

桃冠潜蛾为害状——初期

桃冠潜蛾为害后期

含羞草雕蛾 鳞翅目罗蛾科

Homadaula anisocentra (Meyrick)

【寄主】合欢、皂荚。

【形态特征】成虫体长约6mm，翅展约15mm。前翅银灰色，散布许多小黑点。触角丝状，单眼大而明显。下唇须上弯超过头顶。卵椭圆形，黑绿色，成片状。幼虫初孵体黄绿色，老龄体长约13mm，黑紫色，背线、气门上线和气门线黄绿色。蛹体长8mm，红褐色。茧丝质，灰白色。

【测报】颐和园一年发生2代，以蛹结茧在枯枝落叶下，树皮缝、树洞及附近建筑物上特别是墙檐下越冬。翌年6月中下旬（合欢盛花期）成虫羽化，交尾后产卵在叶片上，每片卵20~30粒。7月中旬幼虫孵化，先啃食叶片呈灰白色网斑，稍大后吐丝，把小枝和叶片连缀在一起做巢，群集于巢内为害。幼虫特别活跃，7月下旬开始在巢中化蛹，8月上旬第一代成虫羽化。8月下旬第二代幼虫孵化为害，9月中旬幼虫开始作茧化蛹越冬。

【生态治理】1.秋冬或早春刷除树木落叶、枝干与附近建筑物上越冬的茧蛹。2.幼虫初做巢期剪除虫巢，消灭幼虫。3.灯光诱杀成虫。4.初龄幼虫期喷洒1.2%烟参碱1 000倍液或10%吡虫啉可湿性粉剂2 000倍液。

含羞草雕蛾幼虫

含羞草雕蛾幼、茧

含羞草雕蛾越冬茧

含羞草雕蛾成虫

含羞草雕蛾为害状

梨叶斑蛾　　　　鳞翅目斑蛾科

Illiberis pruni Dyar

别名：梨星毛虫。

【寄主】梨树、苹果、海棠、桃、杏等。

【形态特征】成虫体长 9~12mm，黑色。翅灰黑色，透明。触角雌蛾锯状，雄蛾双栉状，但分支不长。体灰黑色，略有青涩光泽。喙发达，下唇须短小。前翅较宽而外缘较直，翅缘浓黑，除翅基部外大部分半透明，翅脉明显易见。卵扁椭圆形，初产乳白色，近孵化时紫褐色。数百粒成块。幼虫月白、淡黄色，纺锤形。老熟体长约 20mm，头缩在前胸下，背线由断续黑色纵带组成，从中胸到第 8 腹节背线两侧各有 1 个较大圆形黑斑，每节背侧还有星状毛瘤 6 个。此类因幼虫体表具星状毛簇，因而得名"星毛虫"。蛹体长约 12mm，纺锤形，初淡黄色，后期黑褐色。蛹外被有丝茧。

【测报】颐和园一年发生 1 代。以 2~3 龄幼虫在树干裂缝和粗皮间结白色薄茧越冬。翌年 4 月上旬（海棠树发芽期）越冬幼虫出蛰活动，为害芽、花蕾。展叶后，幼虫吐丝缀叶呈饺子状，躲于其中啃食叶肉，食尽后转移新叶为害。幼虫一生为害 7~8 张叶片。6 月上中旬，幼虫老熟，在叶苞内化蛹，蛹期约 10 天。6 月下旬成虫羽化，成虫无趋光性，成块产卵于叶背，卵

梨叶斑蛾卵

经7~8天后孵化为幼虫，群集在叶背取食成灰白色透明网状，稍大即分散卷叶取食。7月下旬，幼虫开始越冬。

【生态治理】1. 早春刮老树翅皮，消灭越冬幼虫。2. 人工摘除虫苞。3. 幼虫期喷洒1.2%烟参碱乳油1 000倍液或20%除虫脲悬浮剂7 000倍液。

梨叶斑蛾成虫

梨叶斑蛾幼虫

梨叶斑蛾正在交尾

梨叶斑蛾结茧

梨叶斑蛾为害状

梨叶斑蛾蛹

苹褐卷蛾　　　　　鳞翅目卷蛾科

Pandemis heparana (Denis & Schiffermüller)

【寄主】苹果、梨、桃、杏、柳、杨、榆、椴、桑。

【形态特征】成虫体、前翅褐色，各斑、网纹深褐色。触角第2节凹陷。前翅前缘稍呈弧拱，外缘较直，顶角不突；后翅灰褐色。卵扁椭圆形，淡黄绿色至褐色。幼虫头近方形，头及前胸背板淡绿色，体绿稍带白，前胸背板后缘两侧各有黑斑 1 个。腹末有臀栉，肛门上板后缘略突。蛹体头、胸背深褐色，腹稍带绿色，第 2~7 腹节各有刺突 2 个。

【测报】颐和园一年发生 2 代。以幼龄幼虫在树干皮缝、剪锯口及翘皮内结一薄茧越冬。翌春越冬幼虫食害芽、叶、花蕾，5 月卷叶为害，幼虫活泼，如遇惊动即吐丝下落或速逃遁。触动后有倒退或弹跳习性。6 月幼虫老熟，7 月化蛹，蛹期 8~10 天，6—7 月成虫羽化，7 月卵盛产期，卵数十至百粒排成鱼鳞状卵块，7—8 月幼虫期，8 月中旬化蛹，8 月下旬至 9 月上旬第一代成虫出现。第二代幼虫发生在 9 月上旬至 10 月。在一般情况下，一株树上的内膛枝和上部枝受害严重。

【生态治理】1. 人工刮除翘裂皮层，集中清除，消灭越冬虫源。2. 灯光诱杀成虫。3. 幼虫幼龄期喷洒 3% 高渗苯氧威乳油 3 000 倍液。

桃褐卷蛾　　　　　鳞翅目卷蛾科

Pandemis dumetana (Treitschke)

【寄主】桃、苹果、绣线菊、鼠李、薄荷。

【形态特征】成虫触角无凹陷，前翅灰褐色，宽短，近四方形，基斑、中横带及各斑间网状纹深褐色，后翅灰色，前缘及顶角淡黄色，中间夹杂不太明显的灰褐色网纹。幼虫体绿色。

桃褐卷蛾幼虫

【测报】颐和园一年发生 2~3 代。6—8 月为幼虫为害盛期。

【生态治理】1. 灯光诱杀成虫。2. 幼龄幼虫期向叶面喷洒 20% 除虫脲悬浮剂 7 000 倍液。

桃褐卷蛾成虫

桃褐卷蛾被寄生

苹小卷叶蛾　　　　鳞翅目卷蛾科

Adoxophyes orana Fischer von Röslerstamm

别名：棉褐带卷蛾。

【寄主】苹果、蔷薇、梨、杏、海棠、栎、柳、榆等。

【形态特征】成虫唇须长、前伸，第 2 节背面成弧形，末节下垂。雄性前翅有前缘褶，前翅淡棕至深黄，斑纹褐色，基斑由前缘褶的 1/2 处开始伸展到后缘 2/3 处，并由中部产生 1 条分枝伸向臀角，端纹扩大到外缘。栖息时两前翅褐色斜带合并呈倒"火"字形。后翅淡灰色。卵扁平、椭圆形、淡黄色。幼虫头及前胸背板淡黄白色，老熟时翠绿色。蛹体第 2~7 腹节背有横刺突 2 列，臀棘 8 根。

【测报】颐和园一年发生 3 代，以幼龄虫体在树皮缝内结白色小茧越冬。翌年 4 月开始活动，为害芽，长大后缀叶形成虫苞为害，每苞由数片至 10 余片叶构成。幼虫可以转移结新虫苞，受惊后吐丝下垂。5 月化蛹，当全株叶片被食光时，老熟幼虫吐丝下垂，在树干上结成紧密的丝网，形如薄膜，在网下树干缝隙中化蛹。6 月成虫羽化，产卵于叶表或果表。成虫有趋光性。各代成虫期分别为 6 月、7—8 月、9 月。

【生态治理】1. 保护和利用天敌。寄生性天敌有：赤眼蜂，其卵块寄生率为 27%；幼虫有 2 种茧蜂寄生；蛹有大腿蜂。2. 灯光诱杀成虫。3. 幼龄幼虫期喷洒 3% 高渗苯氧威乳油 3 000 倍液。

苹小卷叶蛾幼虫

苹小卷叶蛾幼虫

苹小卷叶蛾蛹

苹小卷叶蛾成虫

大袋蛾　　　　鳞翅目袋蛾科

Eumeta variegata Snellen

【寄主】幼虫食性广，可为害 32 科 65 种植物，从针叶树至阔叶树均可。如国槐、刺槐、悬铃木、泡桐、樱花、蜡梅、石榴、蔷薇、丁香等，以蔷薇科、豆科、杨柳科及悬铃木科植物受害最重。

【形态特征】成虫雌雄异形。雌体长约 25mm，无翅，蛆状，头部黄褐色，腹末节有一褐色圈；雄体长 15~17mm，有翅，黑褐色，翅褐色，前翅有透明斑 4~5 个。幼虫初时黄色，少斑纹，3 龄时能分出雌雄。雌性老熟幼虫长 25~40mm，粗肥，头部赤褐色，头顶有环状斑，胸部背板骨化，亚背线、气门上线附近有大型赤褐色斑，呈深褐淡黄相间的斑纹，腹部黑褐色，各节有皱纹，腹足趾钩缺环状。雄幼虫老熟时体长 18~25mm，头黄褐色，中央有一白色"八"字形纹，胸部灰黄褐色，背侧亦有2条褐色纵斑，腹部黄褐色，背面较暗，有横纹。蛹雌雄体长 28~32mm，赤褐色，似蝇蛹状，头胸附器均消失，枣红色。雄蛹长18~24mm，暗褐色，翅芽可达第3腹节后缘，第3~5腹节背面前缘各有1横列小齿，尾部具2枚小臀棘。袋囊老熟幼虫袋囊长40~70mm，丝质坚实，囊外附有较大的碎叶片，也有少数排列零散的枝梗。

大袋蛾蛹

【测报】 颐和园一年发生1代，以老熟幼虫在枝梢上袋囊内越冬。幼虫5龄，5月化蛹，5—6月成虫羽化、交尾，产卵于护囊内，6月下旬至7月下旬幼虫孵化和为害期，幼虫孵化和为害期，幼期在枯叶及小枝条织成的袋囊中生活，取食时头及胸足外露，9月幼虫陆续越冬。

【生态治理】 1. 灯光诱杀雄成虫。2. 人工剪除袋囊。3. 喷施有效期长、无公害内吸药剂毒杀幼虫。4. 保护和利用寄生蝇、真菌、细菌及病毒，如南京瘤姬蜂、大袋蛾黑瘤姬蜂、费氏大腿蜂、瘤姬蜂、黄瘤姬蜂和袋蛾核型多角体病毒等。

大袋蛾茧

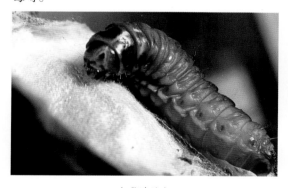

大袋蛾幼虫

大袋蛾雄蛾

大袋蛾老熟幼虫

大袋蛾雄蛾

大袋蛾为害法桐

黄杨绢野螟　　鳞翅目草螟科

Cydalima perspectalis (Walker)

异名: *Diaphania perspectalis* (Walker)

【寄主】黄杨科、卫矛科植物。

【形态特征】成虫体绢白色，体长 20~30mm，翅展 30~50mm。头部暗褐色。头顶触角间鳞毛白色，触角褐色。前翅半透明，有绢丝光泽，前缘褐色，外缘、后缘有褐色带，中室内有白斑 2 个，一个细小，另一个呈新月形；后翅白色，外缘有较宽的褐色边缘。卵扁平、椭圆形，鱼鳞状排列，初产黄绿色，不易发现。幼虫头部黑褐色，胸、腹部浓绿色，背线、亚门线、气门上线、气门线、基线、腹线明显。中、后胸背面各有 1 对黑褐色圆锥形瘤突。腹部各节背面各有 2 对黑褐色瘤突，各节体侧也各有 1 个黑褐色圆形瘤突，各瘤突上均有刚毛着生。

【测报】颐和园一年发生 2~3 代，以 2~3 龄幼虫在受害枝端吐丝紧密黏合的两片叶内越冬。翌年 3 月末开始出包为害，4 月下旬为越冬代幼虫暴食期，5 月上中旬化蛹，蛹期 14 天。6 月出现第一代幼虫，初孵幼虫在叶片上爬行数十分钟至数小时后开始啃食叶肉，3 龄时仅将嫩叶咬成小孔，4 龄后食全叶和嫩梢。幼虫多为 6 龄，少数 5 龄或 7 龄，3 龄前食量仅占幼虫期总食量的 1.9%，末龄幼虫食量则占总食量的 85.5%。8 月出现第二代幼虫，9 月幼虫结包准备越冬。世代不整齐，4—9 月均可见幼虫为害。在 27℃时，黄杨绢野螟各虫态及世代存活率都高，发育历期最短，发育速度最快，连续暖冬及 5—10 月气温偏高且降水量少，有利于黄杨绢野螟大发生。

【生态治理】1. 结合修剪去除越冬幼虫。2. 成虫期灯光诱杀。3. 幼虫期喷施灭幼脲 3 号悬浮剂 1 000 倍液或 40% 乐斯本 1 500 倍液。

黄杨绢野螟低龄幼虫吐丝为害

黄杨绢野螟低龄幼虫

黄杨绢野螟老龄幼虫

黄杨绢野螟蛹

黄杨绢野螟成虫

黄杨绢野螟为害状

瓜绢野螟　　　　鳞翅目草螟科

Diaphania indica (Saunders)

【寄主】木槿、桑、梧桐等。

【形态特征】成虫体白色，带绢丝闪光，头、胸褐色、腹白色，第7~8腹节墨褐色，腹两侧各有黄褐色臀鳞毛丛1束。翅白色，半透明，闪金属紫光，前翅前缘及外缘各有墨深褐色带1条，翅面其余部分为白色三角形；后翅外缘各

有墨褐色带一条。

【测报】在颐和园以幼虫越冬。翌春化蛹和羽化成虫，成虫白天不活动，藏于叶丛杂草，趋光性强。卵散产于叶背面，常几粒在一起。幼虫孵化后先在叶背取食叶肉，呈灰白斑，3龄后吐丝连缀叶片，居中取食，取食时伸出头胸，在卷叶内化蛹。

【生态治理】1. 灯光诱杀成虫。2. 幼虫期喷洒100亿孢子/mL 的 Bt 乳剂 500 倍液或20％除虫脲悬浮剂 7 000 倍液。

四斑绢野螟　　　　鳞翅目草螟科

Glyphodes quadrimaculalis (Bremer et Grey)

异名: *Diaphania quadrimaculalis* (Bremer et Grey)

【寄主】柳树。

【形态特征】成虫头淡黑色，两侧有细白条。触角黑褐色，下唇须向上伸，下侧白色，其他黑褐色。胸部及腹部黑色，两侧白色。前翅黑色，有四个白斑，最外侧一个延伸成 4 个小白点，后翅底色白有闪光，沿外缘有一黑色宽缘。

【测报】颐和园一年发生 1 代。6—8 月幼虫期。

【生态治理】1. 灯光诱杀成虫。2. 幼虫期喷洒100亿孢子/mL 的 Bt 乳剂 500 倍液或20％除虫脲悬浮剂 7 000 倍液。

四斑绢野螟成虫

四斑绢野螟成虫

白蜡卷须野螟　　鳞翅目草螟科

Palpita nigropunctlais (Bremer)

异名: *Diaphania nigropunctalis* (Bremer)

【寄主】白蜡、梧桐、丁香、女贞等。

【形态特征】成虫体乳白色，带闪光。翅白色，半透明，有光泽，前翅前缘有黄褐色带，中室内靠近上缘有小黑斑 2 个，中室有新月状黑纹，外缘内侧有间断暗灰褐色线；后翅中室端有黑色斜斑纹，下方有黑点 1 个，各脉端有黑点。

【测报】颐和园一年发生 1 代，6—8 月幼虫为害盛期。5 月、8 月、9 月灯下可见成虫。

【生态治理】1. 灯光诱杀成虫。2. 幼虫期喷洒100 亿孢子 /mL 的 Bt 乳剂 500 倍液或 3% 高渗苯氧威乳油 3 000 倍液。

白蜡卷须野螟成虫（金伟摄）

桑绢野螟　　鳞翅目草螟科

Glyphodes pyloalis Walker

异名: *Diaphania pyloalis* (Walker)

【寄主】桑树。

【形态特征】成虫体黄褐色。头顶及腹部两侧有白条纹，胸部中央暗褐。翅白色有绢丝闪光，前翅外缘、中央及翅基有棕褐色带，下端为白色，中部有半透明大白斑 1 个，中心有圆褐点；后翅白色，半透明，外缘线宽，暗绿色，暗褐色，缘毛白色。幼虫体绿色，头淡棕色，前胸背板两侧各有黑点 4 个，中、后胸背板两侧各有弧形黑点 2 个，腹部背面各节两侧各有黑疣

2 个。

【测报】颐和园一年发生 2 代，以老熟幼虫在落叶及杂草间吐丝结茧过冬。幼虫吐丝缀叶及卷叶取食叶肉。8—9 月幼虫为害严重，10 月上旬为成虫期。

【生态治理】1. 保护天敌，如黑足凹眼姬蜂。2. 成虫期灯光诱杀。3. 低龄幼虫期向叶面喷洒20% 除虫脲悬浮剂 7 000 倍液。

桑绢野螟幼虫

桑绢野螟老熟幼虫

桑绢野螟蛹

桑绢野螟成虫

桑绢野螟为害状

网锥额野螟　　鳞翅目草螟科

Loxostege sticticalis (Linnaeus)

别名：草地螟

【寄主】幼虫可取食50科300余种植物，在颐和园主要为害草坪草等禾本科等植物及宿根花卉。

【形态特征】成虫体长8~12mm，暗褐色，前翅灰褐至暗褐色，中央有淡黄色或浅褐色近方形斑1个，翅外缘黄白色，有黄色小点成串连成条纹；后翅黄褐或灰色，近外缘有平行波纹2条。卵椭圆形，底部平，面稍突，长约0.9mm，宽约0.4mm，有珍珠光泽，初产白

色，以后逐渐为灰白色，孵化前一天变黑色。幼虫老龄体长16~25mm。黄绿或灰绿色，头部黑色，有明显白斑，前胸背板黑色，有黄色纵纹3条，体上环生刚毛，刚毛基部黑色，外围有同心黄色环2个。蛹体长约12mm，黄至黄褐色，腹末由8根刚毛构成锹形。茧长约30mm，长筒形，直立于土表下。

【测报】颐和园一年发生2~3代，以老龄幼虫在土壤中越冬。5月中下旬见越冬代成虫，6月上中旬盛发，第2代成虫7月中下旬盛发，成虫寿命10~12天，羽化后需要补充营养才能交尾、产卵，一般在夜间取食树液或其他蜜源植物。第1代和第2代幼虫于6月中下旬至7月上旬和8月上中旬发生，幼虫活泼，受惊后扭动后退，吐丝下垂。幼虫共5龄，有多次转移为害的习性。初孵幼虫多群集于叶背，吐丝缠叶或结薄网为害，只吃叶肉留下表皮。壮龄幼虫单虫结网，食量增加，蚕食叶片，仅留粗大叶脉。幼虫有时也将叶片卷成饺子形，于其中取食。其发生量决定于越冬基数、迁飞、越冬代成虫卵量、卵的发育情况及初龄幼虫的存活率。此虫为突发性、间歇性大发生害虫。成虫有迁飞习性，有较强的趋光性。

【生态治理】1. 成虫发生期用黑光灯和草地螟性诱剂诱杀成虫。2. 幼虫期喷洒1.2%烟参碱1 000倍液等无公害药剂。3. 卵期释放赤眼蜂。

网锥额野螟成虫

黑光灯诱集网锥额野螟

棉卷叶野螟　　　鳞翅目草螟科

Haritalodes derogata (Fabricius)

异名: *Sylepta derogate* Fabricius

【寄主】大花秋葵、蜀葵、木槿、海棠等。

【形态特征】成虫体长 15mm，翅展 30mm，浅黄色。翅面有深褐色波浪纹，前翅近前缘处有"ok"斑纹。卵扁椭圆形。幼虫体绿色，圆筒形，长约 26mm，体上有稀疏长毛和褐色斑，胸足明显黑色。蛹体纺锤形，被蛹。

【测报】颐和园一年发生 3~4 代，以幼虫在杂草和落叶层中越冬。翌年 4 月间化蛹，5 月羽化为成虫，有趋光性。卵散产在叶片上，卵期约 4 天。5—10 月为幼虫期，幼虫 6 龄，出孵化幼虫群集在叶背取食叶肉，留下表皮，3 龄后分散为害，常将叶片卷成筒状，在其内取食，严重时，将叶片吃光。11 月越冬。

棉卷叶野螟初孵幼虫

【生态治理】1. 黑灯光的诱杀成虫。2. 及时清除枯枝落叶减少越冬幼虫的数量。3. 人工摘除带虫叶片。4. 幼虫严重时喷施 25% 高渗苯氧威可湿性粉剂 300 倍液。

棉卷叶野螟幼虫吐丝

棉卷叶野螟幼虫

棉卷叶野螟蛹

棉卷叶野螟成虫

棉卷叶野螟为害状

葡萄切叶野螟幼虫

棉卷叶野螟为害状

葡萄切叶野螟成虫

葡萄切叶野螟　　鳞翅目草螟科

Herpetogramma luctuosalis (Guenée)

异名: *Sylepta luctuosalis* (Guenee)

【寄主】葡萄。

【形态特征】成虫体灰黑色，前翅灰黑褐色，基部有淡黄色纹，外侧淡黄纹分成 2 枝，前缘有灰白色斑纹 2 条，后缘中室下方有灰白色斑纹 1 条；后翅灰黑褐色，中央有 2 个淡黄条纹。

【测报】颐和园一年发生 2~3 代，以幼虫在落叶或树皮下越冬。幼虫把葡萄叶卷成圆筒，隐藏其间食害。

【生态治理】1. 灯光诱杀成虫。2. 幼虫尚未卷叶时喷洒 100 亿孢子 /mL 的 Bt 乳剂 500 倍液或 20% 除虫脲悬浮剂 7 000 倍液。

扶桑四点野螟　　鳞翅目草螟科

Notarcha quaternalis (Zeller)

异名: *Lygropia quaternalis* Zeller

【寄主】扶桑、扁担木。

【形态特征】成虫体鲜橘黄色，头、胸、腹部有白色斑纹，双翅底色银白，有显著橘黄色横带 5 条。前翅前缘近基处有黑点 1 个，中室侧有黑点 2 个，中央有黑点 1 个；后翅有橘黄色宽横带 4 条。

【测报】颐和园一年发生 3 代，以蛹越冬。被害叶横卷成圆筒形，每筒内 1 虫。7—10 月为成虫期。

【生态治理】1. 灯光诱杀成虫。2. 幼虫期喷洒 100 亿孢子 /mL 的 Bt 乳剂 500 倍液。3. 人工摘除虫叶。

扶桑四点野螟低龄幼虫

扶桑四点野螟为害状

扶桑四点野螟老龄幼虫

扶桑四点野螟老龄幼虫

扶桑四点野螟成虫

黄翅缀叶野螟 　　　鳞翅目草螟科

Botyodes diniasalis (Walker)

【寄主】杨树、柳树。

【形态特征】成虫体长约14mm，鲜黄色。前翅黄色，有褐色环横纹，外缘中下部有褐色宽带，中室有褐色环状肾形斑1个，斑内白色，亚缘线浅红褐色；后翅褐黄色，中室有肾形纹，外线波纹。卵扁圆形。幼虫体黄绿色，长约25mm。体两侧近后缘有黑褐色斑点1个，常与胸部两侧黑褐色斑纹相连形成纵纹。体侧沿气门各有浅黄色纵带1条。蛹体黄褐色。茧丝质。

【测报】颐和园一年发生3代。以初龄幼虫在树皮缝、枯落物下及土缝中结小白茧越冬。翌年杨树萌芽后上树取食。5月下旬化蛹，6月成虫羽化。成虫日伏夜出，趋光性很强，卵产在叶背面，成块状，卵期约8天。6—10月为幼虫为害期，以第二代（8月）为害最严重。幼虫极活跃，稍有惊动即从卷叶中弹跳出或吐丝下垂，幼虫吐丝缀叶或饺子状在其内取食为害，常把嫩叶全部吃光，造成严重的秃梢。8月下旬至9月初为该虫羽化盛期。

【生态治理】1. 清理林地的落叶，消灭越冬幼虫。2. 成虫期灯光诱杀；3. 保护天敌。 4. 幼虫期对树叶、树干及周围地面喷施灭幼脲3号1 000倍液或40%乐斯本1500倍液杀死幼虫。

黄翅缀叶野螟幼虫

黄翅缀叶野螟寄生茧蜂的茧

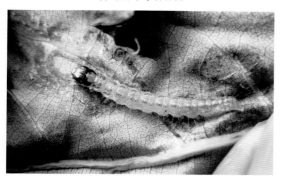

黄翅缀叶野螟老龄幼虫

黄翅缀叶野螟被茧蜂寄生

黄翅缀叶野螟蛹

黄翅缀叶野螟成虫

缀叶丛螟　　　　鳞翅目螟蛾科

Locastra muscosalis (Walker)

【寄主】碧桃、核桃、板栗、黄栌、臭椿、女贞、酸枣等。

【形态特征】成虫体长 14~20mm，黄褐色，微带红色。翅栗褐色，前翅深，稍带淡红褐色，内横线明显，且其两侧靠近前缘处各有黑褐色小斑点 1 个，前缘中部有黄褐色斑点 1 个，中室中央端脉下侧有成束向上竖立的黑色丛鳞，翅基斜矩形，深褐色，外接锯齿形深褐色内线外线褐色波状，外侧线浅。卵球形。幼虫老龄时头黑色，有光泽。前胸背板黑色，前缘有黄白斑点 6 个；背中线较宽，杏红色，亚背线、气门上线黑色，体侧各节有黄白斑点，腹部腹面黄色。全体疏生短毛。蛹体深褐至黑色。茧深褐色，扁椭圆形，形似牛皮纸。

【测报】颐和园一年发生 1 代，以老熟幼虫在根茎、根周土中深约 10cm 处结茧越冬。6 月化蛹，蛹期约 17 天，6 月末出现成虫，产卵成块，密集排列成鱼鳞状，每块卵上有 100~200 粒。7 月上旬幼虫孵化，7 月末为盛期。产卵于叶背，初龄幼虫群聚，在叶面吐丝结网，稍大后分散，把叶片缀集在一起呈筒形，夜间取食，老熟时 1 个叶筒内仅 1 只虫，8—9 月入土越冬。

【生态治理】1. 秋季挖除在树根旁和松土中越冬的虫茧。2. 幼虫期人工摘除和杀灭在树冠上结网卷叶的虫群。3. 幼虫为害初期，喷洒 20% 除虫脲悬浮剂 7 000 倍液倍液。4. 保护天敌（寄生蜂蝇等）。

缀叶丛螟幼虫

缀叶丛螟老熟幼虫

黄刺蛾　　　　鳞翅目刺蛾科

Cnidocampa f lavescens (Walker)

【寄主】食性很杂，可为害海棠、杨、柳、槐、月季、紫薇、牡丹、石榴等 100 多种。

【形态特征】成虫体长 10~13mm。头、胸黄色，腹部黄褐色；前翅基半部黄色，外半部黄褐色，有 2 条斜线呈倒"V"字形，其为内黄外褐的分界线，在褐色部分有 1 条深褐色细线，中室部分有 1 个黄褐色圆点；后翅灰黄色。卵长约 1.5mm，淡黄色，扁平，椭圆形，一端略尖，薄膜状，其上有网状纹。幼虫老熟时体长 24mm，黄绿色。头小，隐藏于前胸下。前胸有黑褐点 1 对，体背有两头宽、中间窄的鞋底状紫红色斑纹，中部有 2 条蓝色纵纹。自第 2 腹节起各节有枝刺 2 对，以第 3、第 4、第 10 节各对枝刺为大，枝刺上长有黄绿色毛。体侧有均衡枝刺 9 对，各节有瘤状突起，上有黄毛。气门上线淡青色，气门下线淡黄色。蛹为离蛹，椭圆形，长 13mm。淡黄褐色，头、胸部背面黄色，腹部各节背面有褐色背板。茧椭圆形，质坚硬，黑褐色，有灰白色不规则纵条纹，极似雀蛋。古书上的"雀翁"即为黄刺蛾的茧。

【测报】颐和园一年 1~2 代，以老熟幼虫在枝杈等处结茧越冬，翌年 5—6 月化蛹，6—8 月出现成虫。卵散产或数粒相连，多产于叶背。卵期 6 天。初孵幼虫取食叶肉呈网状，老幼虫食叶成缺刻，仅留叶脉，幼虫期约 30 天。刺蛾科成虫无口器，故无法取食，成活时间较短，导致产卵集中。卵孵化后小幼虫集中取食，应抓住此有利时机进行防治。

黄刺蛾卵及初孵幼虫

【生态治理】1.冬季人工摘除越冬虫茧。2.灯光诱杀成虫。3.幼虫发生初期喷洒20%除虫脲悬浮剂7 000倍液、Bt乳油500倍或25%高渗氧苯威可湿性粉剂300倍液。4.保护和利用天敌,如刺蛾广肩小蜂、上海青蜂、刺蛾紫姬蜂、爪哇刺蛾姬蜂、健壮刺蛾寄蝇和一种绒茧蜂。其中,刺蛾广肩小蜂和上海青蜂可互相重寄生。

黄刺蛾茧(李凯摄)

黄刺蛾低龄幼虫

黄刺蛾成虫

黄刺蛾中龄幼虫

上海青蜂(黄刺蛾天敌)

褐边绿刺蛾 　　　　鳞翅目刺蛾科

Parasa consocia Walker

【寄主】柳、枣、海棠、苹果、梨、桃、李、杏、梅、柿、核桃、板栗、山楂、杨、榆等。

【形态特征】成虫体长17~20mm。头、胸和前翅粉绿色,胸背中央有红褐色纵线1条。前翅基部有放射状红褐斑1块,外缘有浅褐色宽条1条,镶棕色边,缘毛深褐色;后翅及腹部浅

黄刺蛾高龄幼虫

褐色，缘毛褐色。卵扁平，椭圆形，黄绿或蜡黄色。幼虫体长 25~28mm，圆筒形，翠绿或黄绿色。背中线天蓝色，带的两侧每节有蓝斑 4 个，体侧各节也有蓝斑 4 个。唇基有黑斑 1 对，前胸具黑点 2 个，与背中线的蓝点成三角形排列，后胸至第 9 腹节各节侧面均具刺突 1 对，枝刺顶端黑色，气门上方的侧刺瘤中央有橙黄色椭圆形球 1 个，第 8、第 9 腹节各着生黑色绒球状毛丛 1 对，每侧有大小不甚悬殊的绿色刺瘤 4 个，腹末有大而明显的黑色绒球状毒刺丛 4 个。茧和蛹棕褐色，扁椭圆形，茧上布满黑色毒刺毛和少量白丝。

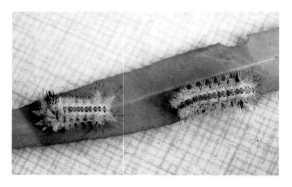

褐边绿刺蛾幼虫

【测报】颐和园一年发生 1 代，以老熟幼虫在土中结茧越冬，6 月上旬幼虫陆续结茧化蛹，7 月出现成虫。成虫寿命 3~8 天，具趋光性，产卵成块，卵块含卵数十粒，鱼鳞状排列，卵期约 1 周。8 月上旬起可见幼虫，幼虫 3 龄前群集，以后分散。老熟幼虫 8 月下旬起开始结茧越冬。

褐边绿刺蛾成虫

【生态治理】1. 人工挖除越冬虫蛹。2. 利用黑光灯诱杀成虫。3. 保护天敌。4. 幼虫发生期，采用 Bt 乳剂 500 倍液或 25% 高渗苯氧威可湿性粉剂 300 倍液喷雾。5. 剪除幼龄虫叶。

褐边绿刺蛾幼虫

褐边绿刺蛾幼虫

枣树被害状（8 月份拍摄）

中国绿刺蛾　　　　　鳞翅目刺蛾科

Parasa sinica Moore

【寄主】桃、枣、樱花、苹果、梨、李等。

【形态特征】成虫长约 12mm，头、胸及前翅绿色，翅基与外缘褐色，外缘带内侧有齿形突 1 个；后翅灰褐色，缘毛灰黄色。腹部灰褐色，末端灰黄色。卵椭圆形，黄色。后变淡黄绿色。幼虫体长 15~20mm，体黄绿色，背线两侧具双行蓝绿色点纹和黄色宽边，侧线宽灰黄色，气门上线深绿色，气门线黄色，腹面色淡。前胸有黑点 1 对，各节有灰黄色肉瘤 1 对，并以中、后胸及第 8~9 腹节上为大，端部黑色。第 9~10 腹节各有黑瘤 1 对，第 10 节 1 对并列。各节气门下线两侧有黄色刺瘤 1 对。蛹体莲子形，黄褐色。茧扁椭圆形，棕褐色。

【测报】颐和园一年发生 1 代，以老熟幼虫结茧在枝干或浅土层越冬。6 月中下旬成虫羽化。成虫产卵于叶背成块，卵块含卵 30~50 粒。幼虫群集，1 龄在卵壳上不食不动，2 龄以后幼虫食叶成网状，老龄幼虫食叶成缺刻。

【生态治理】1. 成冬季砸茧，杀灭越冬幼虫。2. 幼龄幼虫期摘去虫叶或喷施 20% 除虫脲悬浮剂 7 000 倍液、25% 高渗苯氧威可湿性粉剂 300 倍液。3. 成虫期用灯光诱杀。4. 保护天敌（茧蜂）。

中国绿刺蛾幼虫

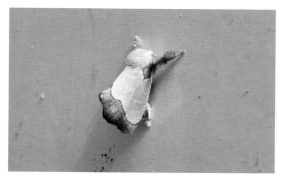

中国绿刺蛾成虫

中国绿刺蛾成虫正在交尾

双齿绿刺蛾　　　　　鳞翅目刺蛾科

Parasa hilarata (Staudinger)

【寄主】柳、杨、丁香、西府海棠、贴梗海棠、桃、杏等。

【形态特征】成虫体长约 10mm，头、胸、背绿色，腹部黄色。前翅绿色，翅基部有放射状褐斑 1 个，外缘为棕色宽带，带内侧有齿形突大小各一个，近臀角处为双齿壮宽带；后翅黄白色，缘毛黄褐色。腹背苍黄色。雌虫触角线状，雄虫触角双栉状。复眼褐色。卵扁椭圆形。幼虫体长约 17mm，有橙黄色和黄绿色 2 种色形。背中线细，天蓝色，中线两侧为蓝绿色连点纹，每节每侧 2 纹。头部黑斑 2 个，中、后胸及第 6 腹节背面各有长枝刺 1 对，刺瘤黑色。第 7 腹节有黄绿色长枝刺 1 对。各体节上有刺瘤 4 个，着生黑色毒毛。腹末刺瘤 4 个，上方有大而明显的黑色绒球状毒刺丛，中间 2 个靠得很近。蛹体褐色。茧扁椭圆形，褐色。

【测报】颐和园一年发生 1 代，以老熟幼虫在枝干、树干基部、或树干伤疤、粗皮裂缝中结茧越冬，有时成排群集。6 月上、中旬化蛹，6 月下旬至 7 月上旬羽化，成虫趋光性较强。交尾后将卵产在叶背，每块卵粒不等，鱼鳞状排列。初孵幼虫群栖为害叶片，以后分散为害，被害虫叶片呈现网状、缺刻或孔洞。7—9 月是幼虫为害期。老熟幼虫最早于 8 月下旬下树越冬。

【生态治理】1. 保护姬蜂、猎蝽、螳螂等天敌。2. 成虫期灯光诱杀。3. 人工铲除枝干上的茧。4. 幼虫发生严重时，喷施 1.2% 烟参碱乳油 1 000 倍液或 25% 高渗苯氧威可湿性粉剂 300 倍液。

双齿绿刺蛾低龄幼虫（橙黄色型）

双齿绿刺蛾低龄幼虫群集为害

双齿绿刺蛾低龄幼虫群集为害

双齿绿刺蛾卵块及初孵幼虫

双齿绿刺蛾初孵幼虫

双齿绿刺蛾老龄幼虫

双齿绿刺蛾老龄幼虫群集为害

双齿绿刺蛾成虫

双齿绿刺蛾老龄幼虫下树

双齿绿刺蛾成虫

双齿绿刺蛾茧被寄生

双齿绿刺蛾茧及正在羽化的成虫

双齿绿刺蛾幼虫被寄生

丽绿刺蛾　　　　　　　鳞翅目刺蛾科

Parasa lepida (Cramer)

【寄主】樱花、海棠、刺槐、杨树。

【形态特征】成虫体长 8~11mm，翅展 29~39mm，头、胸背绿色，中央具 1 条褐色纵纹向后延伸至腹背，前胸腹面有长圆形绿斑 2 块。足、腹部黄褐色。前翅翠绿色，基部紫褐色，尖刀形，从中室向上约伸展前缘的 1/4，外缘带宽，灰红褐色，从前缘向后渐宽，其内缘弧形外曲，后缘毛长；后翅内半部黄稍带褐色，外半部褐色渐浓，臀角较深。卵扁平，椭圆形，米黄色。幼虫末龄体长 15~30mm，翠绿色，背面稍白色，背中央有蓝紫色和暗绿色连续的带 3 条，前胸背板黑色，中胸和第 8 腹节个有蓝斑 1 对，后胸、第 2~6 腹节基节各有蓝斑数个，第 1、第 7 腹节各有蓝斑 4 个，中胸至第 9 腹节背侧各着生枝刺 1 对，以后胸和第 1、第 7、第 8 腹节枝刺发达，每枝刺着生黑刺毛 20 余根，亚背区和亚侧区各有带短刺的瘤 1 列，前面和后面的瘤尖红色，第 8~9 腹节侧枝刺基部各着生绒球状黑毛丛 1 对，体测有蓝、灰、白组成的波纹。蛹长 12~15mm 深褐色。茧扁平，椭圆形，灰褐色，上覆白色丝状物。

【测报】颐和园一年发生 1 代，以老熟幼虫在枝干上结茧越冬。越冬代 4—5 月化蛹，5—6 月羽化，成虫有强趋光性。卵经常数十粒至百余粒集中产于叶背，呈鱼鳞状排列。7 月出现幼虫，幼虫 6~8 龄，有明显的群集为害的习性，初孵幼虫不取食，1 天后脱皮，2 龄幼虫先取食蜕，后群集叶背取食叶肉，残留上表皮，3 龄后咬穿表皮，5 龄后自叶缘蚕食叶片，6 龄以后逐渐分散，但蜕皮前仍群集叶背。7 月化蛹、羽化和出现幼虫。

【生态治理】1. 保护天敌，如赤眼蜂等。2. 人工挖茧、击茧和摘除幼龄幼虫叶。3. 利用黑光灯诱杀成虫。4. 利用颗粒体病毒进行生物防治。

丽绿刺蛾成虫

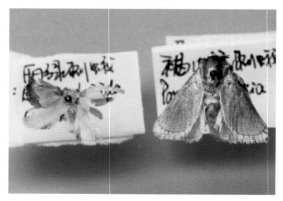

丽绿刺蛾成虫与褐边绿刺蛾成虫大小对比

白眉刺蛾　　　　　　　鳞翅目刺蛾科

Narosa edoensis Kawada

【寄主】核桃、枣、柿、杏、桃、苹果、石榴、樱花、紫荆、月季、杨树、柳树、榆树、桑树等。

【形态特征】成虫体为白色，长约 7mm，翅展 23mm 左右。白色。翅面散生灰黄色小云斑，有 1 个近 S 形黑色线纹，近外缘处有小黑点 1 列。卵扁平，椭圆形。幼虫老熟时黄绿色，体长约 8mm。椭圆形，黄绿色，头小，隐缩于胸下，体光滑不被枝刺，密布小颗粒突起，形似小龟。中胸至体末每节背中央有浅黄色三角形斑纹 3 个（前 2 后 1），斑纹中央稍凹，亚背线隆起，浅黄色，其上着生红色斑点 4 个。每节侧面有浅黄色斑纹 4 个。蛹体褐色。茧表面光滑，灰褐色，形似腰鼓状。

【**测报**】颐和园一年发生 2 代，以老熟幼虫在枝干上结茧越冬。5—6 月成虫出现，成虫白天静伏于叶背，夜间活动，有趋光性。卵块产于叶背，每块有卵 8 粒左右，卵期约 7 天。各带幼虫为害期分别在 5 月下旬至 7 月上旬，8 月上中旬至 10 月。幼虫孵出后，开始在叶背取食叶肉，低龄幼虫留下半透明的上表皮，高龄幼虫蚕食叶片，造成缺刻或孔洞。10 月随着降温幼虫爬到枝干处结茧越冬。

【**生态治理**】1. 人工刮除树上的越冬茧。2. 摘除有初孵化幼虫的叶片。3. 幼虫发生严重时，喷施 Bt 乳油 600 倍液、1.2% 烟参碱乳油 1 000 倍液或 25% 高渗苯氧威可湿性粉剂 300 倍。4. 灯光诱杀成虫。

白眉剌蛾成虫

白眉剌蛾成虫

白眉剌蛾幼虫

白眉剌蛾蛹壳

扁刺蛾　　　　　鳞翅目刺蛾科

Thosea sinensis (Walker)

【**寄主**】蔷薇科植物、核桃、柿、枣、杨、桑、梧桐等近百种植物。

【**形态特征**】成虫雌蛾体长 16.5~17.5mm，翅展 30~38mm；雄虫体长 14~16mm，翅展 26~34mm。头部灰褐色，复眼黑褐色；触角褐色，雌虫触角丝状，雄虫触角单栉齿状。胸部灰褐色。前翅灰褐色，自前缘近顶角处向后缘中部有明显暗褐斜纹 1 条。前足各关节处具 1 个白斑。卵长扁椭圆形，背面隆起，长 1mm，淡黄绿色，后灰褐色。幼虫老熟时体长 20~27mm，淡鲜绿色，体扁、椭圆形，背部稍隆起，形似龟背。背中有贯穿头尾的白色纵线 1 条，线两侧有蓝绿色窄边，两边各有橘黄色小点一列，背两边丛刺极小，其间有下陷的深绿色斜纹，侧面丛刺发达。蛹长 10~14mm，椭圆形，初为乳白色，近羽化时变为黄褐色。茧长 13~16mm，近似圆球形，暗褐色。

【测报】颐和园一年发生 1 代，以老熟幼虫在浅土层结茧越冬。6 月上旬成虫开始羽化，成虫有强趋光性。6 月中旬至 8 月中旬为幼虫期，8 月为害最重。卵散产于叶片上，且多产于叶面。卵期 6~8 天。初孵幼虫不取食，2 龄幼虫啮食卵壳和叶片。老熟幼虫早晚沿树干爬下，于树冠附近的浅土层中结茧。

【生态治理】1. 幼虫发生严重时，喷施 Bt 乳剂 600 倍液、1.2% 烟参碱乳油 1 000 倍液或 25% 高渗苯氧威可湿性粉剂 300 倍液。2. 成虫期灯光诱杀。

扁刺蛾幼虫

扁刺蛾幼虫侧

丝绵木金星尺蛾　　鳞翅目尺蛾科

Abraxas suspecta Warren

【寄主】丝绵木。

【形态特征】成虫体长约 33mm。翅白色，翅面具有浅灰色和黄褐色斑纹。卵长圆形，表面有网纹。幼虫老熟时体长约为 31mm，体黑色。前胸背板黄色，其上有 5 个黑斑。背线、亚背线、气门上线和亚腹线为蓝白色，气门线和腹线黄色，胸部及第 6 腹节后各节有黄色横条纹。蛹暗红色，纺锤形。雌蛹长 15mm，雄蛹长 13mm，末端具臀棘，分两叉。

【测报】颐和园一年发生 3 代。以蛹在土中越冬。翌年 5 月成虫羽化，成虫有趋光性，羽化后即行交配，卵多产在叶背面、枝干及裂缝处，成块，一般排列整齐。5 月下旬至 6 月中旬，7 月中旬至 8 月中旬，8 月中旬至 9 月中旬为各代幼虫期。初孵化幼虫有群居性，蜕 1 次皮后出现体背细纹，3 龄后身体两端及气门线、腹线变黄。幼虫共 5 龄，预蛹期 1 天。幼虫有假死性，受精后吐丝下垂。最早于 9 月下旬，最迟于 10 月初化蛹。

【生态治理】1. 保护天敌。有 1 种姬蜂寄生幼虫及蛹、寄蝇可寄生蛹、有 1 种卵寄生蜂，此外还有螳螂、胡蜂、猎蝽、益鸟等。2. 利用黑光灯诱杀成虫，人工摘除卵块。3. 用 Bt 乳剂 500 倍液、20% 除虫脲悬浮剂 7 000 倍液防治低龄幼虫。

扁刺蛾成虫

丝绵木金星尺蛾卵

丝绵木金星尺蛾老龄幼虫

丝绵木金星尺蛾为害状

丝绵木金星尺蛾老龄幼虫

丝绵木金星尺蛾幼虫吐丝

丝绵木金星尺蛾蛹

醋栗金星尺蛾　　　鳞翅目尺蛾科

Abraxas grossudariata Linnaeus

【寄主】柳、榆、桃、李、杏。

【形态特征】成虫翅底栗色；前翅翅基及外线杏黄色，色斑卵形栗色，多变。

【测报】颐和园一年发生 1 代，以蛹越冬，7—8月出现成虫。

【生态治理】灯光诱杀成虫。

丝绵木金星尺蛾成虫

醋栗金星尺蛾成虫

黄连木尺蛾　　鳞翅目尺蛾科

Biston panterinaria (Bremer et Grey)

异名:*Culcula panterinaria* (Bremer et Grey)

别名:木橑尺蛾。

【寄主】核桃、臭椿、刺槐、榆、槐、泡桐等。

【形态特征】成虫体长30mm,翅展约70mm,灰白色。前后翅有大小不等的橙色斑,外横线呈一串橙色和深褐色圆斑。前翅基部有1橙黄色大圆斑。卵扁圆形,绿色至黑色。幼虫老熟体长70mm,表皮粗糙,体色因食料不同而有变异,常为绿、褐、灰褐色等。头部密布小突起,顶部中央凹陷,两颊突起成橙红色角峰,有灰黑色小颗粒。前胸背面有角状突起2个,中胸至腹末各节两侧各有灰白小圆点2个。蛹纺锤形,黑褐色,有光泽,头部有耳状突起2个。

【测报】颐和园一年发生1代。以蛹在树冠下潮湿浅土层中及石块下越冬。成虫羽化很不整齐,5—8月均有成虫出现,成虫不活跃,趋光性强,需补充营养。产卵于叶背或石块,每雌产卵1 000~1 500粒,卵成块,每块卵粒不定,卵块上覆盖棕黄色毛,卵期约10天。幼虫6龄,幼虫期约40天。初孵幼虫活泼,常在树冠为害,可吐丝转移,一般取食叶肉,留下叶脉,将叶肉食成网状。2龄幼虫则逐渐开始在叶缘为害,静止时,多在叶尖或叶缘用臀足攀住叶,身体向外直立伸出,如小枝状,不易被发现。3龄后迟钝,食量猛增,可成群外迁扩大为害,腹足抓附力强,不宜震落,7—8月为害最重,易暴食成灾,入土成群化蛹。预报4龄前进行化学防治为最佳时期,即成虫盛发期往后推28天。

【生态治理】1. 入冬前挖蛹茧。2. 剪除卵块。3. 成虫发生期灯光诱杀。4. 喷洒Bt乳油500倍液、20%除虫脲悬浮剂7 000倍液或核型多角体病毒液防治幼虫。

黄连木尺蛾幼虫

黄连木尺蛾成虫（李颖超摄）

桑褶翅尺蛾　　鳞翅目尺蛾科

Apochima excavata (Dyar)

异名: *Zamacra excavata* Dyar

【寄主】碧桃、梅、金银木、太平花、海棠、梨、丁香、柳、桑、杨、槐、刺槐、白蜡、核桃、榆、栾树等。

【形态特征】成虫静息时4翅皱叠竖起,前翅伸向侧上方,后翅向后。雌蛾体长14~15mm,翅展40~50mm。体灰褐色。头部及胸部多毛。触角丝状。翅面有赤色和白色斑纹。前翅内、外横线外侧各有1条不太明显的褐色横线,后翅基部及端部灰褐色,近翅基部处为灰白色,中部有1条明显的灰褐色横线;雄蛾触角羽状,体长12~14mm,翅展38mm。全身体色较雌蛾略暗。卵呈椭圆形,中央下凹,深灰色。幼虫老熟时体长35mm,黄绿色,头褐色。

前胸侧面黄色，1~4腹节背面有赭黄色刺突，2~4节刺突明显较长，第8腹节背面有褐绿色刺1对，2~5腹节两侧各有淡绿色刺1个，各节间膜黄色，第4~8腹节亚背线粉绿色，气门线深绿色。蛹体红褐色，纺锤体。茧椭圆形、灰褐色，贴于树干基部。

【测报】 颐和园一年发生1代，以蛹在树干基部表土下、树皮上的茧内越冬。3月中旬越冬代羽化。成虫有假死性，受惊后即坠落地上，雄蛾尤其明显，飞翔能力不强，寿命7天左右。卵沿枝条排列成长块。4月上旬幼虫孵化，幼虫受惊后头向腹面隐藏，呈"？"形。幼虫共4龄。孵出后半天即爬行觅食，取食幼芽及嫩叶。1~2龄幼虫一般夜晚活动为害，白天停伏于叶缘不动。3~4龄幼虫昼夜均可为害，取食全叶，严重时，只留叶柄，也食花。各龄幼虫都有吐丝下垂习性。4—5月为幼虫为害期，5月中旬老熟幼虫入土做茧越冬。

【生态治理】 1.入冬前在树基部挖蛹茧。2.剪除卵块。3.喷洒 Bt 乳剂 500 倍、20% 除虫脲悬浮剂 7 000 倍液防治幼虫。

桑褐翅尺蛾幼虫

桑褐翅尺蛾幼虫

桑褐翅尺蛾茧

桑褐翅尺蛾卵

桑褐翅尺蛾初孵幼虫

桑褐翅尺蛾茧

桑褐翅尺蛾成虫

桑褐翅尺蛾成虫

桑褐翅尺蛾为害金叶女贞

面有网纹，密布蜂窝状小凹陷。初产时绿色，后渐变为暗红色直至灰黑色。幼虫初孵幼虫黄褐色，取食后变为绿色。两型，春型老熟体长38~42mm，粉绿色，老熟体紫粉色；头部浓绿色，气门线黄色，气门线以上密布小黑点，气门线下深绿色；秋型老龄体长45~55mm，粉绿色稍带蓝，头部、背线黑色，每节中央成黑色"+"字形，亚背线和气门上线为间断的黑色纵条，胸部和腹末两节散布黑点，腹面黄绿色。蛹体圆锥形，由粉绿色渐变为褐色。臀棘具钩刺两枚。

【测报】颐和园一年发生3代，极少数4代，以蛹在树下或墙根等处约4cm深土内越冬。金银木开花，越冬代成虫羽化，产卵于叶片正面主脉附近。4—9月上旬均有幼虫世代重叠，幼龄3龄后分散为害，受惊后吐丝下垂，9月后下树化蛹越冬。各代成虫期是：4月上旬至5月上旬，5月下旬至6月上旬，6月中旬至7月上旬。各代幼虫期是：5月上旬至6月上旬，6月上旬至7月中旬，7月上旬至9月上旬。

【生态治理】1. 保护和利用天敌，如凹眼姬蜂、马蜂、斑腹距小蜂 *Euplectrus maculiventris* Westwood 等。2. 人工挖蛹。3. 利用黑光灯诱杀成虫。4. 低龄幼虫期（5月中旬、6月中旬和8月上旬）是全年的防治关键时期，首次普防一定要在5月10日前完成。喷洒20%除虫脲悬浮剂7 000倍液或Bt乳剂500倍液。

国槐尺蛾　　　　鳞翅目尺蛾科

Chiasmia cinerearia (Bremer et Grey)
异名：*Semiothisa cinerearia* Bremer et Grey

【寄主】国槐。

【形态特征】成虫体黄褐色至灰褐色。触角丝状，前后翅面上各有深褐色波状纹3条，好似将幼虫体形画在前翅上。前翅顶角处呈灰褐色近三角形斑，翅外缘色较深。卵钝椭圆形，表

国槐尺蛾卵

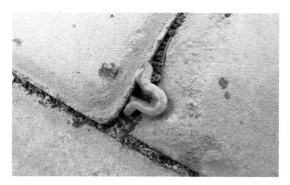

国槐尺蛾幼虫

国槐尺蛾被菌寄生

国槐尺蛾蛹

斑腹距小蜂正在寄生

国槐尺蛾成虫

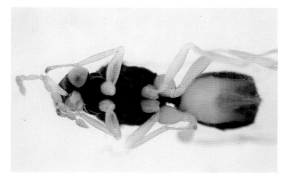

斑腹距小蜂（腹面）

国槐尺蛾为害状

斑腹距小蜂（背面）

马蜂正在取食国槐尺蠖

马蜂正在取食国槐尺蠖

刚羽化的马蜂

春尺蛾　　鳞翅目尺蛾科

Apocheima cinerarius (Erschoff)

【寄主】杨、柳、槐、桑、榆、梨树。

【形态特征】成虫雌成虫体长7~19mm，无翅，体灰褐色，复眼黑色，触角丝状。腹部各节背面有数目不等的成排黑刺，刺尖端圆钝，腹末端臀板有突起和黑刺列；雄体长10~15翅展28~37mm，触角羽状，前翅淡灰褐至黑褐色，从前缘至后缘有褐色波状横纹3条，中间1条不明显。成虫体色因寄主不同而不同。以梨、柳等为食者，体色淡黄，以榆、桑为食者，体色灰黑。卵椭圆形，长0.8~1mm，有珍珠样光泽，卵壳上有整齐刻纹。初产时灰白或赭色，孵化前为深紫色。幼虫老熟体长22~40mm，灰褐或棕褐色。腹部第二节两侧各有1瘤状突起，腹线白色，气门线淡黄色。蛹长1.2~2.0mm，灰黄褐色，末端有臀刺，刺端分叉。雌蛹有翅的痕迹。

【测报】颐和园一年发生1代，以蛹在干基周围土壤中越夏、越冬。2月底、3月初或稍晚，当地表5~10cm处地温0℃左右时开始羽化。3月中下旬产卵，卵多产于树干1.5m以下的树皮缝隙内和断枝皮下等处，十余粒至数十粒聚集成块状。每雌产卵平均100头，卵期13~30天。4月上旬幼虫孵化，幼虫5龄，初孵幼虫取食幼芽及花蕾，较大时蚕食叶片，遇惊吐丝下垂假死，4月中下旬为暴食期。幼虫具一定耐饥力，以4~5龄幼虫耐饥力最强。5月上旬老熟幼虫入土后分泌液体形成土室化蛹。蛹期达9个多月。此虫为北京地区发生为害最早的食叶害虫。物候期如下：桑树芽、榆树芽明显膨大，杏花盛开时为卵开始孵化期；桑树展叶3~6片时卵块孵化率达90%。雌成虫无翅，只能爬行，故其性激素发达，可利用性引诱剂防治。

【生态治理】1. 保护天敌。幼虫寄生蜂有小茧蜂，寄生率为27%。2. 人工挖蛹。3. 2月底至3月底集中羽化时，在树干基部堆沙或绑以5~7cm宽塑料薄膜带，以阻止雌蛾上树。4. 幼虫期喷洒20%除虫脲悬浮剂7 000倍或1.31×10^{10}~2×10^{10}杨尺蛾核型多角体病毒（AciNPV）液防治。5. 于2月中旬至4月中旬灯光诱杀成虫。6. 利用幼虫假死性，振落幼虫杀死。

春尺蠖老龄幼虫

春尺蠖卵

春尺蠖老龄幼虫

春尺蠖低龄幼虫

春尺蛾雌成虫

春尺蠖幼虫

春尺蛾雄成虫

大造桥虫　　　　　　鳞翅目尺蛾科

Ascotis selenaria (Denis et Schittermüller)

【寄主】水杉、月季、蔷薇、蜀葵、菊花、萱草、葡萄、万寿菊、一串红。

【形态特征】成虫体长 15mm，体色变异很大，一般为浅灰褐色，散布黑褐或淡色鳞片；前翅顶白色，内方黑色，内横线、外横线、亚外缘线均为黑色波纹，内、外线间有白斑 1 个，斑周黑色，外横线上方有近三角形黑褐斑 1 个，外缘线有半月形黑斑。卵青绿色，有深黑或灰白斑纹，表面有很多凸粒。幼虫老龄体约 40mm，体色多变，黄绿至青白色。头褐绿色，头顶两侧有黑点 1 对，背线青绿色，亚背线灰绿色，气门上线深绿色，气门线黄色有较细的黑色纵线，气门下线至腹线淡黄绿色，第 2 腹节背中具黑褐色长形斑 1 个和明显横列的红色锥形毛瘤 1 对，第 8 腹节有横列小毛瘤 1 对，第 6 腹节和尾节各有足 1 对。蛹体深褐色，光

滑，尾端有刺 2 根。

【测报】颐和园一年发生 2~3 代，以蛹在土中或树皮缝隙间越冬。成虫昼伏夜出，飞翔力和趋光性极强，产卵于枝杈及叶背处，每雌产卵 200~1 000 粒。初孵幼虫吐丝下垂，随风扩散，自叶缘向内蚕食。害虫在树上自下而上取食，梢头叶片受害最严重。全年 6—7 月受害最重。

【生态治理】1. 保护天敌，保护益鸟。捕食性天敌及动物有：中华金星步甲、广腹螳螂、圆腹长脚蛛等。越冬蛹期有细菌，致死率为 1.2%，幼虫期有白僵菌。2. 秋季人工挖蛹。3. 成虫期灯光诱杀成虫。4. 幼虫盛期，喷洒 20% 除虫脲悬浮剂 7 000 倍液。

大造桥虫老熟幼虫

大造桥虫幼虫

大造桥虫幼虫

大造桥虫蛹

大造桥虫成虫

大造桥成虫

见转色，幼虫便开始活动，日夜食害桑芽，先将芽蛀食成洞，再将头伸入洞内将芽吃空。静止时以腹足固着于桑枝上，口吐一丝与桑枝相连，虫体与桑枝成一锐角。卵期 4~8 天，蛹期 7~20 天。成虫产卵于叶背，幼虫先食桑芽，后食叶，先仅留上表皮，后造成大缺刻。在根际土内或树皮裂缝处结薄茧化蛹。

【生态治理】1. 灯光诱杀成虫。2. 幼虫期喷洒 100 亿孢子 /mL 的 Bt 乳剂 500 倍液或 20% 除虫脲悬浮剂 7 000 倍液。

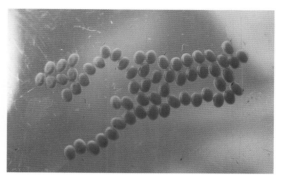

桑枝尺蛾卵

桑枝尺蛾　　　鳞翅目尺蛾科

Phthonandria atrilineata Butler

【寄主】桑树。

【形态特征】成虫体黑灰色。翅灰色，密布黑短纹，前翅外缘钝锯齿形，外缘线波浪曲折，中部有黑曲横线 2 条，外方线斜向翅尖，内方线斜向外缘 1/2 处；后翅外缘线细，波浪形。卵扁平，椭圆形，褐绿至暗紫色。幼虫老龄体灰绿色至灰褐色、背线、亚门线、气门线及腹线褐色，各线间有黑色波纹状，胸节间有黑横带，第 1 腹节背有月牙形黑纹 1 对，第 5 节背隆起成峰，第 8 节背有黑乳突 1 对。蛹体深酱红色，第 4~6 腹节后半黄色。臀棘略呈三角形，黑色，表面多皱褶，末端具钩刺。茧质地粗糙疏松，黄褐色。

【测报】颐和园一年发生 2 代，以幼虫在树皮裂缝处越冬。早春当树液开始流动，冬芽已

桑枝尺蛾越冬幼虫

桑枝尺蛾越冬幼虫

桑枝尺蛾老熟幼虫

桑枝尺蛾为害状

桑枝尺蛾老熟幼虫

寄生桑枝尺蛾小蜂（腹面）

桑枝尺蛾蛹

寄生桑枝尺蛾小蜂（背面）

桑枝尺蛾成虫

刺槐外斑尺蛾　　鳞翅目尺蛾科

Extropis excellens Butler

【寄主】刺槐、榆、杨、柳、栎、梨树等。

【形态特征】成虫体和翅黄褐色，翅面散布许多褐点，前翅内横线褐色，弧形，中、外横线波状，中部有黑褐色圆形大斑1个，外缘黑色条斑1列，前缘各横线端均有褐色大斑；后翅外横线波状。第1~2腹节背各有1对横列毛束。

卵椭圆形，青绿色。幼虫初龄幼虫灰绿色，胸部背面第1~2节之间有明显的2块褐斑，腹部第2~4节背面颜色较深，形成1个长块状灰褐色斑块，第5节背面有2个肉瘤，气门下线为断续不清的灰褐色纵带。老龄体茶褐、灰褐、青褐色等，有黑色条纹、斑块，中胸至第8腹节两侧各有断续褐侧线1条。蛹体暗红褐色，纺锤形。臀棘2个。

【测报】颐和园一年发生3代，以蛹在土中越冬，翌年4月羽化，产卵于树干近基部，堆积成块，上覆灰色茸毛。幼虫期约1个月，幼虫孵化后，沿树干、枝条向叶片迁移，啃食叶肉，残留表皮。长大后在枝叶间吐丝拉网，连缀枝叶，如帐幕状。成虫期分别为4—5月、7月、8月，成虫趋光性强。

【生态治理】1. 保护天敌，有一种绒茧蜂寄生于1~2龄幼虫体内，寄生率达30%。2. 灯光诱杀成虫。3. 幼虫期喷洒3%高渗苯氧威乳油3 000倍液。

刺槐外斑尺蛾成虫

杨扇舟蛾　　　　　鳞翅目舟蛾科

Clostera anachoreta (Fabricius)

【寄主】杨树、柳树。

【形态特征】成虫体长约15mm，褐灰色，前翅扇形，翅面有4条灰白色波状横纹，顶角有灰褐色扇形大斑1块，外横线通过扇形斑一段呈斜伸的双齿形，外衬2~3个黄褐色带锈红色斑点，扇形斑下方有1个较大的黑点。后翅灰

褐色。卵圆形，初为黄色，后红褐色。幼虫体灰赭褐色，胸部灰白色，侧面灰绿色，腹背灰黄绿色，两侧有褐色宽带，第1和第8腹节背中央有红黑色大瘤。蛹体长圆形，长约16mm，褐色。茧椭圆形，灰白色，丝质。

【测报】颐和园一年发生3~4代，以蛹在落叶、树干裂缝或基部老皮下结茧越冬。4—5月出现成虫（有时早至3月），5月下旬可见第一代蛹，以后大约每隔1个月发生1代，世代重叠。越冬代成虫出现时，树叶尚未展开，卵多产于枝干上，以后各代则主要产于叶片背面，单层整齐平铺呈块状，每处百余粒。初孵幼虫群栖叶背，稍大后在丝缀叶苞中，3龄后逐渐向外扩散为害，5龄老熟时吐丝缀叶做薄茧化蛹。蛹期8天。

【生态治理】1. 保护和释放天敌，如毛虫追寄蝇、绒茧蜂是幼虫期的重要天敌，卵期有舟蛾赤眼蜂、黑卵蜂，蛹期有周氏啮小蜂等。2. 人工摘除虫叶。3. 黑光灯诱杀成虫。4. 喷施Bt乳液500倍液，20%灭幼脲悬浮剂7 000倍防治幼虫。5. 采用杨树和刺槐，杨树和泡桐块状混交的方法，减少虫害的发生。

杨扇舟蛾卵（初产）

杨扇舟蛾卵

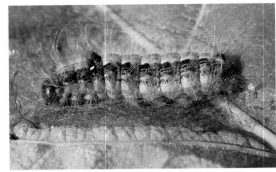

杨扇舟蛾老熟幼虫即将化蛹

杨扇舟蛾胚胎卵

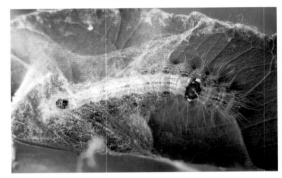

杨扇舟蛾预蛹

杨扇舟蛾幼虫

杨扇舟蛾蛹

杨扇舟蛾幼虫

杨扇舟蛾成虫

杨扇舟蛾成虫

杨扇舟蛾为害状

杨小舟蛾　　　　　　鳞翅目舟蛾科

Micromelalopha sieversi (Staudinger)

【寄主】杨树、柳树。

【形态特征】成虫翅展 24~26mm。体赭黄、黄褐、红褐和暗褐等色。前翅有 3 条灰白色横线，每线两侧衬暗边，基线不清晰，内横线在亚中褶下呈亭形分叉，外叉不如内叉明显，外横线波浪形；后翅黄褐色，臀角有 1 个赭色或红褐色小斑。卵半球形，黄绿色。幼虫老熟体长 21~23mm，体灰褐、灰绿色，微带紫色光泽。头大，肉色，颅侧区各有细点组成的黑纹 1 条，呈"人"字形，体侧各具黄色纵带 1 条，各节具有不显著的灰色肉瘤，以第 1、第 8 腹节背面的最大，上面生有短毛。蛹体近纺锤形，褐色。

【测报】颐和园一年生 3 代，以蛹在落叶、地下植被物松土内越冬。翌年 4 月下旬羽化成虫，

成虫有趋光性，夜晚活动、交尾、产卵，多将卵产于叶片上。幼虫孵化后群集叶面取食表皮，被害叶呈箩网状。稍大分散蚕食，将叶片咬成缺刻，残留粗的叶脉和叶柄。幼虫行动迟缓，白天多伏于树干粗皮缝处及树杈间，夜晚上树吃叶。黎明多自叶面沿枝干下移隐伏。各代幼虫的出现期为：第一代为 5 月中旬；第二代 6 月下旬至 7 月上旬；第三代发生于 8 月，10 月进入越冬期。7—8 月为幼虫为害盛期。

【生态治理】1. 保护和释放天敌，如舟蛾赤眼蜂、周氏啮小蜂等，卵被赤眼蜂寄生概率很高，第 4 代寄生率可高达 90% 以上。2. 黑光灯诱杀成虫。3. 喷施 Bt 乳液 500 倍液，20% 灭幼脲悬浮剂 7 000 倍防治幼虫。4. 人工摘除虫叶。

杨小舟蛾成虫

角翅舟蛾　　　　　　鳞翅目舟蛾科

Gonoclostera timoniorus (Bremer)

【寄主】柳树。

【形态特征】成虫头、胸背暗褐色，腹部背面灰褐色。前翅褐黄带紫色，顶角下有新月形内切缺刻，内、外横线间有暗褐三角形斑 1 块，斑尖达后缘，斑内色从内向外渐浅，横脉至前缘脉暗，内、外横线间灰白色，外横线与亚缘先间的前缘有锲形斑 1 块。幼虫体浅玉绿色，气门上线细、浅紫色，气门线浅黄色，两侧至背中部有浅黄色斜纹，气门黑色。

【测报】颐和园一年发生 2 代，6—8 月幼虫期。

【生态治理】1. 灯光诱杀成虫。2. 幼虫发生初

期，喷洒 20% 灭幼脲悬浮剂 7 000 倍防治幼虫。

角翅舟蛾卵

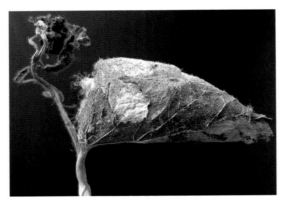

角翅舟蛾蛹苞

角翅舟蛾成虫

角翅舟蛾成虫

杨二尾舟蛾　　　鳞翅目舟蛾科

Cerura menciana Moore

【寄主】杨树、柳树。

【形态特征】成虫体较大，体长 28mm。头和胸部灰白，微带紫褐色，胸背有 6 个黑点排列成两列，翅基片有 2 黑点，前翅亚基部无暗色宽横带，有锯齿状黑波纹数排，中室有明显新月形黑环纹 1 个。胸背黑点排列成对。腹背黑色，第 1~6 腹节中央有灰白色纵带 1 条，两侧各具黑点 1 个。后翅白色。卵馒头形，红褐色，中央有黑点 1 个。幼虫体色随龄期而异，初孵时黑色，2 龄后渐紫褐色至叶绿色。老熟体长约 50mm，头部深褐色，两颊具黑斑，体叶绿色，第一胸节背面前缘白色，后面有 1 个紫红色三角形斑，尖端向后伸过峰突，以后呈纺锤形宽带伸至腹背末端。第 4 腹节侧面近后缘有白色条纹 1 条，纹前具褐边。臀足特化呈须状，似后翅双尾。蛹体长椭圆形，尾部钝圆，褐色。茧扁椭圆形，黑色坚硬，顶有胶状物封口。

【测报】颐和园一年发生 2 代，以蛹在树干基部结茧越冬。越冬代成虫于 4 月下旬出现，成虫有趋光性，产卵于叶片上，卵期约 12 天。5 月下旬幼虫孵化，共 5 龄，初期活跃，4 龄后进入暴食期，受惊时翘起臀足，以示警戒。6 月

杨二尾舟蛾幼虫背面

下旬至7月上旬幼虫盛发，7月上中旬幼虫老熟结茧于树上。7月中下旬第一代成虫出现，8月上中旬第二代幼虫发生，9月幼虫老熟结茧越冬。结茧坚硬，以致咬伤树干，常造成风折。

【生态治理】1. 春秋两季人工砸击干上茧壳，杀灭蛹体。2. 在成虫盛发期设置黑光灯诱杀成虫。 3. 在幼虫3龄期前，喷施Bt乳剂500倍液或20%除虫脲悬浮剂7 000倍液。

杨二尾舟蛾幼虫侧面

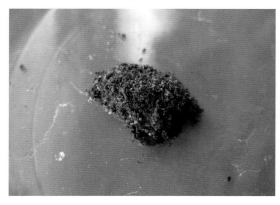

杨二尾舟蛾茧

杨二尾舟蛾成虫

杨二尾舟蛾成虫、幼虫、卵

杨二尾舟蛾幼虫被寄生

榆白边舟蛾　　　鳞翅目舟蛾科

Nerice davidi oberthür

【寄主】榆树。

【形态特征】成虫体灰褐色，头、胸部背面暗褐色，翅基片灰白色，腹部灰褐色，前翅前半部暗灰褐色带棕色，后方边缘黑色，沿中脉下缘纵行在中央稍下方呈一大齿形曲，后半部灰褐，蒙有一层灰白色，尤以前半部分界处呈一白边，前缘外半部有灰白纺锤形斑1块，内、外横线黑色，内线在中室下方膨大成圆斑1个，外横线锯齿形；后翅灰褐色。卵青绿至灰绿色。幼虫老龄体粉绿色，头部有"八"字形暗线，前胸细，中、后胸渐次增大，第1~8腹节背有峰突，峰顶端有赤色斑，基部黄白色，腹背两侧每节有暗绿色斜线1条，下面由白点排成边；

气门下方紫色带和紫红色斑。

【测报】颐和园一年发生 2 代，以蛹在土中越冬。翌年 4 月成虫羽化。卵单产于叶背、叶梢，5—10 月均有幼虫为害。

【生态治理】1. 灯光诱杀成虫。 2. 幼虫期喷洒 Bt 或除虫脲。3. 保护天敌昆虫。

榆白边舟蛾幼虫

榆白边舟蛾幼虫（体背）

榆白边舟蛾成虫

槐羽舟蛾 　　　　鳞翅目舟蛾科

Pterostoma sinicum Moore

【寄主】槐、龙爪槐等。

【形态特征】成虫体长为 30mm 左右，黄褐色。头、胸部稻黄带褐色，腹背暗灰褐色，腹面中央有暗褐色纵线 4 条。前翅稻黄褐色，其后缘中部略内凹，翅面有双条锯齿红褐色波纹。卵灰绿色，圆形。幼虫幼龄体色较淡，老熟时体长为 55mm，扁圆筒形，头胸部较细，腹部较粗，头粉绿色，两侧有黑斑。腹背淡绿色，腹面深绿色，节间黄绿色横纹。气门线黄白色，上衬蓝色细边，气门上线墨绿色。胸足外侧有 5 个黑点，排列呈"器"字形，腹足近端部有黑色横带 3 条。蛹黑褐色，臀刺 4 个。茧灰色，较粗糙。

【测报】颐和园一年发生 3 代，以茧蛹在土中过冬。翌年 5 月初至 5 月中旬越冬代成虫羽化、交尾、产卵。卵散产于叶片上，喜欢产在树冠顶部或枝梢顶端，比较集中。卵期 6~8 天。5 月上旬至 5 月下旬第一代幼虫孵化并为害，5 月中旬为孵化盛期。虫体较粗壮，食量大。为害严重时，能将整枝或整株的树叶食光。6 月中旬至 7 月上旬幼虫老熟，多在墙根、砖头瓦块下、枯草及树根旁结茧化蛹，6 月下旬为化蛹盛期。蛹期 7 天左右。6 月下旬至 7 月上旬第一代成虫羽化。6 月底至 7 月中旬第二代幼虫孵化为害，7 月上旬为孵化盛期。8 月中旬至 8 月下旬幼虫老熟，下地化蛹。8 月中旬至 9 月初第二代成虫羽化，8 月底至 9 月上旬第三代幼虫孵化为害。9 月下旬至 10 月幼虫陆续老熟，下地入土结茧化蛹过冬。世代不甚整齐，有世代重叠现象。

【生态治理】1. 采用黑光灯诱杀成虫。2. 幼虫期喷施 Bt 乳剂 500 倍液或 20% 除虫脲悬浮剂 7 000 倍液。

槐羽舟蛾幼虫

槐羽舟蛾蛹

槐羽舟蛾成虫

虫老熟时体长 29 mm，绿褐至黄褐色。头灰褐色，前胸盾板和臀板黑色，背线由 2 条暗褐色细线组成，背线两侧为青灰色宽纵带，纵带下镶有由不规则的灰黑色斑链接成的纵条，气门上线灰黑色，气门线绿褐色，气门下线暗褐色，腹面黄褐色，各节有棕白色毛瘤，上着生黄褐、黑褐色刚毛，胸、腹部背面发白，第 6~7 腹节背中央各有淡红色翻缩腺 1 个。蛹体绿或绿褐色，长约 10mm，腹节有白斑，上生白色细毛。

【测报】颐和园一年发生 2 代，以幼虫和卵在柏树皮缝和叶上越冬。翌年 3 月下旬至 4 月上旬（柏树刚发出新芽）为幼虫活动和孵化盛期，5 月下旬化蛹，蛹期约 8 天，6 月中旬成虫羽化。成虫具有较强的趋光性。7—8 月第一代幼虫为害最烈，8 月底至 9 月初第一代成虫羽化、产卵和幼虫孵化，开始越冬。毒蛾科成虫无口器，故无法取食，成活时间较短，导致产卵集中。卵孵化后小幼虫集中取食，应抓住此有利时机进行防治。

【生态治理】1. 保护天敌，幼虫期天敌有家蚕追寄蝇、狭颊寄蝇；蛹期天敌有广大腿小蜂、黄绒茧蜂；跳小蜂寄生于越冬卵。此外，还有蝎蝽、螳螂、胡蜂等捕食幼虫和蛹。2. 灯光诱杀成虫。3. 低龄幼虫期喷洒 20% 灭幼脲悬浮剂 7 000 倍液，较高龄幼虫喷洒 Bt 乳液 500 倍液。

侧柏毒蛾　　　　鳞翅目毒蛾科

Parocneria furva (Leech)

【寄主】侧柏、桧柏、沙地柏等柏属植物。

【形态特征】成虫体长约 10~20mm，翅展 19~34mm。全体灰褐色，前翅淡灰色，鳞片薄，略透明，近中室有暗褐色斑点 1 个。卵扁圆球形，由青绿色渐变为灰褐色，有光泽。幼

侧柏毒蛾初孵

侧柏毒蛾卵

侧柏毒蛾成虫

侧柏毒蛾幼虫

侧柏毒蛾寄生蜂

侧柏毒蛾老熟幼虫

舞毒蛾　　　　　　　鳞翅目毒蛾科

Lymantria dispar (Linnaeus)

【寄主】杨、柳、榆、海棠、梨、李、核桃、柿、杏树等。

【形态特征】成虫雌雄异型。雄成虫体长约20mm，展翅约45mm，前翅灰褐色或褐色，翅中央有一黑点。雌虫体长约30mm，展翅约60mm，前翅黄白色，中室横脉具有黑褐色"<"形斑纹1个。卵圆形，馒头状，暗黄色，卵块表面覆盖暗黄色毛。幼虫1龄体色深，刚毛长，刚毛中间具泡状扩大的毛（风帆）。老龄体长约75mm，灰褐色。头部黄褐色，具"八"字形灰黑色条纹。背线灰黄色，亚背线、气门上线、气门下线部位各节均有毛瘤，排成6纵列第1~5腹节背上有蓝色肉瘤5对，第6~11腹节背上有红色肉瘤6对。蛹体长31~34mm。体色红褐或黑褐色，体表有锈黄色毛丛。

侧柏毒蛾蛹

【测报】全国林业危险性有害生物颐和园一年发生1代，以完成胚胎发育的幼虫在卵内越冬。翌年4—5月幼虫孵化，仍群集在原卵块上，气温转暖时上树取食幼芽，以后蚕食叶片。1龄幼虫能借助风力及自体上的"风帆"飘移很远。2龄以后日间潜伏在落叶及树上的枯叶内或树皮缝里，黄昏后为害。幼龄幼虫受惊后吐丝下垂，随风在林中扩散。后期幼虫食量增大，有较强的爬行转移为害能力，能吃光老、嫩叶。6月中旬幼虫老熟，于枝、叶间，树皮裂缝处，石块下，树洞里吐少量的丝缠固其身化蛹。蛹期12~17天。6月底开始成虫羽化，7月中下旬为盛期，而后产卵越冬。雌蛾羽化后对雄蛾有较强的引诱力。雄蛾较活跃，善飞翔，日间常在林中成群飞舞，故称"舞毒蛾"。

【生态治理】1. 保护和利用梳胫饰腹寄蝇、敏捷毒蛾蚜寄蝇、古毒蛾追寄蝇、绒茧蜂、脊茧蜂、中华金星步甲、粗壮六索线虫、舞毒蛾核型多角体病毒、质型多角体病毒及山雀、杜鹃等鸟类。2. 人工刮除越冬卵。3. 灯光诱杀成虫。4. 低龄幼虫期喷洒20%灭幼脲悬浮剂7 000倍液。5. 在3~4龄幼虫期，喷洒舞毒蛾核型多角体病毒（带毒死虫体）3 000~5 000倍液。

舞毒蛾老熟幼虫

舞毒蛾幼虫头部特征

舞毒蛾卵块

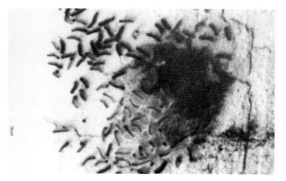

舞毒蛾初孵幼虫

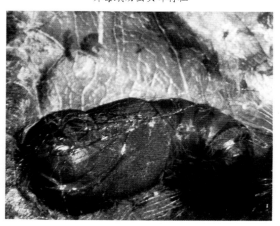

舞毒蛾蛹

舞毒蛾雌成虫（李颖超摄）

舞毒蛾雌成虫

舞毒蛾雄成虫

舞毒蛾被绒茧蜂寄生

杨雪毒蛾　　　鳞翅目毒蛾科

Leucoma candida (Staudinger)

【寄主】杨树、柳树。

【形态特征】成虫体长 15~23mm，翅展 35~55mm，体、翅白色，有绢丝光泽。复眼漆黑色。雄虫触角羽状，雌虫触角栉齿状，触角主干黑色，有白色或灰白色环节。足胫节和跗节有黑白相间的环纹。卵圆形，初产灰褐色，孵化前为黑褐色。卵块表面覆盖灰白色泡沫状胶质物。幼虫老龄体长为 35~45mm，黑褐色，头部浅暗红褐色，单眼区黑色。体节背面具突起，胸和腹部每节突起各 6 个和 4 个，背中线黑色，两侧为黄棕色，其下各有 1 条灰黑色纵带。第 1、第 2、第 6、第 7 腹节上有黑色横带，气门线灰褐色、气门棕色。体每节均有黑色或棕色毛瘤 8 个，形成一横列，上密生黄褐色长毛及少数黑色短毛。蛹体黑褐色，长 18~22mm，被棕毛，末端有小钩 2 簇。

【测报】颐和园一年 1 代，以 3 龄幼虫在树皮缝、树洞、地面石堆下或落叶层下结薄茧越冬。翌年 4 月下旬杨树展叶时上树恢复取食，多于嫩尖取食叶肉，留下叶脉。受惊扰时，立即停食不动或迅速吐丝下垂。老熟幼虫则少有吐丝下垂现象，受惊也不坠落。4 龄以后能食尽整个叶片。幼虫有强烈的避光性，老龄幼虫更为明显，晚间上树取食，白天下树隐蔽潜伏，有上下树习性，幼虫还有强烈的群集性。6 月上旬，老熟幼虫寻找隐蔽场所，吐丝作茧，在茧中体渐渐收缩，进入预蛹期。6 月下旬进入化蛹盛期，蛹群集，往往数头由臀棘缀丝联在一起。蛹期 11~16 天。7 月出现成虫，成虫具有较强的趋光性，产卵成块，卵产于树干或叶背面。卵期约 10 天。幼虫孵化后，一直为害到 8 月。

【生态治理】1. 保护和利用天敌，如寄生蝇、寄生蜂及菌类。卵有赤眼蜂、卵小蜂。2. 灯光诱杀成虫。 3. 可于5—8月用围环阻隔法防治上下树幼虫。4. 幼虫为害期喷施 Bt 乳剂 500倍液。

杨雪毒蛾幼虫

杨雪毒蛾幼虫

杨雪毒蛾幼虫

杨雪毒蛾成虫

杨雪毒蛾成虫

榆黄足毒蛾   鳞翅目毒蛾科

Ivela ochropoda (Eversmann)

【寄主】榆树。

【形态特征】成虫体长 12~15mm，雄蛾翅展约 25~30mm，雌蛾翅展约 38~40mm，体白色。触角栉齿状，主干白色，栉齿黑色。前后腿节端半部、胫节和跗节鲜黄色，中足和后足胫节端半部、跗节鲜黄色。卵灰黄色，鼓形。幼虫老龄体长为 33mm，灰黄色。头灰褐色，背线黑色，亚背线黄色，亚背线与气门上线间各节有白色毛瘤，毛瘤基部黑色，气门线灰黄色，第 1、第 2 和第 7、第 8 腹节毛瘤黑色而明显，其余为白色。腹部第 6~7 节各有翻缩腺 1 个。蛹体棕黄色，腹面青灰色，头顶有黑褐色毛 2 束。

【测报】颐和园一年发生 2 代，以初龄幼虫在树皮缝中、孔洞中结白色薄茧越冬。翌年 4 月开始活动为害，6 月中旬幼虫老熟化蛹，蛹期约 10 天，6 月下旬越冬代成虫羽化。成虫趋光性很强。7 月中旬第一代幼虫孵化，8 月中旬化蛹，8 月下旬第一代成虫羽化、产卵，9 月中旬第二代幼虫孵化，10 月下旬越冬。成虫产卵于枝条和叶背面，相连成串，卵期 12~16 天。初孵幼虫啃食叶肉，大龄幼虫沿叶缘蚕食，常把叶片蚕食光。4—10 月幼虫为害期，10 月下旬随气温下降而相继越冬。

【生态治理】1. 黑光灯诱杀成虫。2. 幼虫期喷洒 20%灭幼脲 3 号 1 000 倍液或 20%菊杀乳油 2 000 倍液。

榆黄足毒蛾低龄幼虫

榆黄足毒蛾老龄幼虫

榆黄足毒蛾幼虫（侧面）

榆黄足毒蛾蛹

榆黄足毒蛾成虫

盗毒蛾　　　　鳞翅目毒蛾科

Porthesia similis (Fueszly)

【寄主】紫叶李、柳、榆、构树、刺槐、枣、核桃树等。

【形态特征】成虫体白色，中形蛾子。前翅零星散落浅褐色斑点，后缘有黑褐色斑 0~2 个；腹末端有金黄色毛。卵橙色，半球形，中央稍凹，灰黄色，成堆，上覆盖黄褐色绒毛。幼虫老龄体长 30~40mm，体黑色，头黑色，背线橘红色，亚背线白色呈点丝状，前胸两侧有红毛簇 1 对，每节有红点 1 个，气门上线黄色，每节有红斑 1 块，气门下线黄色，每节有橘红色瘤 1 个，上有黄褐色刚毛，黄色腹线两侧有不规则的橘红色斑点，1~8 腹节各节背线两侧黑色毛瘤 1 对，上有黑褐色长毛，第 9 腹节背面有红瘤 4 个，上有基部黑色的棕短毛。蛹体长约 10mm，深褐色。茧黄色，薄，附有毒毛。

【测报】颐和园一年发生 2 代，以幼虫在枝干裂缝和落叶层内做薄茧越冬。5 月中旬越冬幼虫破茧补充营养，造成为害，5 月上中旬是全年幼虫期防治的关键。5 月下旬化蛹，6 月上旬出现第 1 代成虫。6 月第 1 代幼虫发生为害；8 月出现第 2 代成虫，9 月第 2 代幼虫发生；10 月进入越冬，该虫有世代重叠现象，为害更加猖獗，虫体上的毒毛对人有毒，一旦人体接触后可患皮炎，皮肤痛痒，反复发作。

【生态治理】1. 成虫期黑光灯诱杀。2. 结合修剪、剥芽等养护措施，摘除虫茧。3. 低龄幼虫期因对 Bt 乳剂产生抗性，所用 20% 除虫脲悬浮剂 7 000 倍液或 1.2% 烟参碱 2 000 倍液喷洒防治。

盗毒蛾低龄幼虫

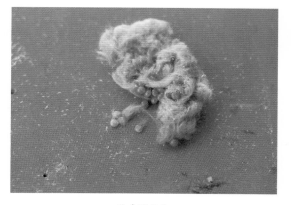

盗毒蛾卵块

盗毒蛾 2 龄幼虫

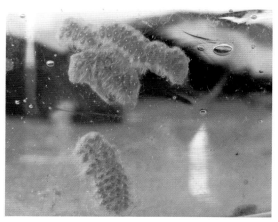

盗毒蛾卵

盗毒蛾老龄幼虫

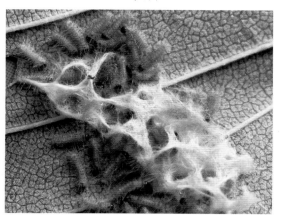

盗毒蛾初孵幼虫

盗毒蛾茧

盗毒蛾成虫

盗毒蛾成虫展翅

盗毒蛾腹面

戟盗毒蛾　　　　　鳞翅目毒蛾科

Euproctis pulverea (Leech)

【寄主】槐、刺槐、桃。

【形态特征】成虫头部橙黄色，胸部灰棕色，腹部灰棕色带黄色。前翅赤褐色，布黑色鳞片，并在脉间外突，外缘带银白色斑，近翅顶有银白小点。后翅黄色，基半部棕色。头部触角橙黄色，栉齿褐色；下唇须橙黄色，足黄色。

【测报】颐和园一年发生2代，以幼虫越冬。8月下旬成虫盛发。

【生态治理】1. 黑光灯诱杀成虫。2. 幼虫期喷洒3%高渗苯氧威乳油3 000倍液。

戟盗毒蛾成虫

角斑台毒蛾　　　　　鳞翅目毒蛾科

Orgyia recens (Hübner)

别名：角斑古毒蛾。

【寄主】海棠、梅花、珍珠梅、月季、苹果、山楂、蜡梅等。

【形态特征】成虫雌雄异型，雌蛾体长约17mm，长椭圆形，无翅，只有翅痕，体上有灰和黄白色茸毛。触角淡黄色。雄蛾体灰褐色，长11~15mm，前翅红褐色，翅展25~36mm，翅顶角处有黄色斑1个，后缘角有新月形白斑1个。卵近圆形，乳白色。幼虫体长约40mm，背面黑灰色，被灰黄白、黑色毛，背线和气门线黄褐色。前胸前缘两侧各有一向前伸的黑色长毛束。第1~4腹节背面中央有褐黄色刷状毛，第8腹节背面有一向后斜的黑色长毛丛。蛹雌蛹长约12~20mm，纺锤形，褐黄色，尾部稍弯曲。雄蛹长约11mm，圆锥形。初化蛹时淡黄绿色，羽化前黑褐色，腹部各节生有灰白色短毛。茧灰黄色，丝薄粗糙，外层稀松，内层稍紧密。

【测报】颐和园一年发生2代，以幼虫在皮缝、落叶层下结薄茧越冬。翌年4月越冬幼虫上树为害嫩芽幼叶。5月化蛹，老熟幼虫吐丝缀2~3

片叶，在叶背结薄茧化蛹。6月成虫羽化，雌成虫羽化后不离开茧，爬在茧上，交尾后在茧外产卵。卵粒不等，卵期约15天。雄成虫羽化后蛹壳2/4至3/4露在茧外。初孵幼虫群集在卵堆上取食卵壳，2天后开始取食叶肉，被害叶呈网状，2~3龄幼虫吐丝，借风扩散为害。幼虫有假死性，受惊后落地卷缩，半分钟后爬行。幼虫共5~6龄，一般发育为雌蛾的是6龄，发育为雄蛾的是5龄。4—9月是幼虫为害期，9月中旬陆续越冬。

【生态治理】1. 保护和利用天敌，蛹期主要有古毒蛾追寄蝇和广黑点瘤姬蜂。2. 核型多角体病毒对3龄以上幼虫致病力很高。3. 于6月和8月人工摘除花木上的蛹茧和卵块。4. 灯光诱杀成虫。5. 此虫零星发生，一般不用喷药，发生严重时，结合防治其他害虫喷药。

角斑台毒蛾幼虫

角斑台毒蛾结茧在枝叶间

角斑台毒蛾雌成虫正在产卵

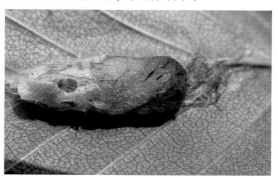

角斑台毒蛾茧

角斑台毒蛾幼虫（侧）

角斑台毒蛾蛹

角斑台毒蛾雌成虫

角斑台毒蛾为害状

角斑台毒蛾雄成虫

广鹿蛾　　　　鳞翅目灯蛾科

Amata emma (Butler)

【寄主】多种林木。

【形态特征】成虫翅展 24~36mm。头、胸黑褐色，颈板黄色触角端部白色，其余部分黑褐色。前翅有 6 个透明斑，基部 1 个近方形或稍长，中部 2 个，前斑梯形，后斑圆形或菱形，端部 3 个斑狭长形。后翅后缘基部黄色，前缘区下方具一较大透明斑，腹部黄褐色，各节背面和侧面具黄带。后足胫节有中距。

【测报】颐和园 6—8 月可见成虫，具趋光性。不需针对性防治。

角斑台毒蛾为害状

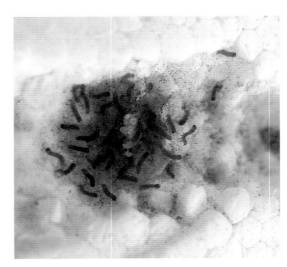

角斑台毒蛾为害状

广鹿蛾初孵幼虫

广鹿蛾成虫

美国白蛾　　　　　　鳞翅目灯蛾科

Hyphantria cunea (Drury)

【寄主】据统计，美国白蛾可为害包括林木、果树、花卉、蔬菜、农作物和杂草在内的300多种植物，在颐和园为害的寄主植物多达53种。在颐和园已发现桑、榆、臭椿、泡桐、柿、朴树、杨、柳、海棠、李、杏、白蜡、楸、青蜡、接骨木、红瑞木、金银木17种寄主植物，其中，又以桑、榆、臭椿被害频率最高。

【形态特征】成虫体长9~15mm，腹部背面白色，雌蛾前翅通常无斑，雄蛾前翅无斑至较密的褐色斑，越冬代褐斑明显多于第一代；前足基节、腿节为橙黄色，胫节和跗节内侧白色、外侧黑色。卵单层，初产淡绿或黄绿色，近球形，有光泽，近孵化时呈灰褐色，顶部黑褐色，其上或有雌蛾腹部末端脱落的白色毛状物覆盖，卵块大小为2~3cm²。幼虫体细长，圆筒形，背部有1条黑色宽纵带（4龄后）。每一节体节上都有一对毛瘤，随虫龄增大而突出，其上着生白色毛丛，并有黑色或褐色刚毛混生；体侧毛瘤多为橙黄色。蛹臀棘由8~17个细刺组成，每刺端部膨大，末端凹入，长度几乎相等。

【测报】全国林业检疫性有害生物。颐和园一年3代。以蛹在杂草、落叶层、砖缝及土中越冬。越冬代成虫始见于泡桐开花时。成虫羽化多集中在进入暗周期前后，黎明前有少量羽化，多在黎明前交尾，雌成虫1次可产200~1 700粒卵，在不交尾情况下也可产卵，产卵量700~800粒，但不能正常孵化。各代成虫期：越冬代4月上旬至6月下旬，第1代6月下旬至8月上旬，第2代8月上旬至10月上旬，羽化高峰期分别为：5月上旬、7月上中旬、8月下旬至9月上旬。卵期：第一代15天左右，第2代8天左右，第3代10天左右。各代幼虫期约为：第1代5月上旬至6月下旬，第2代7月下旬至8月下旬，第3代9~10月，网幕高峰期分别为：6月上旬、8月上中旬、9月下旬至10月上旬。各代幼虫、网幕特点：第1代幼虫小、网幕位置低，位于树冠外围下部；第2代繁殖快，网幕位于树冠外围中部；第3代幼虫数量多，网幕位于树冠外围上部。幼虫对恶劣环境适应性强，5龄以后老熟幼虫能耐饥饿长达13天，并仍可正常取食、化蛹。

【生态治理】1.加强检疫封锁、日常监测。2.越冬代成虫期和第一代幼虫期是防治的关键。3.成虫期灯诱、性诱芯诱杀。4.卵期人工摘除卵块，释放卵寄生蜂。5.低龄幼虫期喷施病毒、BT等生物和灭幼脲类仿生药剂。6.网幕期人工剪除网幕，喷施植物源药剂，老熟幼虫至化蛹初期释放周氏啮小蜂，在树干离地面1~1.5m处围草帘诱集虫蛹，草帘要上松下紧，解下的草帘要集中处理。7.蛹期人工挖蛹。

美国白蛾成虫（腹面）

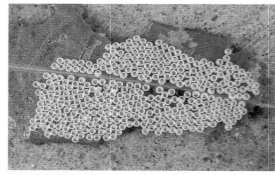

美国白蛾卵壳（柳树）

美国白蛾成虫（背面）

美国白蛾幼虫为害柳树

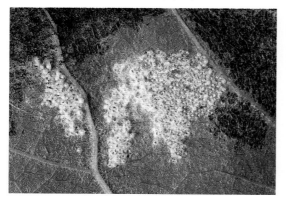

美国白蛾卵块大部分已孵化（泡桐）

美国白蛾为害杨树

美国白蛾初孵幼虫（泡桐）

美国白蛾为害碧桃

美国白蛾幼虫网幕（榆树）

美国白蛾幼虫网幕（桑树）

人纹污灯蛾　　鳞翅目灯蛾科

Spilarctia subcarnea (Walker)

【寄主】桑、蔷薇、榆、杨、槐、月季、碧桃、腊梅等。

【形态特征】成虫体长约 20mm，翅展约 55mm。胸和前翅白色，腹背部红色。前翅上有黑点两排，停栖时黑点合并成"人"字形，后翅略带红色。卵扁球形，淡绿色。幼虫老熟体约50mm，黄褐色，密被棕黄色长毛。背线棕黄色，亚背线暗褐色，气门线灰黄色，其上方为暗黄色宽带，中胸及腹部第 1 节背面各有横列的黑点 4 个。腹部第 7、第 8、第 9 节背线两侧各有 1 对黑色毛瘤，黑褐色，气门线背部有暗绿色线纹。各节有突起，并长有红褐色长毛。蛹体紫褐色，尾部有短刚毛。

【测报】颐和园一年发生 2 代，以幼虫在地表落叶或浅土中吐丝黏合体毛做茧越冬。翌年 5—6月成虫羽化，趋光性很强，由于羽化期长，所以，产卵极不整齐。卵粒排列成行，每卵块数十至数百粒。5—9 月为幼虫为害期，初孵幼虫群居叶背，啃食叶肉，留下表皮。大龄幼虫取食叶片，留下叶脉和叶柄，幼虫爬行速度极快，遇震动有假死性，并蜷缩成环状。

【生态治理】1. 利用黑光灯诱杀成虫。2. 发生严重时，结合防治其他害虫喷药，喷洒 20% 除虫脲悬浮剂 7 000 倍液。

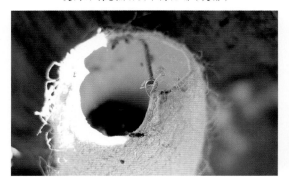

美国白蛾老熟幼虫下树化蛹（臭椿）

人纹污灯蛾卵

释放天敌周氏啮小蜂

人纹污灯蛾初孵

人纹污灯蛾成虫

人纹污灯蛾低龄幼虫

茧蜂寄生人纹污灯蛾

人纹污灯蛾老龄幼虫

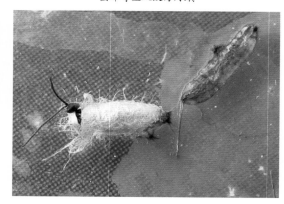

茧蜂成虫正在羽化

人纹污灯蛾成虫

茧蜂成虫

柳金刚夜蛾 　　鳞翅目瘤蛾科

Earias pudicana Staudinger

【寄主】柳、杨。

【形态特征】成虫头、颈板黄白色带青，翅基片及胸背白色带粉红，腹部灰白色，前翅绿黄色，前缘从基部起约 1/2 白色带粉红色，外缘毛褐色；后翅白色。

【测报】颐和园一年发生 2 代，以蛹在茧内于枯枝上越冬。4 月中、下旬羽化为成虫，成虫具较强趋光性。6—8 月幼虫期，9 月上、中旬到 10 月上旬越冬。

【生态治理】1. 发生量小时可人工剪除虫叶。2. 幼虫期喷洒 1.2% 烟参碱乳油 1 000 倍液。

寄生柳金刚夜蛾的寄生蜂

柳金刚夜蛾幼虫

柳金刚夜蛾成虫

柳一点金刚夜蛾 　　鳞翅目瘤蛾科

Earias pudicana pupillana Staudinger

【寄主】毛白杨、柳。

【形态特征】成虫体长 8~10mm，翅展 20~23mm。头、胸粉绿色，触角黑褐色，下唇须粉褐色。前翅黄绿色，前缘从基部起 2/3 白色带粉红，中室有褐色圆点 1 个；后翅白色，略透明，缘毛白色。腹部及足皆为白色，跗节紫褐色。卵近鱼篓形，咖啡色，表面具纵刻纹。幼虫初龄幼虫体浅灰黄色，老熟体长 15~18mm。头及前胸背板黑色，胴部背灰黄色，形成长圆形纵斑 5 个。亚背线紫色，第 2、第 3、第 5、第 8 腹节背面两侧各有紫黑色隆起，上生 1 毛，气门下线白色，胴部表面散生小颗粒，腹面灰白色。蛹体背面黑褐或略带绿色，尾端圆钝。茧为白色或灰褐色，其底面平坦以丝缠于叶面，其前端纵扁，有裂缝。

【测报】颐和园一年发生 2 代，以蛹在茧内于枯枝上越冬。翌春羽化为成虫，交尾产卵于嫩叶或嫩芽的尖端。7 月为孵化盛期。幼龄幼虫以丝将枝梢的嫩叶缀成筒巢，在内蛀食，并能钻入顶芽为害。虫龄较大的幼虫则将叶子吃成缺刻，尤其对毛白杨幼苗为害严重。为害柳树时，常将柳叶纵卷。幼虫有转移为害习性，1 头幼虫一生可以食害 3~4 个嫩梢。7 月下旬在巢内或至叶底隐蔽处结茧化蛹，8 月初第二代成虫出现，成虫寿命约1周。成虫具较强趋光性。越冬幼虫在落叶和地被植物、树皮裂缝或枝干的隐蔽处结茧化蛹。

【生态治理】1. 人工摘除幼虫卷缀的筒巢。2. 灯光诱杀成虫。3. 幼虫期喷洒20%除虫脲悬浮剂7 000倍液。

柳一点金刚夜蛾幼虫

柳一点金刚夜蛾幼虫

柳一点金刚夜蛾茧

柳一点金刚夜蛾成虫

银纹夜蛾　　　　鳞翅目夜蛾科

Ctenoplusia aganata (Staudinger)

异名：*Argyrogramma agnata* Staudinger

【寄主】槐、海棠、大丽花、菊花、一串红等。

【形态特征】成虫体灰褐色。前翅有"S"形白纹，向外还有1个近三角形的银纹；后翅暗褐色，有金属光泽。胸背有竖起的棕褐色长鳞毛2丛。卵淡黄绿色，馒头形，上有纵向格子形斑。幼虫体绿色，长约30mm，前细后宽，背线白色，双现状，亚背线白色，气门黄色，第1、第2腹足退化。蛹体长纺锤形，第1、第5腹节背面前缘灰黑色，腹末延伸为方形臀棘。

【测报】颐和园一年发生3代，以蛹在土中越冬。翌年6月出现成虫，7—9月幼虫为害，成虫趋光性强。

【生态治理】1. 灯光诱杀成虫。2. 幼虫3龄前喷洒20%除虫脲悬浮剂7 000倍液。

银纹夜蛾成虫

银纹夜蛾成虫

银纹夜蛾成虫

瘦银锭夜蛾成虫

瘦银锭夜蛾　　　鳞翅目夜蛾科

Macdunnoughia confusa (Stephens)

【寄主】大豆、胡萝卜、蒲公英等。

【形态特征】成虫翅展 31~34mm。胸部具 V 字形毛簇。前翅棕黄色，闪金光，内线前半部不明显，后半部银色内斜，前端连接 1 锭形银斑，似有 2 斑相连或分离，或仅有 1 斑。

【测报】颐和园 4—9 月可见成虫，具趋光性。

瘦银锭夜蛾预蛹

瘦银锭夜蛾成虫

瘦银锭夜蛾翅背

淡银纹夜蛾　　　鳞翅目夜蛾科

Macdunnoughia purissima (Butler)

【寄主】菊科植物等。

【形态特征】成虫翅展 29~32mm。胸部具 V 字形毛簇。体及前翅灰褐色，具金属光泽。后胸及第 1 腹节各具黑褐色毛簇。前翅内线后半黑褐色，翅中部具 2 银斑，分离，中室端部有 1 暗褐斑，外线黑褐色，线及内侧染锈红色。

【测报】颐和园 6 月、8 月可见成虫，具趋光性。

淡银纹夜蛾成虫

淡银纹夜蛾成虫

桃剑纹夜蛾 　　鳞翅目夜蛾科

Acronicta intermedia (Warren)

【寄主】樱桃、杏、梅、桃、梨、山楂、苹果等。

【形态特征】成虫头顶灰棕色，颈板有黑纹，腹部褐色；前翅灰色，基线前缘区黑线两条，基剑纹黑色、树枝形、内横线双线，暗褐色，波浪形外斜，外横线双线，外一线锯齿形；后翅白色，外横线微黑。幼虫老龄体长约 43mm，头部棕黑色，背线黄色，亚背线由中央为白点的黑斑组成气门上线棕红色，气门线灰色，气门下线粉红色至橙黄色，腹线灰白色；第 1、第 8 腹节背有黑色锥形突起，上有黑色短毛；各节毛片上着生黄色至棕色毛片。

【测报】颐和园一年发生 2 代，以老熟幼虫在树干上啃皮为屑缀丝做粗茧化蛹越冬。6 月、8 月成虫期，成虫趋光性强。7 月、9 月幼虫期。

【生态治理】1. 保护寄蝇等天敌。2. 黑光灯诱杀成虫。3. 幼虫期喷洒 1.2% 烟参碱乳油 1 000 倍液。

桃剑纹夜蛾成虫

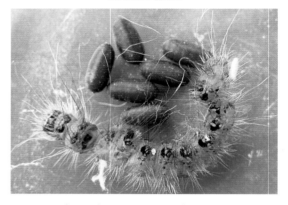

寄生蝇寄生桃剑纹夜蛾（寄生蝇蛹）

桃剑纹夜蛾幼虫

桃剑纹夜蛾幼虫侧

桃剑纹夜蛾寄生蝇成虫

桑剑纹夜蛾 　　　　鳞翅目夜蛾科

Acronicta major Bremer

【寄主】桑、香椿、桃、梨、梅、李等。

【形态特征】成虫头、胸和前翅灰白带褐色。前翅基剑纹黑色，端分枝，内线双黑，环纹和肾纹灰色白边，外线双锯齿形，端剑纹黑色，在5~6脉有1黑纵线与外线交叉；后翅淡褐色。卵灰绿色。幼虫老龄体长约52mm，灰白色。头部黑色，光滑，带有蓝色光泽。体散布大小不同的淡褐色圆斑，每体节背各具褐斑1个，而以第3~6和第8腹节最大。全身密布小刺，刚毛较长，灰白至黄色。

【生物学】颐和园一年发生1代，老熟幼虫吐丝脱毛缀木屑及枯叶作茧化蛹，以蛹越冬。翌年7月上旬成虫羽化，成虫趋光性强。产卵于叶背，卵平铺成块，每卵块数十至数百粒卵。初孵幼虫群居，3龄后分散为害，8月中下旬老熟幼虫为害最烈，常食光树叶。

【生态治理】1. 灯光诱杀成虫。2. 人工摘除越冬茧。3. 幼虫期喷洒1.2%烟参碱乳油1 000倍液。

桑剑纹夜蛾幼虫（腹面）

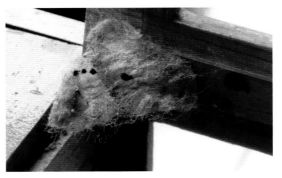
桑剑纹夜蛾茧

桑剑纹夜蛾成虫

桑剑纹夜蛾老熟幼虫下树

肖毛翅夜蛾 　　　　鳞翅目夜蛾科

Thyas juno (Dalman)

异名：*Lagoptera juno* Dalman

【寄主】李、木槿、梨、桃。

【形态特征】成虫头部赭褐色，胸和腹红色。前翅赭褐色或灰褐色，布满黑点，前后缘红棕色，基线达中褶，内线前端弯，后外斜，外线直线内斜，顶角至臀角有一内曲弧线。幼虫幼龄体蓝灰色，头部有黑褐斑，第1腹节亚背面有黑斑，第8~9腹节背面有黑毛突，第5腹节背面有黑色圆斑1个。老龄体长56~70mm，深黄或黄褐色，头部黄褐色，有黄色条斑。胸棕褐色，有纵纹线。背线淡褐色，双条，其后侧有向后方倾斜的"八"字形褐纹，背、侧面布满不规则褐斑，第5腹节背中有黑眼斑。第1~2腹节弯曲成桥形。胸足第1~2对小，第3~4对正常，腹足外侧有黄斑，臀足长。蛹深褐色，纺锤形，体表被白粉。

【测报】颐和园一年发生2代，以蛹卷叶越冬。幼龄幼虫多栖于植物上部，性敏感，一触即吐丝下垂，老龄幼虫多栖于枝干食叶。6月和8月分别为各代幼虫期，成虫趋光性强，吸取果实汁液。幼虫老熟后在土表枯叶中吐丝结茧化蛹。

【生态治理】1.黑光灯诱杀成虫。2.幼虫期，喷洒Bt乳剂500倍液或20%除虫脲悬浮剂7 000倍液防治。

肖毛翅夜蛾成虫

客来夜蛾　　　　　　鳞翅目夜蛾科

Chrysorithrum amata (Bremer et Grey)

异名：*Chrysorithrum amata* Bremer

【寄主】胡枝子。

【形态特征】成虫头部及胸部深褐色，腹灰褐色。前翅灰褐色，密布棕色细点，基线与内线均白色，外弯，线间深褐色成宽带，中细线、弯曲，外线前半部弯曲，后回升至顶角，外线

与亚端线间暗褐色，约呈"丫"字形。

【测报】颐和园一年发生1代，6—7月成虫期。成虫趋光性强。

【生态治理】1.黑光灯诱杀成虫。2.幼虫期，喷洒20%除虫脲悬浮剂7 000倍液防治。

客来夜蛾成虫

客来夜蛾成虫（示后翅）

枯叶夜蛾　　　　　　鳞翅目夜蛾科

Adris tyrannus Guenée

【寄主】紫藤等。

【形态特征】成虫体长38mm，翅展100mm，形似枯叶。胸部两侧各有黑斑1个。前翅褐色，翅顶角较尖，从顶角至后缘凹陷处和翅基各有1条黑褐色斜线，翅脉有黑褐色小点1列；后翅橘黄色，外半部有牛角形黑色大斑1个。腹部杏黄色。卵扁球形。幼虫体长65mm，头部红褐色较小。体黄褐色或灰褐色，前端较尖，第1对腹部短小，第1~2腹节弯曲如尺蠖状，第7~10腹节长形成突峰，第2~3腹节背面各

有眼形斑 2 个，第 6 腹节两侧各有不规则方形白斑 1 个。蛹体红褐色，头顶有小突起，表体有金黄色闪光斑。

【测报】颐和园一年发生 2 代，发生期很不整齐，世代重叠，以各种虫态在寄主、杂草等处越冬。6—7 月为幼虫盛发期。老熟幼虫吐丝缀叶，在其内化蛹。7—8 月为成虫盛发期。成虫有趋化性和趋光性，常吸食果品汁液，被害果实易腐烂和脱落。

【生态治理】1. 用黑光灯或果汁液诱杀成虫。2. 及时清除杂草和落叶，减少虫源。3. 幼虫发生期，喷施 Bt 乳剂 500 倍液，利于保护各种天敌。

枯叶夜蛾成虫

枯叶夜蛾成虫（李颖超摄）

棉铃虫　　　　鳞翅目夜蛾科

Helicoverpa armigera (Hübner)

【寄主】万寿菊、月季、木槿、大丽花、美人蕉、鸡冠花、向日葵等花卉及经济作物等。

【形态特征】成虫体长 15~17mm，体色多变，灰黄、灰褐、黄褐、绿褐、及赤褐色均有。前翅多为暗黄色，有环形纹，中央有个褐色点；后翅淡褐至黄白色，端区黑或深褐色。卵半球形，初产时白色，渐变淡绿色。幼虫老龄体长 40~45mm，头黄绿色，具不规则黄褐色网状纹，体色变化大，有淡红、黄白、绿和淡绿色等 4 个类型。蛹体纺锤形，黄褐色。

【测报】颐和园一年可发生 3~4 代，以蛹在土壤中越冬。温度在 15℃以上时成虫开始羽化。卵产于嫩叶和果实，可产卵 100~200 粒。幼虫共 6 龄，历时 15~22 天。1~2 龄幼虫有吐丝下垂习性，为害嫩叶及小花蕾，3~4 龄幼虫有在早晨 9 时前爬至叶面静止习性，钻入嫩蕾、花朵中取食，导致花、蕾死亡。幼虫蛀孔大，孔外具虫粪，有互相残杀和转移的习性。蛹期 8~10 天。越冬代主要为害麦类、豆类和苜蓿，第 1~2 代主要为害棉花，第 2~3 代主要为害番茄等蔬菜、花卉和林木。8 月底至 9 月初成虫大量羽化。成虫趋光性强。

【生态治理】1. 少量为害时，人工捕捉幼虫或剪除有虫花蕾。2. 幼虫蛀果时，喷洒 Bt 乳剂 500 倍液或 20% 除虫脲悬浮剂 7 000 倍液防治。3. 蛹期可人工挖蛹。4. 用性诱剂和黑光灯诱杀成虫。

棉铃虫低龄幼虫

棉铃虫幼虫

棉铃虫成虫

棉铃虫幼虫

棉铃虫成虫（腹面）

棉铃虫幼虫为害菊花

棉铃虫成虫停栖在八宝景天上

棉铃虫蛹

苜蓿实夜蛾　　　　鳞翅目夜蛾科

Heliothis viriplaca Hüfnagel

【寄主】苜蓿、矢车菊、艾蒿、苹果、向日葵、麻以及草坪草。

【形态特征】成虫灰褐色，长约 15mm，翅展约 32mm。前翅黄褐略带青绿色，中线棕色而宽，翅面有不规则小黑点；后翅浅褐色，中部有大型弯曲黑斑 1 个，外缘为黑色宽带，带中央有点 1 个。卵半球形。幼虫体色变化大，老熟时长约 35mm。头黄褐色，上有黑褐色斑点，中央有个倒"八"字纹，背线及亚背线黑褐色，气门线和足黄绿色。蛹黑褐色，头顶呈黑色乳头状突起，臀棘 1 对。

【测报】颐和园一年发生 2 代，以蛹在土中越冬。翌年 4 月成虫羽化，有趋光性，卵产叶背，卵期约 8 天。5—9 月为幼虫为害期初孵幼虫吐丝将苜蓿叶卷起，在其内取食，长大后不再卷叶，而蚕食叶片。9 月随气温下降，幼虫老熟人土越冬。

【生态治理】1. 保护天敌，如赤眼蜂、姬蜂、广大腿小蜂、马蜂、步甲等。2. 灯光诱杀成虫。3. 幼虫为害期，喷施 Bt 乳剂 500 倍液或 20% 除虫脲悬浮剂 7 000 倍液防治。

苜蓿实夜蛾

黏虫　　　　鳞翅目夜蛾科

Mythimna separata (Walker)

【寄主】杂食，以禾本科为主。

【形态特征】成虫体长 15~18mm，翅展 36~40mm，头、胸灰褐色，腹部暗褐色，前翅灰黄褐、黄、橙色，内线黑点几个，肾纹褐黄色，不显，端有白点 1 个，两侧各有黑点 1 个，外线和端线均是黑点 1 个；后翅暗褐色，向基部渐浅。卵半球形，白色，后为黄色，表面有明显网纹。幼虫老熟时体长约 28mm，体色因虫龄和食料不同而多变，有黑、绿和褐色等，头

部有褐色网纹，体背有红、黄或白色等条纹。蛹体红褐色，长约 19mm，臀棘有刺 4 根。

【测报】颐和园一年发生 2~3 代。迁飞性害虫，每年由南往北迁飞，发生世代也随之逐减，北纬 33° 以北地区不能越冬。5 月中下旬出现第 1 代成虫，卵多产在黄枯叶片上。幼虫 6 龄，有假死性，昼伏夜出，4~6 龄为暴食期，在土表 1~3cm 处化蛹。成虫对糖醋液和灯光有趋性。

【生态治理】1. 保护天敌，如黏虫白星姬蜂等。2. 成虫期灯光诱杀。3. 幼龄幼虫期，喷洒 Bt 乳剂 500 倍液。

黏虫幼虫

黏虫幼虫受惊蜷缩

黏虫成虫

黏虫白星姬蜂

淡剑贪夜蛾 鳞翅目夜蛾科

Spodoptera depravata (Bulter)

【寄主】多草地早熟禾、高羊茅、多年生黑麦草等。

【形态特征】成虫雄体翅展 26.2~27.2mm，触角羽状。体背及前翅颜色多变，多灰褐色，内横线和中横线显著黑色，翅面有一近梯形的暗褐色区域，外缘线有黑点 1 列；后翅淡灰褐色。雌成虫翅展 23~24mm，触角丝状。卵馒头形，直径 0.3~0.5mm，有纵线条纹，初为淡绿色，孵化前灰褐色。幼虫初孵时体灰褐色，取食后绿色。老龄圆筒形，头部椭圆形，沿蜕裂线有黑色"八"字纹，背中线肉粉色，亚背线内侧有不规则三角形黑斑 13 对。蛹体长 12.1~13.5mm，初为绿色，后渐变为红褐色，臀棘 2 根，平行。

【测报】颐和园一年发生 3~4 代，以老熟幼虫在草坪中越冬。幼虫 6 龄，3 月中旬越冬幼虫开始取食，5 月下旬见第 1 代幼虫，7 月下旬至 8 月上旬为第 2~3 代幼虫为害期。幼虫咬食根茎或将叶片吃成缺刻，严重时，地上部分成片枯黄。成虫趋光、产卵于叶片近尖部，卵块长条形，外覆黄绒毛。

【生态治理】1. 结合草坪修剪，剪除卵块，集中

处理。2. 灯光诱杀成虫。3. 喷洒 Bt 乳液 500 倍液或 20% 除虫脲悬浮剂 7 000 倍液毒杀幼虫。4. 保护蛙类、鸟类等天敌。

淡剑贪夜蛾卵

淡剑贪夜蛾初孵小幼虫

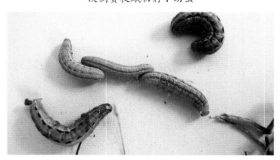

淡剑贪夜蛾幼虫

淡剑贪夜蛾幼虫（头部八字纹）

淡剑贪夜蛾成虫

斜纹贪夜蛾　　　　鳞翅目夜蛾科

Spodoptera litura Fabricius

【寄主】荷花、睡莲、早熟禾、木槿、桑等。

【形态特征】成虫雌体长 21~27mm，翅展 38~48mm，体黑褐色，触角丝状，灰黄色，复眼黑褐色。前翅黑褐色，外缘锯齿状，从顶角斜向后缘有 2 条黄褐色带搭成"人"字形，中脉较粗，黄褐色；后翅灰黄色，外缘灰黑色，翅脉明显浅黄色。雄成虫体灰褐色，体长 17~23mm，翅展 32~40mm，触角丝状，灰黑色，复眼黑色，前翅深黑褐色，外缘钝锯齿状，从顶角斜向后缘有 4 条黄褐色带搭成双线长"人"字形，中脉及臀脉明显，黄褐色；后翅灰褐色，靠外缘近 1/3 宽度为灰黑褐色，后翅翅脉灰黑色。卵近圆球形，直径 0.8mm，黑绿色。幼虫初孵时体黑绿色，长约 1.5mm，以后体色多变，有灰黑、黑绿、黄褐和褐黑色，老熟幼虫体长 32~50mm，头部黑褐色，背线灰褐色，第 1 腹节及第 7~8 腹节有大黑斑 6 块，第 1 腹节的黑斑近长方形，第 7~8 腹节的为三角形。蛹体长 15~24mm，初时青绿色，后为深红褐色，臀棘 2 根。

【测报】颐和园一年发生 1 代，以蛹潜藏于草丛

或表土层越冬。6—7 月出现成虫，趋光性强。8—9 月幼虫为害盛期，10 月上中旬幼虫化蛹越冬。高温少雨的年份经常爆发成灾，可在短期内将大片草坪或园林植物毁坏殆尽。

【生态治理】1. 冬季及时清除杂草及耕翻土地，消灭潜藏其中的越冬蛹，以减少虫源。2. 成虫期灯光诱杀。3. 幼龄幼虫为害期，喷洒微生物农药 Bt 乳剂 500 倍液或 20% 除虫脲悬浮剂 7 000 倍液。

斜纹贪夜蛾低龄幼虫

斜纹贪夜蛾老龄幼虫

斜纹贪夜蛾老龄幼虫

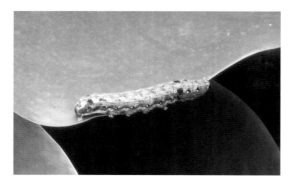

斜纹贪夜蛾老龄幼虫

斜纹贪夜蛾成虫

斜纹贪夜蛾成虫

甘蓝夜蛾 　　　鳞翅目夜蛾科

Mamestra brassicae (Linnarus)

【寄主】丝绵木、紫荆、桑、柏、松、鸢尾等。

【形态特征】成虫体长 22mm，翅展 45mm。灰褐色，前翅肾形斑或灰白色，环形斑灰黑色，沿外缘有黑点 7 个，下方有白点 2 个前缘近端部有白点 3 个；后翅或灰白色。卵半球形，浅黄色，顶部有棕色乳突 1 个，其表有网格。幼虫老龄体长约 28~37mm，体色随虫龄体长 28~37mm 体色随虫龄增加有异，初孵幼虫灰黑色，3 龄前淡绿色，4 龄后深褐色，头部黄褐色，具有不规则褐色花斑，胸和腹背褐色。老龄体背面褐色，有倒"八"字形黑线，腹部黄褐色，背、侧面有不规则灰白斑纹，背线、亚背线、气门下线，气门线暗褐色，气门下线纵带直通到臀足上，第 8 腹节气门比第 7 约大 1 倍。蛹体赤褐色，臀棘 2 个。

【测报】颐和园一年 2~3 代，以蛹在土中越冬。翌年 5 月成虫羽化，日伏夜出，以 21:00—23:00 时活动最盛，趋光性强。卵产在叶背上，块状，每块卵数不等，卵期约 5 天。幼虫共 6 龄，初孵化幼虫群居为害，3 龄后分散为害。该虫发育最适宜温度为 18~25℃，相对湿度 75%，因此，在适宜的春秋两季为害严重。

【生态治理】1. 保护赤眼蜂、姬蜂、寄生蝇、草蛉等天敌。2. 利用黑光灯和糖醋液诱杀成虫。3. 幼虫期喷施 Bt 乳液 500 倍液防治。

斜纹贪夜蛾为害状

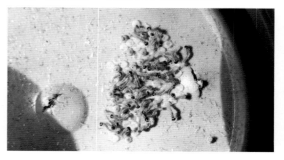

甘蓝夜蛾初孵幼虫

甘蓝夜蛾龄 1 龄幼虫

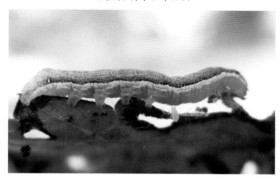

甘蓝夜蛾幼虫

甘蓝夜蛾成虫

柳残夜蛾　　　　　鳞翅目夜蛾科

Colobochyla salicalis (Denis et Schiffermüller)

【寄主】柳、杨等。

【形态特征】成虫头、胸灰褐色，腹色稍淡。前翅褐灰色，内线暗褐色，在前缘脉后折角直线内斜，中横线褐色衬黄，较直内斜，1 条褐线

自顶角微曲内斜至后缘，内侧衬黄色，外侧较暗，缘线为黑点 1 列；后翅淡褐黄色，端区暗，臀角处分明。

【测报】颐和园一年发生 1 代，6—7 月成虫期，趋光性强。

【生态治理】1. 灯光诱杀成虫。2. 幼虫期喷洒 100 亿孢子 /mL 的 Bt 乳剂 500 倍液。

柳残夜蛾成虫

石榴巾夜蛾　　　　　鳞翅目夜蛾科

Parallelia stuposa (Fabricius)

【寄主】幼虫为害石榴、月季、蔷薇等，成虫为害桃、苹果、梨等果实。

【形态特征】成虫体褐色，长 20mm 左右，翅展 46~48mm。前翅中部有一灰白色带，中带的内、外均为黑棕色，顶角有 2 个黑斑。后翅中部有一白色带，顶角处缘毛白色。中、后足胫节有刺，各胫节均有长毛。卵灰色，形似馒头。顶部平滑，底部稍圆，灰绿色。幼虫老熟体长 43~50mm，头部灰褐色，头顶有 2 个黄白色斑。第 1~2 腹节常弯曲成矫形。第 8 节末端有 1 对馒头状毛瘤，各有 1 根褐色长毛。体背茶褐色，布满黑褐色不规则斑纹，有 1 至多条浅色纵纹。腹面淡黄色至白色，两足间有 1 个较明显黑斑。胸足 3 对，腹足 4 对，第 1 对腹足较小，趾沟为单序缺环式。臀足特化为双尾状，向后伸出。蛹长卵形，栗褐色，被白色粉状物，长 18mm。腹末有 2 根钩状臀棘，棕红色，并围绕有 6 根钩状红色粗毛。茧粗糙，灰褐色。

【测报】颐和园一年发生 3~4 代，以蛹越冬。4 月上旬石榴萌芽时成虫开始羽化产卵，卵期 6~10 天。第一代幼虫 4 月中旬出现，5 月中旬开始在树皮缝、草丛间或树下石块间吐丝结茧化蛹；第一代成虫 5 月下旬开始羽化。第二代幼虫 6 月上旬孵化。6 月以后生活史不整齐，各虫态同时出现，发生世代重叠。第二代成虫 7 月上旬羽化。第三代幼虫 7 月中旬开始孵化。第三代成虫 8 月中旬羽化，8 月下旬开始出现第四代幼虫。9 月中旬以后陆续化蛹越冬。幼虫体形及体色极似石榴树枝条，白天静伏在粗细程度与其身体相似的枝条上，多以尾巴朝向枝梢，不易发现。幼虫为害 3~5 年生石榴幼树最重，尤以梢部嫩叶最为喜食。在石榴分布较多的地方，一般不为害其他林木。幼虫取食活动多在夜间进行，被害叶片呈缺刻状，取食严重时，只剩下叶柄。成虫口器较为发达，常刺入熟果内或有伤口的果内吸食汁液，被吸食部分呈海绵状，并围绕刺孔开始腐烂，造成大量落果。成虫具有趋光性。

【生态治理】1. 保护天敌，如蜀蝽 *Arma custos* Fabricius 和大山雀 *Parus major artattts* Thayer et Bangs，它们都以捕食石榴巾夜蛾 2~4 龄幼虫为主，捕食率为 6.7%。另外，还有一种病原微生物（学名待定），对幼虫的寄生率为 3.9%。幼虫感病死亡后，体发软液化，腹部以下呈膜状，略带臭味。2. 加强检疫，避免害虫随苗木远距离传播。3. 幼虫期喷洒 20% 除虫脲悬浮剂 7 000 倍液毒杀幼虫。

石榴巾夜蛾成虫

陌夜蛾　　　鳞翅目夜蛾科

Trachea atriplicis (Linnaeus)

【寄主】地锦、月季、二月蓝、蓼等。

【形态特征】成虫体长 45~52mm，头部及胸部黑褐色，腹部暗灰色。前翅棕褐色带铜绿色，基线黑色，中室后双线，线间白色，内线和环纹中央黑色，环纹有绿环及黑边，肾纹绿色，后内角有 1 个三角形黑斑。环纹和肾纹后侧方有 1 个白色斜条；后翅白色。幼虫头灰赭色，体青或红褐色，背线、亚背线暗褐色，中间有白点，气门线粉红色。

【测报】颐和园一年发生 1 代。6—8 月成虫期，成虫趋光性强。

【生态治理】1. 成虫期灯光诱杀。2. 幼虫期喷洒 100 亿孢子 /mL 的 Bt 乳剂 500 倍液。

陌夜蛾成虫

陌夜蛾成虫

艳修虎蛾 　　　　　鳞翅目夜蛾科

Sarbanissa venusta (Leech)

别名：葡萄虎蛾。

【寄主】葡萄、地锦。

【形态特征】成虫翅展 49mm，头胸部紫棕色，颈板及后胸端部暗蓝色。足和腹部黄色，腹背紫棕斑 1 列。前翅灰黄色，密布紫棕细点，后缘区及端区大部紫棕色，内线灰黄色，外斜至中室折角内斜，并呈双线，环纹与肾纹紫棕色，灰黄边，外线双线灰黄色，中部外弯，后半明显内斜，亚端线灰白色锯齿形，翅脉灰黄色，端线为一列黑点，内侧衬灰黄；后翅杏黄色，端区一紫棕色宽带，其内缘中部凹，近臀角一褐黄斑，中室一暗灰斑。幼虫体蓝褐色，头部橘黄色；体黄色，散生不规则褐斑；前端细，后端粗，第 8 腹节稍隆起，有长毛。蛹体暗红褐色，背、腹布满微刺。

【测报】颐和园一年 1~2 代，以蛹在土中越冬。6 月和 8 月成虫期，成虫趋光性强。8—9 月幼虫为害最严重。

【生态治理】1. 黑光灯诱杀成虫。2. 幼虫期喷洒 48% 乐斯本乳油 3 500 倍液。

艳修虎蛾幼虫群集

艳修虎蛾成虫

艳修虎蛾幼虫

黄褐天幕毛虫 　　　　鳞翅目枯叶蛾科

Malacosoma neustria testacea Motschulsky

【寄主】蔷薇科植物、柳、杨等，最喜杏、梅花等蔷薇科植物，其次为杨柳科植物。

【形态特征】成虫雌雄异性，雌体长 15~17mm，展翅 40~50mm；雄体长 13~14mm，展翅 24~32mm，雌性褐色，雄性黄褐色，前翅中部均有深褐色横线 2 条，线间为褐色宽带。卵圆筒形，灰白色，中央下凹，在小枝上密集环状排列成顶针状。幼虫初孵时体黑色，老熟时体长 55mm，头蓝灰色，有黑斑 2 个，背线白色，亚背线、侧线及气门上线橙黄色，第 1 和最末腹节背面有大黑斑 1 对，腹末前节 4 斑，其余各节杂斑。蛹体长约 25mm，黄褐色。茧淡黄色，椭圆形，外被有白粉。

【测报】颐和园一年发生 1 代，以卵在枝上越冬。翌年 4 月上旬树木放新芽时孵化，幼虫群食嫩叶，吐丝做巢，稍大后在树杈间结网幕群集于内，昼伏夜出。5—6 月老熟幼虫在卷叶或

两叶间结茧化蛹，蛹期约 10~15 天，6 月中旬
羽化，产卵。成虫趋光性强。枯叶蛾科成虫无
口器，故无法取食，存活时间较短，导致产卵
集中，孵化后小幼虫集中取食，应抓住此有利
时机进行生态治理。

【生态治理】1. 保护天敌，如天幕毛虫抱寄蝇
等。2. 冬季摘除枝上卵块，集中烧毁。3. 初龄
期剪除网幕，杀死网中幼虫或喷洒 20% 除虫
脲悬浮剂 7 000 倍液。4. 灯光诱杀成虫。5. 严
重发生区的老龄幼虫，可喷洒核型多角体病毒
液（NPV）。

黄褐天幕毛虫幼虫群集为害

黄褐天幕毛虫卵

黄褐天幕毛虫茧

黄褐天幕毛虫幼虫群集为害（李凯摄）

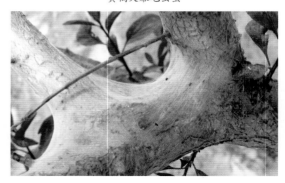

黄褐天幕毛虫网幕

黄褐天幕毛虫成虫

杨褐枯叶蛾 　鳞翅目枯叶蛾科

Gastropacha populifolia (Esper)

别名：杨枯叶蛾

【寄主】杨、柳、苹果、梨、杏、桃、李。

【形态特征】成虫体及翅黄色或橙黄色，前翅狭长，内缘短，有黑色断续的波状纹5条；后翅有明显的黑色斑纹3条。卵椭圆形，灰白色，有黑色斑纹，覆盖灰黄绒毛。幼虫头棕褐色，较扁平，体灰褐，中、后胸背面有蓝黑色斑1块，班后有赤黄色横带，第8腹节背有大瘤1个，第11腹节背有瘤突；背中线褐色，侧线成倒"八"字形黑褐纹，体测各节有褐色毛瘤1对，各瘤上方为黑色"V"形斑。蛹椭圆形，长33~40mm，初浅黄，后变黄褐色。茧长椭圆形，40~55mm，灰白色略带黄褐，丝质。

【测报】颐和园一年发生1代，以幼龄幼虫在树枝、枯叶中越冬；翌年4月幼虫开始活动，1~2龄幼虫群集取食，将树叶咬食成缺刻或孔洞；3龄以后分散为害；6月老熟，在枝干上作茧化蛹，7月初成虫开始羽化，有趋光性，寿命8天左右，产卵于枝叶上，每雌产卵200~300粒，7月孵化，卵期约12天。

【生态治理】1. 人工捕杀枝干上幼虫。2. 黑光灯诱杀成虫。3. 幼虫发生严重期，喷洒100亿孢子/mL的Bt乳剂500倍液或3%啶虫脒油1 000倍液。

杨褐枯叶蛾幼虫侧

杨褐枯叶蛾成虫（雌）

杨褐枯叶蛾（雄）

杨褐枯叶蛾幼虫

霜天蛾 　鳞翅目天蛾科

Psilogramma menephron Cramer

【寄主】丁香、柳、泡桐、女贞、白蜡、金银木、楸、梧桐、地锦等。

【形态特征】成虫体长约50mm，翅展约125mm，灰白或灰褐色。体背有棕黑色线纹，前翅有棕黑色波浪纹，顶角有黑色半月形斑1个。卵绿色，圆形。幼虫体长92~110mm，体色有2型：一种是绿色，腹部第1~8节两侧各有1条白色斜纹，斜纹上缘紫色。气门黑色，外有黄白色圈，尾角绿色；另一种也为绿色，上有褐色斑块，胸腹之间和第 7 节背面的褐色斑块较大而显著，腹部第 2~6 节两侧的斜纹上各有 2 个三角形的褐色斑块，尾角褐色，上有短刺。蛹体棕褐色。

【测报】颐和园一年发生 1 代，以蛹在土中越冬。翌年 6 月成虫羽化，趋光性很强。卵产于叶背面，卵期约 10 天。幼虫多在清晨取食，白天潜伏在阴处。5—10 月为幼虫为害期，以 8—9 月为害严重。10 月幼虫老熟，入土化蛹越冬。

【生态治理】1. 保护天敌，幼虫天敌如广腹螳螂，其他如胡蜂、茧蜂、益鸟等。2. 黑光灯诱杀成虫。3. 为害不严重时，发现少量虫粪可人工捕捉幼虫，不必喷药。

霜天蛾老龄幼虫

霜天蛾蛹

霜天蛾卵

霜天蛾幼虫

霜天蛾成虫

霜天蛾幼虫

榆绿天蛾　　　　鳞翅目天蛾科

Callambulyx tatarinovi (Bremer et Grey)

【寄主】榆、柳、杨树。

【形态特征】成虫体长 20~35mm，头绿色，两触角间有白纹相连。胸背两侧淡绿色；腹背绿色，各腹节后缘具白边。前翅绿色，内、外深绿色，不规则弯曲，后缘及翅基部色浅，臀角黑短纹 4 条，翅顶角白纹内斜；后翅鲜红色，外缘绿色。前、后缘白色，臀角有暗色横线。卵淡绿至灰绿色，球形。幼虫头大，胸细，颗粒白色。老龄体 58~67mm，头近三角形，体密生淡黄色颗粒，胸部小环节明显。 每腹节各有横皱褶 7 个，腹侧有较大颗粒排列的黄白色斜纹 7 条，以 1 节、3 节、5 节、7 节上更显。尾角紫绿色，直，有白色小颗粒。体色分两个色型：绿色型，全体绿色，颗粒黄白色，斜纹紫褐色，气门黄褐色，腹足下缘横带淡黄色；赤斑型，全体黄绿色，颗粒白色，斜纹橘红色，气门黄褐色，腹足下缘横带棕褐色。

【测报】颐和园一年发生 2 代，以蛹在土壤中越冬。翌年 4 月出现成虫，幼虫 6—7 月出现 2 次。成虫日伏夜出，趋光性较强，4—8 月灯下可见成虫。卵散产在叶片背面。9 月老龄幼虫入土化蛹越冬。

【生态治理】黑光灯诱杀成虫。

榆绿天蛾幼虫

榆绿天蛾成虫（李凯摄）

雀斜纹天蛾 　　　　鳞翅目天蛾科

Theretra japonica (Orza)

【寄主】葡萄、地锦、常春藤、虎耳草、绣球花等。

【形态特征】成虫体长约 40mm，翅展 67~72mm。体绿褐色，头胸部两侧、背中央有灰白色绒毛，背线两侧有橙黄色纵纹，各节间有褐色条纹。前翅黄褐色，有从顶角伸达后缘的暗褐色斜条纹 6 条，其中，第 1 条最宽，中室具 1 小黑点；后翅黑褐色，后角附近有橙灰色三角斑纹。幼虫体长 75~80mm。头部褐色，较小，背部青绿色。1~8 腹节有不甚鲜明的斜纹。前缘白色，与气门相连接。尾角 20mm，细长，赤褐色，端部向上方弯曲，第 1~2 腹节背面各有黄色眼斑 1 对。

【测报】颐和园一年发生 1 代，以蛹在土中越冬。6—7 月成虫羽化，产卵于叶背，幼虫在叶背取食。

【生态治理】1. 成虫羽化期用黑光灯诱杀。2. 幼虫期可喷洒 1.2% 烟参碱 1 000 倍液等无公害药剂。

雀斜纹天蛾

奇翅天蛾 　　　　鳞翅目天蛾科

Neogurelca himachala sangaica (Butler)

异名：*Gurelca himachala sangaica* Butler

【寄主】茜草科植物。

【形态特征】成虫体长 20~30mm，展翅有 42~46mm。触角线状，末节钝圆。头顶有毛丛，下唇须顶端尖。体翅灰色具黑褐色斑纹，鳞毛成簇高低不平，腹背两侧有黑斑并有灰色鳞束，腹侧鳞束大而呈片状突伸。前翅狭长，灰褐色具黑斑纹并有黄白色细纹，外缘锯齿状而不整齐，后缘后角突圆；后翅前缘弯曲度深，有 2 个半圆形凸，翅橙黄色，外缘有宽的黑褐色边带。

【测报】此虫停息时姿态奇特，翅向上斜伸，后翅紧贴于前翅下，后翅前缘的 2 个凸叶露出前翅前缘外，其臀角又组成 2 个相应的凸叶；同时，腹端向上翘，两侧的鳞束也舒展；触之落地而不动。

【生态治理】1. 成虫羽化期用黑光灯诱杀。 2. 幼虫期可喷洒 1.2% 烟参碱 1 000 倍液等无公害药剂。

奇翅天蛾成虫

红节天蛾　　　　鳞翅目天蛾科

Sphinx ligustri Linnarus

异名: *Sphinx ligustri constricta* Bulter

【寄主】丁香、女贞等。

【形态特征】成虫头灰褐色，颈板及肩板两侧灰粉色。胸部背面棕黑色，后胸后缘有丛状的白梢毛。腹部背线黑色，各体节两侧前半部粉红色，后半部黑色狭环，腹面白褐色。前翅外线棕黑色，波状纹，亚前缘具白色纵带，中室有

较细的纵横交叉黑纹；后翅烟黑色。

【测报】颐和园一年发生 1 代，以蛹越冬。成虫有趋光性。

【生态治理】黑光灯诱杀成虫。

红节天蛾成虫

构月天蛾　　　　鳞翅目天蛾科

Parum colligate (Walker)

【寄主】构树、桑树。

【形态特征】成虫翅展 65~80mm，体长 28~32mm。体翅褐绿，胸部灰绿，肩板棕褐，各节间有环形横纹隐约可见。前翅基线灰褐，内线与外线间呈比较宽的茶褐色带，中室末端有 1 明显白星，外线暗紫，顶角有略圆形暗紫色斑，周边呈白色月牙形边，顶角至后角有弓形的白色宽带，后角有 1 个长三角形褐绿色暗斑，自顶角内侧经中室白星达内线有棕黑色纵带，并在中室外分出 1 个达前缘的小叉。后翅浓绿，外线色较浅，后角有棕褐斑 1 条。

【测报】颐和园 7 月灯下可见成虫。

【生态治理】1. 人工采摘卵块和捕杀幼虫。2. 结合中耕除草松土等田间作业，挖掘寄主附近的蛹。3. 利用天敌进行生态治理。

构月天蛾（成虫）

白薯天蛾 鳞翅目天蛾科

Agrius convolvuli (Linnarus)

【寄主】牵牛花、田旋花、豆类植物等。

【形态特征】成虫翅展 90~100mm，体长 40~47mm。头胸背面暗灰色，有黑色纵线，侧面有灰白色纵带伸达肩板末端。前翅内、中、外线各为双条深棕色尖锯齿线，在前缘和外缘形成一些黑纹，顶角有黑色斜纹；后翅有 4 条暗褐色横线，缘毛白色，有暗褐色斑相杂。腹部背中线灰色有黑色细线，两侧由黑与桃红色、白色三色间隔组成的斑带，有些个体白色不明显，但第 2 节基部的白纹明显。

【测报】颐和园 5 月、6 月、8 月、9 月灯下可见成虫。白薯天蛾活跃于日出及黄昏时，有趋光性。

【生态治理】黑光灯诱杀成虫。

白薯天蛾成虫

蓝目天蛾 鳞翅目天蛾科

Smerinthus planus Walker

【寄主】柳、杨树等。

【形态特征】成虫体长 36mm，翅展 90mm，灰黄色。前翅狭长，翅面有波浪纹，中室有浅色新月形斑 1 个；后翅浅灰褐色，中央紫红色，有深蓝色大圆斑 1 个，其周围为黑色环。卵椭圆形，有光泽。幼虫老熟体长 90mm，幼龄幼

虫体色与寄主叶色相似，4 龄后幼虫雌的体色较黄，雄的体色较绿。老熟幼虫在化蛹前 2~3 天体背呈暗红色。头绿色，近三角形，两侧色淡黄。胸部青绿色，各节有细横褶。前胸有 6 个横排的颗粒状突起；中胸有 4 个小环，每环上左右各有 1 个大颗粒状突起；后胸有 6 小环，每环也各有 1 个大颗粒状突起。腹部黄绿色，有黄白色小粒点。第 1~8 腹节两侧有黄白色斜线纹，最后一条直达尾角。气门淡黄色，周围黑色，前方常有紫色斑 1 块。蛹体黑褐色。

【测报】颐和园一年发生 2 代。以蛹在根际土壤中越冬。翌年 4 月下旬至 5 月上旬羽化为成虫，刺槐开花，杨花飞絮为羽化盛期。成虫有趋光性，将卵多产于叶背，枝条、树干、土块上也可见到，单产，偶有产成一串的，均以黏性分泌物牢牢黏着。卵期约 15 天。初孵幼虫大多能将卵壳吃去大半，然后爬至叶背面主脉上停留，仅以第 6 节腹足及臀足紧抓叶脉。能少量吐丝，偶尔跌落时，能悬挂在树上。1~2 龄幼虫分散取食叶片，大龄幼虫食量大增，地面可见大粒绿色虫粪。7 月中旬至 8 月上旬为 2 代成虫期，8—9 月为幼虫为害期，10 月上中旬进入越冬。

【生态治理】1. 人工挖越冬蛹。2. 在成虫发生期用黑光灯诱杀成虫。3. 发生不重时可人工捕杀幼虫，尽量不喷药，以保护天敌。4. 发生严重时，喷施 1.2% 烟参碱 1 000 倍液。

蓝目天蛾老熟幼虫下树

蓝目天蛾蛹（上雄下雌）

蓝目天蛾成虫及卵

蚂蚁正在搬运蓝目天蛾低龄幼虫

蓝目天蛾成虫

葡萄天蛾　　　　鳞翅目天蛾科

Ampelophaga rubiginosa Bremer et Grey

【寄主】地锦、葡萄。

【形态特征】成虫体长约45mm，体、翅茶褐色。前翅有茶褐色横波纹几条，中线宽，顶角有色较浓的三角斑1块。体背中央有白色纵线1条。卵近球形，粉绿色，光滑。幼虫老龄体长约75mm，绿色。头部黄绿色，后头缝有黄色纵条。胸、腹部黄绿色，背部及两侧有黄色颗粒。背线为绿色，较细，两侧呈"八"字形黄色斜纹。亚背线色淡，亚背线至气门间的第1~8节体表有浅黄色斜纹，斜纹上方绿色，腹面深绿色。第1~7腹节背面前缘中央各有深绿色小点1个，两侧各有黄白色斜短线1条，尾角青绿色，端部稍带红褐色，向下弯曲成弧形。臀板和肛侧板上有黄色颗粒突起。蛹体长45~55mm，纺锤形，棕褐色。

【测报】颐和园一年发生1代，以蛹在土中越冬。翌年6—7月上旬成虫羽化，趋光性强。卵单产于叶背、枝蔓上，6—9月下旬幼虫期蚕食叶片，留下叶柄。

【生态治理】1. 灯光诱杀成虫，人工捕杀幼虫，春秋季在树木附近挖蛹。2. 必要时，可于低龄幼虫期喷洒除虫脲。

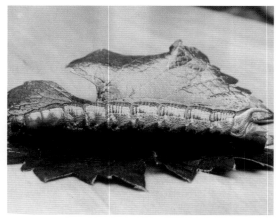

葡萄天蛾幼虫

葡萄天蛾幼虫

葡萄天蛾幼虫

葡萄天蛾蛹

葡萄天蛾成虫

小豆长喙天蛾　　鳞翅目天蛾科

Macroglossum stellatarum (Linnaeus)

【寄主】茜草科植物。

【形态特征】成虫体长 28~36mm，翅展 42~46mm，体翅及胸暗灰褐色，复眼棕色。触角棒状，黑褐色。腹面白色，腹部暗灰色，两侧有白色和黑色斑，尾毛棕色扩散呈刷状。前翅内中 2 条横线弯曲棕黑色，外线不甚明显，中室上有一黑色小点，缘毛棕黄色，后翅橙黄色，基部及外缘有暗褐色带，翅的反面暗褐色并有橙色带，基部及后翅后缘黄色。卵圆球状，绿色有光泽，直径 1.2~1.5mm。幼虫初孵 1.5~1.8mm，虫体有黑色短刚毛。老熟幼虫体长 55~61mm，虫体分黄绿色及绿色两种。头小近圆形，灰绿色，两侧各有黄白色纹 1 条。胸腹部两侧各有一条由白色颗粒组成的横线。胴体腹部 1~8 节两侧各有 1 条由白色颗粒组成的向背面斜伸的条纹。气门白色，周围黑色，臀角上被有很多小颗粒，大部分蓝色，尖端黄色。胸足黄色，腹足两侧有红褐色块状斑纹。体型粗壮，体侧两纵向白色条纹延伸至身体后部具尾突一个，平直。预蛹幼虫胴体红褐色。蛹体长 28~35mm，棕色，头部具两枚突疣，虹吸口器由头部延伸到腹末，臀棘较长，1 枚，尖端分叉。

【测报】颐和园一年发生 1 代，以成虫在阳面沟壑缝隙及建筑物内越冬。翌年 5 月成虫出蛰，即访花，取食花蜜补充营养，盘旋飞翔时既能前进也能后退，飞翔自如。7—8 月成虫寻寄主幼嫩的叶柄及果穗的分叉处产卵，以备初孵幼虫取食方便。幼虫为害名贵中草药茜草，在小豆植株未见该虫为害。幼虫 30~35 天完成取食茜草，有结茧习性。幼虫行动迟缓，因寄主枝干叶柄具密集倒钩刺，幼虫每行动一步都要非常谨慎不停试探。老熟幼虫于 8—9 月下树寻适宜地结裸茧，预蛹经 48~60 小时化蛹，蛹期 13~20 天，成虫羽化后访花，交尾，寻寄主产卵（8 月中旬羽化的可产卵），寻越冬场所。

【生态治理】1. 黑光灯诱杀成虫。2. 幼虫期喷施 25% 灭幼脲三号悬浮剂 1 500 倍幼虫或 0.4g/m² 的 100 亿孢子/g 的 0.4g BT 乳剂 300 倍液生态治理。

小豆长喙天蛾成虫

小豆长喙天蛾成虫

小豆长喙天蛾成虫吸食花蜜

绿尾大蚕蛾　　鳞翅目天蚕蛾科

Actias ningpoana C. Felder et R. Felder

异名：*Actias selene ningpoana* Felder

【寄主】柳、杨、樱花、紫薇、核桃等。

【形态特征】成虫翅长 123mm。粉绿色，前翅前缘紫褐色，外缘黄褐色，中室末端有眼斑 1 个，翅脉较明显，灰黄色，后翅也有眼斑 1 个，后角尾状突出，长约 40mm。卵球形，稍扁，灰黄色，直径约 2.5mm。幼虫 1~2 龄体褐色，3 龄橘红色，4 龄嫩绿色，老龄黄绿色，老熟幼虫体长 73~82mm，头较小，浅褐色，气门线下至腹面浓绿色，臀板中央及臀足后缘有紫褐色斑。中、后胸及第 8 腹节背的毛瘤顶端黄色，基部黑色，其他部位毛瘤端部蓝色，基部棕黑色，其上的刚毛棕黄色，身体其他部位的刚毛黄白色。蛹体赤褐色，长 45~50mm，粗 26~32mm，额区有浅黄色三角斑 1 个。茧灰色，椭圆形，长径 50~55mm，短径 25~30mm。

【测报】颐和园一年发生 2 代，以蛹在树木下部枝干分杈处结茧越冬。翌年 4 月中旬至 5 月上旬羽化、交尾、产卵。5 月中旬幼虫孵出，幼虫 5 龄。6 月上旬老熟幼虫开始化蛹，中旬达盛期。第 1 代成虫 6 月末至 7 月初羽化并产卵，幼虫 7 月上中旬开始孵出，9 月上中旬幼虫老熟结茧化蛹。成虫有趋光性，当晚可交尾，翌

绿尾大蚕蛾成虫（李凯摄）

日产卵，产卵量 250~300 粒。1~2 龄幼虫有群集性，较活跃，3 龄后分散，食量大增，行动迟缓。

【生态治理】1. 保护天敌，如赤眼蜂。2. 黑光灯诱杀成虫。3. 幼虫期喷洒 Bt 乳剂 500 倍液或 20% 除虫脲悬浮剂 7 000 倍液。4. 人工捕杀老龄幼虫，采茧灭蛹。

野蚕蛾　鳞翅目蚕蛾科

Bombyx mandarina (Moore)

异名:*Theophila mandarina* (Moore)

【寄主】桑、构树。

【形态特征】成虫体长 10~20mm，展翅 31~47mm。体灰褐色，前翅外缘顶角下方有一弧形凹陷，翅面有褐色横带 2 条，带中有深褐色新月形斑 1 个；后翅暗红褐色，中央暗色阔带 1 条，内缘中央有半月形斑 1 个。卵长 1.2mm 扁卵圆形，中央凹陷，初白黄色，后变灰白色。幼虫老熟体长 40~65mm，体褐色，具斑纹。头小，中后胸特别膨大，中胸背面具黑纹 1 对，后胸背面有深褐色圆纹 2 个。第 2 腹节有红褐色马蹄形纹 2 个，第 5 腹节背面有淡圆点 2 个，第 8 腹节上生有 1 角。蛹体纺锤形，长 12~23mm，暗红褐色。茧椭圆形，灰白色，层紧密，质结实。

【测报】颐和园一年发生 2 代，以卵在枝干上越冬。越冬卵 5 月上旬开始孵化，初孵幼虫有向上爬习性，一般喜栖息在枝条及叶柄上。幼虫昼伏夜食，分散为害，一株嫩叶吃光后，再转至另一株取食。幼虫有 4 龄和 5 龄 2 种。5 月上旬至月下旬是越冬代为害盛期，7 月发生第一代幼虫，卷叶结茧化蛹。成虫产卵在第 1~2 主干上，数粒至百余粒聚散在一起，排列不整齐。非越冬卵多散产在叶片背面。

【生态治理】1. 保护天敌，如野蚕黑卵蜂、野蚕绒茧蜂、家蚕追寄蝇、广大腿小蜂和野蚕黑瘤

姬蜂等。其中，野蚕黑卵蜂自然寄生率较高。2. 结合整枝，刮掉枝干上越冬卵。3. 在各代幼虫、蛹发生期，捕捉幼虫和摘除茧蛹。4. 灯光诱杀成虫。

野蚕蛾卵及初孵小幼虫

野蚕蛾 1 龄幼虫

野蚕蛾幼 2 龄幼虫

野蚕蛾老龄幼虫

野蚕蛾成虫

野蚕蛾幼虫体背

野蚕蛾幼虫体侧

桑磺蚕蛾　　鳞翅目蚕蛾科

Rondotia menciana Moore

【寄主】桑树。

【形态特征】成虫雌性异型，雌蛾翅展39~47mm，体、翅豆黄色。前翅外缘顶角下方弧形凹入，翅面有波浪形黑色横纹2条，横纹间有黑色短纹1条；后翅也有黑色横纹2条。雄性体色较深，腹部细瘦上举，雌性腹部肥大下垂。卵扁平，乳白色，椭圆形，中央略凹入，表面密生多角形突起，并列成3~10行排列，每列6~14粒，越冬卵则块状，上覆黑色毛。幼虫头黑色，胸、腹乳白色，各环节多横皱，皱间有黑斑（老熟时消失），第8腹节背有黑色尾角1个。蛹长圆筒形，乳白色。茧淡黄色，长椭圆形，质疏松。

【测报】有一性化、二性化和三性化，均以有盖卵块在枝干上越冬。翌年6月孵化为头蟥，7月化蛹，羽化和产卵越冬。二性化、三性化蛾则

野蚕蛾茧

桑黄蚕蛾成虫

无盖卵块，8 月孵化为幼虫（二蛾），9 月化蛹，羽化，产有盖卵越冬。如产无盖则继续发育为三蛾，再完成 1 代后以卵越冬。成虫有趋光性。

【生态治理】1. 保护天敌（小蜂、姬蜂）。2. 灯光诱杀成虫。3. 幼虫期喷洒白僵菌。

菜粉蝶　　　　鳞翅目粉蝶科

Pieris rapae Linnaeus

【寄主】十字花科、菊科、旋花科等 9 科植物。

【形态特征】成虫长约 17mm，展翅 50mm。体黑色，有白色绒毛。前后翅为粉白色，前翅顶角有黑斑 2 个。卵长瓶形，表面有网纹。幼虫老熟时长约 35mm，体青绿色，背中线为黄色细线，体表密布黑色瘤状突起，着生短细毛。蛹纺锤形，初为青绿色，后成灰褐色。

【测报】颐和园一年发生 4 代，世代重叠，以蛹越冬。成虫白天活动，卵多产于叶片背面，卵期约 7 天。幼虫取食芽、叶、花，严重时将叶片食光，只留叶脉和叶柄。4—10 月均有幼虫为害，但以夏季为害严重。蛹期 1 周。

【生态治理】1. 保护姬蜂、凤蝶金小蜂等天敌。2. 人工清除虫蛹。3. 幼虫为害期喷施 Bt 乳剂 500 倍液。

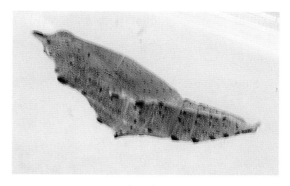

菜粉蝶蛹

菜粉蝶成虫

菜粉蝶成虫

菜粉蝶幼虫

柑橘凤蝶　　　　鳞翅目凤蝶科

Papilio xuthus Linnaeus

【寄主】柑橘、花椒、构橘、柚、佛手等。

【形态特征】成虫长约 30mm，分春、夏两型。春型：雌虫体长 24~29mm，翅展 75~95mm；雄虫体长 21~27mm，翅展 70~90mm。雌虫黄色比雄虫浓，体背有纵行较宽的黑线 1 条，两侧黄绿色。翅展约 100mm，黄白色，上有许多黑斑纹，边缘黑色，基部近前缘处有 1 束与前缘平行的黑线 4 条，顶端有黑色横斑 2 个，其黑带中有黄色新月形斑 8 个；后翅臀角有橙黄色圆纹 1 个。夏型：体较大，体长 25~32mm，翅展 80~110mm，体和翅面底色较黄，黑色部分也较春型为少。卵扁圆形，高约 1mm，宽大于 1mm，初产时黄色，后变为紫灰色。幼虫初龄幼虫黑色，体多毛。2~4 龄体暗褐色，具肉状突起和白色斜带纹，似鸟粪状。老熟时体长约 40mm，草绿色，后胸背面两侧有蛇眼纹，中间有 2 对马蹄形纹。第 1 腹节后缘有黑带，第 4~6 腹节两侧各有蓝黑色斜纹。臭丫腺橙黄色。蛹体纺锤形，黄色。

【测报】颐和园一年发生 2~3 代，以蛹在枝条、建筑物等处越冬。4 月中下旬（花椒发芽期）成虫羽化，卵散产于嫩芽、叶背，5 月第 1 代幼虫孵化，幼虫孵出后先食去卵壳，咬食嫩芽、叶片，幼虫一般夜出取食。老熟幼虫化蛹时，先吐丝作垫，以尾钩着丝垫，然后吐丝在胸、腹间环绕成带，体斜悬于空中化蛹。幼虫受惊时露出臭丫腺，并放出臭气。6 月上旬第 1 代成虫羽化，7 月下旬第 2 代成虫羽化。

【生态治理】1. 保护和引放天敌，如凤蝶金小蜂、广大腿小蜂寄生率都很高。2. 人工捕杀幼虫和蛹。3. 低龄幼虫期喷洒 25% 除尽悬浮剂 1 000 倍液或 Bt 乳剂 500 倍液。4. 冬、春季在树枝、建筑檐下杀蛹。

柑橘凤蝶初孵幼虫

柑橘凤蝶低龄幼虫

柑橘凤蝶中龄幼虫（示臭丫腺）

柑橘凤蝶卵

柑橘凤蝶老熟幼虫

柑橘凤蝶老熟幼虫（示臭丫腺）

柑橘凤蝶成虫

柑橘凤蝶蛹

柑橘凤蝶成虫

柑橘凤蝶蛹被寄生蜂寄生

绿豹蛱蝶　　　　鳞翅目蛱蝶科

Argynnis paphia (Linnaeus)

【寄主】紫花地丁。

【形态特征】成虫雌雄异型：雄蝶翅橙黄色，雌蝶暗灰色至灰橙色，黑斑较雄蝶发达。雄蝶前翅有 4 条粗长的黑褐色性标，中室内有 4 条短纹，翅端部有 3 列黑色圆斑；后翅基部灰

柑橘凤蝶蛹被寄生蜂寄生

绿豹蛱蝶成虫（背面）

色，有 1 条不规则波状中横线及 3 列圆斑。反面前翅顶端部灰绿色，有波状中横线及 3 列圆斑，黑斑比正面大；后翅灰绿色，有金属光泽，无黑斑，亚缘又白色线及眼状纹，中部至基部有 3 条白色斜带。体长 21~24mm，翅展 58~72mm。

绿豹蛱蝶成虫（腹面）

白钩蛱蝶 鳞翅目蛱蝶科

Polygonia c-album (Linnaeus)

【寄主】柳、榆、朴、榉等植物。

【形态特征】成虫体长 16~18mm，翅展 49~54mm。与下一种黄钩蛱蝶很接近，共同的特点是后翅反面有一个银白色的"L"或"C"形斑。本种前后翅近基部没有 1 个小黑斑，即前翅中室内只有 2 个黑斑，翅外缘的角突钝。幼虫末龄幼虫头黑色，密生刺毛，体灰黑色，背侧淡黄色，体表着生灰黄色长枝刺。

【测报】成虫主要发生在春末至夏季，动作敏捷，低飞，喜欢取食树液和花蜜，雄蝶具领域性。

白钩蛱蝶幼虫

白钩蛱蝶幼虫

白钩蛱蝶幼虫

白钩蛱蝶蛹

白钩蛱蝶成虫（秋型）

白钩蛱蝶成虫（腹面）

黄钩蛱蝶成虫（腹面）

黄钩蛱蝶　　　鳞翅目蛱蝶科

Polygonia c-aureum (Linnaeus)

【寄主】葎草、榆、梨、荨麻。

【形态特征】成虫体长 15~18mm，翅展 48~57mm。分春秋两型：春型翅多为黄褐色，外缘凹凸较少；秋型翅为红褐色，外缘凹凸极显著。前翅外缘突出部分较短但尖锐，后翅外缘中部突出呈大锯齿状。翅面斑纹黑褐色。前翅中室基部 1 个斑，中部 2 个斑，端部 1 个较大，中室后有 4 个近圆形斑；其中，3 个斜列靠近中室，另 1 个近后角，上面长具有青色鳞；外缘有 1 条不甚规则的波状带。后翅中部 3 个斑，亚端区有一列斑纹 4~5 个，均具青色鳞点。翅反面黄或淡黄褐色，多疏密不均、长短不等的细波状线，外部有几个小点纹，后翅中部有一个银白色的"C"字形。

黄钩蛱蝶成虫（秋型）

大红蛱蝶　　　鳞翅目蛱蝶科

Vanessa indica Herbst

【寄主】榆树等。

【形态特征】成虫体长 19~25mm，翅展 50~70mm。体黑色，翅红黄褐色，外缘锯齿状，有黄斑和黑斑，前翅外半部有小白斑数个，中部有不规则的宽广云斑横纹；后翅正面前缘中部黑斑外侧具白斑，亚外缘黑带窄，上无青蓝色鳞片，外缘赤橙色，其中列生黑斑 4 个，内侧与橙色交界处有黑斑数个；后翅反面中室"L"白斑明显，有网状纹 4~5 个。卵圆柱形，顶部凹陷，淡绿色，近孵化时紫灰色。幼虫老熟体长 30~40mm，头部黑色，密布细绒毛，背中线黑色，两侧有淡黄色条纹，各体节上有黑褐色棘状枝刺数根，中、后胸各 4 枚，前 8 腹节各 7 枚，最后腹节各 2 枚，腹部黄褐色。蛹体长 20~26mm，深褐或绿褐色，上覆灰白

黄钩蛱蝶成虫（春型）

色细粉，腹背有刺状突 7 列。

【测报】颐和园一年发生 2 代，以成虫在树洞、石缝、杂草、叶片中越冬和越夏。翌年 4 月成虫开始活动和交尾，5 月初产卵于叶上，幼虫孵化后取食叶片，严重时，能将全株叶片食光。幼虫 5 龄，1~2 龄群居结网，3 龄后分散为害。6 月下旬在枝干上倒挂化蛹，蛹期约 10 天。9 月第 2 代老龄幼虫期。

【生态治理】1. 在 1~2 龄幼虫群栖时人工捕杀或喷洒 20% 除虫脲悬浮剂 100 倍液、1.2% 烟参碱乳油 1 000 倍液。2. 蛹期人工摘蛹杀灭。3. 捕虫网捕捉成虫。

大红蛱蝶蛹

大红蛱蝶成虫

大红蛱蝶卵

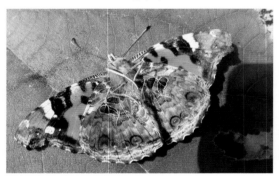

大红蛱蝶成虫（腹面）

大红蛱蝶幼虫

大红蛱蝶幼虫

大红蛱蝶为害状

大红蛱蝶为害状

不规则的、深浅不同的褐色斑，中部色略淡，外缘具1列由淡紫色长斑组成的断续的带纹，其内侧有4~5个中心具青鳞的眼状斑。雌体较大，翅较圆阔，雌雄斑色相同。

【测报】颐和园6—10月可见成虫。

小红蛱蝶蛹

小红蛱蝶　　　鳞翅目蛱蝶科

Vanessa cardui (Linnaeus)

【寄主】荨麻、牛蒡等多种植物。

【形态特征】成虫翅展45~50mm。与大红蛱蝶相似，前翅顶角突出，略弯，端部圆钝，翅底黑色或黑褐色，基部及后缘暗黄褐色，中部有1不规则的橙黄色宽横带，顶角内侧近中室端处有一较大的长形白斑，亚端区有4个白斑，中间2个最小，外缘有1列短线状的黄白色斑纹，后半部多不明显。后翅基部和前缘暗褐色，内缘密被黄褐色长毛，其余部分为橙黄或橙红色，沿外缘有3列黑褐色斑，中列最小，内列圆形最大。前翅反面中室基部黄白色，内具2个小黑点，其外1个在红区内；中部橙色宽带较正面鲜艳，顶角为淡黄褐色，其余斑纹与正面同。后翅反面基部多灰白色线纹围成的

小红蛱蝶成虫

小红蛱蝶幼虫

小红蛱蝶成虫

柳紫闪蛱蝶　　　鳞翅目蛱蝶科

Apatura ilia (Denis et Schiffermüller)

【寄主】柳、杨。

【形态特征】成虫体中形，色彩鲜艳，花纹相当复杂。前翅三角形，侧缘向内弧形弯曲，后翅白色横带无尖出。全翅深棕色，各径脉间中部有相连的无色方斑呈一横条，下方有一圆形黑斑。前足退化，短小无爪。卵半圆球形，径约1mm，体初为淡绿色，后为褐色。幼虫老龄体长约38mm，草绿色，头部上有突起一对，体上有小颗粒，尾节向后尖突。胸部气门上线白色，腹气门上线斜向白色。蛹体垂蛹，长约30mm，腹背棱线突出。

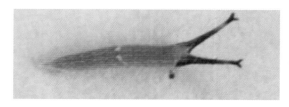

柳紫闪蛱蝶幼虫

柳紫闪蛱蝶成虫（背面）

柳紫闪蛱蝶成虫（背面）

【测报】颐和园一年发生1代，以3龄幼虫吐丝潜伏越冬。7—8月出现成虫，8月中旬产卵，卵约经5天孵化。1龄幼虫龄期约4天，2龄幼虫龄期约6天，3龄幼虫龄期约20天，4龄幼虫龄期约15天。6月下旬化蛹，7月上旬成虫羽化。

【生态治理】在发生数量不多的情况下可以不防治，严重发生区，可以结合防治其他害虫进行兼治。

柳紫闪蛱蝶吸食树液

小环蛱蝶　　　鳞翅目蛱蝶科

Neptis sappho (Pallas)

【寄主】胡枝子等豆科植物。

【形态特征】成虫翅展45~53mm。翅正面黑色，斑纹白色。前翅中室条近端部被暗色线切断。后翅中带约等宽，外侧带被深色翅脉隔开。由前缘2/3处起，经过后缘中部有6~7个斑纹与后翅中带连接成1条马蹄状环形带纹；沿外缘有1列小斑。后翅亚端带略呈弧形，外缘无明显斑纹。翅反面棕红色，白色斑纹外缘无黑色外围线。触角末端颜色淡。

【测报】颐和园一年发生1~2代，以老熟幼虫越冬。飞行缓慢，喜滑翔。

【生态治理】1.蛹期人工摘蛹。2.捕虫网捕捉成虫。3.幼虫期喷洒20%除虫脲悬浮剂7 000倍液。

小环蛱蝶成虫

点玄灰蝶　　　　鳞翅目灰蝶科

Tongeia filicaudis (pyer)

【寄主】景天科植物。

【形态特征】成虫翅正面黑褐色，斑纹不明显；反面灰白色。缘毛前端白色，基部黑褐色。前翅反面外缘线黑色，亚外缘有 2 列各 6 个，中域前缘 4 个黑点排列 1 列，后缘 2 各排一行，中室端有一个黑点，中室内和下方各有 1 个黑点，这是区别近似种的主要特征。后翅外缘有 2 个橙红色斑，中室外侧有 3 个黑点，黑色的中室端线上下各有 2 个黑点，内侧 1 列黑点。触角黑白相间，近端部有白点。足基节、胫节白色，腿节、跗节内侧白色，腿节外侧黑色，跗节外侧黑白相间。卵扁圆形，浅绿或蓝绿色，直径约 0.4mm。表面密布小凹陷，呈花朵状散射排列。幼虫 1 龄幼虫黄白色，体表具较长的原生刚毛。2 龄以后体黄绿色，被刚毛，体背有暗红色纵条纹 5 条，体侧各有 3 条。老熟幼虫体长约 10mm，体略扁，绿色或红色，表面除具短刚毛外，还有颗粒状小突起，腹部两侧各具 1 排深色点。蛹初为绿色，后为棕色。长约 7.5mm，表面有白色短毛。中部有 1 对黑点。

【测报】发生代数不详。幼虫为害盛期为 8 月。4—10 月可见成虫。成虫吸食花蜜补充营养，交尾后将卵单产于寄主植物茎、叶、花上，每雌可产卵数十粒。初孵幼虫即在叶片上爬行，后潜入叶片，在潜斑内取食，啃食叶肉仅留上下表皮，再转移为害。潜斑脱落后造成叶片缺刻，几个潜斑连起既可导致落叶；中龄幼虫常自叶片基部潜入，直接导致落叶。单头幼虫可为害多枚叶片，自植株顶端向下不断转移；高龄幼虫除为害叶片外，更喜潜入茎干取食，造成为害部位以上的茎干枯萎弯折，不能开花，严重时，可导致成片枯萎死亡。幼虫沿蛀入孔将粪便排于植物体外。

【生态治理】1. 由于点玄灰蝶幼虫孵化后即潜藏在叶肉中取食，不容易被天敌发现，对该虫的

点玄灰蝶卵

点玄灰蝶幼虫

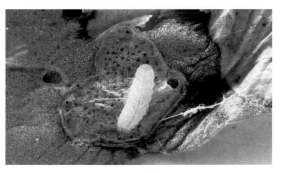

点玄灰蝶幼虫

防治，可以采取人工定期清理带幼虫的枝叶，减少虫数；冬季结合清园、翻耕等，深翻周围土壤，消灭越冬蛹，减少翌年春季虫蛹的羽化基数。2. 用捕虫网人工捕杀成虫。3. 在幼虫发生初期，可以喷洒 16 000IU/mg 苏云金杆菌可湿性粉剂 600 倍液，或 1.8％阿维菌素乳油 1 500 倍液进行防治。化学防治时禁止使用乐果类药剂，其对景天科植物药害明显；谨慎使用菊酯类药剂，其也有可能对景天科植物产生药害。

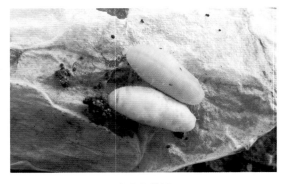

点玄灰蝶蛹

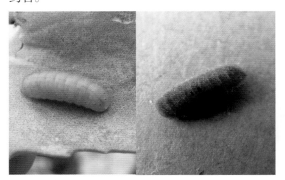

点玄灰蝶老熟幼虫

点玄灰蝶成虫吸食花蜜

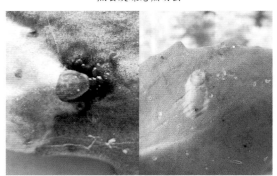

点玄灰蝶老熟幼虫潜斑为害

点玄灰蝶成虫（背面）

点玄灰蝶蛹

点玄灰蝶成虫吸食花蜜

点玄灰蝶正在交配

点玄灰蝶为害状

点玄灰蝶为害状

孵虫体长 2mm。

【测报】颐和园一年发生 1 代，以成贝和幼贝在落叶下或浅土层中越冬。翌年 3 月开始活动，昼伏夜出，取食植物叶、茎、花、芽，造成缺刻和孔洞，甚至成片枯黄。足腺分泌黏稠液体，爬过处留下银灰色痕迹。性喜潮湿，寿命 1 年以上。成贝产卵于植物根即附近 1~2cm 土层内或花盆下，常 10~20 余粒卵粒粘在一起成块。

【生态治理】1. 人工捕捉，集中杀灭。2. 在蜗牛出没处撒白灰。

灰巴蜗牛

灰巴蜗牛

灰巴蜗牛　　　　有肺目蜗牛科

Bradybaena ravida (Benson)

【寄主】多种植物。

【形态特征】成贝壳圆形，黄褐或琥珀色，质坚硬，螺层膨大，5~6 层。蜗体触角 2 对，后对较长，其顶端有黑色眼睛。卵壳坚硬，圆球形，乳白色，具光泽，孵化时色深。幼贝壳圆球形，淡褐色，4 个月后螺层 3 层，8 个月后 6 层。初

灰巴蜗牛为害景天

灰巴蜗牛为害菊科植物   灰巴蜗牛为害鸢尾

病　害

植物病害为植物细胞或组织对病原物或不良环境因素的一系列可见和不可见反应，其结果导致植物形态和功能发生不良变化，植物的完整性受损。引起植物病害的病原包括病原微生物和不良环境条件，病原微生物如病毒、细菌、真菌、原生生物、线虫等，是可传播的侵染性病原，通常被称为病原物，通过分泌酶、毒素、生长调节剂以及其他化合物干扰植物细胞的新陈代谢，通过吸收寄主细胞的养分在植物的木质部和韧皮部传导组织中生长、增殖，水分的向上运输，糖类的向下运输收到阻塞，从而引起寄主植物根部、枝干、叶部的病害。环境因素也可以引起植物病害，如温度、湿度、矿质养分和污染物等，当植物不能忍受这些超过或低于正常范围内的非侵染性因素时，也会发生病害。本书主要针对侵染性病害进行论述。

海棠腐烂病

Valsa ceratosperma (Tode et Fr.) Maire

【寄主】苹果属 *Malus* spp.、梨属 *Pyrus* spp.、杨属 *Populus* spp.、桑属 *Morus* spp.、榆属 *Ulmus* spp.、柳属 *Salix* spp.、槐属 *Sophora* spp.、桃属 *Amygdalus* spp.、杏属 *Armeniaca* spp.、紫穗槐属 *Amorpha* spp. 等多种被子植物，导致树皮糟朽溃烂。

【病原】苹果黑腐皮壳菌，学名为 *Valsa ceratosperma* (Tode et Fr.) Maire，异名 *Valsa mali* Miyabe et Yamada；无性阶段为 *Cytospora sacculus* (Schwein.) Gvrtischvili。子囊壳多在秋季产生于内子座中，黑色，球形或烧瓶状，直径 320~540μm，具长颈，顶端有孔口。子囊长椭圆形或纺锤形，无色，顶部钝圆，大小（28~35）μm×（70~10.5）μm，内含 8 个子囊孢子。子囊孢子双行或不规则排列，无色，单胞，香蕉形，大小（7.5~10.5）μm×（1.5~1.8）μm。分生孢子器产生于外子座内，直径 480~1600μm，其内多分成几个腔室，各室相通，具一共同孔口。内壁密生分枝或不分枝、无色透明的分生孢子梗，长 10.5~20.5μm。分生孢子无色，单胞，香蕉形，大小（4.0~10.0）μm×（0.8~1.7）μm。病菌菌丝生长温度 5~38℃，最适为 28~29℃；分生孢子萌发适温为 25℃左右，10℃左右也能萌发；子囊孢子萌发适温为 19℃左右。

【症状】颐和园西府海棠、毛白杨、桑、榆、柳等均有发生，长廊沿线海棠、东堤杨树，桑、榆种植区域，可见为害症状。以海棠腐烂病最具代表性。

杨树腐烂病孢子角

杨树腐烂症状

桑树腐烂症状

早春气温回升，扩展加快，海棠病部树皮从正常的灰绿色变为红褐色，略隆起，水渍状，稍具弹性，后皮层腐烂，渗出红褐色黏液，湿腐状。腐烂病多发生在主干、主枝和杈桠部位、剪锯口和干桩、枯橛基部、粗枝树皮上的隐芽周围，树皮上的冻伤、日灼伤和机械伤等干死皮周围。

榆树腐烂症状

柳树腐烂病孢子角

海棠腐烂病症状

梨树腐烂病孢子角

海棠腐烂病症状

发病严重时，病斑扩展可环绕枝干一周，病部以上枝叶发黄，不久即枯死。一旦危及主枝，树冠常残缺不全，甚至造成死树，影响景观。春季发病盛期，病皮多烂透至木质部，容易剥离，用刀刮除病皮表层以后，内部病组织呈现红褐色或黄褐色，松软，糟烂，有较浓的酒糟气味，后期病部失水凹陷、硬化，呈灰褐色至黑褐色，病部与健部裂开。

海棠腐烂病早春症状

发病1个多月后，病皮表面变干，变黑，长出很多瘤状小突起，它们突破周皮露出黑色小粒点，此为病菌的子座。小粒点中包含着病菌的分生孢子器。有的陈旧病皮中还藏有病菌的子囊壳。雨后或空气潮湿时，从病菌的分生孢子器中涌出橘黄色、卷须状的分生孢子角。溃疡病斑在树体进入旺盛生长期后，扩展减缓或停滞，表面逐渐变为黑褐色至炭黑色，病健皮交界处龟裂，周围树皮慢慢长出隆起的愈伤组织。

海棠腐烂病子囊壳

海棠腐烂病发病后期

海棠腐烂病分生孢子角

病疤周围的愈伤组织

随着树体进入生长期，发病盛期逐渐结束。新梢延长生长在5月末停止。从落花后开始，枝干加粗生长加快，生长速度到6月下旬达高峰。随着枝干加粗生长，树皮组织结构发生变化。每年6—8月，海棠主干、大枝中下部及杈桠部、小枝基部、剪锯口和隐芽周围以及病疤四周等部位，在皮层和韧皮部交接部位或韧皮部外层生成周皮，周皮以外的组织渐失水、变色、死亡、干枯、翘离，形成鳞片状或半筒状落皮层。在落皮层死亡且尚未失水干枯翘离时，便成为已定殖在树皮上病菌扩展活动的最佳基地，而后引起落皮层组织腐烂，致树体在7—9月发生病变。

鳞片状或半筒状的落皮层

7—9月，刚着落或原来潜伏的腐烂病菌，在落皮层上腐生、繁殖、扩展蔓延，进一步发病。但夏秋季生长季节，树体抗病菌扩展能力较强，病菌向树皮内层扩展困难，主要表现为表层溃疡或仅局部扩展较深。但在弱树上也能烂透树皮到达木质部。表层溃疡，外观略带红褐色，微湿润，病组织内部呈红褐色，松软糟烂，稍有酒糟味。深秋，树体渐入休眠期，表层溃疡继续扩展，在溃疡边缘或底层，常有腐烂病菌的白色菌丝团，在病健交界部形成红褐色坏死斑点。冬季发病继续但扩展较慢，严冬活动停止，它们在来年早春气温回升后，加快扩展蔓延，形成典型的腐烂病溃疡病斑。

表层溃疡边缘可见腐烂病白色菌丝团

【测报】6—8月树体形成落皮层，腐烂病菌在死亡而尚未失水干枯的落皮层活动。7—9月病菌从落皮层扩展至健康树皮引起病变，受到寄主抵抗多形成表面溃疡。晚秋初冬树体渐入休眠期，抗病力减弱，表面溃疡继续扩展，渐入发病盛期。冬季发病继续但扩展较慢。翌年早春2—3月气温回升，扩展加快，发病增多，为害加剧。枝干上形成典型溃疡病斑，发病部位中心或者旁侧常有小块干枯病组织。4月海棠展叶开花进入生长期，抗病能力增强，发病锐减，5月发病盛期结束。从夏秋季病菌在落皮层组织扩展，树体出现表面溃疡开始发病，冬春季在果树休眠期进入发病盛期，至翌年树体进入生长期病菌活动停顿，发病盛期结束，是腐烂病的一次发病过程。树皮烂透后，菌丝进入木质部表层可在其中存活3~5年。进入木质部的菌丝蔓延到病疤四周树皮引起树皮腐烂，

夏秋季病斑多为表面溃疡仅局部扩展较深

是导致旧疤重犯的主要原因。

【生态治理】1. 加强栽培管理。培养壮树，增强树体在各个龄期的抗病能力，同时，改善密枝树的通风透光条件，降低树冠内空气相对湿度，减少枝干树皮的结水时间，降低病菌孢子的发芽率和侵染数量。和众多弱寄生菌所致的病害相似，在腐烂病的防治上，凡是生产上广泛应用的能促进树木生长发育，有利于提高抗寒能力的栽培措施都有助于提高抗病力。其中起关键作用的是加强水肥管理，科学增施肥料和微生态制剂，疏花疏果，预防早期落叶。树皮充水度低，抵抗腐烂病扩展蔓延的能力低，病害就发展得快；水分供应及时，树皮有较高含水量，当树皮充水量高于 80% 以上时，病斑基本停止扩展，在树木发芽前灌溉有利于控制病害的发生。树木其他需水时间也应及时供给，从而培养壮树，增强树体抗病的综合能力。生长后期土壤水分过多容易造成枝叶贪青徒长，而树木根茎、杈桠、秋梢等部位休眠期晚，生长不充实容易受冻。因此生长后期注意排涝并应结合喷药，秋季结合喷药混加 0.1%~0.3% 磷酸二氢钾，或每株施用 2kg 硫酸钾肥可提高树体的抗病抗冻抗寒能力。对于导致大范围病害流行的周期性冻害，如北京 2009 年冬至 2010 年春的冻害，人力尚难控制，但在北方园林中，控制后期贪青徒长，对于预防观赏海棠因越冬准备不足而遭受冻害，还是有重要作用的。2. 外科防治。（1）刮治法：在施药前一个重要措施是刮除表面溃疡和粗皮，挖除干斑，剪除干病枝。不刮除病斑而仅靠表面涂药不能解决根本问题。仅注重春季检查刮治的做法应予以改进。该病的防治重点放在 8 月底到 9 月初，即夏、秋季刮除表面溃疡，入冬之前，结合刮老翘皮，清除没有烂到木质部的小病块。刀具推荐使用带弯型刀刃的樊氏刮刀，操作方便，省工省力。（2）桥接或脚接法：桥接是剪取一健壮枝条一端接在病疤的上部，一

樊氏刮刀

端接在病疤的下部，用该枝条作为桥梁使养分得以疏通。接穗要选取充实健康的营养枝，去除叶片，长度依据病疤大小决定，随用随取。具体步骤参考嫁接的方法。注意桥接前要将病皮刮除干净，涂上消毒药剂再嫁接；接穗不

要倒用；接合速度要快，形成层要紧贴。脚接是利用病树根部的萌蘖或病疤下部发出的枝条做接穗，将其顶端接至病疤上部，通过该枝条使上下养分疏通，不必摘除叶片。3.农药选用。甲基硫菌灵、丙环唑、甲硫·萘乙酸和腐殖酸·铜兼有抑菌、愈伤、预防、治疗的作用，既可抑制菌丝生长，又能促进伤口愈合，可用于早春对枝条的保护，刮除病斑后的治疗，以及深秋清园对病残体的消除。甲硫·萘乙酸、腐殖酸·铜和甲基硫菌灵均有方便直接涂抹的剂型。45% 丙环唑可用 1 500 ~2 000 倍稀释液喷施或涂抹。波尔多液、石硫合剂可用于枝干的预防保护；施纳宁（45% 代森铵）有保护、治疗、清园的作用，但刺激性气味较大，在开放的公园绿地中使用应注意避让游人，为避免灼伤叶面，尽量选择在休眠期稀释 500 倍喷施。4.生物防治。（1）有益微生物及代谢产物：微生态制剂（中农绿康）利用促生防病有益内生芽孢杆菌，通过竞争占位、拮抗病菌、诱导植物抗性等生防机制达到调控病害提高树势的目的；青霉素能增强树体的抗病性、有效促进腐烂病伤口愈合等。（2）植物源药剂：如腐必清（松焦油）由红松根干馏提炼而成，主要成分为多酚杂环类化合物，渗透性强，对树干上的腐烂病有较强的预防和铲除作用。小檗碱、苦参碱、烟碱等生物碱是中草药中重要的有效成分之一，已经尝试应用于腐烂病的防治。

葡萄座腔菌溃疡病

Botryosphaeria spp.

【寄主】苹果属 *Malus* spp.、杨属 *Populus* spp.、李属 *Prunus* spp.、松属 *Pinus* spp.、桑属 *Morus* spp.、七叶树属 *Aesculus* spp.、白蜡树属 *Fraxinus* spp.、栎属 *Quercus* spp.、丁香属 *Syringa* spp. 等包含裸子植物和被子植物在内的几百个属以上的植物，其中，不乏经济林、用材林和绿化林木及较为珍稀的树种，分布范围几乎遍及整个地球，可以引起枝干溃疡、枝枯、流胶等症状。

【病原】树木溃疡病主要由真菌侵染所致，在引起病害的多种病原真菌属中，葡萄座腔菌属 *Botryosphaeria* spp. 是重要属之一。其中，葡萄座腔菌 *Botryosphaeria dothidea* 为害寄主最多，其无性阶段为 *Dothiorella gregaria*。该病原为条件致病菌，树木生长健壮时不发病，而当树木遭受各种逆境树势衰弱时，潜伏在组织中的病原菌即表现出致病性。

【症状】植物遭遇环境胁迫时可见，主要引起树木溃疡、枯梢或花果枯萎腐烂，使得树势衰弱，生长减缓。葡萄座腔菌引起的观赏树木病害如杨树水泡型溃疡病、海棠轮纹病、梨干腐病、桃梅等核果类果树流胶病等已在许多国家有流行为害的记载。

毛白杨水泡型溃疡病症状

毛白杨水泡型溃疡病症状

梨干腐病症状

近年来，我国新发现或报道的由葡萄座腔菌引起的观赏花木枝、叶病害有逐渐增多之趋势，如牡丹 *Paeonia* spp. 溃疡病、红瑞木 *Tatarian dogwood* 溃疡病、七叶树 *Aesculus chinensis* 溃疡病、桂花 *Osmanthus fragrans* 叶斑病、山核桃 *Carya cathayensis* 干腐病、枣 *Ziziphus jujuba* 干腐病、石榴 *Punica* spp. 腐烂病以及该属的其他种引起的白木香 *Aquilaria sinensis* 和雪松 *Cedrus deodara* 的枝枯病等，相关种植者和研究人员需要引起注意。

雪松枯枝病症状

桃流胶病症状

桃流胶病症状

圆柏叶枯病症状

青桐溃疡病症状

海棠轮纹病引起树皮粗糙

树皮凹陷皮下形成溃疡

以海棠轮纹病为例，轮纹病菌可通过皮孔、伤口及枝条表皮缝隙进行侵入，其中，皮孔是最为主要的侵入途径，轮纹病菌侵染枝条后刺激寄主皮层细胞增生和木栓化，从而抑制轮纹病菌菌丝在寄主组织内生长和扩展，在枝干上形成轮纹病瘤；在病瘤的形成后期，病瘤外围细胞木栓化，将病组织与健康组织隔离，被隔离的皮层坏死脱落，形成"马鞍"翘起；当枝条因受干燥胁迫，叶片萎蔫时，病瘤和皮孔受抑制的菌丝能很快突破寄主的防御，在皮层迅速扩展，杀死皮层细胞，形成溃疡斑，进一步发展为典型的干腐症状。

海棠轮纹病瘤

干腐症状

【测报】在自然条件下，由于 *Botryosphaeria* 真菌是典型的条件致病菌，可在各种情况下生存和生活，故病原菌来源广泛。特别是在病组织和病死枝条上繁殖和越冬的病菌，均为新病害的侵染源。病菌一般从伤口或自然孔口侵入林木组织。伤口可包括修枝、日灼、冻害、动物和昆虫为害等留下的伤口。在有伤或条件适宜下，病菌侵入后可导致严重发病。溃疡病菌经伤口侵入时，其侵染成功率高且致病性强，而经自然孔口侵入时，其侵染力大大削弱且潜育期变长。1963 年，日本落叶松枯梢病 *B. laricina* 大发生，亦是生长季节暴雨造成伤口而使病菌得以侵入所致。有研究表明，葡萄座腔菌的无性阶段 *Dothiorella gregaria* 在为害杨树和槐树时存在潜伏浸染现象。树木生长健壮，病原菌侵入后暂不发病；而当树木遭受各种逆境时，树势衰弱，潜伏在组织中的病原菌即表现出致病性，造成严重的损失。以苹果轮纹病的测报为例：轮纹病菌产孢的最适温度为 25~30℃，当病斑被雨水润透后，病组织内的轮纹病菌即可发育产生分生孢子，降水和高湿是孢子释放的必要条件；6—7 月苹果枝条形成溃疡病斑，10 天内可形成分生孢子器，30 天内便能释放大量孢子；轮纹病菌的子囊孢子自 9 月初开始形成，直到翌年 6 月干腐病枝上仍能检测到子囊孢子。枝干轮纹病的侵染菌源主要来自枝干上的坏死皮层，干腐病斑产孢量最大，其次是病瘤周围的坏死组织，轮纹病瘤产孢量很少。流行学研究表明，枝条自当年开始生长至落叶前，整个生长季都可能受到轮纹病菌的侵染。降水是轮纹病菌孢子传播和侵染的必要条件。轮纹病孢子的萌发速度很快，超过 4 小时的连续降雨就能导致轮纹病菌孢子释放和传播。幼嫩枝条对轮纹病菌较为敏感，枝条完全木栓化，皮孔发育成熟后，抗性明显增强，与多年生枝条没有明显差异。

【生态治理】1. 葡萄座腔菌是条件致病菌。因此，最好的防御方法就是保证植物健康，满足不同植物的养护需求，避免植物逆境和伤害，并做好环境卫生管理。首先，在园林绿化中正确的选择和布局植物，是获得健康而有活力的景观植物、抵抗葡萄座腔菌攻击的第一步。种植者应该仔细的检查苗木，要避免购买有害虫寄生或遭受过伤害或胁迫的苗木。其次，满足不同树种喜好的生长条件；例如，美国紫荆 *Cercis canadensis* 和北美枫香 *Liquidambar styraciflua* 在遮阴条件下比全光条件下经历了更多更严重的葡萄座腔菌溃疡和枝枯病，而北美杜鹃 *Rhododendron canadense* 在全光条件下比遮阴条件下更容易感染葡萄座腔菌溃疡和枝枯病。很多环境胁迫因子，如高温、干旱、冰冻、土壤板结，使乔灌木易受葡萄座腔菌的侵染和定殖。通常树皮含水状况同品种的抗病性呈正相关，加强水肥管理，在树木需水时期应及时供给水分，培养壮树，增强树体抗病的综合能力。目前，发现的一些栽培问题有：修剪或其他农事操作中对植物组织造成伤害，栽植过深或过浅，在植物定植期没有及时灌溉，土壤酸碱度不当，在骤然和大幅度的降温的情况下没有及时对易感病的乔灌木进行保护，环境卫生差等。2. 筛选野生抗病种质资源。选用抗病品种，提高林木自身的抗病力是防治树木溃疡病的重要方面之一。以苹果轮纹病为例，目前已报道的对苹果轮纹病有较强抗性的野生资源有，海棠花 *Malus spectabilis*、楸子 *M. prunifolia*、塞威氏苹果 *M. sieversii*、湖北海棠 *M. hupehensis* 等，对轮纹病感病的有垂丝海棠 *M. halliana*、八棱海棠 *M. robusta*、西府海棠 *M. ×micromalus Makino* 等。3. 化学防治。代森铵（Amobam）、丙环唑（Propiconazole）、苦参碱（Matrine）、苯醚甲环唑（Difenoconazole）、氟硅唑（Flusilazole）、甲基硫菌灵（Thiophanate-Methyl）、多菌灵（Carbendazim）、戊唑醇（Tebuconazole）和醚菌脂（Kresoxim-Methyl）

对枝干溃疡病具有一定的防效，可探索林间应用并登记。以苹果轮纹病为例，一旦枝干形成粗皮，很难用直接喷药或涂药的方法铲除，而喷药保护枝干，防止病原菌孢子大量侵染就成为防治轮纹病的关键，因此，要特别注意6—8月生长季节的雨前喷药保护，如果没有做到，而降雨持续时间又超过4小时，则要及时喷施治疗剂铲除刚侵入的病菌。但是由于缺乏理想的治疗或铲除药剂，从苗期和幼树期就要开始药剂保护枝干不受轮纹病菌侵染，以防病菌在枝干上逐年积累，病原菌一旦侵入寄主体内，以上提到的任何药剂都难以铲除。4. 生物防治。树木溃疡病的生物防治主要是利用真菌之间拮抗和重寄生关系，以达到抑制病菌生长的目的。一些真菌可重寄生于溃疡病菌上，一些细菌如 *Bacillus subtilis*、*Bacillus pumilus*、*Pseudomonas fluorascens* 对溃疡病菌有抑制作用。从苹果树皮上分离得到枯草芽孢杆菌 *Bacillus subtilis* B-903，不仅能对离体的苹果轮纹病菌有明显的抑菌活性，也能抑制入侵于果内的轮纹病菌，田间喷淋保护和贮前浸果处理可在一定程度上降低烂果率。解淀粉芽孢杆菌 *Bacillus amyloliquefaciens* PG12 对苹果果实轮纹病有明显抑制作用。这些研究成果为生物防治树木溃疡病，展示了一个富有希望的前景。

枣疯病

Jujube witchs'-broom phytoplasma

【寄主】枣，龙枣。

【病原】病原为枣疯病植原体 Jujube witchs'-broom phytoplasma，枣疯病的病原与酸枣丛枝病、桑萎缩病病原为同种。

【症状】枣树发病后，主要表现为正常的生理紊乱，内源激素平衡失调，叶片黄化，小枝丛生，花器返祖，果实畸形。病株根部症状表现为根瘤，根蘖苗即表现为丛枝状，有的当年表现不明显，在第二年萌芽时即表现为丛枝。叶片有两种表现：一种为小叶型，枝叶丛生、纤细、小叶黄化等；另一种为花叶型，叶片凹凸不平，呈不规则的块状，黄绿不均，叶色较淡。这两种叶多出现在新生的枣头上。花器症状表现为花柄伸长变为小枝，花萼、花瓣、雄蕊变成枝，顶端长 1~3 片小叶。果实症状表现为落果严重，保留下来的果实畸形，果实疣状突起，着色不齐，呈病斑花脸型，果肉质地松软。

【测报】全国林业危险性有害生物。颐和园零星发生。枣疯病发病过程从外观症状上看可归纳为以下自然演变程序：健叶→花叶→皱缩叶→变态花蕾→花变叶→丛枝。根据自然演变程序划分为 5 个病变期：叶变期（叶片出现花叶与皱缩）、花变期（花蕾变态与花变叶）、枝变期（树冠出现个别疯枝）、疯树期（病枝布满全树）、衰亡期（树冠局部枯死至全死）。枣树种子不传染枣疯病；病株与健株之间通过汁液摩擦接种、花粉传播、根的自然接触或紧贴、土壤等都不能传病；病株铲除后立即在原地重植枣树也不会因为原株有病而发生枣疯病。枣疯病可通过人工嫁接，包括枝接、芽接、皮接传播，病枝嫁接后，发病期随嫁接时期、管理措施、土壤条件和品种等不同而有所不同，病砧接健枝的发病率要远高于健砧接病枝；病株的根蘖苗可以带病原而传染。枣疯病在自然条件下传播只有通过传播媒介昆虫一种方式。中国拟菱纹叶蝉 *Hishimonoides chinensis* 和凹缘菱纹叶蝉 *Hishimonus sellatus* 是目前确认的传病昆虫。

【生态治理】1. 加强检疫。控制病苗外运，严禁用病树接穗嫁接。2. 加强栽培管理。合理修剪，使树枝充分见光，透气通风，春季和夏季修剪同等重要，控制肥水，适当控制长势，及时除去杂草及周围易感病植物。3. 刨除病株。彻底刨除病株是快速大幅度消灭病原，控制枣疯病蔓延的行之有效的方法。因此发现重病树，应及早挖除，尽量挖走多余的根，以免病株的根蘖苗再次成为传染源，挖去的植株和根应彻底销毁或烧毁。4.手术治疗。病原存在于韧皮部薄壁细胞内，随季节在体内上下移动。春季萌芽生长期病原物由根部经韧皮部的筛管或伴胞向上移，直达枝条各芽的生长点，且具有顶端优势。秋季落叶时，病原物则沿着原来的通道自上而下运行，集中于根系越冬和繁殖。发芽前环锯可阻断根部越冬病原向上部运输；去病枝、断侧根、去病芽等可减少病原；各种手术有可能导致树体内新陈代谢的改变，促使病原死亡。根据此特点对病势较轻的树可采取去疯枝、砍百斧、环剥等方法来治疗。具体方法：初发病的小枝，将着生小疯枝的大分枝在生长旺盛季节过后从基部砍断，越及时治愈的可能性越大；在树液流动前对树体各部位环剥，可暂时阻止病菌从根部向地上部分运输，控制病变的扩展和加剧；或者综合地通过主干环锯、去疯枝、根部环锯和断根等可显著地提高重病树的治疗效果。5.药物治疗。经大量的试验和研究结果得出四环素族抗生素类药和土霉素碱对当年疯还是往年疯，局部疯还是全株疯都有明显的疗效；净光霉素、醌氢醌、盐酸可卡因、多菌灵盐酸盐、硼砂、病毒灵 ABOB、板蓝根液等都有一定疗效。主要在春季和秋季对主干依靠重力缓慢滴注、高压注射、钻孔施药、曲颈瓶施药。6.防治介体叶蝉。在 4 月下旬萌芽时、在 5 月中旬花前、6 月下旬盛花后、7 月中旬喷 5 000 倍 10％氯氰菊酯乳油防治中国拟菱纹叶蝉和凹缘菱纹叶蝉。7、其他治疗方法。低温处理枣苗，–10℃以下处理 10 天，–20℃处理 1 天，可控制病枝中的病原；用 50℃的温水处理插条 10~20 分钟，可使病枝脱毒；茎尖组培脱去枣疯病病原；在盐碱含量较高的地区大量种植枣树。

枣疯病症状

枣疯病症状（龙枣）

枣疯病症状

枣疯病症状

泡桐丛枝病

Paulownia witchs'-broom phytoplasma

【寄主】泡桐。

【病原】由泡桐丛枝植原体 Paulownia witchs'-broom phytoplasma 引起的侵染性病害。植原体侵染泡桐后，来源于植原体的 $tRNA\text{-}ipt$ 基因编码 t RNA 修饰酶——t RNA–IPT 催化二甲烯二磷酸（DMAPP）的异戊烯基转移到前体 t RNA 分子反密码子的邻位腺嘌呤残基上，此 t RNA 的降解可能会产生植物细胞分裂素（玉米素），随着植原体细胞内细胞分裂素的大量合成，会渗透或分泌到寄主的维管束内，从而导致维管束形成层细胞内 CTK/IAA 的比值升高，而诱发感病植株顶端优势被打破，生芽较多，生根减少，而形成丛枝症状。这可能是植原体引致泡桐丛枝症状的原因之一。

【症状】泡桐植原体侵染泡桐后会造成腋芽和不定芽大量萌发，节间变短，叶子变小，且病枝上可长出小枝，反复多次至簇生成团，外观似鸟巢。有些还会出现花变叶症状，花瓣成小叶状，常常不能正常开花。冬季小枝枯死不脱落，呈"扫帚状"。根部萌蘖丛生。

【测报】全国林业危险性有害生物。此病害在北京市城区、郊区和郊县都发生十分普遍。病害发生随树龄增大而加重，纯林受害最重，行道树次之，散植株最轻。病原可通过叶蝉、飞虱、茶翅蝽、烟草盲蝽等媒介昆虫和菟丝子、人工嫁接等方式近距离传播。一般幼树感染后，会在整个树冠或多半树冠发病或在主干、基部萌生丛枝，病树多在当年冬天或翌年初春死亡，3 年以上大树发病，多表现为局部枝干丛枝，一般不会导致整个树体死亡，但丛枝症状严重的将会影响树体正常生长，丛枝在冬季枯死后使树冠的整体造型和开花期的美观效果受到严重破坏。在 20 世纪 50 年代以前，由于泡桐丛人工栽培规模和面积较小，泡桐丛枝病的为害也未引起人们的关注。60年代以后，伴随着大规模的泡桐人工造林运动的开展和全国规模的种苗调运，泡桐丛枝病的发生和为害逐渐加重，目前除少数泡桐生长区外，各泡桐生产区都普遍遭受此病为害。

【生态治理】1.选用抗病树种。选育无病苗，白花泡桐比紫花泡桐抗病。2.使用盐酸四环素或土霉素等抗生素类药树干打孔输液防治。3.及时剪除发病较轻的枝条。4.防治叶蝉、飞虱、茶翅蝽、烟草盲蝽等媒介昆虫。

泡桐丛枝病症状

刺槐多年卧孔菌

Perenniporia robiniophila

【寄主】造成刺槐干部心材白色腐朽。

【病原】刺槐多年卧孔菌 *Perenniporia robiniophila*，属林木病原腐朽菌。

【症状】子实体：担子果通常多年生，无柄盖状，有时平伏反卷，通常覆瓦状叠生；新鲜时无特殊气味，革质至木栓质，干后木栓质，重量明显变轻。菌盖半圆形或贝壳形，单个菌盖长可达10cm，宽可达6cm，基部厚可达2.2cm。菌盖上表面浅黄褐色至红褐色或污褐色，同心环带不明显，活跃生长期间有细绒毛，后期脱落，表面变为粗糙至光滑；边缘锐或钝。孔口表面灰褐色，手触后变为浅棕褐色，无折光效应。管口圆形，每毫米4~6个；管口边缘厚，全缘。菌肉浅黄褐色，干后木栓质，厚达10mm。菌管与菌肉同色，木栓质，长达12mm。

【测报】颐和园零星发生。刺槐多年卧孔菌只侵染成熟的刺槐，一般通过死亡枝条所形成的伤口侵入活立木，早期并无典型的受害症状，被侵染的树木后期明显枯萎。该菌主要造成心材白色腐朽，在侵染初期心材开始形成淡色花纹，最后木材呈黄褐色，心材腐朽一般不会导致树木迅速死亡，但随着心材腐朽的加重，病株极易风折而死亡，该病原菌也能扩展到边材和韧皮部，因此，受害树木最终表现为枯死。病株主干上子实体的出现是最重要的症状。子实体从夏季开始出现，通常从病株基部开始向上发展，有时在高达3m的树干上也形成子实体。子实体每年产生新的子实层体，并产生、放散大量孢子。

刺槐多年卧孔菌子实体

【生态治理】1. 加强抚育，保持林内卫生。清除病腐木，有计划地清除林木上引起腐朽的子实体，以减少侵染来源。加强养护管理，修枝后及时用保护药剂涂抹伤口，以免病菌侵染。2. 营林时防止各种损伤。很多木腐菌主要由伤口侵入，因此，营林时要尽力避免各种机械损伤，从而能够减少部分腐朽病害。选用抗病品种是人工林防止腐朽病害发生的最主要方法。3. 针对景观树、古树名木、行道树，每年通过敲击树干和打孔法定期检查，对心材已经腐朽的树木，不管外观看起来是否健康，都要及时清除，特别是风害严重的地区，应该逐年进行腐朽检查。对有价值的古树，要采取加固、支撑等特殊办法进行保护。4. 应用植物微生态制剂进行生物防治。

粗毛针孔菌

Inonotus hispidus

【寄主】造成杨树、桑属、槐属、榆属、白蜡属等阔叶树活立木心材白色腐朽。

【病原】粗毛针孔菌 *Inonotus hispidus*，属林木病原腐朽菌。

【症状】子实体：担子果一年生，无柄盖形，菌盖通常单生，有时呈覆瓦状叠生，新鲜时无嗅无味，革质至软木栓质，干后木栓质，重量明显变轻。菌盖半圆形，长 6~29cm，宽 4~22cm，基部厚达 1~3cm。菌盖表面浅褐色，活跃生长期为金黄褐色，成熟期变暗褐色，被粗毛，无环带；边缘钝。孔口表面褐色至暗褐色，无折光反应；不育边缘明显，宽可达 3mm；孔口多角形，每毫米 2~3 个，但有时孔口不规则，每毫米可达 0.5~1 个；管口边缘薄，撕裂状。菌肉暗栗褐色，软纤维质至木栓质，厚 0.2~3cm，有时上下层异质，上层粗毛层与下层致密菌肉层明显不同，但无分界细线。菌管与孔口表面同色，但明显比菌肉颜色浅，木

栓质至脆质，长 5~35mm。

【测报】粗毛针孔菌在我国广泛发生在多种阔叶树上，树木腐朽菌侵入定居后，即向生长扩展，但由于立木本身的保卫反应及受温度、木材含水量及内含物等因素的影响，蔓延的速度较慢。一般讲，其潜育期都比较长，有时在数年至数十年后，才在树干上长出子实体来。一年生的至冬季死亡，翌年产生新的子实体。

【生态治理】参考刺槐多年卧孔菌。

粗毛针孔菌子实体（杨树）

粗毛针孔菌子实体（杨树）

粗毛针孔菌子实体（桑树）

硬毛栓孔菌

Funalia trogii

【寄主】主要造成阔叶树干部心材白色腐朽，广泛分布于北半球的温带阔叶林。

【病原】硬毛栓孔菌 *Funalia trogii*，属林木病原腐朽菌。

【症状】子实体：担子果一年生，无柄盖形，通常覆瓦状叠生，有时平伏反卷；新鲜时革质或软木栓质，略有酸味，干后木栓质重量明显变轻。菌盖半圆形、近贝壳形，单个菌盖长可达16cm，宽12cm，中部厚可达3.2cm。菌盖表面黄褐色，被密硬毛，无同心环带，通常有放射状纵条纹，有时具小疣；边缘钝或锐。孔口表面初期乳白色，后变为黄褐色或暗褐色；不育边缘不明显，宽0.2mm；孔口近圆形，每毫米1~3个；管口边缘厚，全缘或略锯齿状。菌肉浅黄色，木栓质，无环区，厚可达10mm。菌管与菌肉同色，比管口颜色略浅，木栓质，长达22mm。

【测报】硬毛栓孔菌主要为害杨树和柳树，特别是在防护林和行道树上发生普遍，造成边材白色腐朽。硬毛栓孔菌也能腐生在杨树和柳树的伐桩上。颐和园曾在樱花、山桃上发现。硬毛栓孔菌能通过伤口进行侵染，在行道树和公园树上主要通过伤口侵染健康树木。自然造成的伤口，如火灾、风折、雪压、冻裂、病虫害、动物咬伤及自然整枝等，人们营林活动造成的伤口，疏伐和修枝不当等，都为硬毛栓孔菌侵染提供了方便条件。

【生态治理】参考刺槐多年卧孔菌。

硬毛栓孔菌子实体（樱花）

硬毛栓孔菌子实体（樱花）

硬毛栓孔菌子实体（山桃）

鲍氏针层孔菌

Inonotus baumii

【寄主】主要造成丁香属 *Syringa* 干部心材白色腐朽。

【病原】鲍氏针层孔菌 *Inonotus baumii*，别名丁香层孔菌、绒毛菌、暴麻子，属林木病原腐朽菌。

【症状】子实体：中等大，木质、多年生，无柄，菌盖半圆形、贝壳状，（4~10）cm×（3.5~15）cm，厚 2~7cm，基部厚达 4~6cm，幼体表面有微细绒毛，肉桂色带黑色，老后表面粗糙，黑褐色至黑色，有同心环带及放射状环状龟裂，无皮壳。盖边缘纯圆，全缘或稍波状，下侧无子实层，菌肉锈色。管口面栗褐色或带紫色，管口微小，圆形，每毫米 8~11 个。刚毛纺锤状多。孢子近球形，淡褐色，平滑，（3~4.5）μm×（3~3.5）μm。

【测报】颐和园丁香路可见。鲍氏针层孔菌是木腐菌的一种，属于药用真菌。其腐朽力强，引起心材白色腐朽，是林木的分解者。常落户于树木的新枝上，使其窒息。鲍氏针层孔菌的纤维丝还和树根紧密地交错共生为菌根。利用菌根，鲍氏针层孔菌可以从树木那里获得营养，同时，也为树木提供它们从落叶层中吸收上来的矿物盐。

【生态治理】参考刺槐多年卧孔菌。

鲍氏针层孔菌子实体

鲍氏针层孔菌造成丁香干部心材白色腐朽

裂褶菌

Schizophyllum commune Fr.

【寄主】寄主广泛。容易造成苹果属 *Malus*、桃属 *Amygdalus*、李属 *Prunus*、槭树属 *Acer*、椴树属 *Tilia* 和杨属 *Populus* 等树木的树皮和边材腐朽，通常是这些树木受到酷热或干旱后更容易发生边材腐朽病。同时，裂褶菌也腐生在多种针阔叶树倒木上。

【病原】裂褶菌 *Schizophyllum commune* Fr.，造成多种林木边材腐朽，并造成受害树木溃疡。

【症状】子实体：为侧耳状、扇形、肾形或掌状，通常复瓦状叠生。菌盖长为 10~35mm，宽 8~30mm，厚 1~3mm，菌盖上表面灰白色至黄棕色，被绒毛或粗毛，革质，边缘内卷，有条纹，多瓣裂。子实层体假褶状，假菌褶白色至黄棕色，每厘米 14~26 片，不等长，沿中部纵裂成深沟纹，褶缘钝且宽，锯齿状。菌肉白色，韧革质，约 1mm 厚。单系菌丝系统，生殖菌丝有锁状联合，无色，交织排列，直径为 5~8μm。担孢子圆柱形至腊肠形，无色，光滑，在 Melzer 及棉蓝试剂中均无变色反应，（4~6）μm×（1.5~2.5）μm。

【测报】颐和园山桃、海棠、樱花、栾树曾有发生。受害木 6 月下旬开始表现为树皮干缩，随后大量的子实体出现，通常围绕树干覆瓦状叠生，子实体通常发生在主干 1.5m 以下，直至干基，枝权上很少出现子实体。将苗木主干切断后发现心材完好，但树皮腐烂和边材腐朽，心部未腐朽木材为奶油色，而边材腐朽部分为黄褐色，有时在健康和腐朽木材之间有不规则黑线。因此，裂褶菌子实体的大量出现、树皮腐烂和边材腐朽是该病害的重要症状。苗木受干旱、冻害或机械伤害后的伤口是病菌侵入的主要途径。持续低温造成苗木冻害，初夏裂褶菌孢子从冻害伤口侵入后，随着温度升高和雨后湿度加大，菌丝体迅速扩展，造成韧皮部腐烂和边材白色腐朽，最终导致枝干死亡。由于裂褶菌的子实体秋末干燥后并不腐烂，并一直完好保存至第二年春季，其孢子又成为当年的主要侵染源。

【生态治理】参考刺槐多年卧孔菌。

裂褶菌子实体（山桃）

裂褶菌子实体（栾树）

裂褶菌子实体（海棠）

王氏薄孔菌

Antrodia wangii Y. C. Dai & H. S. Yuan

【寄主】桃属 *Amygdalus*、李属 *Prunus* 等。

【病原】王氏薄孔菌 *Antrodia wangii* Y. C. Dai & H. S. Yuan。

【症状】子实体：担子果 1 年生，通常平伏反卷生长，有时平伏生长，紧贴于生长基物上，新鲜时无特殊气味，革质，干燥后木栓质，质量变轻。菌盖长可达 1cm，平伏部分长可达 10cm，宽 5cm。菌盖上表面新鲜时奶油色，干后变为浅黄褐色，光滑；菌盖边缘锐。孔口表面新鲜时奶油色，干后变为奶油色至浅黄色，无折光反应；管口圆形至多角形，每毫米 4~5 个；管口边缘薄，全缘。菌肉奶油色至浅黄色，无同心环区，木栓质，较薄，厚约 1mm。菌管与菌肉同色，木栓质，长达 5mm。

【测报】颐和园如意景区碧桃曾有发生，枝干腐朽风折死亡。王氏薄孔菌通常侵染成熟的桃属、李属树木，一般通过伤口侵染活立木，自然造成的伤口如风折、动物咬伤等以及人为活动造成的伤口都为病原菌的侵入提供方便。由

裂褶菌子实体（樱花）

于立木本身的保卫反应及温度等因素的影响，病原菌侵入定居后蔓延速度较慢，潜育期较长，因此早期并无典型的受害症状，被侵染的树木后期明显枯萎。随心材腐朽的加重，枝干通常会因风折而死亡。该病原菌也能扩张到边材和韧皮部，因此受害树木最终表现为枯死。病株主干上王氏薄孔菌子实体的出现是最重要的症状。子实体为1年生，一般7—8月成熟，北京地区通常在夏季和秋季产生担孢子，造成再侵染。

【生态治理】1. 由于该菌主要造成心材褐色腐朽，及早清除受害树木上的子实体是减少病害进一步扩展的途径之一。2. 由于该木腐菌主要由伤口侵入，在对行道、公园的李属树木修枝后，最好用保护药剂如1%的硫酸铜液涂抹伤口，以免病菌侵染。在有条件的情况下及时清除受害树木，尽量减少修枝等园林管理措施，防止树木的各种损伤也是预防和减少病害扩展的有效方法。3. 有一些腐朽的立木，尽管腐朽较严重，如果不产生子实体，外观上和健康木相似，但由于心材已经腐朽，一旦遇到较大风雨，容易风折而伤人。因此，对公园树和行道树每年要通过敲击树干和打孔法定期检查，对心材已经腐朽的树木，要及时清除，防止树木因风折而伤及行人。

王氏薄孔菌导致心材腐朽

王氏薄孔菌子实体

白囊耙齿菌

Irpex lacteus (Fr.:Fr.) Fr. *sensu lato*

【寄主】能腐生在多种阔叶树桩木上。

【病原】白囊耙齿菌 *Irpex lacteus* (Fr.:Fr.) Fr. *sensu lato*，造成多种林木边材腐朽，并造成受害树木溃疡。

【症状】子实体：担子果一年生，形态多变，平伏或平伏反卷，单生或覆瓦状叠生，新鲜时软革质，较韧，无嗅无味，干后硬革质；菌盖半圆形，其上表面乳白色至淡黄色，覆有细密绒毛，同心环带不明显；边缘与菌盖同色，干后内卷；子实层体表面奶油色至淡黄色，幼时孔状，老后撕裂成耙齿状；不育边缘奶油色，明显或不明显；菌齿紧密相连；菌肉白色，软木栓质；菌齿、菌管与菌肉同色；在KOH中无显色反应。

【测报】颐和园此木材腐朽菌发现于山桃的枯桩上，后山10月仍可见。能造成木材白色腐朽。

【生态治理】参考刺槐多年卧孔菌。

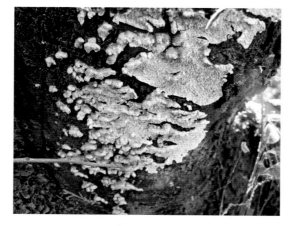

白囊耙齿菌子实体

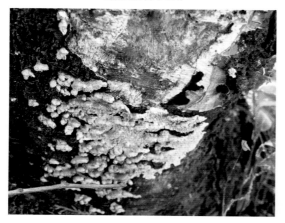

白囊耙齿菌造成内部白色腐朽

一色齿毛菌

Cerrena unicolor (Bull.:Fr.) Murrill

【寄主】造成多种阔叶树边材白色腐朽。

【病原】一色齿毛菌 *Cerrena unicolor* (Bull.:Fr.) Murrill。

【症状】子实体：担子果 1~2 年生，无柄盖形，或具狭窄的基部，通常覆瓦状叠生，有时平伏反卷，很少平伏；新鲜时软革质，无嗅无味，干后硬革质，重量明显变轻。菌盖半圆形、贝壳形或扇形，单个菌盖长可达 30cm，宽 8cm，中部厚可达 5mm。菌盖表面初期为乳白色，后变为浅黄色、棕黄色、灰黄色、灰褐色，被粗毛或绒毛，具不同颜色的同心环带和浅的环沟；边缘黄褐色，锐，干后波状。孔口表面初

期乳白色至浅黄色，后变为棕黄色至污褐色；不育边缘不明显，宽可达 1mm；孔口初期为近圆形，很快变为迷宫状或齿裂状，每毫米 3~4 个；管口边缘撕裂状。菌肉异质，下层菌肉浅黄褐色，木栓质，上层菌肉褐色，柔软，两层菌肉之间有一黑色细线，整个菌肉层厚可达 3mm。菌管与孔口表面同色，比菌肉颜色略浅，软木栓质，长达 2mm。所有菌丝在 Melzer 试剂中无变色反应，骨架菌丝在棉蓝试剂中有强嗜蓝反应；在 KOH 试剂中菌丝组织无变化。担孢子椭圆形，无色，薄壁，平滑，不含液泡，在 Melzer 试剂中无变色反应，在棉蓝试剂中无嗜蓝反应。

【测报】一色齿毛菌广泛分布于北半球的寒温带以及亚热带阔叶林，通常为腐生菌，但也经常侵染阔叶树活立木，颐和园此木材腐朽菌发现于柳树、山桃上，造成边材白色腐朽，受害树木在后期枯萎而死亡。该种的重要特征是每年都形成大量、覆瓦状叠生、灰褐色的子实体。

【生态治理】参考刺槐多年卧孔菌。

一色齿毛菌子实体（柳树）

一色齿毛菌子实体（山桃）

轮枝菌枯萎病

Verticillium spp.

【寄主】毁灭性土传病害，寄主范围十分广泛，可侵染 40 个科 660 多种植物，易感染枯萎病的植物有农作物、蔬菜、水果、观赏花卉、纤维及油料种子作物和各种木本植物等。感病树种有：黄栌 *Cotinus coggygria*、棉属 *Gossypium*、紫丁香 *Syringaoblate*、紫荆属 *Cercis*、李 *Prunus salicina*、桃 *P. persica*、玉兰 *Magnolia denadata*、榆树 *Ulmus pumila*、洋槐 *Robinia pseudoacacia*、漆树科 *Anacardiaceae*、忍冬 *Lonicera japonica*、小檗属 *Berberis*、绣线菊 *Spiraea salicifolia*、臭椿 *Ailanthus altissimoa*、蔷薇属 *Rosa*、月季 *R. chinensis*、接骨木 *Sambucus williamsii*、枫属 *Acer*、山茱萸 *Macrocarpium officmalis*、白蜡树属 *Fraxinus*、椴树属 *Tilia*、七叶树 *Aesculus chinensis*、锦带花 *Welgela florida*、黄檗 *Phellodendron*

amurense、梓属 *Catalpa*、葡萄 *Vitis vinifera*、杜鹃花 *Rhododendron simsii*、橄榄 *Canarium album*、小果咖啡 *Coffea arabica*、鳄梨 *Persea americana*、樱桃 *Cerasus pseudocerasus*、阿月浑子 *Pistacia vera*、悬钩子属 *Rubus*、黄杨木 *Buxus harlandii*、*B. microphylla*、石南科 *Erica*、水蜡树 *Ligustrum obtusifolium*、茶镳子属 *Ribes*、荚莲属 *Viburnum*、盐肤木 *Rhus chinensis*、虎刺 *Damnacanthus indicus*、郁金香 *Tulipa gesnetiana*、杨梅 *Myrica rubra*、可可树 *Theobroma cacao* 等。

【病原】轮枝菌属真菌是一类世界性分布的真菌，可为害多种木本植物的根部，引起木质部变色、萎蔫、落叶等，导致植物枯死。尤其是由大丽轮枝菌 *Verticillium. dahliae* 和黑白轮枝菌 *V. albo-atrum* 所致的林木及果树病害，不仅导致树木观赏价值下降，用材林材质降级，经济林产量降低，而且造成严重的生态损失。黄栌枯萎病的病原为大丽轮枝菌 *Verticillium dahlia*。在荷兰、波兰等国家的一些苗圃用地的荒废农田中，因宿存有 *V. dahliae* 的微菌核而使苗木大面积感染枯萎病，造成的经济损失平均在 30% 以上，最高可达 50%。

【症状】发病症状因树种而异。主要表现为 3 种类型，叶部枯萎（萎蔫、变色、落叶）、维管束变色（木质部变色、导管堵塞）、树势衰退（矮化、枯梢症状）。叶片萎蔫有急性和慢性两种，对林木而言，大多数为慢性萎蔫，表现为叶子发黄变色落叶。刚开始一般只影响到整株树的几个侧枝，称为"半边风"，严重时导致整株枯萎死亡。但有时树木枯萎落叶几周后，通过木质部导管之间的侧向联结和次生木质部的产生促使树木长出新芽，随后树势一般可以自我修复，或通过茎基部外来冲击恢复健康生长。观赏树木在发病后如能恢复到健康状态，也就没必要全部铲除。枯萎病暴发的关键因子除品种的抗病性较低、土壤病原菌的大量积累和适宜的气候条件之外，病原菌的致病力分化和致病力提高，是病害发生流行的主要原因。细胞质变异也可能导致产生新的致病类群或生理小种。轮枝菌主要通过木本植物根系在生长过程中受到土壤挤压或昆虫造成的伤口侵入。病原一旦侵入植物组织就会产生毒素并侵入木质部，阻塞输水系统，造成内在缺水，致使树木死亡。

【测报】颐和园主要为害黄栌、丁香、紫荆，万寿山区可见。以黄栌枯萎病为例，5—6月为黄栌枯萎病的主要侵染时期，5月上中旬即可发现叶部萎蔫症状，7—8月为发病盛期。

【生态治理】1. 选择没有被 *V. dahliae* 侵染的地块栽培无侵染的栽培苗。2. 被 *V. dahliae* 侵染的地块，采用熏蒸、日晒、绿色改良、生物土壤侵蚀的方法改造。由于考虑环境的负面效应，土壤熏蒸剂灭菌法很大程度受到了限制。在地中海区域，土壤日晒成功地用于防治由 *V. dahliae* 引起的枯萎病，如橄榄树栽培。而比较流行的做法是通过植物组织有机体发酵，再结合生物土壤灭菌法来防治林木枯、黄萎病。种植前进行土壤消毒，造林时选用健壮及抗病能力强的种苗，增加株行距，改善林地的通风光照环境，使病原菌不易滋生。对已发病严重的植株要马上砍伐集中烧毁，并在病区附近撒石灰粉消毒，严防病原体扩散。3. 使用抗性品种和砧木。择抗病树种：柳属 *Salix*、桑树 *Morus alba*、山楂 *Fructus crataegi*、毛白杨 *Populus tomentosa*、苹果属 *Malus*、壳斗科 *Fagaceae*、贴梗木瓜 *Chaenomeles lagenaria*、银杏 *Ginkgo biloba*、朴树 *Celtis sinensis*、核桃 *Juglans regia*、女贞 *Ligustrum lucidum*、山核桃 *Carya catkayensis*、落叶松属 *Larix*、桦木属 *Betula*、杜松 *Juniperus rigida*、西洋梨 *Pyrus communis*、紫杉 *Taxus cuspidata*、橡树 *Quercus dentata*、冷杉 *Abies fabri*、火棘 *Pyracantha fortuneana*、刺柏 *Juniperus*

formosana、榉树 *Zelkova schneideriana*、马尾松 *Pinus massoniana*、云杉 *Picea asperata*、无花果 *Ficus carica*、冬青属 *Ilex*。此外，梨树 *Pyrus* spp.、皂荚树 *Gleditsia* spp. 等都对轮枝菌有一定的抗性。4. 避免与被侵染植物间作或混作，最低程度的减少根部损失，避免灌溉传播病原。适当的水肥条件可以缓解症状，修剪垂死的枝条也是防治该病害蔓延的一种好方法。5. 生物防治。是近年病害研究的热点，也是今后树木轮枝菌枯萎病防治研究的主要方向之一。目前，有关拮抗菌的筛选主要集中在农业方面，对感染 *V. dahliae* 的棉花、土豆、番茄等农作物进行筛选和接种试验，其中，以木霉、黄色蠕形霉研究的较多。针对树木轮枝菌枯萎病的拮抗菌筛选试验报道较少。*Glomus mosseae* 作为菌根真菌应用极为广泛，接种在由 *V. dahliae* 引起的橄榄枯萎病幼苗上能够明显控制病害的流行。可应用抗重茬微生态制剂改良土壤防治枯萎病。

黄栌枯萎病堵塞导管、维管束变色

黄栌枯萎病症状

黄栌枯萎病剖枝检查

黄栌枯萎病症状

黄栌健（左）病（右）对比

紫荆枯萎病

紫荆枯萎病剖枝检查病健对比

合欢枯萎病

Fusarium oxysporum f. sp. *perniciosum*

【寄主】合欢。

【病原】尖孢镰刀菌的一个转化型 *Fusarium oxysporum* f. sp. *perniciosum*，属于土传病害。

【症状】合欢枯萎病，又称干枯病，是一种系统性的兼毁灭性的植物病害。病原菌通常寄居在土壤中，在病株残体或土壤中通过休眠的厚垣孢子越冬，一般从根部感染，在导管中随水分和营养的输导向地上部分枝干扩散。该病发生几率较大，幼苗、幼树及大树均可受到影响，

2~5 年树种较易感病，且病情蔓延速度快，常常连带周边树木枯死。幼苗染病后植株长势衰弱，叶片发黄，根茎基部松软，并伴有倒伏现象，最终致使全株干枯死亡。成年植株染病后，病枝上的叶片变黄、萎蔫下垂以致干枯脱落，枝条枯死。有时症状只是表现在少数枝条上，有时却是半边树冠枝条表现出来，逐步扩展到整株死亡。病株干基横切面会出现一圈环形结构异常，截开树根部断面会发现褐色至黑褐色部分。若树基湿度大，枝干皮孔中会着生白至粉色霉层。病原菌侵染树种症状较轻时，枝条基部又可以重新长出不定芽。

【测报】全国林业危险性有害生物。颐和园零星发生。病原菌可潜伏于树体相当长一段时间，当外部环境不利于树木生长，很快出现症状。在整个生长季节，植物疾病的发生，从 6—8 月是发病高峰期，高坡，干旱或土壤黏重，光照不足，低洼积水地区，发病率高，严重的发生，造成大量树木枯萎死亡。当前防控镰刀菌的主要措施为培育抗病品种，加强栽培管理，由于是土传病害，常表现在控制效果上不理想。

【生态治理】1. 忌行道树、铺装面、低洼积水处种植。合欢不耐土壤板结不透气和根系生长空间小以及人为影响和伤害，最好是采取单一或几个植株，点缀种植庭院。2. 加强培育抗病品种。3. 提高园林施工栽植质量和标准。栽植时树坨和树坑加大规格，改良立地条件，以土壤疏松、排水条件较好的地方种植，减少地上和地下设施影响。4. 注重养护管理。合欢树是强阳性树种，选择适宜的密度，宁稀不紧密，避免遮阴不见光。注意选择适宜生长的土壤疏松透气，减少菌源感染的栽植地，加大树堰，以便及时浇透水和中耕保墒；合欢生长迅速，开花量大、花期较长，故所需营养，需加强合理施肥，增强植株长势，提高抗病能力；合欢不耐积水，切忌排水不良、长期干旱、或频繁浇水和不能浇"半截水""地皮湿"；合欢根

浅，注意高温天气、低温或极端天气影响，同时，避免融雪剂等伤害；修剪病株后，注意对修剪工具及时消毒后再修剪其他合欢植株，剪口应涂抹保护剂，减免病原侵染，并且及时清除枯枝和重病株，减少侵染源。5. 针对合欢枯萎病，每年4月下旬开始，可预防性喷施和灌根70%多菌灵或甲基托布津等预防，酌情间隔15~30天预防2~3次。早期病发时，用300~600倍液防治，持续3~4次以有效中止病情扩大，并可经过刮皮涂干、输液或高压打针的方式输入合欢植株内，可提高医治速度与效果。同时，及时防治木虱、巢蛾、吉丁虫、天牛等虫害的为害。6. 应用抗重茬微生态制剂改良土壤。

合欢枯萎病

合欢枯萎病木质部症状

树木根朽病

Armillariella spp.

【寄主】树木根朽病是世界性病害，寄主有200余种针阔叶树，为害红松、落叶松、云杉、栎、赤杨、杨、柳、榆、椿、刺槐、桑、梨、苹果、桃、杏、枣等。幼树和老龄树木感病。

【病原】蜜环菌 *Armillariella mellea*（Vahl. ex Fr.）Karst. 和发光假蜜环菌 *A. tabescens* (Scop. ex Fr.) Singer.。前者为主，后者仅为害果树和少数阔叶树。蜜环菌的子实体伞状，高5~10cm，菌盖肉质，表面淡蜜黄色，中心部稍带褐色，初为半球形，后开展为中心突起的斗笠形，表面中心常有纤维状细绒毛组成的鳞片，菌盖下面有放射状排列的菌褶，延生至菌柄上。菌褶白色不分枝，菌柄直径0.4~0.7cm，基部常膨大，内部充实。在菌柄上1/3处生膜状白色菌环，易消失。担孢子无色，卵形或椭圆形，光滑，（6.5~9.6）μm×（4.3~6.8）μm。孢子粉为白色。发光假蜜环菌与蜜环菌主要区别是菌索白色先端钝圆、线状、鹿角状或甜菜根状，无菌环。蜜环菌的菌索黑褐色，先端针芒状、绳索状，有菌环。

【症状】针叶树根朽病与阔叶树根朽病的症状不同。针叶树受害后，树冠针叶萎黄，甚至枯黄死亡，干基部皮层肿胀并流脂。松脂积留常与土壤混合成块，极硬，色暗，皮下木质部表面有白色菌丝扇，相接叠生。皮下和根皮内外有根状菌索。根的木质部呈暗色水渍状，后变为暗褐色，渐变黄白色呈海绵状，其边缘有黑色线纹。阔叶树病后，叶片沿中脉向上卷曲呈筒状，夜间恢复正常，长年病后，叶形变小，色淡，脱落或枯梢，干基皮下有白色菌丝扇，根与皮部有根状菌素。根与干基木质部也腐朽，朽木与针叶树相同，久病的树木于基部常产生根朽病菌的子实体（伞菌）。子实体：担子果最终从腐朽的树干、树桩或接近于侵染根的地面上长出。一些种单生，而有些种则丛生。其子实体蜜黄色、带有斑点，密密地丛生于树桩的基部，有时也生长在几米高的老树干或死树上。菌索：菌索能够从为其提供营养物质的基物中伸出，进入另一个并不支持其生长的基物中。它能以白色的菌丝扇在侵染寄主的韧皮部和形成层间扩大腐朽，把寄主的木质部和皮层分割开，造成寄主死亡。菌丝也向下生长，进入树干的放射线细胞中间，腐朽和分解根部和干基的心材，造成风倒而导致树木夭折。绳索样的菌索直径1~3mm，具有致密的红褐色至黑褐色的外壳层和一个由白色菌丝构成的髓心。

【测报】颐和园主要为害柳树、丁香、眺远湖畔柳树曾严重发生。蜜环菌子实体成熟后开伞，飞出担孢子。担孢子借风力传播，落在林内伐桩上。适宜的条件（温度20~26℃，湿度98%~100%）萌发，由伐桩皮层部侵入定居。一方面，增殖菌丝后形成菌扇及菌索，沿根皮下延，由伤口侵入立木根部，向上延伸，引起立木根朽病；另一方面，迷走在土壤中的菌索，也可由根皮直接侵入立木，在适宜条件下，菌索形成菌蕾并迅速形成子实体，露出地面，成熟后开伞飞散担孢子。病菌为害幼树及大树，以20年生以内的幼树受害为重，病后常常致死。病害常以发病株为中心，向四周延伸侵染，故常呈数株或十几株簇状发生。病菌常在伐桩上定居繁殖，并侵染新植幼树。山坡上的台地和山坡下易积水的地带发病严重。果园内经常积水发病严重。病根与健根接触，是传病的主要方式。

【生态治理】1.生物防治。育苗期实行菌根化育苗，提高苗木的质量，增强抗病能力。蜜环菌根朽病在原始林、人工林都有发生，在混交林中存在病原菌但不成灾，原始林或人工林菌根菌占优势的林分未发现蜜环菌根朽病，而蜜环菌根朽病严重的林分极少发现菌根菌的生长。营造混交林，使土壤菌落多样化，抑制病原蜜环菌的生长。造林时穴内撒上木真菌颗粒剂，适当施些氮、磷、钾肥。也可应用抗重茬微生态制剂改良土壤和根际环境。2.生长期加强抚育管理，保持良好的林内卫生条件，发现有病害发生时，及时进行防治处理，如去除子实体，用腐殖酸铵和多菌灵浇灌干基部，发病中心四周挖沟，防治菌索向外蔓延。3.结合整地去除树根树桩，或用非病原性木腐菌快速处理伐桩，利用生态位效应阻止病原菌的传播和蔓延。对地势低洼，排水不好的林地，应当做好排水工作，坡上台地、洼地开沟排水，造林时不要伤根、窝根，这样不仅能够抑制病原菌的滋生蔓延，更重要的是能够促进林木根系的生长，增强抗病能力。

根朽病导致柳树树冠稀疏

根朽病导致柳树木质部与皮层分离

柳树树皮上密环菌菌丝

根朽病子实体（海棠）

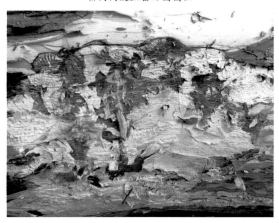

丁香根茎部密环菌菌丝扇

丁香根茎部密环菌菌索

紫纹羽病

Helicobasidium spp.

【寄主】杨、刺槐、柳、苹果、桑、侧柏、牡丹等多种林木、果树。

【病原】卷担子菌属 *Helicobasidium* spp.

【症状】受害的病根表面缠绕有紫红色网状物，病根皮层腐烂，易与木质部剥离，木质部初呈黄褐色、湿腐，后期变为淡紫色。有根状菌索、菌膜、菌核。病菌首先从根部的气孔、伤口侵入，逐渐向侧根和主根蔓延。病株叶小、色淡，甚至枯死。

皮层腐烂，6—7月菌丝体上产生微薄白粉状子实体。

【测报】病原菌以病根上的菌丝体、菌丝束、菌核越冬，以菌丝束在土内或土表延伸，接触健康林木根部直接侵入，病害以林木根部的互相接触传播蔓延。孢子在病害传播中不起主要作用。低洼潮湿、排水不良的地区，较易发病。

【生态治理】1. 造林时要严格检查，防止苗木带病，对可疑苗木进行消毒处理。2. 加强苗圃管理，注意排水，促进苗木健康生长。3. 发现病株及时挖出并销毁、周围土壤进行消毒；对发病较轻的苗木，可将病根切除，然后对切面和周围土壤进行消毒。

根癌病

Agrobactium tumefaciens

【寄主】此菌寄主范围广，可侵染93科331个属643个种的双子叶植物，可以侵染多种果树、林木、花卉，甚至瓜类，在生产上造成非常大的损失。

【病原】根癌病是根癌土壤杆菌 *Agrobactium tumefaciens* 引起的一种世界性病害，亦称冠瘿病。其致病原因是由于细菌染色体外的遗传物质，即 Ti 质粒中的一个片段转移到植物细胞并整合到植物染色体组，稳定维持。随着染色体的复制，致病基因表达所致。所转移和整合的 DNA（T-DNA），含有编码合成两种生长剂——生长素和细胞分裂素以及一类群氨基酸衍生物——冠瘿碱（opine）的基因。植物激素合成的基因表达，导致植物肿瘤发生。

【症状】根癌病的症状表现是在植物的根部，有时在茎部，形成大小不一的肿瘤，初期幼嫩，后期木质化，严重时整个主根变成一个大瘤子。病树树势弱，生长迟缓，产量减少，寿命缩短。重茬发病率在 20%~100%，有的甚至造成毁园。

【测报】全国林业危险性有害生物。颐和园万寿山区、东堤、耕织图景区可见。根癌病菌可长时间存活在土壤中，从植株的伤口侵入，随苗木的调运进行远距离传播，是土传加苗传的细菌性病害。根癌病随着苗木的调运在不断蔓延，人们为了减少重茬引起的根癌病害而不断换用禾本科作物的耕地作为苗圃生产苗木，致使土壤污染的面积不断扩大。根癌菌具有特殊的致病机制，一旦有根癌症状表现就证明 T-DNA 已经转移到植物的染色体上，再用杀菌剂杀细菌细胞已无法抑制植物细胞的增生，更无法使肿瘤症状消失。因此，根癌病的防治必须要预防为主，预防要从侵染途径入手。

【生态治理】1. 严格植物检疫制度。注意苗木检查消毒，对用于嫁接的砧木在移栽时应进行根部检查，发现病菌应予淘汰。选择无病土壤作苗圃避免重茬，或者施撒抗重茬菌剂改良土壤。曾经发生过根癌病的老苗圃地不能作为育苗基地。2. 土壤消毒。鉴于根癌菌主要存在于土壤中，所以防治的时间应以在种子或植株接触未消毒的土壤之前为好，从根本上阻止根癌菌的侵入。因病原细菌能在土壤内存活 2 年以上，所以在清除病株后，一定要对周围的土壤消毒，尽量不要在原地补种。土壤可用硫酸亚铁（225 kg/hm）或链霉素（500mg/kg）进行消毒。北京地区土壤属碱性，不建议用生石灰进行土壤消毒。3. 生物防治。如：放射土壤杆菌 *Agrobacterium radiobacter* K84 菌株、K1026 菌株和葡萄土壤杆菌 *Agrobactium vitis* E26 菌株等，是根癌病的克星。它们是一种根际细菌，能够有效地预防根癌病的发生，必须在发病前，即病菌侵入前使用才能获得良好的防治效果，有效期可达 2 年。健康苗木栽植前需使用生防细菌加水 1∶1 稀释，用于浸根、浸种或浸扦条。4. 加强养护管理。碱性土壤应适当施用酸性肥料或增施有机肥料，以改变土壤 pH 值，使之不利于病菌生长。雨季及时排水，以改善土壤的通透性。中耕时应尽量少伤根。5. 伤口保护。所有的根癌菌均是以伤口作为唯一的侵染途径，而且是以同样的致病机制使植物发病，因此，保护伤口是最好的防治方法。在定植后的梅树上发现病瘤时，先用快刀彻底切除病瘤，用链霉素涂切口，外加凡士林保护，切下的病瘤应随即烧毁。防治根癌病还要兼防地下害虫为害，造成根部受伤，增加发病机会。及时防治地下害虫，可以减轻发病。6. 抗性品种。鉴于根癌菌比较复杂，特别对于系统侵染的根癌病要以生物防治结合抗性品种进行防治，抗性品种不仅要抗根癌菌的侵染，同时，要具有抗寒的特性，减少冻害为根癌菌侵染提供的机会。

榆叶梅根癌病症状

樱花根瘤

榆叶梅根瘤

杨树根瘤

槐树病瘤

根结线虫病

Meloidogyne spp.

【寄主】牡丹、芍药、月季、四季海棠、菊花、仙客来、金鱼草、茉莉等，还可为害苦荬菜、小车前草、紫花地丁、野薄荷等野生寄主。根结线虫在世界上 35°S 和 40°N 的地区广泛为害多种寄主植物，尤以茄科、葫芦科、十字花科等植物受害严重。

【病原】病原主要为北方根结线虫 *Meloidogyne hapla* 侵染所致，南方根结线虫 *Meloidogyne incognita*，两者症状区别是，南方根结线虫引起的根瘤比较大，且瘤表面无小须根。

【症状】主要侵害牡丹须根，当年新生的营养根。感病植株的须根上产生许多花椒粒大小、近圆形的根结,即虫瘿;病株叶片尖端和叶缘皱缩,黄色,并逐渐向叶中央扩展,最后全叶枯焦、早落。连年发病植株生长衰弱,影响开花,一般花少、花朵小,甚至不开花。病重植株枯萎死亡。

【测报】颐和园曾在牡丹、芍药根部发现,已数年未见。根上的根瘤即为虫瘿,根结线虫在土壤和植物根结组织内存活。幼虫多在 10cm 以下的土层内活动,最适宜其生长的土壤温度为15~25℃。春季当土温上升后,卵孵化为幼虫,开始侵染寄主根系。在北京,5月若挖出被侵染的营养根,即可见根上局部开始膨大,到6—7月,膨大部分长成似花椒粒大小的典型根结。土壤、肥料、灌溉水都是根结线虫的重要传播媒介。带瘤苗木和植株是根结线虫病远距离传播的重要途径。

【生态治理】1. 加强检疫。引进苗木和成株时,应仔细检查根部,如发现有根瘤,需及时采取措施,必要时集中销毁。2. 清除野生寄主。如牡丹园主要清除紫花地丁等野生寄主。3. 温水处理。带有根结线虫病的轻病株,可用49℃温水浸根 30 分钟。杀死线虫后再种植。4. 栽培防治。如轮作、休闲、种植抗病品种、调节播种期、改良土壤、林间清洁等。5. 化学防治。化学防治在根结线虫综合防治中占很大比例。10% 益舒宝(*ethoprophos*) 颗粒剂和3%米乐尔(*isazophos*) 颗粒剂是当前预防和控制根结线虫病的有效药剂,噻唑磷(*isazophos*)在国外也很受重视。6. 生物防治。生防真菌如侧耳属 *Pleurotus*、淡紫拟青霉 *Paecilomyces lilacinus*、寡孢节丛孢菌 *Arthilbotrys*、灰绿曲霉 *Aspergillus glaucus*,生防细菌如巴氏杆菌 *Pasteuria* spp.、假单胞杆菌 *Pseudomonas chitinolytica*、蜡状芽孢杆菌 *Bacillus cereus* 以及植物源杀虫剂、印楝素都具有不同程度的杀线虫活性。除此之外,还有一些天敌如捕食线虫的螨、弹尾目昆虫等。

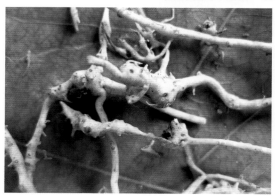

芍药根结线虫病

腐霉枯萎病

Pythium spp.

【寄主】早熟禾、黑麦草、高羊茅、紫羊茅等草坪草。

【病原】禾生腐霉 *Pythium graminicola*、瓜果腐霉 *Pythium aphanidermatum* 等。

【症状】病株水浸状变暗绿腐烂,摸上去有油腻感,倒伏,紧贴地面枯死。枯死圈(斑秃)呈圆形或不规则形,直径从 10~50cm 不等。也有人将之称为"马蹄"形枯斑。潮湿时(清晨有露水),可见绒毛状白色菌丝体,干燥时菌丝体消失。由于该病发展快,为害严重,故又称为疫病。

【测报】曾在颐和园玉带桥旁高羊茅草坪严重发生。由于腐霉为土壤习居菌,它能在土壤中存活 5 年之久。大多数腐真菌在暖、热的雨天发病，因为在这种天气里温、湿度很高，叶片可持续保持湿润。病害严重度随温度的升高而增加。*P. aphanidermatum*、*P. graminicola* 等腐真菌在 30~35℃时致病性最强。适应高温的腐真菌总是在一个高温的白天和一个高温、高湿的夜间后发病。腐霉枯萎病的预测预报系统，即日温超过 30℃，相对湿度大于 90%的持续时间超过 14 小时，最低温度不小于 20℃。当具备这些条件时，及时喷施化学杀菌剂可有效地阻止腐真菌的浸染。

【生态治理】1. 预测预报。由于草坪是一种多年生的地被，它在每季并不收获，而这种环境更容易使病原物介入和长期存在。腐霉和其他重要的致病种存在于这些环境中。当适合的环境条件存在时，这些病原物开始活跃起来，突破病害的损失水平，就会造成极为严重的损失。因此，在发生过或未发生却有适合条件的地区长期建立预测预报系统是很有必要的。2. 化学防治。如草病灵、甲霜灵、多菌灵、甲基托布津、阿米西达、嘧菌酯等。有效的杀菌剂应该是在使用中不断变化或与病害形成进程联系起来。通过保护性杀菌剂同内吸性杀菌剂的结合，延缓病原物对真菌剂抗性出现的时间。3. 生物防治。植病生防中应用最广的是重寄生真菌。木霉 *Trichoderma* spp. 是迄今为止应用最广的寄生真菌，被制成多种制剂来防治由 *Rhizoctonia*、*Fusarium*、*Pythium*、*Phytophthora* 等病原真菌引起的土传病害。4. 环境治理。根据颐和园冷季型草坪养护经验，主要集中在以下几个方面：（1）水分管理。北京地区一般年降水量在 600mm 左右，且分布不均，70%的雨水集中在 6 月、7 月、8 月的 3 个月，冬季干旱少雨雪，所以要保证冷季型草的正常生长发育，加强水分科学管理是一项首要技术措施。浇足浇透冻水：秋去冬来，冷季型草要经历干旱寒冷的冬季，所以，在 11 月下旬到 12 月上旬气温在零度左右时，浇足冻水是有效延长草地绿

色期和安全越冬的重要措施，所谓浇足浇透即是将水浇到根际，渗透到 10~15cm 处；浇好返青水：北京的春季干旱、多风，蒸发量大，土壤水分亏缺严重，及时浇足返青水是保证草坪尽快返青生长的关键措施，浇返青水的时间一般在 2 月下旬到 3 月上旬土壤开始解冻，日均气温在零摄氏度以上时进行；草坪生长期浇水：草坪生长季节要看天、看地、视土壤墒情及时浇水。浇水的原则是要浇深浇透，浇到草坪草的根际，然后坚持适度的干旱，促进根系向土壤深处发展。切忌浇水过多过频或使土壤长期干旱缺水；浇水量的估计：在无降水条件下，冷季型草一般在 7~15 天浇水 1 次。雨季要及时排水，降低湿度，防止病害发生。依土壤水分状况跟土壤的质地、太阳辐射强度及不同草地、不同草种、叶面积系数对水分的需要量有所区别。草坪草浇水的方法：目前草坪草浇水的方法主要是普通喷灌、皮管喷水、大水漫灌和微喷等方法。采用微喷的方式既可大量节约用水又能保证浇水的质量，尤其在地面起伏不平的地块，采用微喷可保证浇水质量并避免浪费。（2）营养管理：秋末施肥效果：在 10 月下旬，采用磷酸二氢钾 $10g/m^2$ 或复合肥。此时，天气转凉，施肥可促使根系生长及营养物质的积累，可明显延长草地的绿色期，并促进草坪草返青。可使枯萎期推迟 10~15 天，返青期提前 15 天左右。早春施肥效果：早春可结合浇返青水进行施肥，一般 2 周后可明显见到肥效。氮肥，在促进细胞伸长和草坪草生长方面效果明显，磷钾肥料在促进细胞核的形成和细胞分裂方面效果明显，春秋采用氮、磷、钾复合肥料，对促进草坪平衡生长，培养健壮草地有良好的效果。夏季施肥的策略：对冷季型草来讲，夏季气温高，冷季型草的长速明显减慢或进入休眠，所以夏季不宜大量施肥，尤其是不宜施用速效肥料。但如地力过差草坪草生长细弱，也不利于草坪越夏。根据颐和园的

试验结果，夏季采用 3‰~5‰的磷酸二氢钾叶面喷施效果良好。（3）修剪管理：草坪修剪是控制草坪高度、促进分蘖、增加密度，使草地整齐美观的重要措施。但对不同草种、不同生长季节和不同草地功能及管理水平，修剪的强度、频率有所区别。一般的原则如下：不同冷季型草的修剪：一般高羊茅、黑麦草为丛生型草坪草，生长点处于地表，且垂直生长速度较快，修剪可留茬高一些，修剪间隔的时间应短一些；草地早熟禾、匍匐剪股颖具地下或地上匍匐茎，生长缓慢，较耐低修剪，修剪次数可适当少一些。不同季节修剪：春秋季一般气候冷凉，冷季型草生长势强，修剪强度可大一些，留茬高度可掌握在 4~6cm。夏季由于气温高，冷季型草生长受抑制，可适当减少修剪次数，留茬宜高一些，一般在 6~8cm 为宜。另外，为了保证草坪草安全越冬，最后 1 次修剪一定要在冷季型草停止生长之前进行。北京地区一般应掌握在 10 月中旬进行，个别土壤肥沃、小气候偏暖的城区亦可在 10 月下旬进行最后 1 次刈割。割后能有 7~10 天的生长恢复期，以利营养的积累和正常越冬。不同养护管理条件下的修剪：草坪的修剪次数和强度是根据草的生长情况而定，不能硬性规定。草地的修剪原则是剪掉草高的 1/4~1/3，有利于控制草的高度、刺激分蘖、增加密度、保持草地的生长势头。一次剪量过大，如超过 1/2 的高度，将对草坪草的生长造成伤害，因株体营养损失过大，致使草地恢复缓慢，甚至造成斑秃。就目前管理水平，草坪的修剪高度一般不超过 15cm。春秋季每周修剪 1 次，夏季 10~14 天修剪 1 次。对生长过高的草坪，可采用多次修剪，逐渐降低高度。搂草、疏草与打孔。及时搂除枯草层，适时对建植多年的草坪地进行疏草、打孔作业，防治土壤板结，改善土壤的保水性和透气性，对于夏季病虫害的预防，也起到一定的积极作用。

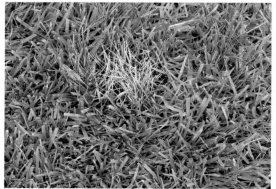

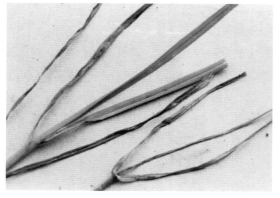

腐霉枯萎病症状

镰刀枯萎病

Fusarium spp.

【寄主】早熟禾等草坪草。

【病原】黄色镰刀菌 *Fusarium culmorum*、禾谷镰刀菌 *Fusarium graminearum* 等。

【症状】易发生在老草坪上，引起草坪草根部、茎基腐烂。枯草边缘为红褐色，病斑中间为正常的草坪植株（健康老草坪），四周为已枯死的草株形成的环带，使整个枯草斑呈"蛙眼"症状。

【测报】以菌丝体或厚垣孢子残留在病草、病残体、土壤中越冬，当温湿度条件事宜时，厚垣孢子萌发出菌丝，产生大量孢子。这些不同类型的孢子，随气流、雨水、灌溉水不断进行侵染。

【生态治理】参考腐霉枯萎病。

镰刀枯萎病症状

夏季斑枯病

Magnaporthe poae

【寄主】早熟禾等草坪草。

【病原】夏季斑枯病菌 *Magnaporthe poae*。与稻瘟病、小麦全蚀病是亲缘关系比较近的 3 种植物病原真菌。

【症状】病斑开始在草坪上出现弥散的黄色或枯黄色病点，很容易与高温逆境、昆虫为害及其他病害的症状相混。典型病株根部、根冠部和根状茎黑褐色，后期维管束也变成褐色，外皮层腐烂，整株死亡。仔细检查这些病组织，可以发现典型的网状稀疏的深褐色至黑色的外生菌丝，或将病草的根部冲洗干净，直接在显微镜下检查，也可见到平行于根部生长的暗褐色匍匐状外生菌丝，有时还可见到黑褐色不规则聚集体结构。

【测报】病菌以菌丝体在植物的病残体和多年生的寄主组织中越冬。病害主要发生在夏季高温季节中。当夏季持续高温（白天高温达 28~35℃，夜温超过 20℃），病害就会迅速发生。在人工控制的环境条件下，病菌在 21~35℃温度范围内均可侵染，并在寄主根部定植，从而抑制根部生长，病害发生的最适温度为 28℃。据观察，当 5cm 土层温度达到 18.3℃时病菌就开始进行侵染，此时只是侵染根的外部皮层细胞。以后病菌可沿着寄主植物根和匍匐茎的生长而在植株间移动。随着炎热多雨天气的出现，或一段时间大量降水或暴雨之后又遇高温的天气，病害开始明显显现并很快扩展蔓延，造成草坪出现大小不等的秃斑。这种病斑不断扩大的现象，可一直持续到初秋。由于秃斑内枯草不能恢复，因此，在下一个生长季节秃斑依然明显。该病还可通过清除植物残体的机器以及草皮的移植而传播。另外，夏季斑在高温而潮湿的年份、排水不良、土壤紧实、低修剪、频繁的浅层灌溉等养护方式的地方发病严重。

【生态治理】参考腐霉枯萎病。

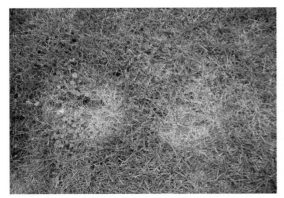

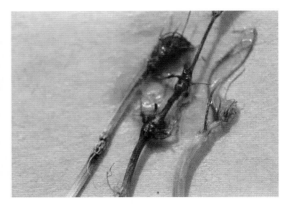

夏季斑枯病为害根部

苹桧锈病

Gymnosporangium yamadai Miyabe

【寄主】具有转主寄生现象，寄主为桧柏、翠柏、龙柏等以及苹果、沙果、海棠等。此病的发生条件，必须在该地区植有这两类寄主，才能完成生活史。

【病原】山田胶锈菌 *Gymnosporangium yamadai* Miyabe。

【症状】菌丝在桧柏的菌瘿中越冬，菌瘿着生在桧柏小枝的一侧或包围小枝呈球形，吸取寄主养分。小的直径 1~2mm，大的 20~25mm。严重病树菌瘿累累，造成大量针叶和枝条枯死。古柏受害、枝叶稀疏，树势减弱。越冬的菌瘿，春季开裂，冬孢子角萌发，缝内排列着冬孢子，遇雨后冬孢子角膨大成鲜黄色的"胶花"，冬孢子萌发产生小孢子侵染海棠，叶片、嫩枝、幼果均能受害。叶片感病轻的 1~2 个病斑，严重的几十到一百多个病斑。病斑黄褐色、边缘红色，中间有小黄点（后变黑色）即性子器，里面有性孢子，性孢子借分泌的黏液，由昆虫传带到异性的受精丝上，形成双核菌丝向叶背发展，叶组织加厚。病叶枯黄，提早 1~2 个月脱落，影响坐果质量，感病严重的不能结实。嫩枝感病，病部隆起，后期裂开，枝条容易折断，还易引起溃疡病。幼果感病，病斑凹

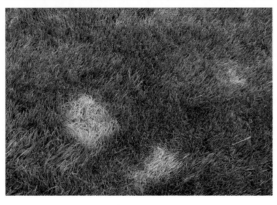

夏季斑枯病症状

陷腐坏，生长停滞，果实畸形。秋季病斑上长出锈子器（黄褐色胡须状物），产生大量锈孢子，又飞回桧柏上，侵染桧柏形成菌瘿。

【测报】越冬菌量（桧柏菌瘿数量和密度）是影响发病程度的主要因素之一。温度是影响菌丝发育冬孢子形成的主要原因。旬平均气温3.8℃以上，日平均气温9.7~11.3℃的条件，冬孢子就能形成；北京市3月中旬大多年份具备这一温度，参考物候期是山桃开花，柳树发芽，杨树吐花絮。春季气温升高后，表面光滑的菌瘿明显突起，冬孢子从突起处顶开一个小缝，菌瘿开裂后，冬孢子角从裂缝处凸起长大，上面密生冬孢子。春雨是冬孢子萌发的关键。春雨早而雨量多，发生严重；春季干旱则发生轻微，或不发生。旬平均气温8.2℃以上，日平均气温10.6~11.6℃，遇4mm以上雨量菌瘿吸水膨大，冬孢子就能萌发；北京市3月下旬个别年份，4月上旬大多年份具备这一温度。冬孢子萌发后4~5小时就能产生小孢子，小孢子11小时即开始萌芽，小孢子萌芽后就可以侵染苹果属植物。苹果属植物感病主要靠三个条件，一有菌源；二在适温范围里有一定的雨量，使冬孢子萌发产生大量小孢子，飞散到海棠组织上，小孢子萌芽侵入；三是海棠组织幼嫩，适于小孢子侵入。由于从菌瘿吸水开始15小时即可转主侵染，所以，在防治时应注意苹果属植物雨后立即喷药。高温对冬孢子萌发有抑制作用。气温升高，不利于小孢子产生。雨后空气干燥，气温升高，萌发的孢子角逐渐干燥脱落，未萌发的菌瘿核心气温适合又继续生长，这些菌瘿加上新形成的菌瘿，是第二年侵染的菌源。小孢子借风力吹到苹果属植物上侵染叶片到显症出现小黑点即性子器，潜育期10天，平均气温16~17.1℃，时间为5月上旬；7月初病斑处叶组织加厚，7月下旬病斑产生锈子器，锈孢子飞散时间，长达2个月。

【生态治理】1.改善植物配置。新规划绿地，苹果属植物与桧柏的栽植间距要在5km以上。苹桧锈病是易于在北京市属公园内发生的病害，因为两种寄主同时存在，观赏海棠是古典园林的传统名木，园内又有相当数量的桧柏行道树、绿篱、孤立树和古桧柏，适合转主寄生病害的辗转侵染，单纯采取改善植物配置消除转主寄主的办法比较困难。2.化学防治。粉锈宁Baylebon是一种高效低毒的内吸性杀菌剂，不但具有保护作用，还具有治疗和铲除作用。在桧柏少苹果属植物多的地区，应重点在桧柏上喷药1~2次，控制冬孢子萌发，减少菌源，苹果上就可以适当少喷药。在桧柏多苹果属植物也多的地区，在靠近海棠，菌瘿多的桧柏喷药，同时在苹果上要全面喷药保护。在桧柏多苹果属植物少的地区，除在距离苹果近，菌瘿多的桧柏上喷药外，应熏点保护果树，减少锈孢子回飞桧柏的数量。（1）桧柏喷药，控制冬孢子萌发。掌握在桧柏上菌瘿开裂1mm冬孢子形成后，再根据气象预报，在中雨前，冬孢子未萌发的时候喷药最好；如果已降雨，则雨停后立即喷药也有效。一般年份在4月中、下旬较适合。（2）掌握小孢子飞散期，喷药保护苹果。菌瘿开裂后，气温上升，此时再有4mm以上降水，冬孢子即萌发。所以，春雨是防治的信号。冬孢子萌发后很快就能产生小孢子，因此，雨后应立即在苹果属上喷药。

苹桧锈病越冬菌瘿

苹桧锈病越冬菌瘿

苹桧锈病冬孢子角遇春雨膨胀

苹桧锈病冬孢子角

苹桧锈病严重可达几十到一百多个病斑每叶

苹桧锈病冬孢子角

苹桧锈病病斑边缘红色

苹桧锈病冬孢子角遇春膨胀

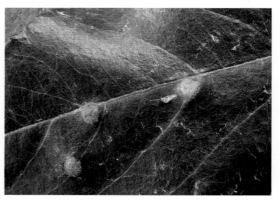

苹桧锈病病斑上的性子器

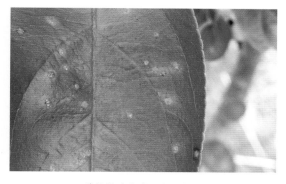

苹桧锈病性孢子分泌黏液

苹桧锈病性子器变黑、叶组织加厚

苹桧锈病病斑长出锈子器

苹桧锈病锈子器释放锈孢子

梨桧锈病

Gymnosporangium asiaticum Miyabe ex Yamada

【寄主】具有转主寄生现象，寄主为桧柏、翠柏、龙柏等以及梨树、杜梨、山楂和贴梗海棠等。

【病原】亚洲胶锈菌 *Gymnosporangium asiaticum* Miyabe ex Yamada，异名 *Gymnosporangium haraeanum* Syd.。

【症状】病菌在整个生活史中可产生四种类型孢子，需要在两类不同寄主上完成其生活史。在梨和山楂上产生性孢子和锈孢子，在桧柏等柏科植物上产生冬孢子和担孢子。冬孢子角红褐色或咖啡色，圆锥形，初短小，后渐伸长，一般长 2~5mm，顶部较窄，基部较宽；冬孢子柄细长外背胶质，遇水胶化，萌发产生担孢子。性孢子器扁烧瓶形，基部埋生在梨叶片正面表皮下，上部突出，从孔口生出丝状受精丝，并释放性孢子。锈孢子器丛生于梨叶病斑背面或病梢和病果的肿大病斑上，细长圆筒形，锈孢子近球形，橙黄色，表面有小瘤。

【测报】病菌以多年生菌丝体在桧柏枝上形成菌瘿越冬，翌春3月形成冬孢子角，冬孢子成熟后遇水膨胀，萌发产生大量的担孢子（小孢子）。冬孢子萌发最适温度 15~23℃，萌发需要有水膜。担孢子随风雨传播到梨树上，侵染梨的叶片、新梢、幼果等，但不再侵染桧柏。梨树自展叶开始到展叶后 20 天内最易感病，展叶 25 天以上，叶片一般不再感染。病菌侵染后经 6~10 天的潜育期，即可在叶片正面呈现橙黄色病斑，接着在病斑上长出性孢子器，在性孢子器内产生性孢子。在叶背面形成锈孢子器，并产生锈孢子，锈孢子不再侵染梨树，而借风传播到桧柏等转主寄主的嫩叶和新梢上，萌发侵入为害，并在其上越夏、越冬，到翌春再形成冬孢子角，冬孢子角上的冬孢子萌发产生的担孢子又借风传到梨树上侵染为害，而不能侵染桧柏等。梨锈病病菌无夏孢子阶段，不发生重复侵染，一年中只有一个短时期内产生担孢子侵染梨树。担孢子寿命不长，传播距离约在5km的范围内或更远，与风力、风向、地势等有一定关系。

【生态治理】1. 清除转主寄主。清除梨园周围5km以内的桧柏、龙柏等转主寄主，是防治梨锈病最彻底有效的措施。在建梨园时，应考虑附近有无桧柏、龙柏等转主寄主存在，如有应全部清除，若数量较多，且不能清除，则不宜作梨园。2. 铲除越冬病菌。桧柏等转主寄主不能清除时，在桧柏上喷药，铲除越冬病菌，减少侵染源。即在3月上中旬梨树发芽前，对桧柏等转主寄主先剪除病瘿，然后喷石硫合剂。3. 梨树喷药防治。在梨树上喷药，应掌握在梨树萌芽期至展叶后25天内，即担孢子传播侵染的盛期进行。一般梨树展叶后，如有降水，并发现桧柏树上产生冬孢子角时用三唑酮、丙环唑喷雾防治，可基本控制锈病的发生。若防治不及时，可在发病后叶片正面出现病斑（性孢子器）时，喷粉锈宁控制治疗。

梨桧锈病冬孢子角

梨桧锈病冬孢子角遇春雨膨胀

梨桧锈病越冬菌瘿

梨桧锈病性子器

梨桧锈病性孢子

梨桧锈病锈子器

梨桧锈病锈子器

枣锈病

Phakopsora ziziphi-vulgaris (P.Henn.) Diet.

【寄主】枣、龙枣、酸枣等。

【病原】枣多层锈菌 *Phakopsora ziziphi-vulgaris* (P.Henn.) Diet.。

【症状】枣锈病只发生在叶片上，初在叶背散生绿色小点，后逐渐凸起呈暗黄褐色，即病菌的夏孢子堆。夏孢子堆形状不规则，直径

0.5mm，多发生在中脉两侧、叶片尖端和基部。以后表皮破裂，散出黄色粉状物，即夏孢子。在叶片正面与夏孢子堆相对应处发生绿色小点，边缘不规则。叶面逐渐失去光泽，最后干枯早期脱落，落叶自树冠下部开始向上蔓延。冬孢子堆一般多在落叶以后发生，比夏孢子堆小，黑褐色，稍凸起，但不突破表皮。

【测报】颐和园霁清轩曾有发生。枣多层锈菌以夏孢子在落叶上越冬，成为翌年的初侵染源。一般于7月中下旬开始发病，8月下旬至9月初出现大量夏孢子堆，不断进行再次侵染，使发病达到高峰，并开始落叶。发病轻重与当年8—9月降水量有关，降水多发病就重，干旱年份则发病轻，甚至无病。由于菌源来自地面落叶，所以病情自下而上发展，8月上中旬为病害的盛发阶段。树叶被病菌侵染后，往往提前脱落。在生长季后期，病菌会在叶子上形成极少量黑褐色的冬孢子堆，但冬孢子在病害流行中所起的作用尚未查清。7—8月降水多时，常可引起该病的发生流行。

【生态治理】1. 加强栽培管理。栽植不宜过密，适当修剪，以利通风透光，增强树势。雨季及时排涝，降低湿度。冬季清理落叶减少病源。2. 喷药保护。7月上旬喷施1次波尔多液，流行年份可在8月上旬再喷1次，能有效控制枣锈病的发生和流行。也可在6—8月中旬，喷施氟硅唑、代森锰锌、三唑酮、戊唑醇等，天气干旱减少喷药次数，雨水多增加喷药次数。3. 选用抗性品种。

枣锈病症状

柳锈病

Melampsora coleosporioides Diet.

【寄主】旱柳、垂柳。

【病原】鞘锈状栅锈菌 *Melampsora coleosporioides* Diet.。性孢子器和锈孢子器不详。夏孢子堆单生或聚生，其中，混生侧丝。夏孢子近圆形、卵圆形或椭圆形，黄色，壁厚，表面有细刺。侧丝无色，顶端膨大，成头状或棍棒状。冬孢子堆埋生于寄主表皮下，直径0.3~0.5mm。冬孢子栅栏状排列，冬孢子单细胞，褐色，圆筒形或棱柱形。

【症状】该病主要发生在叶片，有时也发生在叶柄、新梢和嫩枝上。叶片发病初期，叶背面散生橘黄色粉状夏孢子堆，直径 0.2~0.5mm，后期叶片背面和正面均产生大量夏孢子堆，散发出黄粉。病重时，夏孢子堆联合成片，覆盖全叶，引起早期落叶。新梢发病停滞生长，短缩

畸形。新梢和嫩枝上的夏孢子堆长形、较大。落叶前后病叶两面生出赤褐色微凸的小斑，为冬孢子堆，埋生于表皮下。性孢子器和锈孢子器不详。

【测报】颐和园谐趣园柳树曾有发生。病原菌以菌丝在病梢和芽内越冬，翌年春季，芽膨大至放叶时，发育成熟的夏孢子堆，成为初次侵染源，为害当年的新叶和嫩梢。夏孢子发生多次再侵染，5—10 月均可发病，以秋季发病为重。林木密度过大时发病重。

【生态治理】1. 选择通风、排灌良好的圃地育苗，避免密植。放叶期及时摘除病芽、病梢，减少初次侵染源。2. 药剂防治推荐粉锈宁。

柳锈病症状

蛇莓锈病发病中心

蛇莓锈病

Phragmidium sp.

【寄主】蛇莓。

【病原】多胞锈菌属 *Phragmidium* sp。

【症状】除根外各器官均可受害，以叶为主。受病叶片正面产生小而不显著的性孢子器，叶背或叶柄上产生橘黄色的锈孢子器，以后则在叶背面散生橘黄色的夏孢子堆。后期于叶背出现粉质黑色的冬孢子堆，冬孢子堆初为橘红色，后成深棕红色，最后为黑色。

【测报】颐和园松堂曾有发生。病菌以菌丝体在芽内或病斑处越冬，也可以夏孢子或冬孢子在病枝、叶上越冬。翌年冬孢子萌发产生担孢子，侵入植株而形成性孢子器和锈孢子器。病菌为单主寄生，锈孢子1年内可产生多次，夏孢子发生多次再侵染。

【生态治理】1. 加强栽培管理。避免密植、高温高湿、通风不佳。2. 发病期及时喷施粉锈宁。

蛇莓锈病（叶正面）

蛇莓锈病（叶背面）

草坪锈病

Puccinia coronata Corda var. coronata

【寄主】早熟禾、黑麦草等草坪草。

【病原】冠柄锈菌原变种 *Puccinia coronata* Corda var. coronata。夏孢子堆生于叶两面，以上面为主，小，椭圆形，散生，橘黄色，粉状，有时有侧丝；夏孢子球形或椭圆形，壁淡黄色，有细刺。冬孢子堆生于叶两面，以下面为主，长期被覆盖在表皮下或晚期外露，黑色；偶有少数褐色的侧丝，冬孢子长圆形至棍棒形，褐色，下部渐窄，色较淡。

【症状】该病主要侵害植物叶片。感病叶片上形成中等大小、橘红色、圆形至长椭圆形夏孢子堆。叶表皮由孢子堆中裂开，唇状。冬孢子堆为中型，圆形至长椭圆形，黑色，散生，生于叶背面和叶鞘上，叶鞘上略成行，不开裂。被锈菌侵染的草坪远看呈黄色。

【测报】8月中旬可零星发现，一直持续至9月中旬，病情发展快时，可见由黄色或黄褐色小病草区（发病中心），迅速扩大而造成整个草坪发病，病叶变黄枯死。

【生态治理】1. 加强栽培管理。避免密植、高温高湿、通风不佳。2. 发病期及时喷施粉锈宁。

草坪锈病夏孢子堆

白锈病

Albugo ipomoeae-aquaticae

【寄主】牵牛花等。

【病原】白锈菌 *Albugo ipomoeae-aquaticae*。

【症状】该病主要为害叶片、叶柄、嫩茎和花。发病初期，叶片出现淡绿色小斑，逐渐变为淡黄色，斑点大小不等，近圆形至不规则形，无明显边缘。在相应的叶背出现隆起的白色疱状物，数个疱斑常融合为较大的疱斑块，随着病菌的发育，疱斑越来越隆起，终致破裂，散出白色粉末，为病菌的孢囊孢子。发病严重时，病斑连成片，使叶片变褐枯死。如病菌侵染到花茎上，可使花茎扭曲，肿大畸形，直径比正常茎增粗1~2倍。当病斑围绕嫩茎1周时，则上部组织生长不良，萎蔫死亡。

【测报】病菌主要以卵孢子随病残体遗落在土壤中或黏附在种子上越冬，少数以菌丝体在寄主根茎内存活越冬。卵孢子在适宜条件下直接萌发侵染，或产生孢子囊和游动孢子，从幼嫩叶片气孔侵入致病。病菌可沿维管束进行系统侵染。发病后病部产生的孢子囊作为再次侵染接种体，借助风雨传播侵染致病，在生长季节中，再次侵染不断发生，病害得以蔓延。病菌孢子囊萌发最适温度为25~30℃，病菌入侵要求温度偏低，但入侵后病害的扩展则要气温偏高，

如入侵后白天气温低于23℃，病害可不显症。温暖多湿的天气，特别是日暖夜凉或风雨频繁的季节最有利于本病的发生流行。连作地、土壤瘠薄、疏于肥水管理、植株生长不良的地块植株发病早而重。

【生态治理】1. 加强养护管理。秋末，将病株残体收集销毁，以减少翌年的侵染源。2. 药剂防治。可选用嘧菌酯、苯醚甲环唑等杀菌剂。

白锈病症状

白锈病症状（叶正面）

白锈病症状（叶背面）

草坪白粉病

Erysiphe graminis DC.

【寄主】山羊草属、冰草属、雀麦属、野牛草属、拂子茅属、单蕊草属、狗牙根属、野茅属、发草属、马唐属、披碱草属、偃麦草属、大麦属、猬草属、羊茅属、草属、臭草属、早熟禾属、棒头草属、芨芨草属（*Achnatherum*）、小麦属、黑麦属、针茅属、结缕草属的若干种作物及牧草。此菌有高度寄主专化性，不同生理小种侵染的寄主不同。

【病原】禾白粉菌 *Erysiphe graminis* DC.。菌丝体存在寄主体外，只以吸器伸入寄主表皮细胞吸收养分。菌丝体无色，产生直立的分生孢子梗，上串生分生孢子。分生孢子无色，单胞，卵圆形、椭圆形，分生孢子寿命短暂，只有3~4天有侵染力。闭囊壳球形、扁球形，成熟后壁黑褐色，无孔口。壳外有线状附属丝，不分枝，无色，无隔膜。闭囊壳内有子囊8~30个。子囊长卵圆形，无色，内有4~8个子囊孢子。子囊孢子椭圆形，单胞，无色。

【症状】地上器官均可受侵染，但叶和叶鞘受害最重。病部出现蛛网状、白粉状霉层，初为点状，小形，后汇合成片，甚至覆盖全叶。霉层下的叶组织褪绿变黄，后期可呈黄褐色，霉层中出现黄色、橙色、褐黑色小点，即病菌的不同成熟程度的闭囊壳。发病严重时，草层似喷洒了白粉，影响植株光合作用，导致草地早衰。

【测报】白粉病借分生孢子传播，孢子随气流、落到侵染部位，在潮湿凉爽（13~22℃，最适18.3℃）和多云的条件下，2小时就可以萌发并侵入。病部的菌丝体在适宜条件下，可以连续7~14天不断产生分生孢子，直至此处寄主组织死亡。受侵染部位1周后就开始产生分生孢子。闭囊壳产生于生长季后期，但许多禾本科植物上的白粉菌不产生闭囊壳。病菌以闭囊壳在残体上越冬，也可以休眠菌丝在活寄主上越冬。春季，又释放出分生孢子或子囊孢子在田间开始侵染。白粉菌在饱和空气湿度下产孢和孢子萌发最好，但在水膜中孢子不能萌发。散射光有利于分生孢子存活和萌发，故在荫蔽之处常发生较重。此病在5℃以下和25℃以上停止发展。持续降水不利于此病发生。冬季温暖，生长季湿润而雨量不太大的年份，此病容易流行。干旱可使禾草抗病力下降也有助于发病。草层稠密使病情加重。

【生态治理】1. 减少荫蔽。草坪周围的灌丛及树木，在不影响观赏价值的前提下，应适当进行透光剪修，以保证草坪有良好的通风透光。2. 喷药保护。有效药剂苯醚甲环唑、腈菌唑、氟硅唑、三唑酮等。3. 保护菌食性瓢虫。如十二斑褐菌瓢虫 *Vibidia duodecimguttata* (Poda)、柯氏素菌瓢虫 *Illeis koebelei* Timberlake、十六斑黄菌瓢虫 *Halyzia sedecimguttata* (Linnaeus)、梵文菌瓢虫 *Halyzia sanscrita* Mulsant 等。4. 环境治理参考腐霉枯萎病。

草坪白粉病症状

元宝枫白粉病

Sawadaia tulasnei (Fuck.) Homma

【寄主】元宝枫 *Acer truncatum*。

【病原】图拉斯叉钩丝壳 *Sawadaia tulasnei* (Fuck.) Homma。闭囊壳近聚生或散生，暗褐色，扁球形，附属丝 36~82 根，大多不分枝，少数在一半以上的地方分枝 1 次，直或略弯，长度为闭囊壳直径的 0.5~0.8 倍，上下近等粗，分枝稍细，顶端钩状部分卷曲 1~1.5 圈，圈紧。子囊 11~16 个，近卵形或不规则卵形，有短柄或近无柄，子囊孢子 7~8 个，卵形至长卵形，分生孢子属于粉孢属（*Oidium*）类型，同时，有大、小两型：小型分生孢子成串，近球形、卵形，少数矩圆－卵形，有明显的纤维体，无

色。大型分生孢子成串，卵形、桶形，或桶－柱形，也有很多纤维体，无色。球针壳属的 1 个种 *Phyllactmia* sp.，也可引起元宝槭白粉病。白粉层和闭囊壳产生在叶片背面。

【症状】主要发生在叶片和果实上，极少侵染嫩梢。叶片发病，白粉层主要在叶表面或叶背面，严重时叶面布满白粉层，秋后在白粉层中产生黑褐色的闭囊壳。果实上发病，膨大部分果皮上生白粉层、闭囊壳厚而多，翅上的白粉层较稀薄。

【测报】病菌以闭囊壳在落叶上越冬，翌年春季闭囊壳破裂放散子囊孢子，成为初次侵染源。孢子借风雨传播，侵染当年生新叶，分生孢子进行多次再侵染。秋季湿热天气条件下有利于发病，病害迅速蔓延。

【生态治理】1. 修剪时清理病枝、病叶，减少越冬病原。2. 化学防治。甲基托布津、石硫合剂、三唑类药物等。3. 保护菌食性瓢虫。如十二斑褐菌瓢虫 *Vibidia duodecimguttata* (Poda) 等。

元宝枫白粉病症状

芍药白粉病

Erysiphe paeoniae Zheng & Chen

【寄主】芍药属 *Paeonia* spp。

【病原】芍药白粉菌 *Erysiphe paeoniae* Zheng & Chen。子囊果散生或聚生，暗褐色，扁球形，附属丝枯枝状，不规则分枝多次，粗细不均，子囊 3~7 个，广椭圆形，短柄或近无柄。子囊孢子 2~5 个，卵形、长卵形、黄色。

【症状】发病初期叶面生近圆形小粉斑，后逐渐扩大成边缘不明显的连片白粉斑，随后整株布满白粉，其中散生褐色至近黑色小颗粒状物，即为病原菌的子囊果。

【测报】病菌以菌丝体在病芽中、病叶或枝梢上越冬，也可以闭囊壳越冬。翌年春天形成的分生孢子为主要初侵染来源。当年植株绿色器官发病后，不断产生分生孢子，进行多次再侵染。病菌生长温度范围为 3~33℃，最适宜温度为 21℃。温暖干燥的气候有利于发病。多施氮肥，栽植过密，通风透光条件差发病重。品种之间抗病性有差异。

【生态治理】1. 加强栽培管理，改善环境条

芍药白粉病症状

件，结合修剪剪除病枝、叶，减轻发病。2. 发病期及时喷施粉锈宁等三唑类药物。3. 保护菌食性瓢虫。如十二斑褐菌瓢虫 *Vibidia duodecimguttata* (Poda) 等。

冬青卫矛白粉病

Oidium euonymi-japonici (Are.) Sacc.

【寄主】扶芳藤、冬青卫矛等卫矛属 *Euonymus* spp。

【病原】冬青卫矛粉孢 *Oidium euonymi-japonici* (Are.) Sacc.。分生孢子椭圆形，单独成熟或成短链。

【症状】主要表现于叶片和嫩梢。病叶面被白粉状菌丝和孢子层覆盖，白粉层密而厚。病叶褪绿呈黄色。新梢发病时密布白粉层，其上叶片也密被白粉，病梢常扭曲畸形，且叶卷缩。

【测报】病菌以菌丝在病部越冬。翌年春季产生分生孢子进行初侵染，孢子借风雨传播，从气孔或直接穿透表皮侵入。春夏季节空气湿润或秋季多雨，可多次进行再侵染。遮阴潮湿的环境有利于发病，严重发病时植株枯萎。

【生态治理】1. 修除病枝、病梢、清除病落叶，控制病情发展。2. 发病期喷多菌灵、苯醚甲环唑等。3. 保护菌食性瓢虫。如十二斑褐菌瓢虫 *Vibidia duodecimguttata* (Poda) 等。

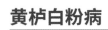

卫矛白粉病症状

黄栌白粉病

Uncinula verniciferae P. Heen.

【寄主】黄栌 *Cotinus coggygria*。

【病原】漆树钩丝壳 *Uncinula verniciferae P. Heen.*。菌丝体叶表面生，或叶的两面生。分生孢子串生，柱形，无色。闭囊壳散生或聚生，暗褐色，扁球形。附属丝 14~26 根，长度为闭囊壳直径的 1~1.5 倍，直或弯曲，顶端钩状或钩状部分卷曲 1~1.5 圈，圈紧。闭囊壳内含子囊 5~8 个，稀为少于 5 个或多于 8 个。子囊卵圆形或近球形，子囊内含子囊孢子 4~8 个，多为 5~7 个。子囊孢子长卵形或矩圆形，带黄色。

【症状】主要为害叶片，发病严重时也加害嫩枝。叶片感病初期，表面出现圆形或近圆形白色粉斑，周围呈放射状，病斑逐渐扩大并相连成片，菌丝层变厚，整个叶片被白粉层覆盖，其上产生大量分生孢子。秋后，白粉层中陆续产生由黄变为黑色的小粒点，即病菌的闭囊壳。严重时叶背也能发生。嫩梢受害后，上面也产生白色粉层和黑色小粒点。病叶花青素受破坏，褪绿。秋后病叶不变红色而呈黄色，且早落，影响树势和景观。

【测报】病菌以闭囊壳在病落叶及病枝上或病枝上的菌丝越冬，翌年 6 月温湿度适宜时闭囊壳张开，散布子囊孢子，进行初侵染。或在枝条上越冬的菌丝春季直接产生分生孢子进行初侵染。子囊孢子和分生孢子均借风、雨传播，直接侵入。分生孢子可进行多次再侵染。潜育期为 16~20 天。子囊孢子和分生孢子萌发的适宜温度为 25~30℃，而且要求相当高的空气湿度。

黄栌白粉病症状

7—8 月日平均温度在 22~27℃，空气相对湿度为 84%~90% 以上的条件下，最有利于病菌的侵染。

【生态治理】1. 休眠期，石硫合剂喷洒枝干和地面，消灭越冬菌原。2. 发病初期开始喷施粉锈宁，20 天后再喷 1 次。3. 保护菌食性瓢虫。如十二斑褐菌瓢虫 *Vibidia duodecimguttata* (Poda) 等。

紫薇白粉病

Uncinuliella australiana (McAlp.) Zheng & Chen

【寄主】紫薇 *Lagerstroemia indica*。

【病原】南方小钩丝壳 *Uncinuliella australiana* (McAlp.) Zheng & Chen，异 名 *Uncinula australiana* McAlp。闭囊壳聚生至散生，暗褐色，球形至扁球形。附属丝有长、短两型：长型附属丝常为 11~21 根，多不分枝，直或弯曲，多数下半部有 2~3 个隔膜，基部浅色，上部无色，顶端钩状或卷曲 1~2 圈。短型附属丝 10~28 根，镰形或其他形状，无色至淡黄色。子囊 3~5 个，卵形至近球形，有或无短柄，子囊孢子 5~7 个，卵形至矩圆形。分生孢子为粉孢属 *Oidium* 类型。分生孢子梗棍棒状，分生孢子串生，单胞，无色，椭圆形。

【症状】为害嫩叶、嫩梢和腋芽。叶片感病初期，在叶片上出现白色小点状斑，逐渐扩大，呈圆形病斑，初发病多在叶背面，以后发展到叶的两面。发病重者，病斑互相连接成片，有时白粉层覆盖整个叶片，造成叶片皱缩，枯黄早落。幼嫩枝梢感病，遍布白粉，扭曲变形，不能伸展。花蕾受害，亦在表面出现白粉霉层，不能正常开花。深秋，白粉层上出现由黄白色变为黑褐色稀疏的小粒点，即病菌的闭囊壳。

【测报】病菌以菌丝体在病芽鳞内或以闭囊壳在病落叶、病梢上越冬。翌年春越冬芽萌动，潜伏在芽鳞内的菌丝随之活动，侵染新抽出的嫩叶、嫩梢。越冬后的闭囊壳，于春季破裂后放散子囊孢子，经气流传播，进行初侵染。发病后形成的白粉层产生大量的分生孢子（粉孢子），随风传播扩散，进行多次再侵染活动。分生孢子萌发的温度范围为 5~30℃，最适宜温度为 19~25℃。空气相对湿度为 100%，或接触水滴有利于孢子萌发，侵染力可维持 13 天。紫薇白粉病主要发生在春、秋季，秋季发病为害最为严重。

【生态治理】1. 减少菌源。结合冬季修剪，剔除病枝梢集中销毁。2. 化学防治。冬季至发芽前喷施石硫合剂，发病期喷施粉锈宁等。3. 保护菌食性瓢虫。如十二斑褐菌瓢虫 *Vibidia duodecimguttata* (Poda) 等。

紫薇白粉病症状

枸杞白粉病

Arthrocladiella mougeotii (Lév.) Vassilk. var. mougeotii

【寄主】枸杞属 *Lycium*。

【病原】穆氏节丝壳 *Arthrocladiella mougeotii* (Lév.) Vassilk. var. mougeotii。闭囊壳稀少，散生，黑褐色，球形或扁球形，附属丝很多，顶端 2~3 次双叉式或三叉式分枝，末端圆形或稍收缩，长度为闭囊壳直径的 1 倍，子囊多个。子囊长椭圆形，有柄。子囊孢子 2 个，椭圆形。分生孢子为粉孢属 *Oidium* 类型，短柱形或椭圆形。

【症状】枸杞的叶、嫩梢、花及幼果均受侵害。被害部位覆盖白色或灰白色粉层，导致叶片皱缩，新梢卷曲，果实皱缩或裂口。

【测报】病菌主要以菌丝体在休眠芽内越冬，翌年春侵染幼叶，产生大量分生孢子，分生孢子靠风、雨及昆虫传播，发生多次再侵染，不断蔓延。一般年份秋季发病严重。

【生态治理】1. 减少菌源。剔除病枝梢集中销毁。2. 化学防治。发芽前喷1次石硫合剂。展叶后喷1次石硫合剂加硫酸亚铁混合液。坐果后喷1次多菌灵，可控制病害蔓延。3. 保护菌食性瓢虫。如十二斑褐菌瓢虫 *Vibidia duodecimguttata* (Poda) 等。

枸杞白粉病症状

桃白粉病

Podosphaera tridactyla Wallr de Bary
【寄主】桃、杏、李、樱桃、梅和樱花等。
【病原】三指叉丝单囊壳菌 *Podosphaera tridactyla* Wallr de Bary。菌丝外生。叶上菌丛很薄，发病后期近于消失。分生孢子稍球形或椭圆形，无色，单胞，在分生孢子梗上连生，含空泡和纤维蛋白体。分生孢子梗着生的基部细胞肥大。
【症状】本病是全球性发生的一种病害，在我国各产桃区均有发生。主要引起叶片受害。入夏以后，多少引起早期落叶，对树势无大的影响。严重时，菌丛覆盖全部叶面。幼叶出现病斑，生长受影响，叶面不平，呈波状。秋天，病叶菌丛中出现黑色小球状物（闭囊壳）。

【测报】三指叉丝单囊壳菌于10月以后形成黑色子囊壳，并以此越冬，翌年春放出子囊孢子作为初次侵染源。初侵染形成分生孢子以后，病菌以此作进一步侵染，病害得以广泛传播开。分生孢子萌发适温为21~27℃，4℃以上可以萌发，超过35℃则不能萌发。孢子在直射阳光下经3~4小时，或在散射光下24小时即丧失萌芽力。孢子有较强的抗霜冻能力，遇晚霜尚有萌发力。

【生态治理】1. 减少菌源。秋天落叶后及时清理，将落叶集中烧毁，以消灭越冬病原菌。2. 化学防治。发病期间喷施三唑酮、甲基硫菌灵可湿性粉剂等药剂。3. 保护菌食性瓢虫。如十二斑褐菌瓢虫 *Vibidia duodecimguttata* (Poda)、柯氏素菌瓢虫 *Illeis koebelei* Timberlake 等。

山桃白粉病症状

海棠白粉病

Podosphaera leucotricha (Ell. et Ev.) Salm.
【寄主】海棠、苹果、沙果、海棠、槟子和山定子等。
【病原】白叉丝单囊壳 *Podosphaera leucotricha* (Ell. et Ev.) Salm.，无性阶段 *Oidium* sp.，病部

的白粉状物是该菌的菌丝体及分生孢子。菌丝主要在病斑表面蔓延，以吸器伸入细胞内吸收营养物质；发病严重时，菌丝有时亦可进入叶肉组织内。菌丝无色透明，多分枝，纤细并具隔膜。菌丝发展到一定阶段时，可产生大量分生孢子梗及分生孢子，致使病部呈白粉状。分生孢子梗短棍棒状，顶端串生分生孢子。分生孢子无色、单胞、椭圆形。病部产生的黑色颗粒状物为门粉病菌的闭囊壳。闭囊壳球形，暗褐色至黑褐色，闭囊壳上有两种形状的附属丝，一种在闭囊壳的顶端，有 3~10 根，长而坚硬，上部有 1~2 次二叉状分枝但多数无分枝；另一种在基部，短而粗，菌丝状。一个闭囊壳中只有 1 个子囊，椭圆形或近球形，内含 8 个子囊孢子。子囊孢子无色，单胞，椭圆形。

【症状】苹果属植物的幼芽、新梢、嫩叶、花、幼果均可受害。受害芽干瘪尖瘦；病梢节间缩短，发出的叶片细长，质脆而硬；受害嫩叶背面及正面布满白粉。花器受害，花萼、花梗畸形，花瓣细长。病果多在萼洼或梗洼处产生白色粉斑，果实长大后形成锈斑。

【测报】病菌以菌丝在冬芽的鳞片间或鳞片内越冬。春季冬芽萌发时，越冬菌丝产生分生孢子经气流传播侵染。4—9 月为病害发生期，其中，4—5 月气温较，枝梢组织幼嫩，为白粉病发生盛期。6—8 月发病缓慢或停滞，待秋梢出现产生幼嫩组织时，又开始第二次发病高峰。春季温暖干旱，有利于病害流行。

【生态治理】1. 减少菌源。结合冬季修剪，剔除病枝、病芽；早春及时摘除病芽、病梢。2. 加强管理。施足底肥，控施氮肥，增施磷、钾肥，增强树势，提高抗病力。3. 喷药保护。春季开花前嫩芽刚破绽时，喷施药剂，开花 10 天后，结合防治其他病虫害，再喷药 1 次。首选药剂戊唑醇，醚菌酯；有效药剂苯醚甲环唑、腈菌唑、氟硅唑、三唑酮等。4. 保护菌食性瓢虫。如十二斑褐菌瓢虫

Vibidia duodecimguttata (Poda)、十六斑黄菌瓢虫 *Halyzia sedecimguttata* (Linnaeus)、梵文菌瓢虫 *Halyzia sanscrita* Mulsant 等。

海棠白粉病症状

十二斑褐菌瓢虫

锦鸡儿白粉病

Microsphaera longissima M. Y. Li

【寄主】锦 鸡 儿 *Caragana sinica* (Buchoz) Rehd.。

【病原】长叉丝壳 *Microsphaera longissima* M. Y. Li，菌丝无色，宽 1.6~4.3μm；子囊壳黑褐色，球形或扁球形，直径 99.5~158.0（平均 128.99）μm；壁细胞多角形：宽 6.3~19.0（平均 12.6）μm；附属丝 6~14 根，丝状，弯

曲，表面有许多小疣，长度为子囊壳直径的 5~10（平均 7.8）倍，宽 5.5~7.9（平均 6.5）μm，基部略粗，浅褐色，罕见有一隔膜者，顶部多为二叉分枝，少数为三叉分枝，分枝 3~8 次，常为 4~7 次，第一次分枝一般都较短，末次分枝一般不反卷；子囊 8~24 个，无色，卵形，椭圆形或棒形，有柄，（61.1~91.6）×（30.1~53.7）（平均 73.22×36.28）μm；子囊孢子 6~8 个，无色，卵形，椭圆形或长椭圆形，（17.3~26.9）×（8.6~13.5）（平均 21.33×10.59）μm。

【症状】生于叶的两面，主要在正面，有时也生在叶柄上；菌丝体存留且均匀，无色；子囊壳群生到散生，黑褐色，紧贴着叶面，上面覆盖着絮状菌丝。

【测报】曾在后山零星发生，10 月 1 日前后可见。1963 年由李明远先生首次在颐和园发现，于 1977 年立为新种并命名发表。

【生态治理】1. 减少菌源。秋天落叶后及时清理，将落叶集中烧毁，以消灭越冬病原菌。2. 保护菌食性瓢虫。如十二斑褐菌瓢虫 *Vibidia duodecimguttata* (Poda)、十六斑黄菌瓢虫 *Halyzia sedecimguttata* (Linnaeus)、梵文菌瓢虫 *Halyzia sanscrita* Mulsant 等。

草坪黑粉病

Ustilago striiformis (West.) Niess

【寄主】早熟禾、高羊茅等草坪草。

【病原】条形黑粉菌 *Ustilago striiformis* (West.) Niess。

【症状】感病叶片变硬、直立，生长受阻，叶片上沿脉生有灰白色点状冬孢子堆，以后变成灰白色至黑色。成熟时，孢子堆破裂，散出黑色粉末状冬孢子。可用手抹去。较老的受侵叶片将从叶尖向下皱缩，卷曲。草坪感染该病后，轻则影响观赏性，重则引起草坪成片死亡。

【测报】颐和园曾在听鹂馆前、后山等草坪草上小面积发生。该病主要发生在地上部的叶片上，严重时扩展至叶鞘，地下部根系不表现症状，有明显的发病中心。以 5 月至 8 月上旬发病最为严重。病株初为水渍状、暗绿色，后呈浅绿色至黄化，叶片僵直，发病重时叶片卷曲明显，从上向下破裂或整株枯死，形成面积不等的黄褐色枯草区。被害叶片中上部的正反面均有沿着叶缘、叶脉产生的长纺锤形的冬孢子堆，冬孢子堆平行整齐排列，与昆虫的卵粒相似。冬孢子堆初期呈白色或灰白色，成熟后灰黑色并产生破裂，散出大量黑色粉状孢子。

【生态治理】1. 加强肥水管理，少施氮肥，增施磷钾肥，及时拔除病叶。2. 化学防治。该病的适宜的防治时期为冬孢子堆形成初期、颜色变成灰黑色之前，防治越早，效果越好。防治可采用：粉锈宁、苯醚甲环唑等进行喷洒。

草坪黑粉病初期症状

黑粉病冬孢子堆初期呈灰白色

黑粉病冬孢子堆成熟呈灰黑色

草坪黑粉病后期症状

草坪黑粉病发病中心

杨树黑斑病

Marssonina brunnea (Ell. et Ev.) Magn

【寄主】侵染多种杨树，以加杨和毛白杨尤为易感病。

【病原】杨生盘二孢 *Marssonina brunnea* (Ell. et Ev.) Magn。分生孢子梗短，不分枝。分生孢子无色，双细胞，呈狭窄倒卵形或倒卵形，直

或稍弯。根据寄主范围和孢子萌发时产生芽管的数目，分成 2 个专化型。寄生在白杨派树种上，孢子萌发时产生单个芽管的，称为单芽管专化型 *M. brunnea f. sp. monogermtubi* (Li) He et Yang）；寄生在黑杨派和青杨派树种上，孢子萌发时产生 2~3 个芽管的，称为多芽管型 *M. brunnea f. sp. multigermtubi* (Li) He et Yang。尚未发现有性阶段。

【症状】病原菌种类不同，或同一种病原菌侵染不同的杨树种类，所形成的症状有一定差异。在青杨派树种上，病斑主要在叶背面；在黑杨派和白杨派树种上，叶面和叶背都产生病斑。叶斑初期为针刺状发亮的小点，后扩大成直径约 1mm 近圆形黑褐色的病斑，中间出现 1 个乳白色胶黏状的分生孢子堆。老叶上病斑开始即为黑褐色。病斑数量多时，可连成不规则的斑块，严重时叶片大部分变黑枯死。在加杨上，叶背面也出现病斑和乳白色的孢子堆。在嫩梢上病斑初为梭形，黑褐色，稍隆起，长 2~5mm，中间产生略带红色的分生孢子盘，嫩梢木质化后，病斑常成溃疡斑。

【测报】病菌以菌丝体、分生孢子盘和分生孢子在病落叶或 1 年生枝梢的病斑中越冬。越冬的分生孢子和新产生的分生孢子均可成为初侵染源。病菌的分生孢子堆具有胶黏性，孢子需通过雨水或凝结水稀释后，随水滴飞溅或借风飘扬传播。孢子与水滴接触时萌发率较高，侵染丝分泌胞外酶，溶解角质层，穿过表皮直接侵入，或由气孔、伤口侵入，潜伏期 2~8 天。发病时期因地区、树种不同而不一致。一般毛白杨于 5 月初开始发病，加杨于 6 月初开始发病，发病轻重与雨水多少有关，雨水多发病重，雨水少发病轻。在苗圃地潮湿，苗木密度过大时易发病。杨树叶中 Fe、Ca 含量与黑斑病的病情指数呈显著负相关，即 Fe、Ca 含量愈高，其病情指数愈低。

【生态治理】1. 选栽抗病速生品种。2. 合理密

植，适施肥水，加强管理，增强苗木抗病力。
3. 药剂防治。从初侵染期开始喷药，选用多菌灵、代森锌或波尔多液等，喷 2~3 次，以控制病情。

杨树黑斑病症状

草坪褐斑病

Rhizoctronia solani Dulin

【寄主】早熟禾、黑麦草、高羊茅、紫羊茅等草坪草。对冷季和暖季型草坪草为害极大。褐斑病是草地早熟禾最主要的病害之一。

【病原】立枯丝核菌 *Rhizoctronia solani* Dulin，是世界范围内草坪草主要病害之一，分布最广、为害最重的一种病害。

【症状】主要侵染植株的叶、鞘、茎，引起叶腐、鞘腐和茎基腐，根部往往不受害。因此，大部分受害株都能再生长出新叶，而恢复。单株受害：病叶及鞘上出现梭形或长条形斑，严重时病斑可绕茎 1 周。初期病斑中心呈灰白色水浸状，边缘红褐色，后期病斑深褐色，严重时病叶或整个病茎基部变褐腐烂枯死。叶鞘病斑处有黑色菌核形成，易脱落。草坪受害出现大小不等的近圆形枯草斑。草虽枯但不倒。枯草斑中心病株恢复较快，呈现中间绿外边枯的"蛙眼"状斑。潮湿（清晨有露水）时，可见"烟状圈"（菌丝圈）。另外，在病害发生时可闻到一股霉味。与镰刀枯萎病"蛙眼"症状区别是：镰刀枯萎病为害草根茎部，病斑中间为正常的草坪植株（健康老草坪），四周为已枯死的草形成的环带不会恢复；而褐斑病不为害根部，病斑中心的绿色是发病较早已恢复、新萌发的草，四周的是发病晚还没有恢复的草。

【测报】全国林业危险性有害生物，该病是一种土传病害，在所有草坪上几乎都有发生。发病时常造成大面积枯死，成为草坪管理中的一个重要难题。建植时间较长的草坪、枯草层厚的草坪，菌源量较大，发病重。通常褐斑病发病的最适温度为 21~32℃，当条件适宜发病到达高峰期时，草坪会出现典型的黄褐色枯草斑。北京地区防治褐斑病始期必须在 5 月上旬，最迟不得超过 5 月 20 日。

【生态治理】1. 药物防治。（1）必须 5 月 20 日之前预防，主要药剂以灭霉灵或井冈霉素为主，可与 3‰ ~5‰ 的磷酸二氢钾叶面混施，提高抗病性；（2）针对褐斑病在发病始期（5—6 月），施药间隔 15~20 天，进入发病盛期后（7—8 月），间隔期要缩短到 10 天左右。具体由发病情况和药剂效能而定；（3）不同药剂组合对抑制病害流行有一定效果。颐和园采用井冈霉素、

褐斑病症状

井冈霉素＋甲霜灵、多菌灵、甲基托布津的药剂组合，保证了冷季型草坪的夏季景观。2. 生物防治和环境治理。参考腐霉枯萎病。

褐斑病菌丝

麦冬炭疽病

Colletotrichum spp.

【寄主】麦冬草 *Ophiopogon japonicas* (L. F) Kor Gawl。

【病原】黑线炭疽菌 *Colletotrichum dematium* (Pers. ex Fr.) Grove；胶孢炭疽菌 *Colletotrichum gloeosporioides* penz.。

【症状】麦冬炭疽病主要为害麦冬的叶片，病斑多发生在叶尖，叶缘，叶中间也有发生。病斑为长椭圆形或不规则形，一般都从叶尖开始发病。发病初期，叶片上出现水渍状的病斑，周围有浅红色的晕圈，随着病害的发展，病斑变为褐色，最后病斑中央变为褐色至灰白色，逐渐向下枯死，在病健交界跗近呈现红褐色的云状纹。受害严重时，常使麦冬叶片枯死部分占整个叶片的1/3以上。在潮湿条件下，病斑上长出大量排列成近似轮纹状或散生的小黑点，为该病菌的分生孢子盘和刚毛。

【测报】颐和园北宫门零星发生。麦冬炭疽病发病初期在春雨过后，6—8月是发病盛期，尤其是在连续阴雨天气发病加重。

【生态治理】1. 化学防治。如嘧菌酯对菌丝生长、分生孢子萌发及芽管的生长均有较强的抑制作用；苯醚甲环唑和丙环唑对麦冬炭疽菌菌丝生长和芽管生长的抑制作用较强，但对孢子萌发抑制作用一般。因此，可以适当选择作用机制不同的农药品种，以提高防治效果。代森锰锌与嘧菌酯1∶1复配防治炭疽病具有增效作用。2. 生物防治。可利用枯草芽孢杆菌抑菌

麦冬炭疽病症状

活性防治炭疽病菌。3.加强养护管理。

玉簪炭疽病

Glomerella cinguhta (Stonem.) Spauld. et Schrenk

【寄主】玉簪、鸢尾、鸟巢蕨、玉兰等多种花木。

【病原】围小丛壳 *Glomerella cinguhta* (Stonem.) Spauld. et Schrenk，无性态为胶孢炭疽菌 *Colletotrichum gloeosporiodes* (Penz.) Sacc，异名：甜菜刺盘孢菌 *Colletotrichum omnivorum* de Bary。

【症状】病原菌为害叶片，也侵染茎秆。叶片染病，发病初期先出现红褐色小斑点，逐渐扩大成圆形或近圆形病斑，散生，直径 3~12mm，后扩大呈深褐色，病斑中央则由灰褐色转变为灰白色，边缘红褐色。有时有黄色晕圈，最后病斑转成黑褐色。叶缘和叶尖发病，多为不规则形，可连接成片，发病严重时，引起叶片枯黑死亡。秋冬季病部产生散生或轮纹状排列的小黑点，即为病菌的分生孢子盘，后期病斑常破碎脱落，形成穿孔，发病严重时，全叶枯死。茎秆、叶柄及花梗感病，病斑呈长条形，淡褐色，后期也出现轮纹状的黑色小点，即病菌的分生孢子盘。

【测报】颐和园后山中层路曾有发生。病菌以菌丝体和分孢盘在病叶或病残体上越冬，翌年以分生孢子为初侵和再侵接种体，借雨水溅射传播，从伤口侵入致病。温暖多湿的天气易发病。栽植过密、叶片相互接触摩擦易生伤口，增加感病机会。施氮过多也会加重发病。

【生态治理】1.选用抗性品种。选用无病菌健康种苗，是防止病害发生最有效的措施。玉簪不同品种抗病性差异非常明显，生产上应选用抗病品种。2.加强栽培管理。施足肥料，培育壮苗，防雨遮阴，定植后适时浇水，防止大水漫灌，雨季加强排水通风，降低湿度，可减少发病；秋末彻底清除病叶和病残体并集中处理烧毁，减少侵染源；发病初期及时剪除病叶集中烧毁，防止病情扩大，避免种植密度过大，浇水时不要从植株上方当头淋浇，减少病菌借水滴迸溅传播的机会，经常保持通风透光。3.药剂防治。推荐药剂：苯醚甲环唑、氟硅唑等。

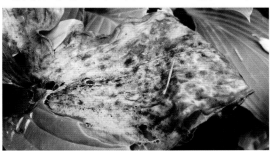

玉簪炭疽病

芍药炭疽病

Colletotrichum sp.

【寄主】牡丹、芍药。

【病原】病原菌为一种炭疽菌 *Colletotrichum* sp.，分生孢子盘寄生于寄主表皮下，成熟后外露。分生孢子盘黑色，直径 117~264μm；分生孢子梗细长，直，无色；分生孢子长椭圆形，略弯，内有两个油滴，大小为（8.4~10.5）μm×（2.7~3.3）μm。孢子盘内刚毛稀少，褐色。分生孢子生长发育及萌发适温为 25~27℃；孢子在 10% 牡丹叶浸出液中萌发最快，15 天后孢子萌发率达 78.3%，而无菌水仅为 63.1%。孢子萌发时产生褐色的壁稍厚的附着胞。

【症状】炭疽病主要侵染牡丹的叶片，其次为花梗、叶柄及嫩枝等部位。叶片症状：6 月开始，叶片正面出现褐色小斑点，逐渐扩大为近圆形或不规则形大病斑；病斑直径因品种不同而异，一般为 4~25mm。发生于叶缘的病斑为半椭圆形。病斑扩展多受主脉及大侧脉的限制。病斑一般为褐色，有的品种上叶斑中央组织灰白色，边缘为黄褐色。发病后期病斑中央组织呈无规则的开裂，有时呈穿孔状。7—8 月病斑上出现许多轮状排列的黑色点粒，即病原菌的分生孢子盘。在天气潮湿的情况下，分生孢子盘内溢出红褐色的黏孢子团，这是炭疽病的特征病状。嫩茎、叶柄及花梗上的病斑为梭形的条斑，稍凹陷，红褐色，长 3~7mm。病斑后期灰褐色，边缘红褐色，中央组织有时开裂。嫩茎等上的病斑无子实体产生。嫩茎病重时会折断。

【测报】病原菌以菌丝、分生孢子盘在土表的病落叶上、芽鳞中越冬。在土中腐烂的叶片上病原菌失活。分生孢子由风雨传播。刺伤的伤口利于病菌的侵入，也可以从气孔侵入。牡丹炭疽病潜育期为 15 天左右。牡丹炭疽病 6—9 月均可发病，6 月为发病始期，7—8 月为发病盛期。高温高湿有利于病害发生，高温之后遇上降雨可大幅度提高病情指数，降水量大小与发病紧密相关。在北京地区 7—8 月高温常常引起牡丹叶片的灼伤，为病菌的侵入提供途径。树荫下的牡丹发病往往较轻，可能与无灼伤有关。种植密度大或株丛大、通风透光不良，发病也较重。目前，栽培品种对炭疽病尚无免疫品种。调查发现，叶片小的、叶肉厚的品种发病较轻，叶片小有利于通风透光。

【生态治理】1. 加强栽培管理。秋末彻底清除病叶和病残体并集中处理烧毁，减少侵染源。株丛栽植不易过密，株丛过密时应上午分株移栽，及时灌水。这些措施有利于通风透光，降低株丛间的湿度，大雨过后要及时排除积水。2. 根据天气预报，降水量为 30~40mm 时喷 1 次药，半月 1 次，共 3 次，可以收到较好的防治效果药剂防治。推荐药剂：波尔多液、多菌

芍药炭疽病

芍药炭疽病

灵、代森锌，防治效果均在 75% 以上，这些药剂价格较低，而且可以兼治其他叶部病害，有推广价值，但要注意病菌抗药性的产生。

细菌性穿孔病

Xanthomonas campestris pv. *pruni* (Smith)Dye

【寄主】李、杏、桃、樱花、梅、樱桃等核果类观赏树木。

【病原】黄单胞菌李致病变种 *Xanthomonas campestris* pv. *pruni* (Smith) Dye。菌体短杆状，两端圆，大小为（1.4~1.8）μm×（0.4~0.8）μm，单生或成短链状，单极生鞭毛 1~6 根，无芽孢，有荚膜。格兰氏染色反应阴性，好气性。发育最适温度为 25℃，最高 38℃，最低 7℃。病菌在阳光下暴晒 30~45 分钟即失去活力。在枝梢溃疡组织内可存活 1 年以上，落地病组织内的病菌可存活 6 个月。

【症状】主要为害叶片，也侵害嫩梢和果实。叶片受害后，首先发生半透明油浸状小斑点，以叶尖、叶缘为多。病斑逐渐扩大呈圆形或不整齐病斑，紫褐色或褐色，直径多在 1~3mm，周围衬黄绿色晕环。天气潮湿时，在病斑的背面分泌出黄白色黏性菌脓。后期病斑干枯，病健交界处产生 1 圈裂纹，脱落后形成穿孔，或一部分相连不落（细菌性病斑常常受叶脉限制呈多角形，后期形成穿孔）。果实受害后，多发生在近果梗的一端。发病初期，果实表面发生油浸状、淡褐色小斑，后渐扩大，颜色加深，中部凹陷变暗紫色，边缘有油浸状晕环，天气潮湿时，亦分泌黄白色菌脓。后期病斑常发生细裂缝，往往引起烂果。枝梢受害后，产生春季溃疡与夏季溃疡两种类型的病斑。春季溃疡发病在头一年夏季生出的枝条上，病菌已于先年侵入，病斑淡褐色，微隆起，直径约 2mm，后沿枝梢纵向发展，长为 1~10cm，宽约枝梢周径的 1/2。春末病部表皮裂开，分泌菌脓，进行传播，成为初侵染源。有时造成枯枝。夏季溃疡在夏季叶部发病后，感染当年嫩梢。开始时环绕皮孔形成油浸状的暗紫色斑点。后渐扩大变褐色或紫褐色，稍下陷，圆形或椭圆形，具油浸状边缘。夏季溃疡斑不易扩展，常很快干枯，传病作用不大。

【测报】颐和园均有发生，一般为害杏、李较重。病菌在枝条的溃疡部（主要是春季溃疡斑）和秋季感染未表现症状的部位越冬。翌年春季气温上升后，病组织内的细菌开始活动。树木开花前后，细菌从病组织中溢出，通过风雨或昆虫传播，经叶片的气孔、枝条和果实的皮孔侵入。叶片一般于 5 月间发病，雨季为发病盛期，至秋雨来临时，果园又有大量细菌扩散，通过腋芽、叶痕侵入。病害潜育期因气温高低和树势强弱而异，在温度 25~26℃时，潜育期 4~5 天，树势强、气温较低时，潜育期可长达 40 天左右。温暖潮湿的气候利于发病。树势衰弱和排水、通风不良及偏施氮肥的果园，受害较重。早熟品种发病较轻。

【生态治理】1. 选择抗病品种。2. 加强养护管理。冬季结合修剪，彻底清除枯枝、落叶、落果等，集中烧毁；生长季合理修剪，使树体通风透光，降低湿度；雨季及时排涝，减轻病害发生。3. 预防保护。使用农用链霉素等杀细菌药剂。4. 避免核果类混栽。杏、李类极易感染细菌性穿孔病，混栽时往往成为发病中心，增加周围其他核果类树木感病的概率。

细菌性穿孔病

褐斑穿孔病

Cercospora circumscissa Sacc.

【寄主】桃、李、杏、梅、樱桃、樱花等核果类观赏树木。

【病原】核果尾孢霉 *Cercospora circumscissa* Sacc.，异名：*Cercospora cerasella* Sacc.；*Cercospora padi* Bubak et Sereb.，有性世代为樱桃球腔菌 *Mycosphaerella cerasella* Aderh.。分生孢子梗浅榄褐色，具隔膜 1~3 个，有明显膝状屈曲，屈曲处膨大，向顶渐细，大小为 $(10~65)\mu m \times (3~5)\mu m$。分生孢子橄榄色，倒棍棒形，有隔膜 1~7 个，大小为 $(30~115)\mu m \times (2.5~5)\mu m$。子囊座球形或扁球形，生于落叶上，大小为 $72\mu m$；子囊壳浓褐色，球形，多生于组织中，大小为 $(53.5~102)\mu m \times (53.5~102)\mu m$，具短嘴口；子囊圆筒形或棍棒形，大小为 $(28~43.4)\mu m \times (6.4~10.2)\mu m$；子囊孢子纺锤形，大小为 $(11.5~178)\mu m \times (25~43)\mu m$。

【症状】侵害叶片、新梢和果实。叶片被害后，产生圆形或近圆形病斑，直径 1~4mm，边缘清晰，略带环纹，有时晕圈呈紫色或红褐色。后期在病斑上可见灰褐色霉状小点，中部渐干枯而脱落穿孔，穿孔的边缘整齐，穿孔多时可造成提前落叶。新梢和果实上的病斑，与发生在叶片上的相似，后期均可产生灰褐色霉状小点。但病斑不脱落。

【测报】颐和园均有发生，一般为害不重。以菌丝体在病叶或枝梢病组织内越冬，翌年春季气温回升，降雨后产生分生孢子，借风雨传播，侵染叶片、新梢和果实。以后病部产生的分生孢子进行再侵染。病菌发育温度 7~37℃，适温 25~28℃。低温多雨利于病害发生和流行。

【生态治理】1. 加强养护管理。注意排水，增施有机肥，合理修剪，增强通透性。冬季结合修剪清除病枝、病果和病落叶，集中烧毁，以减少越冬菌源。2. 药剂防治：早春发芽前喷布石硫合剂或 1∶1∶100 波尔多液。落花后，喷洒苯醚甲环唑、代森锰锌或甲基硫菌灵等。

褐斑穿孔病

霉斑穿孔病

Clasterosporium carpophilum (Lev.) Aderh.

【寄主】桃、李、杏、梅、樱桃、樱花等核果类观赏树木。

【病原】嗜果刀孢菌 *Clasterosporium carpophilum* (Lev.) Aderh.，异名：*Coryneum beyerinckii* Oud；子座小，黑色，从子座上长出的分生孢子梗丛生，短小；分生孢子长卵形至梭形，褐色，具 1~6 个分隔，多为 2~3 个，大小为（23~62）μm×（12~18）μm。菌丝发育适温 19~26℃，最高 39~40℃，最低 5~6℃。国外报道，有性阶段为贝加林斯基囊孢菌 *Aswspora beijerinckii* Vuilleman (*Existenze fragl.*)，属子囊菌亚门，假球壳菌目，球腔菌科。

【症状】为害叶片、花果和枝梢。叶片染病，病斑初为圆形，紫色或紫红色，逐渐扩大为近圆形或不规则形，后变为褐色，湿度大时，在叶背长出黑色霉状物。有时病叶脱落后才在叶上出现穿孔。花、果实染病，果斑小而圆，紫色，凸起后变粗糙，花梗染病，未开花即干枯脱落。新梢发病时，呈现暗褐色，具红色边缘的病斑，表面有流胶。较老的枝条上形成瘤状物。瘤为球状，占枝条四周面积 1/4~3/4。较细的枝条，直径约 5mm，较大的枝条直径可达 1cm。

【测报】颐和园均有发生，一般为害不重。病菌以菌丝和分生孢子在被害枝梢或芽内越冬。被害枝、芽外面被覆蜡质，利于分生孢子抵抗低温。翌春气温回升，降水后产生分生孢子，借风雨传播，先侵染幼叶，产生新的分生孢子后再侵染枝梢和果实。病部产生的分生孢子进行再侵染。病菌发育温度 7~37℃，适温 25~28℃。病菌潜育期在日平均气温 19℃时，为 5 天。低温多雨利于病害发生和流行。

【生态治理】参考褐斑穿孔病。

褐斑穿孔病

霉斑穿孔病

烟煤病

Capnodiaceae & MELIOLALES

【寄主】多种林木、经济果树和花卉植物。

【病原】烟煤病，又称之为煤烟病、煤病、煤污病等，名称上存在混乱，Hughes ST. 等在 1976 年提出把烟煤病作为一个广泛的概念，依据病原引起的病害的外部形态，统称为烟煤病，而不在尽力去做分类上的判断。引起烟煤病的病原有多种，寄生类真菌主要指煤炱科 Capnodiaceae 和小煤炱目 MELIOLALES 的真菌。其他腐生类的真菌主要指暗色孢科 Dematiaceae 的真菌，如：枝孢霉属 *Cladosporium* spp.、链格孢属 *Alternaria* spp.、出芽短梗霉 *Aureobasidium pullulans*、仁果黏壳孢 *Gloeodes pomigena* (Schw.) Colby 等真菌。这些真菌生长在一起共同致病，经常被描述为一类病害。

【症状】烟煤病在植物上普遍存在，尤其在一些观赏性的园林植物和花卉上，发病时在枝干、叶面覆盖一层煤灰似的霉状物而得名。可能造成叶片褪绿早落，枝条及树木生长不良，渐至枝叶枯萎，使树势衰落甚至枯死。对于果树，由于烟煤病还要侵染果实，使果面变黑，降低品质，更是一个不可忽视的问题。一般认为，烟煤病菌不是真正的致病菌，因为，它并不侵入植株的内部，也不吸取寄主的营养物质，它对植株的为害不是直接的，而是通过减少叶子的有效光合面积来间接影响植株的生理功能。

【测报】颐和园万寿山太平花烟煤病常见。烟煤病与湿度密切相关。发病主要受阴郁环境影响，大树下或房屋遮阴较严重的背地发病较重，通风向阳处大都不发病。烟煤病菌可从刺吸类昆虫排泄物中获得营养，昆虫蜜露是烟煤病的重要营养来源和诱发因子，因此，多数情况下，烟煤病与虫害发生呈正相关。烟煤病菌营养也可取自雨水、露珠、雾、也可能是冷凝形式储存在叶子和枝条上的物质，或者植物体表的渗出物。

【生态治理】1. 剪除病枝。落叶后结合修剪，剪除病枝集中烧毁，减少越冬菌源。2. 加强管理。修剪时，尽量使树膛开张，疏掉徒长枝，改善膛内通风透光条件，增强树势，提高抗病力。注意雨后排涝，降低果园湿度。3. 加强蚜、螨、白粉虱、木虱、蚧壳虫、叶蝉等刺吸类害虫的监测防治。4. 喷药保护。在发病初期，喷甲基硫菌灵可湿性粉剂或多菌灵可湿性粉剂。间隔 10 天喷 1 次，可结合其他叶部病害等一起进行防治。5. 研究方向。由于煤炱和小煤炱真

太平花烟煤病（伴随白粉虱）

紫薇烟煤病（伴随紫薇绒蚧）

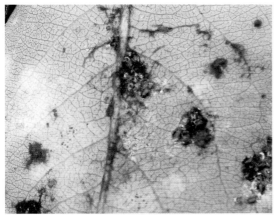

海棠煤污病（伴随木虱）

菌都不能人工培养成功，除直接观察外，可利用分子生物学技术提取环境中混合 DNA，建立微生物资源基因库进行功能基因研究。

牡丹褐斑病

Cladosporium paeoniae Pass.

【寄主】牡丹 *Paeonia* spp. 上常发生的重要病害，又名牡丹红斑病、叶霉病。

【病原】牡丹枝孢 *Cladosporium paeoniae* Pass.，分生孢子梗 3~7 根丛生，具 2~7 个隔膜，黄褐色，大小为 $66.4\mu m \times 4.0\mu m$，近顶部常分枝，分枝顶端着生分生孢子，分生孢子脱落后梗上留有圆锥状孢痕。分生孢子成链状，形成向顶性分枝的孢子链，孢子链基部的一个孢子多数为双胞，少数是单胞的，纺锤形或椭圆形，较大，为 $11.9\mu m \times 4.0\mu m$。孢子链上部的分生孢子多为单胞，圆形或卵圆形，大小为 $6.0\mu m \times 4.1\mu m$。

【症状】主要为害叶片，也侵染叶柄、枝条。叶片感病，初期叶面产生浅褐色针尖状斑点，边缘不清晰，扩展缓慢，此后逐渐扩大为近圆形或不规则形病斑，直径为 2~25mm，叶边缘的病斑多为半圆形，病斑正面呈紫褐色，背面呈栗褐色，具有深浅褐色交替的轮纹，有时不明显。在潮湿环境下，病斑正反面均可产生墨绿色至暗褐色霉层，即病菌的分生孢子梗及分生孢子。病斑的扩展不受叶脉限制，常数个病斑汇合在一起形成不规则的大斑，引起叶片枯死。叶柄、嫩枝发病，初期呈现褐色圆形小斑点，扩大后成椭圆形病斑，紫褐色，斑长 3~13mm，常数斑相连成片，潮湿时病部产生稀疏的墨绿色霉层，导致嫩枝枯死。花瓣、萼片受害，病斑较少，紫红色。

【测报】颐和园国花台曾有发生。病菌以菌丝体在病枝和病叶上越冬。翌年产生分生孢子进行初侵染。该病始发期为 4 月下旬至 5 月上旬，盛发期为 8 月上中旬。病害潜育期一般 6 天左右，但病斑上形成子实体，需 40~50 天。发病时期的雨量和相对湿度是此病发生早晚、病情轻重的主导因素，在这个时期降水早、雨日多、雨量大、叶面有水滴或水膜存在，有利于孢子萌发侵入，则病害发生早，易流行。反之，则发生晚不易流行。病菌生长温度范围为10~30℃，最适温度为 20~25℃，35℃以上生长受到抑制。光照对病菌的生长有一定的促进作用，而紫外光则对生长有明显的抑制作用。地势低洼的牡丹园发病重。

【生态治理】1. 冬春季彻底清除园内病残体，休眠期施药铲除菌源。2. 发病期采用多菌灵、甲基托布津或甲基硫菌灵等进行喷雾防治。

牡丹褐斑病

牡丹褐斑病

牡丹褐斑病

海棠斑点落叶病

Alternaria alternata f sp. mali

【寄主】苹果属 *Malus* spp.，造成早期落叶，影响树势和花芽形成。

【病原】链格孢苹果专化型 *Alternaria alternata* f sp. mali。分生孢子梗丝状，有分隔，顶端串生 5~13 个分生孢子（通常为 5~8 个）。分生孢子褐色或暗褐色，形状差异很大，呈倒棍棒状、纺锤形、椭网形等，具 1~5 个横隔，0~3 个纵隔，顶端有短喙或无，表面光滑，有的有凸起，大小为（9.1~12.2）μm×（24.2~48.4）μm。斑点落叶病病菌可能存在不同生理分化，而且随着栽培品种的变化，不断产生致病力更强的新的生理分化型。

【症状】主要为害嫩叶，也为害嫩枝及果实。特别是展叶 20 天内的嫩叶易受害。发病初期叶片上出现褐色小斑点，周围有紫红色晕圈。条件适宜时，数个病斑相连，最后叶片焦枯脱落。天气潮湿时，病斑反面长出黑色霉层。幼嫩叶片受侵染后，叶片皱缩、畸形。叶柄及嫩枝受害后产生椭圆形褐色凹陷病斑，造成叶片易脱落和柄枝易折、易枯。果实受害多在近成熟期，果面产生褐色斑点。果心受害，产生黑褐色霉层，可扩大至果肉。

【测报】病菌以菌丝在受害叶、枝条或芽鳞中越冬，翌春产生分生孢子，随气流、风雨传播，从皮孔侵入进行初侵染。分生孢子每年有两个活动高峰：第一个高峰从 5 月上旬至 6 月中旬，孢子量迅速增加，致春秋梢和叶片大量染病，严重时造成落叶；第二个高峰在 9 月，这时会再次加重秋梢发病严重度，造成大量落叶。受害叶片上孢子形成在 4 月下旬至 5 月上旬，枝条上 7 月才有大量孢子产生，所以，叶片上形成较枝条上早。病害潜育期随温度不同而异，17℃时潜育期 6 小时，20~26℃时为 4 小时，28~31℃为 3 小时，17~31℃时，叶片均可发病。该病的发生、流行与气候、品种密切相关。高温多雨病害易发生，春季干旱年份，病害始发期推迟，夏季降水多，发病重。此外，树势较弱、透风透光不良、地势低洼、地下水位高、枝细叶嫩均易发病。

【生态治理】1. 清洁果园。冬初将病叶清除烧毁，剪除病梢。2. 及时夏剪。7 月及时剪除徒长枝病梢，减少侵染源。3. 药剂防治。春梢期和秋梢期多受害重，药剂防治重点是保护春梢和秋梢的嫩叶不受害。首选药剂有戊唑醇、吡唑醚菌酯，均匀喷雾，每季施药3~4次，间隔7~14天。发病轻或作为预防处理时使用低剂量，发病重或作为治疗处理时使用高剂量。不同作用机制的杀菌剂轮换使用。

海棠斑点落叶病

海棠斑点落叶病

海棠斑点落叶病

海棠花叶病

Apple mosaic. virus

【寄主】苹果属 *Malus* spp.，染病树1年生枝条较健株短，节数减少，果实不耐贮藏，病树提早落叶。

【病原】由苹果花叶病毒（Apple mosaic. virus）侵染所致。病毒粒体为圆球形，大小有两种，直径分别为25nm和29nm。根据交互保护反应试验，目前将苹果花叶病毒区分为3个株系，即：重型花叶系、轻型花叶系和沿脉变色系。三者之间没有截然可分的特异性症状，只是在症状类型的比例及严重程度上有所不同。

【症状】主要表现在叶片上，由于品种的不同和病毒株系间的差异，可形成以下几种症状。1. 斑驳型。病叶上出现大小不等、形状不定、边缘清晰的鲜黄色病斑，后期病斑处常常枯死。在一年中，这种病斑出现最早，而且是花叶病中最常见的症状。2. 花叶型。病叶上出现较大块的深绿与浅绿的色变，边缘不清晰，发生略迟，数量不多。3. 条斑型。病叶支叶脉失绿黄化，并延及附近的叶肉组织。有时仅主脉及支脉发生黄化，变色部分较宽；有时主脉、支脉、小脉都呈现较窄的黄化，使整叶呈网纹状。4. 环斑型。病叶上产生鲜黄色环状或近环状斑纹，环内仍呈绿色。发生少而晚。5. 镶边型。病叶边缘的锯齿及其附近发生黄化，从而在叶缘形成一条变色镶边，病叶的其他部分表现正常，这种症状仅在少数品种上可以偶尔见到。在自然条件下，各种症状可以在同一株、同一枝甚至同一叶片上同时出现，但有时也只能出现一种类型。在病重的树上叶片变色、坏死、扭曲、皱缩，有时还可导致早期落叶。花叶病叶上容易发生其他叶部病害；病株新梢节数减少，而造成新梢短缩；病树果实不耐贮减，而且易感染炭疽病。

【测报】颐和园零星发生，耕织图景区可见。海棠感染花叶病后，便成为全株性病害，只要寄主仍然存活，病毒也一直存活并不断繁殖。病毒主要靠嫁接传播，无论砧木或接穗带毒，均可形成新的病株。此外，菟丝子可以传毒。在海棠实生苗中可以发现许多花叶病苗，说明种子有可能带毒，但目前尚无确切的试验证明。1956年曾报道苹果蚜和木虱可以传毒，但一直未能确定。然而在自然条件下，该病可缓慢传播蔓延，因此昆虫传毒的可能性是存在的。嫁接后的潜育期长短不一，一般在3~27个月。症状表现与环境条件、接种时间、供试植物的大小等有关。气温10~20℃时，光照较强，土壤干旱及树势衰弱时，有利于症状表现；幼苗接种，潜育期一般较短。

【生态治理】1.严格植物检疫，挑选健株。2.拔除病苗。在育苗期发现病苗及时拔除销毁，以防病害传播。3.加强病树管理。对病树应加强肥水管理，增施有机肥料，适当重修剪；干旱时应灌水，雨季注意排水，以增强树势，提高抗病能力，减轻为害程度；对丧失结果能力的重病树和未结果的病幼树，及时刨除，改植健树，免除后患。4.药剂防治。春季发病初期，可试喷洒氨基寡糖水剂、植病灵乳剂或盐酸吗啉胍·铜可湿性粉剂，隔10~15天1次，连续2~3次。

海棠花叶病

海棠花叶病

颐和园其他常见天敌昆虫

一、蜉蝣目 Ephemeroptera

蜉蝣科　Ephemeridae

蜻蜓成虫

蜉蝣成虫

二、蜻蜓目 Odonata

1. 差翅亚目 Anisoptera，统称蜻蜓

蜻蜓成虫

2. 束翅亚目 Zygoptera，统称螅

螅成虫

螅稚虫

螅成虫

三、螳螂目 Mantodea

1. 螳科 Mantidae

螳螂卵鞘

螳螂初孵若虫

螳螂老龄若虫

螳螂成虫

螳螂成虫

螳螂成虫

四、脉翅目 Neuroptera

草蛉科 Chrysopidae

草蛉卵

螳螂成虫

螳螂成虫

草蛉幼虫——蚜狮

草蛉蛹壳与蛹前脱皮

草蛉成虫

草蛉成虫

草蛉成虫

五、鞘翅目 Coleoptera

1. 步甲科 Carabidae

步甲成虫

步甲成虫

虎甲成虫

瓢虫幼虫

虎甲成虫

2. 瓢虫科 Coccinellidae

瓢虫老熟幼虫正在取食

瓢虫成虫正在产卵

瓢虫蛹

瓢虫卵

瓢虫初孵小幼虫

瓢虫正在交尾

瓢虫成虫正在取食

异色瓢虫

十二斑菌瓢虫

七星瓢虫寻找越冬场所

六、双翅目 Diptera

1. 食虫虻科 Asilidae

十三星瓢虫

食虫虻正在交尾

十九星瓢虫

食虫虻成虫

寄蝇成虫

食虫虻成虫

寄蝇成虫（寄生卷蛾）

2. 寄蝇科 Tachinidae

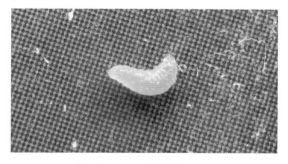

寄蝇幼虫（寄生苹黑痣小卷蛾）

寄蝇成虫

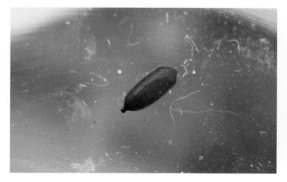

寄蝇蛹

寄蝇成虫

寄蝇成虫（寄生卷蛾）

食蚜蝇幼虫

3. 食蚜蝇 Syrphidae

食蚜蝇卵

食蚜蝇幼虫

食蚜蝇幼虫

食蚜蝇幼虫

食蚜蝇幼虫

食蚜蝇蛹

食蚜蝇蛹

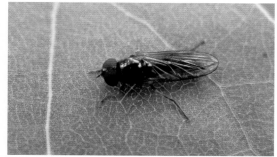

食蚜蝇成虫

食蚜蝇成虫

食蚜蝇成虫

食蚜蝇成虫

食蚜蝇成虫

食蚜蝇成虫

食蚜蝇成虫

食蚜蝇成虫

食蚜蝇成虫

食蚜蝇成虫

食蚜蝇成虫

食蚜蝇成虫

食蚜蝇成虫

食蚜蝇成虫

食蚜蝇成虫

食蚜蝇成虫

食蚜蝇采花粉

食蚜蝇成虫

七、膜翅目 Hymenoptera

1. 姬蜂科 Ichneumqnidae

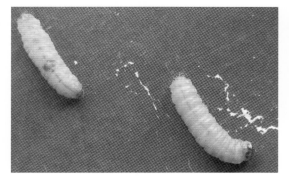

姬蜂幼虫

姬蜂成虫

2. 茧蜂科 Braconidae

茧蜂蛹

茧蜂蛹

3. 蚜小蜂科 Aphelinidae

蚜小蜂成虫

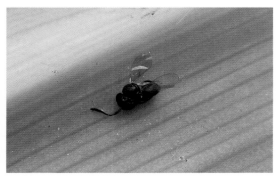

蚜小蜂成虫

附录一　颐和园植物检疫管理标准

前　言

本标准遵循《中华人民共和国进出境动植物检疫法》《中华人民共和国进出境动植物检疫法实施条例》《森林病虫害防治条例》《植物检疫条例》《进境动植物检疫审批管理办法》《进境植物繁殖材料检疫管理办法》《森林植物检疫技术规程》《北京市林业植物检疫办法》等国家及北京市的相关法律法规的规定，并结合颐和园相关标准和植物检疫工作实际情况制定。

本标准由颐和园园艺队提出并归口。

本标准由颐和园园艺队组织实施。

本标准起草单位：颐和园园艺队。

本标准主要起草人：李洁，王爽，赵京城。

一、范围

本标准规定了颐和园植物检疫的对象、检疫前准备、现场检疫和实验室检疫程序、技术措施和检疫后处理办法。

本标准适用于颐和园对国外、省外、本市和园内调整的植物及随之而来的土壤、支持用材进行的检疫。

二、规范性引用文件

《中华人民共和国进出境动植物检疫法》

《中华人民共和国进出境动植物检疫法实施条例》

《森林病虫害防治条例》

《植物检疫条例》

《植物检疫条例实施细则》（林业部分）

《植物检疫条例实施细则》（农业部分）

《进境动植物检疫审批管理办法》

《进境植物繁殖材料检疫管理办法》

《林业植物检疫人员检疫执法行为规范》

《森林植物检疫技术规程》

《北京市林业植物检疫办法》

"虫情测报员岗位操作规定" YHY/ZDS-YYD-06

三、术语和定义

下列术语和定义适用于本文件。

1. 检疫 quarantine

根据国家法律法规对有关生物及其产品和其他相关物品实施科学检验鉴定与处理，以防止有害生物在国内蔓延和国际间传播的一项强制性行政措施。

2. 介壳虫

同翅目蚧总科昆虫的统称。多数种类虫体上备有蜡质分泌物，形如介壳，因此而得名。雌虫无翅，足和触角均退化；雄虫有翅，足和触角发达，刺吸式口器。它为害植物的根、树皮、叶、枝或果实，以吸取植物汁液为生，严重时会造成枝条凋萎或全株死亡，且易诱发煤污病。

四、检疫前准备

1. 证明文件

确保待检植物各种手续和证明文件齐全。若为境外引种，引种人应持"入境货物报检单"、《进境动植物检疫许可证》（仅针对禁止进境的特许审批种子苗木）、《引进种子、苗木审批单》或《引进林木种子苗木和其他繁殖材料检疫审批单》《繁殖材料隔离场、库备案证书》、输出国家或地区官方植物检疫证书、产地证书等必需文件，向北京出入境检验检疫局报检，经过检验检疫，合格后取得由该局签发的《入境货物检验检疫证明》；省际调运植物，调运人应取得调出地植检机构签发的《植物检疫证书》；在本市跨区（县）调运植物的，应当凭《产地检疫合格证》调运。

2. 检疫方案

根据待检植物的种类、品种、数量，产地、原产地疫情等制订检疫方案，应包括如下内容。

（1）检疫项目。根据植物种类和产地疫情，以及相关规定，确定需要重点关注和检验的有害生物种类（项目）。

（2）检疫方法。查询现有的国家标准、地方标准，以及相关国际权威机构的标准，确定采取的检疫（验）鉴定方法。

（3）检疫数量。根据待检植物的种类、数量和包装类型等，确定需要抽查的比例和检查数量。

五、产地检疫程序

（1）对于购自北京市内的植物材料需进行

产地检疫。对其他条件许可的产地可视具体情况进行检疫。园内调整植物需进行调出地检疫。

（2）开始调查前，应预先了解产地所在地区的有害生物发生概况，是否为检疫性有害生物发生疫区。

（3）到达后先观察产地外围的环境条件，检查有无有害生物发生及为害情况。

（4）进入产地，观察产地内整体情况，如林（田）间卫生，植物生长状况、健康状况；询问种苗来源、栽培管理；检查有无有害生物发生及为害情况。

（5）检疫调查一般选择踏查法。踏查苗木时，根据待检植物种类不同，有侧重地检查顶梢、叶片、茎干及枝条等有无病变、病害症状、虫体及被害状等，必要时挖取检查根部。

（6）将各项调查结果填入《产地检疫调查表》。见附录 A。

（7）将检疫情况及时报园林部、园艺队，为苗木的选取提供技术支持，力争做到将有害生物阻挡在园墙之外。

六、现场检疫程序

（1）核对待检植物品名、品种、数量等是否与订货要求相符。

① 与订货要求不符的（种类或品种不符，数量超出或不足等），需查明原因。

② 与订货要求相符的，进入以下查验程序。

（2）现场检疫。

① 以品种为检疫单位。

② 检查包装、铺垫材料、箱体有无有害生物。

③ 对于繁殖材料重点检查是否带有害虫、虫迹、病瘿、菌瘿和杂草籽，以及植物残体等。

④ 重点检查植物根部及土壤中是否携带有害生物，是否有明显的病症、病状；地上部分是否有病斑、畸形、矮化、害虫、介壳虫、螨

类、软体动物和其他异常；芽眼处是否有腐烂、肿大、干缩等异常；叶部是否有花叶、病斑、畸形、霉层等病症和病状。

⑤ 查验数量一般为 5%~20% 随机抽检，如有需要，加大抽查比例，具体抽查比例根据产地、品种等具体确定。每份样品的抽样点不少于 5 个，随机扦取。单位包装只能有一个抽样点。

⑥ 若检查到有害生物和受害苗木，可通过形态特征、生物学特性和病症、病征确定的，按"8 检疫后处理"条目处理；如不能确定的，需采集标本若干份。病害标本要有典型症状并且带有病原体；虫害标本要求虫体完整，具被害状。对一时不便鉴定的害虫，待培养或饲养后，供室内进一步检验。

⑦ 填写《现场检疫调查表》，见附录 B。

（3）颐和园园林植物检疫对象名录见附录 C。如检验到未包含在附录 C 中的病虫害，可查阅相关文献或咨询专业机构。

七、实验室检疫

（1）有标准规定的，按照有关国家标准、地方标准、行业标准、国际权威机构的标准进行检验鉴定。

（2）无具体标准的，根据有害生物的形态特征、生物学特性，参考以下方法进行检验鉴定：（若园内无法检验可送至其他有条件的机构或实验室进行检验）

①害虫检验：

a. 对隐蔽在叶部或干、茎部的害虫，用刀、锯或其他工具剖开被害部位或可疑部位进行检查。剖开时应注意保持虫体完整。

b. 借助于解剖镜、显微镜等仪器设备，参照已定名的昆虫标本、有关图谱、资料等进行识别鉴定。

c. 对一时鉴定不出的害虫，采取人工饲养

方法，养至成虫期鉴定，或结合观察各虫态特征及其生物学特性，做出准确鉴定。必要时送请有关专家鉴定。

② 真菌检验：

a. 采集一定数量的症状典型的病害和寄主标本。

b. 用徒手切片法，借助显微镜观察真菌形态特征。

c. 用组织分离法或孢子稀释法选用选择性或半选择性培养基进行分离培养，根据形态特征进行鉴定。

d. 记载病原真菌特点、培养性状。

③ 细菌检验：

a. 观察寄主症状是否具典型细菌性病害的溢菌现象、是否有菌浓，并用显微镜检查病组织，观察病健交界处是否有大量细菌游出，初步确定是否为细菌病害。

b. 用组织分离法或孢子稀释法选用选择性或半选择性培养基分离培养病原细菌，并通过稀释或画线法获得纯培养菌株。

c. 用柯克氏法则进一步鉴定病原细菌的致病性，利用植物过敏反应快速筛选致病性细菌。

d. 从接种植物病组织中再分离获得细菌，并与原来病株上分离获得的细菌比较。

e. 根据细菌形态、大小特征、菌株生理生化特点、致病性等确定其种类。

④ 病毒检验：

a. 通过田间调查、症状观察、初步确定是否为病毒病害。

b. 采集病毒样品，并用摩擦接种观察接种后症状表现及变化是否与感病植物一致。

c. 进一步的形态鉴定需送至植物检疫机构或有条件的实验室进行检验。

⑤ 寄生线虫检验：

a. 直接采取新鲜病变的组织、器官或根围土壤。

b. 采用贝尔曼法或浅盘法分离线虫；如果是非转移型线虫，可直接用手剥离。

c. 分离后直接检查。需保存或用显微镜观察的线虫用固定液固定。送至植物检疫机构或有条件的实验室进行检验。

⑥ 杂草籽：过筛或直接挑拣后，根据形态进行鉴定等。

（3）颐和园重点检疫对象的快速鉴定方法见附录 D。未包含于附录 D 的病虫害或园内实验室暂时无鉴定所需设备时，可将样品送至其他有条件的实验室或机构进行鉴定。

八、检疫后处理

（1）经过检疫，未发现有害生物风险，可允许引入该批次植物。

（2）发现检疫性有害生物，及时上报植物检疫部门，将该批次植物退回产地。

（3）发现非检疫性有害生物，严重度未超过（含）"+"（划定标准详见"虫情测报员岗位操作规定"YHY/ZDS-YYD-06），进行除害处理后复检，复检合格可允许引入该批次植物。

（4）发现非检疫性有害生物，且严重度超过（含）"++"，将该批次植物退回产地。

（5）园内调整植物，若检出土传病害或地下害虫，或存在该风险，需进行换土或土壤处理，直至土壤复检合格后，完成移栽。

（6）苗木定植后 10~20 日再次进行复检。若未发现有害生物，可进行正常养护。若发现检疫性有害生物，需上报植物检疫部门，启动应急预案防控。若发现非检疫性有害生物，需及时采取防控措施。

九、植物检疫人员岗位规范

见附录 E。

附录 A　产地检疫调查表模板

产地检疫调查表

调查时间

1　整体情况

所在区县	该区县内已有发生的检疫对象	
苗圃名称		
病虫害名称	苗圃周边	苗圃内部
防治措施		

2　苗木情况

待检树种 1（名称）	名称	该树种易发病虫害			颐和园重点检疫对象	
	为害部位	根际土壤检出病虫害	根部检出病虫害	枝干部检出病虫害	叶（花）部检出病虫害	其他
	苗木 1					
	苗木 2					
	苗木 3					
	苗木 4					

调查人：

附录 B　现场检疫调查表模板

现场检疫调查表

调查地点

待检植物种类	拟栽植地	总株数	被害株数	有害生物名称	发生形态	为害部位	虫口密度	发病率	建议应采取的措施

苗木来源

调查人：　　　　　　　　　　　　　　　　　　调查时间：

附录 C　颐和园园林植物检疫对象名录

1. 松材线虫 Bursaphelenchus xylophilus (Steiner et Buhrer) Nickle
2. 美国白蛾 Hyphantria cunea (Drury)
3. 苹果蠹蛾 Cydia pomonella (L.)
4. 红脂大小蠹 Dendroctonus valens LeConte
5. 杨干象 Cryptorrhynchus lapathi L.
6. 青杨脊虎天牛 Xylotrechus rusticus L.
7. 苹果绵蚜 Eriosoma lanigerum (Hausmann)
8. 紫薇绒蚧 Eriococcus lagerostroemiae Kuwana
9. 枣大球蚧 Eulecanium gigantea (Shinji)
10. 槐花球蚧 Eulecanium kuwanai (Kanda)
11. 松针蚧 Fiorinia jaonica Kuwana
12. 柳蛎盾蚧 Lepidosaphes salicina Borchsenius
13. 日本松干蚧 Matsucoccus matsumurae (Kuwana)
14. 白蜡绵粉蚧 Phenacoccus fraxinus Tang
15. 桑白蚧 Pseudaulacaspis pentagona (Targioni-Tozzetti)
16. 杨圆蚧 Quadraspidiotus gigas (Thiem et Gerneck)
17. 梨圆蚧 Quadraspidiotus perniciosus (Comstock)
18. 卫矛矢尖蚧 Unaspis euonymi (Comstock)
19. 温室白粉虱 Trialeurodes vaporariorum (Westwood)
20. 悬铃木方翅网蝽 Corythucha ciliata (Say)
21. 西花蓟马 Frankliniella occidentalis(Pergande)
22. 苹果小吉丁虫 Agrilus mali Matsumura
23. 白蜡窄吉丁 Agrilus marcopoliObenberger
24. 双斑锦天牛 Acalolepta sublusca(Thomson)
25. 星天牛 Anoplophora chinensis (Foerster)
26. 光肩星天牛 Anoplophora glabripennis (Motsch.)
27. 桑天牛 Apriona germari (Hope)
28. 锈色粒肩天牛 Apriona swainsoni (Hope)
29. 红缘天牛 Asias halodendri (Pallas)
30. 栗山天牛 Massicus raddei (Blessig)
31. 四点象天牛 Mesosa myops (Dalman)
32. 松褐天牛 Monochamus alternatus Hope
33. 双条杉天牛 Semanotus bifasciatus (Motschulsky)
34. 粗鞘双条杉天牛 Semanotus sinoauster Gressitt
35. 家茸天牛 Trichoferus campestris (Faldermann)
36. 臭椿沟眶象 Eucryptorrhynchus brandti (Harold)
37. 沟眶象 Eucryptorrhynchus chinensis(Olivier)
38. 杨黄星象 Lepyrus japonicus Roelofs
39. 榆跳象 Rhynchaenus alini Linnaeus
40. 华山松大小蠹 Dendroctonus armandi Tsai et Li
41. 云杉大小蠹 Dendroctonus micans Kugelann
42. 十二齿小蠹 Ips sexdentatus Borner
43. 落叶松八齿小蠹 Ips subelongatus Motschulsky
44. 云杉八齿小蠹 Ips typographus L.
45. 柏肤小蠹 Phloeosinus aubei Perris
46. 杉肤小蠹 Phloeosinus sinensis Schedl
47. 横坑切梢小蠹 Tomicus minor Hartig
48. 纵坑切梢小蠹 Tomicus piniperda L.

49. 日本双棘长蠹 Sinoxylon japonicus Lesne

50. 刺槐叶瘿蚊 Obolodiplosis robiniae (Haldemann)

51. 柳瘿蚊 Rhabdophaga salicis Schrank

52. 核桃举肢蛾 Atrijuglans hitauhei Yang

53. 芳香木蠹蛾东方亚种 Cossus cossus orientalis Gaede

54. 小木蠹蛾 Holcocerus insularis Staudinger

55. 六星黑点豹蠹蛾 Zeuzera leuconotum Butler

56. 舞毒蛾 Lymantria dispar L.

57. 栗瘿蜂 Dryocosmus kuriphilus Yasumatsu

58. 枸杞瘿螨 Aceria macrodonis Keifer.

59. 南方根结线虫 Meloidogyne incognita (Kofoid et White)

60. 炭疽病菌 Colletotrichum gloeosporioides Penz.

61. 杨树溃疡病菌 Dothiorella gregaria Sacc.

62. 枯萎病菌 Fusarium oxysporum Schlecht.

63. 国槐腐烂病菌 Fusarium tricinatum (Cord.) Sacc.

64. 杨树灰斑病菌 Mycosphaerella mandshuricaM.Miura

65. 合欢锈病菌 Ravenelia japonica Diet. et Syd.

66. 草坪草褐斑病菌 Rhizoctonia solani Kühn

67. 葡萄黑痘病菌 Sphaceloma ampelinum de Bary

68. 冠瘿病菌 Agrobacterium tumefaciens (Smith et Townsend) Conn

69. 杨树细菌性溃疡病菌 Erwinia herbicola (Lohnis) Dye.

70. 竹子（泡桐）丛枝病菌 Ca. Phytoplasm astris

71. 枣疯病 Ca. Phytoplasm ziziphi

72. 菟丝子类 Cuscuta spp.

73. 加拿大一枝黄花 Solidago canadens

附录 D 颐和园重点检疫对象的快速鉴定方法

1. 美国白蛾

成虫体长 9~15mm，翅白色，雌蛾前翅通常无斑，雄蛾前翅无斑至较密的褐色斑；前足基节橘黄色，有黑斑，腿节端部橘红色，胫节、跗节大部黑色；腹背黄或白色，背、侧具黑点一列。幼虫老熟时体长 22~37mm，各节毛瘤发达，体背有深褐至黑色宽纵带 1 条，带内有黑色毛瘤；体侧淡黄色，毛瘤橘黄色；气门长椭圆形，白色，边缘黑褐色，腹面黄褐至浅灰色；生殖孔雄性在第 9 节接近下接缝处，雌性在第 8 节靠近上接缝处。卵圆球形，直径约 0.5mm，初产卵浅黄绿色或浅绿色，后变灰绿色，孵化前变灰褐色，有较强的光泽。单层排列成块，覆盖白色鳞毛。蛹体长 9~12mm，暗红褐色。雄蛹瘦小，雌蛹较肥大，蛹外被有黄褐色薄丝质茧，茧上的丝混杂着幼虫的体毛共同形成网状物。腹部各节除节间外，布满凹陷刻点，臀刺 8~17 根，每根钩刺的末端呈喇叭口状，中凹陷。

2. 红脂大小蠹

成虫体长 5.3~9.2mm，红褐色，头部额面具不规则小隆起，额区具稀疏黄色毛，头盖缝明显，口上缘片中部凹陷，头部具稀疏刻点；前胸前缘中央稍呈弧形向内凹陷，密生细毛，前胸背板及侧区弥补浅刻点和黄色毛，鞘翅基缘有明显锯齿凸起约 12 个，鞘翅刻点沟 8 条，斜面第 1 沟不凸起。幼虫体白色，蛴螬形，头淡黄色，口器黑色，两侧各有黑色肉瘤 1 列，尾端臀板上有褐色胴痣，痣上有牛角状刺钩 7 个。

3. 紫薇绒蚧

成虫雌成虫扁平，椭圆形，长 2~3mm，暗紫红色，老熟时外包白色绒质蚧壳。雄成虫体长约 0.3mm，翅展约 1mm，紫红色。若虫椭圆形，紫红色，虫体周缘有刺突。

4. 松针蚧

成虫雌介壳长卵形，长 1.0~1.5mm，宽 0.4~0.5mm；亮点在前端，淡黄褐色，介壳略隆起，黄褐色，有的中间有暗褐色部分，覆薄蜡层，介壳周围有一圈白蜡线。雄介壳长形，长 0.8~1.0mm，宽 0.25mm，白色，蜡质，亮点在前端，黄色。雌虫体长卵形，长 0.78~0.85mm、宽 0.39~0.45mm，第三腹节、第四腹节两侧突出，臀板淡褐色。臀叶 2 对，中臀叶凹入臀板内，互相轭连呈拱门状；第二臀叶分为 2 叶，内叶大，外叶小而尖。大线腺 4 对，围阴腺 5 群。雄虫体长 0.77mm。橘红色。单眼黑色。触角和足发达，前翅透明，后翅为平衡棒。交尾器细长。若虫卵圆形，1 龄若虫体长 0.2~0.4mm，浅黄色，单眼红色，触角 5 节，末节长而有螺纹。2 龄若虫体长 0.7mm 左右。

5. 桑白蚧

成虫雌成虫介壳直径 2~2.5mm，圆或椭圆形，白、黄白或灰白色，隆起，常混有植物表皮组织；壳点 2 个，偏边，不突出介壳外，第 1 壳点淡黄色，有时突出介壳之外，第 2 壳点红棕或橘黄色；腹壳很薄，白色，常残留在植物上。虫体陀螺形，长约 1mm，淡黄至橘红色；臀叶 5 对，中叶和侧叶内叶发达，外叶退化，第 3~5 叶均为锥状突。中叶突出近三角形，不显凹缺，内外缘各有 2~3 凹切，基部轭连，背腺分布于第 2~5 腹节成亚中、亚缘列，第 6 腹节无或偶见；第 1 腹节每侧各有亚缘背疤1个；肛门靠近臀板中央，臀板背基部每侧各有细长肛前疤1个；围阴腺5大群。雄成虫介壳长形，长约1mm，白色，溶蜡状，两侧平行，背中略现纵脊3条；壳点黄白色，位于前端。

6. 温室白粉虱

成虫体长约1.1mm，淡黄色，全体及翅面覆盖白色蜡粉，停息时双翅屋脊状紧密合拢在体上，稍平坦，无缝见不到腹部；前翅脉有分叉。若虫1龄体尾部有毛1对；2龄、3龄和4龄体长度分别平均为376μm，550μm和657μm。

7. 白蜡窄吉丁

成虫体背面蓝绿色，腹面浅黄绿色，长11~14mm。幼虫乳白色，老熟时长约34~45mm，头小，褐色，缩于前胸内，前胸较大，中后胸较窄；体扁平，带状，分节明显。

8. 光肩星天牛

成虫长20~35mm，宽8~12mm，体黑色而有光泽，触角鞭状，12节；前胸两侧各有刺突1个，鞘翅上各有大小不同、排列不整齐的白或黄色绒斑约20个，鞘翅基部光滑无小颗粒，体腹密生蓝灰色绒毛。幼虫老熟时体长约50mm，白色，前胸背板后半部色深呈"凸"字形斑，斑前缘全无深褐色细边，前胸腹板后方小腹片褶骨化程度不显著，前缘无明显纵脊纹。

9. 桑天牛

成虫体黑褐色，密生暗黄色细绒毛；触角鞭状，第1节、第2节黑色，其余各节基部灰白色，端部黑色；鞘翅基部密布黑瘤突，肩角有黑刺1个。幼虫老龄体长约60mm，乳白色，头部黄褐色，前胸节特大，背板密生黄褐色短毛和赤褐色刻点，隐约可见"小"字形凹纹。

10. 双条杉天牛

成虫体长约16mm，圆筒形，略扁，黑褐或棕色；前翅中央及末端有黑色横宽带2条，带间棕黄色，翅前端为驼色。幼虫老熟时体圆

筒形，略扁，体长约15mm，乳白色；触角端部外侧有细长刚毛5~6支。

11. 柏肤小蠹

成虫体长约2.5mm，宽约1.3mm，长圆形，略扁，赤褐或黑褐色；前胸背板宽大于长，前缘窄，呈圆形；每个鞘翅上有纵纹9条。幼虫体初孵时乳白色，老熟幼虫体稍弯曲，长约2.8mm，乳白色，头淡黄褐色。

12. 横坑切梢小蠹

成虫体栗褐色，有光泽；鞘翅上沟间部有较稀疏刻点，略排列成行，鞘翅末端的第2沟间部不下凹，并有疣起和茸毛；自翅中部其各沟间都有竖毛1列。幼虫老龄体乳白色，稍弯曲，无足，体粗，多皱纹。

13. 纵坑切梢小蠹

成虫体长3.5~4.5mm，体深棕或黑褐色，具光泽，密布刻点和灰黄色细毛；头部半球形，额中央有纵隆起线，复眼卵圆形；触角锤状；前胸背板近梯形，前窄后宽。幼虫体长5~6mm，乳白色，微弯曲，体表粗而多皱；头黄色，口器褐色。

14. 日本双棘长蠹

成虫体长约4.6mm，圆筒形，两侧平直，具有淡黄色短毛，黑褐色；触角10节；鞘翅黑褐色，后端急剧向下倾斜，斜面合缝两侧有针状突起1对。幼虫体蛴螬形，稍弯曲，乳白色，胸足3对，老熟时体长约4mm。

15. 小木蠹蛾

成虫翅展38~72mm，灰褐色；前翅灰褐色，满布弯曲的黑色横纹多条，翅基及中部前缘有暗区2个，前缘有黑色斑点8个。幼虫体初孵时粉红色；老熟时体扁圆筒形，腹面扁平，长约35mm，头部黑紫色，前胸背板有大型紫褐色斑1对，胸、腹部背板浅红色，有光泽，腹节腹板色稍淡，节间黄褐色。

16. 舞毒蛾

成虫雌雄异型，雌蛾体长约30mm，翅展

约 60mm，前翅黄白色，中室横脉具有黑褐色"<"形斑纹 1 个；雄蛾体长约 20mm，翅展约 45mm，前翅灰褐或褐色，翅中央有黑褐色点 1 个。幼虫 1 龄体色深，刚毛长，刚毛中间具泡状扩大的毛（风帆）。老龄体长约 75mm，灰褐色；头部黄褐色，具"八"字形灰黑色条纹；背部灰黄色，亚背线、气门上线、气门下线部位各体节均有毛瘤，排成 6 纵列第 1~5 腹节背上有蓝色肉瘤 5 对，第 6~11 腹节背上有红色肉瘤 6 对。

17. 枸杞瘿螨

成螨体长约 0.3mm，橙黄色，长圆锥形，全身略向下弯曲作弓形，前端较粗，有足 2 对；头胸宽短，向前突出，其旁有下颚须 1 对，由 3 节组成。足 5 节，末端有 1 羽状爪。腹部有环纹约 53 个，形成狭长环节，背面的环节与腹面的环节是一致的，连接成身体的一环；腹部背面前端有背刚毛 1 对，侧面有侧刚毛 1 对，腹面有腹刚毛 3 对，尾端有吸附器及刚毛 1 对，此对刚毛较其他刚毛长，其内方还有附毛 1 对。幼虫若螨形如成螨，只是体长较成螨短，中部宽，后部短小，前端有 4 足及口器如花托，浅白色至浅黄色，半透明。若虫较幼虫长，较成虫短，形状已接近成虫。

18. 杨树溃疡病菌

子座直径为 2~7mm；子囊腔大小约为（116.4~175.0）μm×（107.0~165.0）μm；子囊大小约为（49.0~68.0）μm×（11.0~21.3）μm；子囊孢子单孢，无色，倒卵形，大小约为（15.0~19.4）μm×（7.0~11.0）μm。其分生孢子器暗色，球形，大小约为（97~233.0）μm×（97~184.3）μm；分生孢子单孢，无色、梭形，大小约为（19.4~9.1）μm×（5.0~7.0）μm。

19. 草坪草褐斑病菌

菌丝初期无色，后变淡褐色，呈近直角分枝，分支处缢缩，其附近形成隔膜。初生菌丝较细，老熟后常形成粗壮的念珠状菌丝。菌丝顶端细胞多核，易形成菌核。菌核直径大小为 0.1~5.0mm，初期白色，后红褐色至黑色，紧密，粗糙，形状不规则。

20. 冠瘿病菌

有荚膜，杆状，（0.4~0.8）μm×（1.0~3.0）μm，1~4 根周生鞭毛，如 1 根则多侧生。菌落通常为圆形，隆起、光滑、白色至灰白色、半透明。培养时以氨基酸、硝酸盐和铵盐作为唯一碳源。在甘露醇硝酸盐甘油磷酸盐琼脂上，具有晕圈或形成褐色黏性生长物，并常有白色沉淀物。

附录 E　植物检疫人员岗位规范

一、认真学习、宣传、贯彻执行国家及北京市植物检疫相关法律法规，严格遵守颐和园植物检疫管理标准，熟练掌握植物检疫技术，做到遵纪守法、规范检疫。

二、检疫前，检疫人员应提前检索以待检植物为寄主的有害生物种类，以确定调查重点和调查方法。产地检疫和调查地检疫前，应预先了解所在地区的有害生物发生概况，是否为检疫性有害生物发生疫区。做好观察、采集、鉴定用的工具和记录表格等准备。

三、检疫人员在检疫时应严格按照颐和园植物检疫管理标准的规定，对检疫对象依照检疫程序进行检疫，不得漏检、少检。认真履行职责和义务，对检疫结果负责。

四、对检疫情况做好记录，真实、规范填写相应的检疫调查表并保存留档。

五、对检疫不合格的植物，按照颐和园植物检疫管理标准的规定处理。发现检疫性有害生物及时上报。

六、认真做好植物除害处理、土壤处理、复检等工作。

七、积极参加植保、植检等相关领域的专业技术培训，不断提高自身业务素质，并努力通过考核，积极取得《北京市兼职森检员证》。

颐和园植物检疫标准化规程

国外引种植物

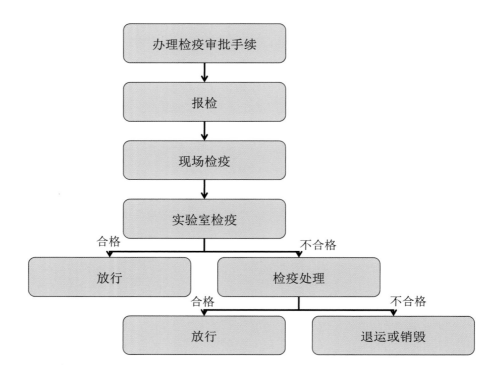

省际调运植物

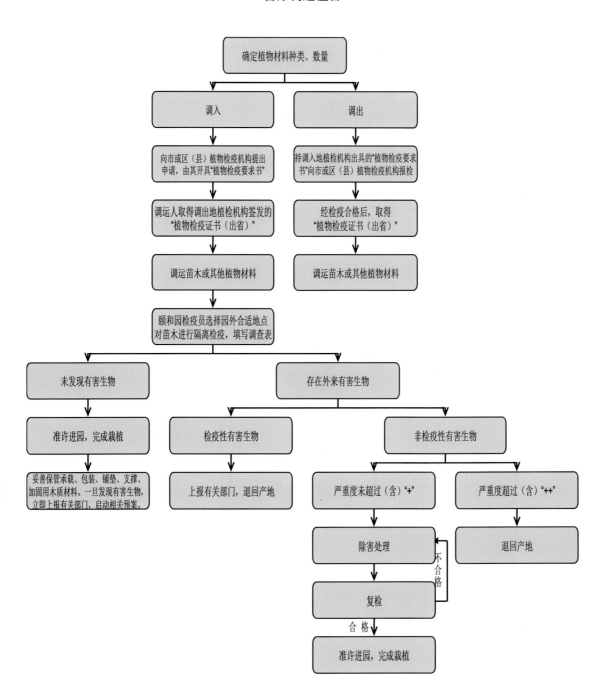

本市购买植物

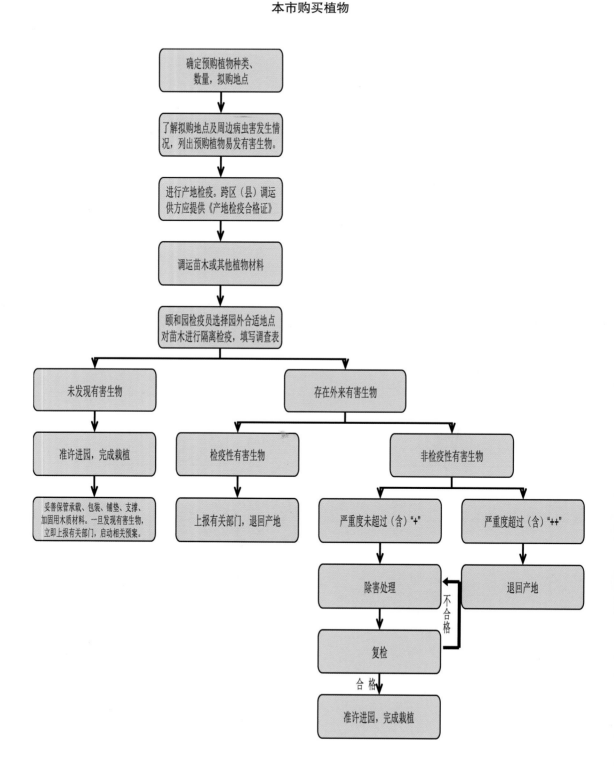

园内调整植物

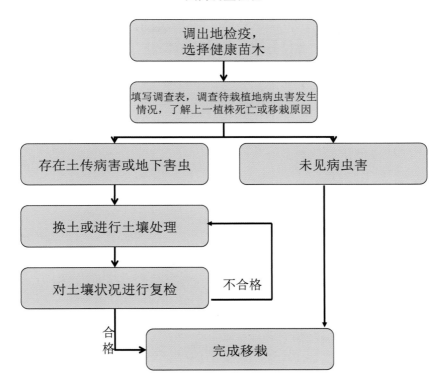

定植后的复检

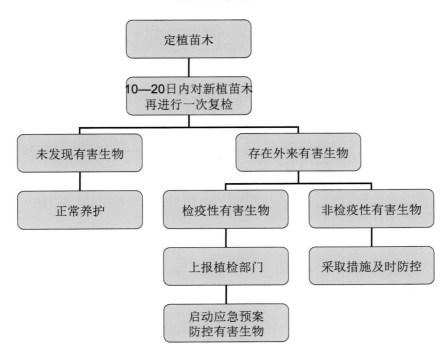

附录二　颐和园昆虫种类及寄主名录

蜉蝣目 Ephemeroptera
蜉蝣科 Ephemeridae
中文名：梧州蜉
学　名：*Ephemera wuchowensis* Hsu
寄　主：寄主不详，稚虫水生、中性

蜻蜓目 Odonata
螅科 Coenagrionidae
中文名：苇尾螅
学　名：*Paracercion calamorum* (Ris)
寄　主：稚虫捕食性
蜻科 Libellulidae
中文名：小黄赤蜻
学　名：*Sympetrum kunckeli* (Selys)
寄　主：捕食性
中文名：黑丽翅蜻
学　名：*Rhyothemis fuliginosa* Selys
寄　主：捕食性

革翅目 Dermaptera
肥蠼科 Anisolabididae
中文名：丽肥蠼
学　名：*Anisolabis formosae* (Borelli)
寄　主：捕食性

直翅目 Orthoptera
露螽科 Phaneropteridae
中文名：日本条螽

学　名：*Ducetia japonica* (Thunberg)
寄　主：多种植物
中文名：镰尾露螽
学　名：*Phaneroptera falcata* (Poda)
寄　主：多种植物

蝼蛄科 Gryllotalpidae
中文名：东方蝼蛄
学　名：*Gryllotalpa orientalis* Burmeister
寄　主：松、柏、榆、槐、桑、海棠、樱花、梨、竹、草坪草
中文名：华北蝼蛄
学　名：*Gryllotalpa unispina* Saussure
寄　主：松、柏、榆、槐、桑、海棠、樱花、竹、草坪草等

蛉蟋科 Trigonidiidae
中文名：斑翅灰针蟋
学　名：*Polionemobius taprobanensis* (Walker)
寄　主：多种植物

树蟋科 Oecanthidae
中文名：长瓣树蟋
学　名：*Oecanthus longicaudus* Matsumura
寄　主：多种植物

蟋蟀科 Gryllidae
中文名：黑油葫芦
学　名：Gryllus mitratus Burmeister
寄　主：禾本科植物等
中文名：北京油葫芦
别　名：黄脸油葫芦。
学　名：*Teleogryllus emma* (Ohmachi et

Matsumura)

异　名：*Gryllus mitratus* Burmeister

寄　主：寄主广泛，以多种农作物

中文名：迷卡斗蟋

学　名：*Velarifictorus micado* (Saussure)

寄　主：多种植物

中文名：石首棺头蟋

学　名：*Loxoblemmus equestris* Saussure

寄　主：多种植物

锥头蝗科 Pyrgomorphidae

中文名：短额负蝗

学　名：*Atractomorpha sinensis* Bolivar

寄　主：取食多种农作物和杂草

螳螂目 Mantodea

螳科 Mantidae

中文名：中华大刀螳

学　名：*Tenodera sinensis* Saussure

寄　主：捕食多种昆虫

中文名：枯叶大刀螳

学　名：*Tenodera aridifolia* Stoll

寄　主：捕食多种昆虫

蜚蠊目 Blattodea

地鳖蠊科 Corydiidae

中文名：中华真地鳖

学　名：*Eupolyphaga sinensis* (Walker)

寄　主：仓库害虫

半翅目 Hemiptera

叶蝉科 Cicadellidae

中文名：小绿叶蝉

学　名：*Empoasca flavescens* (Fabricius)

寄　主：桃、杨、桑、李、梅、杏、柳、泡桐、

月季、草坪草

中文名：大青叶蝉

学　名：*Cicadella viridis* (Linnaeus)

寄　主：杨、柳、榆、白蜡、刺槐、泡桐、梧桐、桑、核桃、柿、桃、梨

中文名：白边大叶蝉

学　名：*Kolla atramentaria* (Motschulsky)

寄　主：禾本科植物、桑、葡萄、柑橘、栎、榭、蔷薇、紫藤

中文名：横带叶蝉

学　名：*Scaphoidveus festivus* Matsumura

寄　主：禾本科植物

中文名：黑点片角叶蝉

学　名：*Podulmorinus vitticollis* (Matsumura)

寄　主：柳、杨

蝉科 Cicadidae

中文名：蚱蝉

学　名：*Cryptotympana atrata* (Fabricius)

寄　主：杨、柳、元宝枫、樱花、槐、榆、桑、白蜡、桃、梨

中文名：鸣鸣蝉

学　名：*Oncotympana maculaticollis* Motschulsky

寄　主：白蜡、刺槐、椿、榆、桑、杨、梧桐

中文名：蟪蛄

学　名：*Platypleura kaempferi* (Fabricius)

寄　主：杨、柳、槐、梨、桃、核桃、柿、桑

中文名：蒙古寒蝉

学　名：*Meimuna mongolica* (Distant)

寄　主：杨、柳、槐、桑、刺槐等。

广翅蜡蝉科 Ricaniidae

中文名：透明疏广翅蜡蝉

学　名：*Euricania clara* Kato

寄　主：刺槐、接骨木、连翘、桑、蔷薇、枸杞

中文名：缘纹广翅蜡蝉

学　名：*Ricania marginalis* (Walker)

寄　主：多种植物

蜡蝉科 Fulgoridae

中文名：斑衣蜡蝉

学　名：*Lycorma delicatula* (White)

寄　主：臭椿、香椿、洋槐、杨、柳、榆、梧桐、枫树、珍珠梅、海棠、桃、李、黄杨、合欢、葡萄、地锦等。

瓢蜡蝉科 Issidae

中文名：恶性巨齿瓢蜡蝉

学　名：*Dentatissus damnosus* (Chou et Lu)

寄　主：苹果、梨、杜梨、海棠

象蜡蝉科 Dictyopharidae

中文名：月纹象蜡蝉

学　名：*Orthopagus lunulifer* Uhler

寄　主：不详

木虱科 Psyllidae

中文名：槐豆木虱

学　名：*Cyamophila willieti* (Wu)

寄　主：国槐、龙爪槐

中文名：梧桐裂木虱

学　名：*Thysanogyna limbata* Enderlein

寄　主：青桐、梧桐

中文名：黄栌丽木虱

学　名：*Calophya rhois* (Loew)

寄　主：黄栌

中文名：桑异脉木虱

学　名：*Anomoneura mori* Schwarz

寄　主：桑、柏

中文名：杜梨喀木虱

学　名：*Cacopsylla betulaefoliae* (Yang & Li)

寄　主：杜梨、褐梨

粉虱科 Aleyrodidae

中文名：温室白粉虱

学　名：*Trialeurodes vaporariorum* (Westwood)

寄　主：扶桑、棣棠、金银木等 300 余种植物

中文名：双斑白粉虱

学　名：*Trialeurodes* sp.

寄　主：金银木、太平花、紫花地丁

中文名：烟粉虱

学　名：*Bemisia tabaci* (Gennadius)

寄　主：十字花科、葫芦科、豆科、茄科、锦葵科等植物

根瘤蚜科 Phylloxeridae

中文名：柳倭蚜

学　名：*Phylloxerina salicis* Lichtenstein

寄　主：柳树

大蚜科 Lachnidae

中文名：柏长足大蚜

学　名：*Cinara tujafilina* (del Guercio)

寄　主：侧柏

中文名：白皮松长足大蚜

学　名：*Cinara bungeanae* Zhang, Zhang et Zhong

寄　主：白皮松

中文名：华山松长足大蚜

学　名：*Cinara orientalis* (Takahashi)

寄　主：华山松

中文名：居松长足大蚜

学　名：*Cinara pinihabitans* (Mordvilko)

寄　主：油松

中文名：雪松长足大蚜

学　名：*Cinara cedri* Mimeur

寄　主：雪松

中文名：柳瘤大蚜

学　名：*Tuberolachnus salignus* (Gmelin)

寄　主：柳树

毛蚜科 Chaitophoridae

中文名：杨白毛蚜

学　名：*Chaitophorus populialbae* (Boyer de

Fonscolombe)

寄　主：毛白杨

中文名：杨花毛蚜

学　名：*Chaitophorus* sp.

寄　主：杨树类

中文名：柳黑毛蚜

学　名：*Chaitophorus saliniger* Shinji

寄　主：柳

中文名：栾多态毛蚜

学　名：*Periphyllus koelreuteriae* (Takahashi)

寄　主：栾

中文名：京枫多态毛蚜

学　名：*Periphyllus diacerivorus* Zhang

寄　主：元宝枫

斑蚜科 Callaphididae

中文名：紫薇长斑蚜

学　名：*Tinocallis kahawaluokalani* (Kirkaldy)

寄　主：紫薇

中文名：竹纵斑蚜

学　名：*Takecallis arundinariae* (Essig)

寄　主：竹

中文名：竹梢凸唇斑蚜

学　名：*Takecallis taiwanus* (Takahashi)

寄　主：竹

中文名：朴绵斑蚜

学　名：*Shivaphis celti* Das

寄　主：朴属植物

绵蚜科 Pemphigidae

中文名：秋四脉绵蚜

学　名：*Tetraneura akinire* Sasaki

寄　主：榆、禾本科植物

蚜科 Aphididae

中文名：桃蚜

学　名：*Myzus persicae* (Sulzer)

寄　主：山桃、碧桃、李、杏、梅、樱花、月季等蔷薇植物

中文名：桃瘤头蚜

学　名：*Tuberocephalus momonis* (Matsumura)

寄　主：桃

中文名：桃粉大尾蚜

学　名：*Hyalopterus amygdale* (Blanchard)

寄　主：山桃、碧桃、梅、李、杏

中文名：月季长管蚜

学　名：*Macrosiphum rosivorum* Zhang

异　名：*Macrosiphum rosivorum* Zhang et Zhong

寄　主：月季、蔷薇、玫瑰等蔷薇属植物

中文名：柳二尾蚜

学　名：*Cavariella salicicola* (Matsumura)

寄　主：柳树、芹菜

中文名：胡萝卜微管蚜

学　名：*Semiaphis heraclei* (Takahashi)

寄　主：金银木、樱花、金银花、伞形科植物

中文名：禾谷缢管蚜

学　名：*Rhopalosiphum padi* (Linnaeus)

寄　主：桃、榆叶梅等李属植物，禾本科、蒲草科、香蒲科植物

中文名：柳蚜

学　名：*Aphis farinose* Gmelin

寄　主：柳

中文名：棉蚜

学　名：*Aphis gossypii* Glover

寄　主：木槿、石榴、紫叶李、蜀葵、一串红、菊花等

中文名：苹果黄蚜

学　名：*Aphis citricola* van der Goot

寄　主：海棠、梨、山楂、绣线菊、樱花、榆叶梅、木瓜等

中文名：中华槐蚜

学　名：*Aphis sophoricola* Zhang

寄　主：槐、地丁、苜蓿

中文名：刺槐蚜

学　名：*Aphis robiniae* Macchiati

异　　名：*Aphis robiniae* Macchiati

寄　　主：刺槐、紫穗槐等

中文名：紫藤否蚜

学　　名：*Aulacophoroides hoffmanni* (Takahashi)

寄　　主：紫藤

中文名：东亚接骨木蚜

学　　名：*Aphis horii* Takahashi

寄　　主：接骨木

绵蚧科 Monophlebidae

中文名：日本履绵蚧

学　　名：*Drosicha corpulenta* (Kuwana)

寄　　主：柳、桑、白蜡、杨、槐、臭椿、泡桐、悬铃木、核桃、碧桃、樱花、蜡梅、杏、梨等

粉蚧科 Pseudococcidae

中文名：白蜡绵粉蚧

学　　名：*Phenacoccus fraxinus* Tang

寄　　主：白蜡、柿、榆、核桃、臭椿、悬铃木、栾树等

毡蚧科 Eriococcidae

中文名：柿树白毡蚧

学　　名：*Asiacornococcus kaki* (Kuwana)

寄　　主：柿、梧桐、桑

中文名：石榴囊毡蚧

别　　名：紫薇绒蚧

学　　名：*Eriococcus lagerostroemiae* Kuwana

寄　　主：紫薇、石榴

蚧科 Coccidae

中文名：日本龟蜡蚧

学　　名：*Ceroplastes japonica* Green

寄　　主：枣、柿、蔷薇、紫薇、海棠、石榴等41科百余种植物

中文名：日本纽绵蚧

学　　名：*Takahashia japonica* Cockerell

寄　　主：桑、槐、核桃、榆、朴、地锦等

中文名：桦树绵蚧

学　　名：*Pulvinaria betulae* (Linnaeus)

寄　　主：杨柳科、桦木科、木犀科、蔷薇科植物

中文名：枣大球坚蚧

学　　名：*Eulecanium gigantea* (Shinji)

寄　　主：紫叶李、国槐、枣、栾树、栎、刺槐、核桃、榛、杨、柳、榆、紫穗槐、栗、紫薇、苹果、玫瑰、槭属等。

中文名：朝鲜褐球蚧

学　　名：*Rhodococcus sariuoni* Borchsenius

寄　　主：苹果属、樱属植物

中文名：朝鲜毛球蚧

学　　名：*Didesmococcus koreanus* Borchsenius

寄　　主：杏、李、桃、梅、樱桃等蔷薇科植物

盾蚧科 Diaspididae

中文名：桑白盾蚧

学　　名：*Pseudaulacaspis pentagona* (Targioni-Tozzetti)

寄　　主：桃、桑、槐、核桃、李、杏、樱花、连翘、丁香、柿、杨、柳、白蜡、榆、木槿、芍药、小檗

中文名：卫矛矢尖盾蚧

学　　名：*Unaspis euonymi* (Comstock)

寄　　主：卫矛、大叶黄杨、木槿、忍冬、素馨、丁香、瑞香、南蛇藤、山梅花、鸢尾、富贵草等。

中文名：日本单蜕盾蚧

学　　名：*Fiorinia japonica* Kuwana

寄　　主：雪松、黑松、赤松、海松、罗汉松、桧柏、冷杉、云杉、铁杉、坚杉、油杉、红豆杉、土杉等

黾蝽科 Gerridae

中文名：长翅大水黾

学　　名：*Aquarium elongates* Uhler

寄　主：半水生昆虫，捕食水面上的其他昆虫

负蝽科 Belostomatidae

中文名：大田负蝽

学　名：*Kirkaldyia deyrollei* (Vuillefroy)

寄　主：捕捉水生昆虫及鱼苗

跳蝽科 Saldidae

中文名：泽跳蝽

学　名：*Saldula palustris* (Douglas)

寄　主：不详

盲蝽科 Miridae

中文名：绿盲蝽

学　名：*Lygocoris lucorum* (Meyer-Dür)

寄　主：木槿、月季、一串红、扶桑、大丽花、紫薇、石榴、海棠、菊花、枣树、蒿类、十字花科植物、草坪草等。

中文名：三点苜蓿盲蝽

学　名：*Adelphocoris fasciaticollis* Reuter

寄　主：杨、柳、榆、泡桐、刺槐、芦苇

中文名：黑食蚜齿爪盲蝽

学　名：*Deraeocoris punctulatus* (Fallén)

寄　主：中性，以捕食蚜虫，特别是棉蚜为主，但必须吸食植物汁液才能发育良好

中文名：黑唇苜蓿盲蝽

学　名：*Adelphocoris nigritylus* Hsiao

寄　主：不详，曾采于葎草、麻、马铃薯、十字花科植物

中文名：斯氏后丽盲蝽

学　名：*Apolygus spinolae* (Meyer-Dür)

寄　主：不详

中文名：淡缘厚盲蝽

学　名：*Eurystylus costalis* Stål

寄　主：不详

中文名：北京异盲蝽

学　名：*Polymerus pekinensis* Horváth

寄　主：不详

中文名：条赤须盲蝽

学　名：*Trigonotylus caelestialium* (Kirkaldy)

寄　主：不详

中文名：壮斑腿盲蝽

学　名：*Atomoscelis onustus* (Fieber)

寄　主：不详

中文名：异须微刺盲蝽

学　名：*Campylomma diversicornis* Reuter

寄　主：捕食棉花叶螨、棉蚜、蓟马、棉铃虫

中文名：小欧盲蝽

学　名：*Europiella artemisiae* (Becker)

寄　主：不详

网蝽科 Tingidae

中文名：梨冠网蝽

学　名：*Stephanitis nashi* Esaki et Takeya

寄　主：梨、苹果、海棠、李、桃等

中文名：娇膜肩网蝽

学　名：*Hegesidemus habrus* Drake

寄　主：海棠、梨、月季、桃、樱花、蜡梅等

中文名：古无孔网蝽

学　名：*Dictyla platyoma* (Fieber)

寄　主：不详

姬蝽科 Nabidae

中文名：华姬蝽

学　名：*Nabis sinoferus* Hsiao

寄　主：捕食多种蚜虫、盲蝽若虫、鳞翅目昆虫卵和初孵幼虫等，亦可食各种花粉，最喜捕食棉蚜和多种鳞翅目昆虫的卵和初孵幼虫

花蝽科 Anthocoridae

中文名：黑头叉胸花蝽

学　名：*Amphiareus obscuriceps* (Poppius)

寄　主：粮食仓库和多种植物，如玉米、水稻、小麦、珍珠梅、苹果、板栗、柳树等

中文名：东亚小花蝽

学　名:*Orius sauteri* (Poppius)

寄　主：捕食性天敌

蛛缘蝽科 Alydidae

中文名：点蜂缘蝽

学　名:*Riptortus pedestris* (Fabricius)

寄　主：豆科植物

姬缘蝽科 Rhopalidae

中文名：短头姬缘蝽

学　名:*Brachycarenus tigrinus* (Schilling)

寄　主：不详

中文名：开环缘蝽

学　名:*Stictopleurus minutus* Blöte

寄　主：不详

缘蝽科 Coreidae

中文名：稻棘缘蝽

学　名:*Cletus punctiger* (Dallas)

寄　主：取食水稻、甘蔗、小麦、谷子等禾本科植物

中文名：二色普缘蝽

学　名:*Plinachtus bicoloripes* Scott

寄　主：不详

跷蝽科 Berytidae

中文名：锤胁跷蝽

学　名:*Yemma signatus* (Hsiao)

寄　主：捕食柿零叶蝉

长蝽科 Lygaeidae

中文名：角红长蝽

学　名:*Lygaeus hanseni* Jakovlev

寄　主：小檗、锦鸡儿。

中文名：小长蝽

学　名:*Nysius ericae* (Schilling)

寄　主：不详

中文名：红脊长蝽

学　名:*Tropidothorax elegans* (Distant)

寄　主：垂柳、黄檀、刺槐、花椒、鼠李、瓜类蔬菜等。在颐和园主要为害萝藦、葎草等杂草

地长蝽科 Rhyparochromidae

中文名：黑褐微长蝽

学　名:*Botocudo flavicornis* (Signoret)

寄　主：不详

中文名：白边刺胫长蝽

学　名:*Horridipamera lateralis* (Scott)

寄　主：不详

中文名：东亚毛肩长蝽

学　名:*Neolethaeus dallasi* Scott

寄　主：不详

中文名：白斑地长蝽

学　名:*Panaorus albomaculatus* (Scott)

寄　主：刺吸板栗、杨、榆等植物

红蝽科 Pyrrhocoridae

中文名：先地红蝽

学　名:*Pyrrhocoris sibiricus* Kuschakewitsch

寄　主：不详

土蝽科 Cydnidae

中文名：根土蝽

学　名:*Schiodtella formosana* (Takano et Yanagihara)

寄　主：禾本科植物。

中文名：大鳌土蝽

学　名:*Adrisa magna* Uhler

寄　主：取食植物种子

中文名：圆革土蝽

学　名:*Macroscytus japonensis* Scott

寄　主：不详

中文名：圆地土蝽

学　名:*Geotomus convexus* Hsiao

寄　主：不详

中文名：圆阿土蝽

学　名:*Adomerus rotundus* (Hsiao)

寄　主：小麦、蔬菜等农作物及苜蓿等多种草本植物

蝽科 Pentatomidae

中文名：茶翅蝽
学　名：*Halymorpha halys* (Stål)
寄　主：梨、泡桐、丁香、榆、桑、海棠、山楂、樱花、桃

中文名：麻皮蝽
学　名：*Erthesina fullo* (Thunberg)
寄　主：多种落叶树

中文名：珀蝽
学　名：*Plautia fimbriata* (Fabricius)
寄　主：栎、楸、柿、桃、梨、杏、泡桐、杉

中文名：菜蝽
学　名：*Eurydema dominulus* (Scopoli)
寄　主：刺槐、菊花、十字花科花卉植物。在颐和园主要为害二月兰、醉蝶等。

中文名：弯角蝽
学　名：*Lelia decempunctata* Motschulsky
寄　主：榆、杨、刺槐

盾蝽科 Scutelleridae

中文名：金绿宽盾蝽
学　名：*Poecilocoris lewisi* (Distant)
寄　主：松、柏、荆条、臭椿、石榴

脉翅目 Neuroptera

草蛉科 Chrysopidae

中文名：大草蛉
学　名：*Chrysopa pallens* (Rambur)
寄　主：捕食蚜虫

中文名：褐纹树蚁蛉
学　名：*Dendroleon pantherurs* Fabricius
寄　主：幼虫捕食多种昆虫

中文名：丽草蛉
学　名：*Chrysopa formosa* Brauer
寄　主：蚜虫、鳞翅目的卵和幼虫

中文名：多斑草蛉
学　名：*Chrysopa intima* McLachlan
寄　主：棉蚜、棉铃虫

中文名：普通草蛉
学　名：*Chrysoperla carnea* (Stephens)
寄　主：棉蚜、黑蚜、拐枣蚜、榆叶蝉、棉铃虫。除蚜虫外，还喜食介壳虫、木虱、叶蝉、红蜘蛛、蝶蛾类的幼虫及卵等

中文名：日本通草蛉
学　名：*Chrysoperla nippoensis* (Okamoto)
寄　主：蚜虫、鳞翅目的卵和幼虫

缨翅目 Thysanoptera

蓟马科 Thripidae

中文名：女真饰棍蓟马
学　名：*Dendrothrips ornatus* (Jablonowsky)
寄　主：丁香

鞘翅目 Coleoptera

步甲科 Carabidae

中文名：多型虎甲铜翅亚种
学　名：*Cicindela hybrida transbaicalica* Motschulsky
寄　主：捕食蝗虫等昆虫

中文名：星斑虎甲
学　名：*Cylindera kaleea* (Bates)
寄　主：捕食多种昆虫

中文名：中华广肩步甲
学　名：*Calosoma maderae chinensis* Kirby
寄　主：捕食黏虫等鳞翅目昆虫

中文名：黄斑青步甲
学　名：*Chlaenius nicans* Fabricius
寄　主：捕食鳞翅目昆虫的幼虫

中文名：黄缘青步甲

学　　名：*Chlaenius spoliatus* Rossi

寄　　主：生于水边湿地，捕食昆虫

中文名：黄鞘婪步甲

学　　名：*Harpalus pallidipennis* Morawitz

寄　　主：捕食蝇类幼虫、食粪金龟幼虫

中文名：毛婪步甲

学　　名：*Harpalus griseus* (Panzer)

寄　　主：捕食其他昆虫的幼虫，但也取食禾本科作物的种子

中文名：赤褐婪步甲

学　　名：*Harpalus rubefactus* Bates

寄　　主：捕食蚜虫、红蜘蛛等昆虫，但也取食禾本科作物的种子

中文名：大卫偏须步甲

学　　名：*Panagaeus davidi* Fairmaire

寄　　主：不详

中文名：半猛步甲

学　　名：*Cymindis daimio* Bates

寄　　主：捕食鳞翅目幼虫

中文名：布氏细胫步甲

学　　名：*Metacolpodes buchanani* (Hope)

寄　　主：不详

中文名：四斑小步甲

学　　名：*Tachyura gradatus* (Bates)

寄　　主：不详

牙甲科 Hydrophilidae

中文名：乌苏苍白牙甲

学　　名：*Enochrus simulans* (Sharp)

寄　　主：不详

隐翅甲科 Staphylinidae

中文名：雷隐翅虫

学　　名：*Bisnius germanus* (Sharp)

寄　　主：不详

金龟科 Scarabaeidae

中文名：黑绒鳃金龟

学　　名：*Maladera orientalis* Motschulsky

寄　　主：榆、杨、桑、刺槐、枣、梨、杏、柿、梅等 100 多种植物

中文名：毛黄鳃金龟

学　　名：*Holotrichia trichophora* Fairmaire

寄　　主：杨、泡桐、草坪草

中文名：华北大黑鳃金龟

学　　名：*Holotrichia oblita* (Faldermann)

寄　　主：杨、柳、榆、桑、国槐及禾本科植物

中文名：东北大黑鳃金龟

学　　名：*Holotrichia diomphalia* Bates

寄　　主：杨、香椿、油松、榆、柳、水杉、板栗、核桃

中文名：小黄鳃金龟

学　　名：*Metabolus flavescens* Brenske

寄　　主：梨、丁香、核桃、杨

中文名：大栗鳃金龟

学　　名：*Melolontha hippocastani* Fabricius

寄　　主：禾本科植物、茄科植物、杨等

中文名：日本阿鳃金龟

学　　名：*Apogonia niponica* Lewis

寄　　主：不详

中文名：福婆鳃金龟

学　　名：*Brahmina faldermanni* Kraatz

寄　　主：不详

中文名：铜绿异丽金龟

学　　名：*Anomala corpulenta* (Motschulsky)

寄　　主：杨、柳、榆、松、杉、核桃、板栗、梨等

中文名：粗绿丽金龟

学　　名：*Mimela holosericea* Fabricius

寄　　主：油松、苹果、葡萄

中文名：苹毛丽金龟

学　　名：*Proagopertha lucidula* (Faldermann)

寄　　主：杨、柳、榆、海棠、桃、梨、丁香、樱花、芍药、牡丹等

中文名：黄褐丽金龟

学　　名：*Anomala exotela* Faldermann

寄　主：杨、柳、榆等

中文名：中华弧丽金龟

学　名：*Popillia quadriguttata* Fabricius

寄　主：女贞、紫藤、月季等

中文名：无斑弧丽金龟

学　名：*Popillia mutans* Newman

寄　主：月季、紫藤、紫薇、柿等

中文名：白星花金龟

学　名：*Liocola brevitarsis* (Lewis)

寄　主：榆、柳、梨、桃及花卉等多种植物

中文名：小青花金龟

学　名：*Oxycetonia jucunda* Faldermann

寄　主：榆、杨、杏、桃、丁香、萱草等花卉

中文名：滩沙蜉金龟

学　名：*Psammodius convexus* Waterhouse

寄　主：不详

中文名：东玛绢金龟

学　名：*Maladera orientalis* (Motschulsky)

寄　主：不详

扁股花甲科 Eucinetidae

中文名：红端扁股花甲

学　名：*Eucinetus haemorrhoidalis* (Germar)

寄　主：不详

吉丁科 Buprestidae

中文名：翡翠吉丁虫

学　名：*Lampra limbata* Gebler

寄　主：杏、桃、梨等

中文名：合欢吉丁

学　名：*Chrysochroa fulminans* Fabricius

寄　主：合欢

中文名：梨金缘吉丁

学　名：*Lampra limbata* (Gebler)

寄　主：桃、梨、海棠、杏、山楂等

叩甲科 Elateridae

中文名：角斑贫瘠叩甲

学　名：*Aeoloderma agnata* (Candeze)

寄　主：不详

中文名：双瘤槽缝叩甲

学　名：*Agrypnus bipapulatus* (Candeze)

寄　主：花生、甘薯、麦类、棉花、玉米等

中文名：细胸锥尾叩甲

学　名：*Agriotes subvittatus* Motschulsky

寄　主：各种园林苗木

中文名：沟线角叩甲

别　名：沟金针虫

学　名：*Pleonomus canaliculatus* (Faldermann)

寄　主：松柏、刺槐、青桐、悬铃木、元宝枫、丁香、海棠等

长蠹科 Bostrychidae

中文名：日本双棘长蠹

学　名：*Sinoxylon japonicus* Lesne

寄　主：栾树、槐树、刺槐、白蜡、柿树、合欢、黑枣、板栗、侧柏

郭公虫科 Cleridae

中文名：异色郭公虫

学　名：*Tillus notatus* Klug

寄　主：柏肤小蠹

球棒甲科 Monotomidae

中文名：二色球棒甲

学　名：*Monotoma bicolor* Villa et Villa

寄　主：取食真菌

隐食甲科 Cryptophagidae

中文名：黄圆隐食甲

学　名：*Atomaria lewisi* Reitter

寄　主：仓储害虫

中文名：双斑隐食甲

学　名：*Micrambe bimaculatus* (Panzer)

寄　　主：毛白杨、竹、山楂、玉米

锯谷盗科 Silvanidae

中文名：三星谷盗

学　　名：*Psammoecus triguttatus* Reitter

寄　　主：不详

露尾甲科 Nitidulidae

中文名：油菜露尾甲

学　　名：*Meligethes aeneus* (Fabricius)

寄　　主：十字花科植物，胡萝卜、向日葵、果树等植物

中文名：烂果露尾甲

学　　名：*Lasiodactylus pictus* (MacLeay)

寄　　主：不详

穴甲科 Bothrideridae

中文名：花绒寄甲

学　　名：*Dastarcus helophoroides* (Fairmaire)

寄　　主：天牛科幼虫

瓢虫科 Coccinellidae

中文名：十三星瓢虫

学　　名：*Hippodamia tredecimpunctata* (Linnaeus)

寄　　主：棉蚜、槐蚜、麦长管蚜、豆长管蚜、麦二叉蚜、小米蚜、荷缢管蚜

中文名：多异瓢虫

学　　名：*Hippodamia variegata* (Goeze)

寄　　主：多种蚜虫

中文名：七星瓢虫

学　　名：*Coccinella septempunctata* Linnaeus

寄　　主：棉蚜、豆蚜、槐蚜、桃蚜、大豆蚜、麦二叉蚜、缢管蚜

中文名：异色瓢虫

学　　名：*Harmonia axyridis* (Pallas)

寄　　主：棉蚜、豆蚜、高粱蚜、甘蔗蚜、桔蚜、木虱、粉蚧、瘤蚜菜缢管蚜

中文名：双斑隐胫瓢虫

学　　名：*Aspidimerus matsumurai* Sasaji

寄　　主：蚜虫

中文名：红环瓢虫

学　　名：*Rodolia limbata* Motschulsky

寄　　主：日本履绵蚧、吹绵蚧、桑芽蚧

中文名：灰眼斑瓢虫

学　　名：*Anatis ocellata* (Linnaeus)

寄　　主：松、柏上的蚜虫

中文名：红点唇瓢虫

学　　名：*Chilocorus kuwanae* Silvestri

寄　　主：专捕食蚧虫

中文名：隐斑瓢虫

学　　名：*Harmonia yedoensis* (Takizawa)

寄　　主：取食多种蚜虫和蚧虫，栖息在多种植物上，以松树最常见

中文名：龟纹瓢虫

学　　名：*Propylea japonica* (Thunberg)

寄　　主：蚜虫、叶蝉、木虱等害虫

中文名：十二斑菌瓢虫

学　　名：*Vibidia duodecimguttata* (Poda)

寄　　主：白粉菌

中文名：柯氏素菌瓢虫

学　　名：*Illeis koebelei* Timberlake

寄　　主：白粉菌

中文名：深点食螨瓢虫

学　　名：*Stethorus punctillum* Weise

寄　　主：螨

中文名：马铃薯瓢虫

学　　名：*Henosepilachna vigintioctomaculata* (Motschulsky)

寄　　主：龙葵等茄科植物、牛膝菊等菊科植物，碧桃、榆叶梅、菊花、桃、柳等

中文名：菱斑食植瓢虫

学　　名：*Epilachna insignis* Gorham

寄　　主：栝楼、龙葵、茄、等葫芦科植物

中文名：菱斑巧瓢虫

学　　名：*Oenopia conglobata* (Linnaeus)

寄　主：杨树、榆树、柳树及草本等植物上可见，捕食蚜虫

中文名：长隆小毛瓢虫

学　名：*Scymnus folchinii* Canepari

寄　主：捕食多种蚜虫

薪甲科 Latridiidae

中文名：隆背花薪甲

学　名：*Cortinicara gibbosa* (Herbst)

寄　主：枣、苹果、梨、桃及部分蔬菜

小蕈甲科 Mycetophagidae

中文名：粗角蕈甲

学　名：*Mycetophagus antennatus* (Reitter)

寄　主：不详

中文名：波纹蕈甲

学　名：*Mycetophagus hillerianus* Reitter

寄　主：仓储害虫

中文名：小蕈甲

学　名：*Typhaea stercorea* (Linnaeus)

寄　主：仓储害虫

拟步甲科 Tenebrionidae

中文名：拟谷盗

学　名：*Tribolium confusum* Jacquelin du val

寄　主：小蠹

中文名：蒙古沙潜

学　名：*Gonocephalum reticulatum* Motschulsky

寄　主：观赏苗木

中文名：网目拟步甲

学　名：*Opatrum sabulosum* Linnaeus

寄　主：多种园林苗木

中文名：网目土甲

学　名：*Gonocephalum reticulatum* Motschulsky

寄　主：不详

中文名：红翅伪叶甲

学　名：*Lagria rufipennis* Marseul

寄　主：不详

芫菁科 Meloidae

中文名：绿芫菁

学　名：*Lytta caraganae* Pallas

寄　主：槐树、刺槐、锦鸡儿、荆条、柳、梨

天牛科 Cerambycidae

中文名：芫天牛

学　名：*Mantitheus pekinensis* Fairmire

寄　主：油松、白皮松、圆柏、刺槐、白蜡

中文名：双条杉天牛

学　名：*Semanotus bifasciatus* (Motschulsky)

寄　主：侧柏、圆柏、龙柏、沙地柏、翠柏

中文名：中华裸角天牛

学　名：*Aegosoma sinicum* White

寄　主：柳、杨、海棠、桑、榆等

中文名：桑粒肩天牛

学　名：*Apriona germari* (Hope)

寄　主：海棠、桑、构、榆、柞、杨、柳等

中文名：桃红颈天牛

学　名：*Aromia bungii* (Faldermann)

寄　主：核果类，如桃、杏、樱桃、郁李、梅等，也危害柳、杨、栎、柿、核桃、花椒等

中文名：家茸天牛

学　名：*Trichoferus campestris* (Faldermann)

寄　主：槐、枣、油松、丁香、杨、柳、榆、臭椿、白蜡、桑、松、云杉等

中文名：光肩星天牛

学　名：*Anoplophora glabripennis* (Motschulsky)

寄　主：加杨、小叶杨、旱柳和垂柳等

中文名：巨胸脊虎天牛

学　名：*Xylotrechus magnicollis* (Fairmaire)

寄　主：栾树、国槐、栎、榕、柿、柞、五角

枫等

叶甲科 Chrysomelidae

中文名：榆绿毛莹叶甲

学　名：*Pyrrhalta aenescens* (Fairmaire)

寄　主：榆

中文名：褐背小莹叶甲

学　名：*Galerucella grisescens* (Joannis)

寄　主：廖科植物

中文名：柳圆叶甲

学　名：*Plagiodera versicolora* (Laicharting)

寄　主：垂柳、旱柳

中文名：杨梢叶甲

学　名：*Parnops glasunowi* Jacobson

寄　主：杨、柳、梨

中文名：斑额隐头叶甲

学　名：*Cryptocephalus kulibini* Gebler

寄　主：胡枝子

中文名：十星瓢莹叶甲

学　名：*Oides decempunctatus* (Billberg)

寄　主：美国地锦、中国地锦、葡萄、芍药、牡丹、紫藤等

中文名：谷子鳞斑肖叶甲

学　名：*Pachnephorus lewisii* Baly

寄　主：谷子、甘蔗

中文名：黑额光叶甲

学　名：*Smaragdina nigrifrons* (Hope)

寄　主：玉米、粟、枣、猕猴桃等

中文名：黄斑直缘跳甲

学　名：*Ophrida xanthospilota* (Baly)

寄　主：黄栌

中文名：棕色瓢跳甲

学　名：*Argopistes hoenei* Maulik

寄　主：丁香、女贞

中文名：黑缝长跗跳甲

学　名：*Longitarsus dorsopictus* Chen

寄　主：车前草、紫草

中文名：油菜蚤跳甲

学　名：*Psylliodes punctifrons* Baly

寄　主：十字花科植物

中文名：黄宽条菜跳甲

学　名：*Phyllotreta humilis* Weise

寄　主：十字花科蔬菜

中文名：虾钳菜披龟甲

学　名：*Cassida piperata* Hope

寄　主：空心莲子草

中文名：枸杞负泥虫

学　名：*Lema decempunctata* Gebler

寄　主：枸杞

中文名：蓝负泥虫

学　名：*Lema concinnipennis* Baly

寄　主：菊属、蓟

中文名：中华负泥虫

学　名：*Lilioceris sinica* (Heyden)

寄　主：不详

中文名：异负泥虫

学　名：*Lilioceris impressa* (Fabricius)

寄　主：不详

中文名：紫穗槐豆象

学　名：*Acanthoscelides pallidipennis* (Motschulsky)

寄　主：紫穗槐

中文名：合欢豆象

学　名：*Bruchus terrenus* (Sharp)

寄　主：合欢

中文名：绿豆象

学　名：*Callosobruchus chinensis* (Linnaeus)

寄　主：豆科植物

中文名：皂荚豆象

学　名：*Megabruchidius dorsalis* (Fåhraeus)

寄　主：皂角

卷象科 Attelabidae Billberg

中文名：榆锐卷象

学　名：*Tomapoderus ruficollis* Fabricius

寄　主：榆

象甲科 Curculionidae

中文名：杨波纹象虫

别　名：杨黄星象

学　名：*Lepyrus japonlcus* Roelofs

寄　主：杨、柳

中文名：大灰象

学　名：*Sympiezomias velatus* (Chevrolat)

寄　主：槐树、杨、柳、桃、海棠

中文名：绒绿象甲

学　名：*Hypomeces squamosus* Fabricius

寄　主：山桃等

中文名：臭椿沟眶象

学　名：*Eucryptorrhynchus brandti* (Harold)

寄　主：臭椿

中文名：沟眶象

学　名：*Eucryptorrhynchus chinensis* (Olivier)

寄　主：臭椿

中文名：赵氏瘿孔象

学　名：*Coccotorus chaoi* Chen

寄　主：小叶朴

中文名：柞栎象

学　名：*Curculio dentipes* (Roelofs)

寄　主：柞栎、麻栎、栓皮栎、辽东栎和板栗

中文名：杨潜叶跳象

学　名：*Rhynchaenus empopulifolis* Chen

寄　主：杨

中文名：荠菜龟象

学　名：*Ceutorhynchus albosuturalis* Roelofs

寄　主：不详

中文名：刚毛舫象

学　名：*Dorytomus setosus* Zumpt

寄　主：柳

中文名：小卵象

学　名：*Calomycterus obconicus* Chao

寄　主：桑等

中文名：淡褐圆筒象

学　名：*Macrocorynus chlorizans* (Faust)

寄　主：不详

中文名：小粒材小蠹

学　名：*Xyleborinus saxesenii* (Ratzeburg)

寄　主：云杉、华山松、杨、栎、无花果等

中文名：柏肤小蠹

学　名：*Phloeasinus aubei* Perris

寄　主：侧柏、圆柏

中文名：松纵坑切梢小蠹

学　名：*Tomicus piniperda* (Linnaeus)

寄　主：油松等松属植物

中文名：松横坑切梢小蠹

学　名：*Tomicus minor* (Hartig)

寄　主：油松等松属植物

中文名：油松梢小蠹

学　名：*Cryphalus tabulaeformis* Tsai et Li

寄　主：油松

中文名：果树小蠹

学　名：*Scolytus japonicus* Chapuis

寄　主：桃、榆叶梅、梨、海棠、杏、樱桃等

双翅目 Diptera

大蚊科 Tipulidae

中文名：黄斑大蚊

学　名：*Nephrotoma scalaris terminalis* (Wiedemann)

寄　主：花卉植物

瘿蚊科 Cecidomyiidae

中文名：菊瘿蚊

学　名：*Diarthronomyia chrysattthemi* Ahlberg

寄　主：早小菊、甘野菊各品种、悬崖菊、九

月菊、万寿菊及菊科其他植物

中文名：柳瘿蚊

学　名：*Rhabdophaga salicis* Schrank

寄　主：柳树，特别对旱柳、垂柳危害严重

潜蝇科 Agromyzidae

中文名：豌豆彩潜蝇

学　名：*Chromatomyia horticola* (Goureau)

寄　主：地被植物及草本花卉。

食蚜蝇科 Syrphidae

中文名：斜斑鼓额食蚜蝇

学　名：*Scaeva Pyrastri* (Linnaeus)

寄　主：蚜

中文名：黑带食蚜蝇

学　名：*Episyrphus balteatus* (De Geer)

寄　主：蚜

中文名：梯斑墨蚜蝇

学　名：*Melanostoma scalare* (Fabricius)

寄　主：蚜

食虫虻科 Asilidae

中文名：中华盗虻

学　名：*Ommatius chinensis* Fabricius

寄　主：寄主：蜻、隐翅虫

鳞翅目 Lepidopera

冠潜蛾科 Tischeriidae

中文名：桃冠潜蛾

学　名：*Tischeria gaunacella* Duponchel

寄　主：桃

谷蛾科 Tineidae

中文名：梯斑谷蛾

学　名：*Monopis monachella* (Hübner)

寄　主：腐生

袋蛾科 Psychidae

中文名：大袋蛾

学　名：*Eumeta variegata* Snellen

寄　主：槐、桃

细蛾科 Gracilariidae

中文名：国槐小潜细蛾

学　名：*Phyllonorycter acucilla* Mn.

寄　主：国槐、龙爪槐

中文名：柳细蛾

学　名：*Lithocolletis pastorella* Zeller

寄　主：柳

中文名：柳丽细蛾

学　名：*Caloptilia chrysolampra* Meyrick

寄　主：柳

中文名：元宝枫花细蛾

学　名：*Caloptilia dentate* Liu et Yuang

寄　主：元宝枫、五角枫

中文名：金纹小潜细蛾

学　名：*Phyllonorycer ringoniella* (Matsumura）

寄　主：加杨、小叶杨、海棠、梨等

菜蛾科 Plutellidae

中文名：菜蛾

学　名：*Plutella xylostella* (Linnaeus)

寄　主：二月兰等十字花科

邻菜蛾科 Acrolepiidae

中文名：葱菜蛾

学　名：*Acrolepiopsis sapporensis* Matsumura

寄　主：洋葱、香葱等各种葱、百合、韭、蒜等。

潜蛾科 Phyllocnistidae

中文名：桃潜蛾

学　名：*Lyonetia clerkella* Linnaeus

寄　主：山桃、碧桃、李、杏、樱桃

绢蛾科 Scythrididae

中文名：四点绢蛾

学　　名：*Scythris sinensis* (Felder et Rogenhofer)

寄　　主：藜、草地滨藜

织蛾科 Oecophoridae

中文名：双线锦织蛾

学　　名：*Promalactis* sp.

寄　　主：不详

展足蛾科 Stathmopodidae

中文名：桃展足蛾

学　　名：*Stathmopoda auriferella* (Walker)

寄　　主：桃、苹果、葡萄

尖蛾科 Cosmopterigidae

中文名：蚧星尖蛾

学　　名：*Pancalia didesmococcusphaga* Yang

寄　　主：朝鲜毛球蚧

麦蛾科 Gelechiidae

中文名：角瓣发麦蛾

学　　名：*Faristenia cornutivalvaris* Li et Zheng

寄　　主：不详

中文名：甘薯阳麦蛾

学　　名：*Helcystogramma triannulella* (Herrich-Schäffer)

寄　　主：甘薯、圆叶牵牛等旋花科植物

中文名：异脉筛麦蛾

学　　名：*Ethmiopsis prosectrix* Meyrick

寄　　主：不详

中文名：白线荚麦蛾

学　　名：*Mesophleps albilinella* (Park)

寄　　主：不详

罗蛾科 Galacticidae

中文名：含羞草雕蛾

学　　名：*Homadaula anisocentra* Meyrick

寄　　主：合欢、皂荚

刺蛾科 Limacodidae

中文名：黄刺蛾

学　　名：*Cnidocampa flavescens* (Walker)

寄　　主：可危害海棠、杨、柳、槐、月季、紫薇、牡丹、石榴等 100 多种

中文名：褐边绿刺蛾

学　　名：*Parasa consocia* Walker

寄　　主：大叶黄杨、月季、海棠、桂花、牡丹、芍药、苹果、梨、桃、李、杏、梅、樱桃、枣、柿、核桃、珊瑚、板栗、山楂等果树和杨、柳、悬铃木、榆等林木

中文名：丽绿刺蛾

学　　名：*Parasa lepida* (Cramer)

寄　　主：海棠、刺槐、杨

中文名：白眉刺蛾

学　　名：*Narosa edoensis* Kawada

寄　　主：核桃、枣、柿、杏、桃、苹果及杨、柳、榆、桑等林木

中文名：扁刺蛾

学　　名：*Thosea sinensis* (Walker)

寄　　主：蔷薇科植物、杨、桑

中文名：桑褐刺蛾

学　　名：*Setora postornata* (Hampson)

寄　　主：桑

中文名：中国绿刺蛾

学　　名：*Parasa sinica* Moore

寄　　主：桃、枣、樱花、苹果、梨、李、柑橘等多种植物。

中文名：双齿绿刺蛾

学　　名：*Parasa hilarata* (Staudinger)

寄　　主：核桃、柿、杨、柳、丁香、樱花、西府海棠、贴梗海棠、桃、山杏、山茶、柑橘、苹果等

斑蛾科 Zygaenidae

中文名：梨叶斑蛾

别　　名：梨星毛虫

学　　名：*Illiberis pruni* Dyar

寄　　主：梨树、苹果、海棠、桃、杏、樱桃等

木蠹蛾科 Cossidae

中文名：小线角木蠹蛾

学　　名：*Holcocerus insularis* Staudinger

寄　　主：国槐、龙爪槐、柳树、白玉兰、丁香、山楂、海棠、银杏、元宝枫、榆叶梅等

中文名：芳香木蠹蛾东方亚种

学　　名：*Cossus cossus* orientalis Gaede

寄　　主：柳树、杨树、榆树、丁香、海棠、梨、杜仲等

中文名：六星黑点豹蠹蛾

学　　名：*Holcocerus insularis* Staudinger

寄　　主：碧桃、柳树、国槐、海棠等

卷蛾科 Tortricidae

中文名：国槐小卷蛾

学　　名：*Cydia trasias* (Meyrick)

寄　　主：国槐、龙爪槐

中文名：梨小食心虫

学　　名：*Grapholitha molesta* (Busck)

寄　　主：桃、李、杏、梅、海棠、樱桃、山楂等

中文名：麻小食心虫

学　　名：*Grapholita delineana* (Walker)

寄　　主：葎草、草莓

中文名：李小食心虫

学　　名：*Grapholita funebrana* (Treitschke)

寄　　主：李、杏、樱桃、山桃等多种植物

中文名：苹褐卷蛾

学　　名：*Pandemis heparana* (Denis & Schiffermüller)

寄　　主：梨、桃、杏、柳、杨

中文名：桃褐卷蛾

学　　名：*Pandemis dumetana* (Treitschke)

寄　　主：桃桃、苹果、核桃楸、绣线菊、鼠李、水曲柳、常春藤、薄荷

中文名：苹小卷叶蛾

别　　名：棉褐带卷蛾

学　　名：*Adoxophyes orana* Fischer von Röslerstamm

寄　　主：蔷薇、梅花、金丝桃、十字海棠、山茶、茶花、扶桑、菊花、海桐、紫薇、苹果、柑橘、脐橙、忍冬、龙眼、苜蓿、榆叶梅和银杏等。

中文名：樱黄卷蛾

学　　名：*Archips crataeganus* endoi Yasuda

寄　　主：梨、杨、柳

中文名：黄斑长翅卷蛾

学　　名：*Acleris fimbriana* (Thunberg)

寄　　主：苹果、桃、李、杏、海棠、樱桃等

中文名：苹大卷叶蛾

学　　名：*Choristoneura longicellana* (Walsingham)

寄　　主：苹果、山楂、梨、柿、鼠李、柳、栎、槐等

中文名：草小卷蛾

学　　名：*Celypha flavipalpana* (Herrich-Schaffer)

寄　　主：百里香

中文名：白钩小卷蛾

学　　名：*Epiblema foenella* (Linneaus)

寄　　主：艾蒿、芦蒿

中文名：松实小卷蛾

学　　名：*Retinia cristata* (Walsingham)

寄　　主：油松、黑松、黄山松、马尾松等

舞蛾科 Choreutidae

中文名：白缘前舞蛾

学　　名：*Prochoreutis sehestediana* (Fabricius)

寄　　主：盔状黄芩等

羽蛾科 Pterophoridae

中文名：甘薯异羽蛾

学　名：*Emmelina monodactyla* (Linnaeus)

寄　主：甘薯、旋花

螟蛾科 Pyralidae

中文名：二点织螟

学　名：*Aphomia zelleri* (Joannis)

寄　主：贮藏粮食或野外苔藓

中文名：缀叶丛螟

学　名：*Locastra muscosalis* (Walker)

寄　主：核桃、板栗、黄栌、臭椿、女贞、火炬树、酸枣等

中文名：榄绿歧角螟

学　名：*Endotricha olivacealis* (Bremer)

寄　主：不详

中文名：灰直纹螟

学　名：*Orthopygia glaucinalis* (Linnaeus)

寄　主：栎类、枯叶、谷物、干草

中文名：豆荚斑螟

学　名：*Etiella zinckenella* (Treitschke)

寄　主：刺槐

中文名：微红梢斑螟

学　名：*Dioryctria rubella* Hampson

寄　主：油松、华山松、雪松等

中文名：小瘿斑螟

学　名：*Pempelia ellenella* Roesler

寄　主：不详

中文名：红云翅斑螟

学　名：*Oncocera semirubella* (Scopoli)

寄　主：苜蓿、百脉根

中文名：豆锯角斑螟

学　名：*Pima boisduvaliella* (Guenée)

寄　主：不详

草螟科 Crambidae

中文名：桃蛀野螟

学　名：*Conogethes punctiferalis* (Guenée)

异　名：*Dichocrocis punctiferalis* Guenée

寄　主：梅、山楂、樱花、桃、苹果、梨、杏、石榴 10 余种果树

中文名：楸蠹野螟

学　名：*Sinomphisa plagialis* (Wileman)

异　名：*Omphisa plagialis* Wileman

寄　主：楸树、梓树、黄金树

中文名：玉米螟

学　名：*Ostrinia furnacalis* (Guenée)

寄　主：禾本科植物、大丽花、菊花、杨、柳

中文名：款冬玉米螟

学　名：*Ostrinia scapulalis* (Walker)

寄　主：蜂斗菜、苍耳、马铃薯等

中文名：黄杨绢野螟

学　名：*Cydalima perspectalis* (Walker)

异　名：*Diaphania perspectalis* (Walker)

寄　主：小叶黄杨、雀舌黄杨、冬青、卫矛、锦熟黄杨等

中文名：瓜绢野螟

学　名：*Diaphania indica* (Saunders)

寄　主：木槿、桑、梧桐、常春藤、木槿、冬葵、大叶黄杨等

中文名：四斑绢野螟

学　名：*Glyphodes quadrimaculalis* (Bremer et Grey)

寄　主：柳

中文名：桑绢野螟

学　名：*Glyphodes pyloalis* Walker

异　名：*Diaphania quadrimaculalis* (Bremer et Grey)

寄　主：桑

中文名：旱柳原野螟

学　名：*Euclasta stotzneri* (Caradja)

寄　主：柳

中文名：网锥额野螟

别　名：草地螟

学　名：*Loxostege sticticalis* (Linnaeus)

寄　主：草坪草等禾本科等植物

中文名：豆荚野螟

学　名：*Maruca vitrata* (Fabricius)

寄　主：豆科植物

中文名：棉卷叶野螟

学　名：*Haritalodes derogata* (Fabricius)

异　名：*Sylepta derogate* Fabricius

寄　主：木槿、海棠

中文名：扶桑四点野螟

学　名：*Notarcha quaternalis* (Zeller)

异　名：*Lygropia quaternalis* Zeller

寄　主：扶桑、扁担木扶桑四点野螟

中文名：褐翅棘趾野螟

学　名：*Anania egentalis* (Christoph)

寄　主：不详

中文名：黄翅缀叶野螟

学　名：*Botyodes diniasalis* (Walker)

寄　主：杨、柳

中文名：白点暗野螟

学　名：*Bradina atopalis* (Walker)

寄　主：水稻

中文名：长须曲角野螟

学　名：*Camptomastix hisbonalis* (Walker)

寄　主：不详

中文名：稻纵卷叶螟

学　名：*Cnaphalocrocis medinalis* (Guenée)

寄　主：禾本科植物

中文名：稻筒水螟

学　名：*Parapoynx vittalis* (Bremer)

寄　主：水生禾本科植物

中文名：黑点蚀叶野螟

学　名：*Nacoleia commixta* (Butler)

寄　主：不详

中文名：麦牧野螟

学　名：*Nomophila noctuella* (Denis et Schiffermüller)

寄　主：柳、苜蓿、小麦等

中文名：白点黑翅野螟

学　名：*Heliothela nigralbata* Leech

寄　主：宿根花卉

中文名：甜菜白带野螟

学　名：*Spoladea recurvalis* (Fabricius)

寄　主：地被植物

中文名：白蜡卷须野螟

学　名：*Palpita nigropunctlais* (Bremer)

异　名：*Diaphania nigropunctalis* (Bremer)

寄　主：白蜡、梧桐、丁香、女贞等

中文名：菜螟

学　名：*Hellula undalis* (Fabricius)

寄　主：多种十字花科植物

中文名：葡萄切叶野螟

学　名：*Herpetogramma luctuosalis* (Guenée)

异　名：*Sylepta luctuosalis* (Guenee)

寄　主：葡萄科植物

中文名：细条纹野螟

学　名：*Tabidia strigiferalis* Hampson

寄　主：不详

中文名：锈黄缨突野螟

学　名：*Udea ferrugalis* (Hübner, 1796)

寄　主：不详

枯叶蛾科 Lasiocampidae

中文名：黄褐天幕毛虫

学　名：*Malacosoma neustria testacea* Motschulsky

寄　主：蔷薇科植物、柳、杨

中文名：油松毛虫

学　名：*Dendrolimus tabulaeformis* Tsai et Liu

寄　主：油松

中文名：杨枯叶蛾

学　名：*Gastropacha populifolia* Esper

寄　主：杨、柳、杏、李、梨

蚕蛾科 Bombycidae

中文名：野蚕蛾

学　名：*Bombyx mandarina* (Moore)

异　名：*Theophila mandarina* (Moore)

寄　主：桑、构树

中文名：桑螟蚕蛾

学　名：*Rondotia menciana* Moore

寄　主：桑

天蚕蛾科 Saturniidae

中文名：绿尾大蚕蛾

学　名：*Actias ningpoana* C. Felder et R. Felder

异　名：*Actias selene ningpoana* Felder

寄　主：柳、杨、樱花、紫薇、核桃等

天蛾科 Sphingidae

中文名：葡萄天蛾

学　名：*Ampelophaga rubiginosa* Bremer et Grey

寄　主：地锦

中文名：霜天蛾

学　名：*Psilogramma menephron* (Cramer)

寄　主：丁香、柳、白蜡、金银木、楸、地锦等

中文名：红节天蛾

学　名：*Sphinx ligustri* Linnarus

寄　主：丁香、白蜡

中文名：白薯天蛾

学　名：*Agrius convolvuli* (Linnarus)

寄　主：牵牛花、田旋花等

中文名：榆绿天蛾

学　名：*Callambulyx tatarinovi* (Bremer et Grey)

寄　主：榆、卫矛、柳、杨

中文名：雀纹天蛾

学　名：*Theretra japonica* (Orza)

寄　主：葡萄、爬山虎、常春藤、麻叶绣球、大花绣球等

中文名：蓝目天蛾

学　名：*Smerinthus planus* Walker

寄　主：柳、杨、榆

中文名：奇翅天蛾

学　名：*Neogurelca himachala sangaica* (Butler)

异　名：*Gurelca himachala Sangaica* Butler

寄　主：茜草科植物

中文名：构月天蛾

学　名：*Parum colligate* (Walker)

寄　主：构树、桑树

中文名：小豆长喙天蛾

学　名：*Macroglossum stellatarum* (Linnaeus)

寄　主：茜草科植物

中文名：深色白眉天蛾

学　名：*Hyles gallii* (Rottemburg)

寄　主：茜草科植物

钩蛾科 Drepanidae

中文名：浩波纹蛾

学　名：*Habrosyna derasa* Linnaeus

寄　主：多种林木

尺蛾科 Geometridae

中文名：丝绵木金星尺蛾

学　名：*Abraxas suspecta* Warren

寄　主：丝绵木、卫矛、大叶黄杨、榆、槐、杨、柳等多种植物

中文名：醋栗金星尺蛾

学　名：*Abraxas grossudariata* Linnaeus

寄　主：榆、桃、柳、李、杏

中文名：黄连木尺蛾

别　名：木橑尺蛾

学　名：*Biston panterinaria* (Bremer et Grey)

异　名：*Culcula panterinaria* (Bremer et Grey)

寄　主：黄栌、核桃、石榴、刺槐、臭椿、泡

桐、榆叶梅

中文名：桑褶翅尺蛾

学　　名：*Apochima excavata* (Dyar)

异　　名：*Zamacra excavata* Dyar

寄　　主：桑、槐、杨、白蜡、核桃、榆、栾树、柳

中文名：国槐尺蠖

别　　名：国槐尺蛾

学　　名：*Chiasmia cinerearia* (Bremer et Grey)

异　　名：*Semiothisa cinerearia* Bremer et Grey

寄　　主：槐

中文名：春尺蠖

学　　名：*Apocheima cinerarius* (Erschoff)

寄　　主：杨、柳、槐、桑、榆、梨

中文名：女贞尺蠖

学　　名：*Naxa seriaria* (Motschulsky)

寄　　主：丁香、女贞

中文名：大造桥虫

学　　名：*Ascotis selenaria* (Denis et Schittermüller)

寄　　主：月季、蔷薇、菊花、萱草

中文名：刺槐外斑尺蛾

学　　名：*Extropis excellens* (Butler)

寄　　主：刺槐、核桃、榆、杨、柳、梨

中文名：桑枝尺蠖

学　　名：*Phthonandria atrilineata* (Butler)

寄　　主：桑

中文名：贡尺蛾

学　　名：*Gonodontis aurata* Prout

寄　　主：多种林木

中文名：泛波尺蛾

学　　名：*Orthonama obstipata* (Fabricius)

寄　　主：羊蹄草

中文名：赞青尺蛾

学　　名：*Xenozancla versicolor* Warren

寄　　主：枣

中文名：旋姬尺蛾

学　　名：*Idaea aversata* (Linnaeus)

寄　　主：不详

中文名：紫条尺蛾

学　　名：*Timandra recompta* (Prout)

寄　　主：萹蓄

舟蛾科 Notodontidae

中文名：杨扇舟蛾

学　　名：*Clostera anachoreta* (Denis et Schittermüller)

寄　　主：杨、柳

中文名：杨小舟蛾

学　　名：*Micromelalopha sieversi* (Staudinger)

寄　　主：杨、柳

中文名：角翅舟蛾

学　　名：*Gonoclostera timoniorum* (Bremer)

寄　　主：柳

中文名：燕尾舟蛾

学　　名：*Furcula furcula sangaica* (Moore)

寄　　主：杨、柳

中文名：杨二尾舟蛾

学　　名：*Cerura menciana* Moore

寄　　主：杨、柳

中文名：榆白边舟蛾

学　　名：*Nerice davidi* Oberthür

寄　　主：榆

中文名：仿白边舟蛾

学　　名：*Nerice hoenei* (Kiriakoff)

寄　　主：榆

中文名：槐羽舟蛾

学　　名：*Pterostoma sinicum* Moore

寄　　主：槐、紫藤、紫薇、海棠

毒蛾科 Lymantriidae

中文名：侧柏毒蛾

学　　名：*Parocneria furva* (Leech)

寄　　主：侧柏、圆柏

中文名：舞毒蛾

学　名：*Lymantria dispar* (Linnaeus)

寄　主：杨、柳、李、核桃、柿、榆、海棠、梨、杏

中文名：杨雪毒蛾

学　名：*Leucoma candida* (Staudinger)

寄　主：柳、杨

中文名：榆黄足毒蛾

学　名：*Ivela ochropoda* (Eversmann)

寄　主：榆

中文名：盗毒蛾

学　名：*Porthesia similis* (Fuessly)

寄　主：红叶李、海棠、柳、榆、构树、泡桐、刺槐、枣、核桃

中文名：戟盗毒蛾

学　名：*Euproctis pulverea* (Leech)

寄　主：槐、刺槐、桃

中文名：角斑台毒蛾

别　名：角斑古毒蛾

学　名：*Orgyia recens* (Hübner)

寄　主：郁李、梅、月季、海棠、山茶、玉兰、苹果、山楂

灯蛾科 Arctiidae

中文名：明痣苔蛾

学　名：*Stigmatophora micans* (Bremer et Grey)

寄　主：桑

中文名：美国白蛾

学　名：*Hyphantria cunea* (Drury)

寄　主：桑、臭椿、榆、白蜡、核桃、杨、李、梨、刺槐、柳

中文名：人纹污灯蛾

学　名：*Spilarctia subcarnea* (Walker)

寄　主：桑、蔷薇、榆、杨、槐、月季、碧桃、腊梅

中文名：红缘灯蛾

学　名：*Aloa lactinea* (Cramer)

寄　主：木槿、梅、棣棠、椿

中文名：黄星雪灯蛾

学　名：*Spilosoma lubricipedum* (Linnaeus)

寄　主：桑、薄荷

中文名：广鹿蛾

学　名：*Amata emma* (Butler)

寄　主：多种林木

虎蛾科 Agaristidae

中文名：艳修虎蛾

别　名：葡萄虎蛾

学　名：*Seudyra subflava* Moore

寄　主：地锦

瘤蛾科 Nolidae

中文名：柳金刚夜蛾

学　名：*Earias pudicana* Staudinger

寄　主：柳、杨

中文名：柳一点金刚夜蛾

学　名：*Earias pudicana pupillana* Staudinger

寄　主：柳、杨

夜蛾科 Noctuidae

中文名：银纹夜蛾

学　名：*Ctenoplusia agnate* (Staudinger)

异　名：*Argyrogramma agnata* Staudinger

寄　主：槐、海棠、十字花科植物

中文名：淡银纹夜蛾

学　名：*Macdunnoughia purissima* Butler

寄　主：十字花科植物

中文名：银锭夜蛾

学　名：*Macdunnoughia crassisigna* (Warren)

寄　主：菊、伞形科植物

中文名：瘦银锭夜蛾

学　名：*Macdunnoughia confusa* (Stephens)

寄　主：大豆、母菊、牛蒡、甘蓝、胡萝卜、蒲公英等

中文名：黑点丫纹夜蛾

学　名：*Autographa nigrisigna* Walker

寄　主：豆科植物

中文名：隐丫纹夜蛾

学　名：*Autographa crypta* Dufay

寄　主：不详

中文名：肖毛翅夜蛾

学　名：*Thyas juno* (Dalman)

异　名：*Lagoptera juno* Dalman

寄　主：李、木槿、梨、桃

中文名：客来夜蛾

学　名：*Chrysorithrum amata* (Bremer et Grey)

寄　主：胡枝子

中文名：棉铃虫

学　名：*Helicoverpa armigera* (Hübner)

寄　主：木槿、紫菀、醉蝶等宿根花卉

中文名：苜蓿实夜蛾

学　名：*Heliothis viriplaca* Hüfnagel

寄　主：苜蓿、矢车菊、艾蒿、苹果、向日葵、麻以及草坪

中文名：焰夜蛾

学　名：*Pyrrhia umbra* Hüfnagel

寄　主：牵牛花等草花

中文名：东方黏虫

学　名：*Mythimna separata* (Walker)

寄　主：杂食，以禾本科为主

中文名：淡剑贪夜蛾

学　名：*Spodoptera depravata* (Bulter)

寄　主：草地早熟禾、高羊茅、多年生黑麦草等

中文名：斜纹贪夜蛾

学　名：*Spodoptera litura* (Fabricius)

寄　主：结缕草、早熟禾、黑麦草、木槿、桑

中文名：甘蓝夜蛾

学　名：*Mamestra brassicae* (Linnarus)

寄　主：丝绵木、紫荆、桑、柏、松

中文名：柳残夜蛾

学　名：*Colobochyla salicalis* (Denis et

Schiffermüller)

寄　主：柳、杨

中文名：小造桥虫

学　名：*Anomis flava* Fabricius

寄　主：木槿、蜀葵、锦葵

中文名：陌夜蛾

学　名：*Trachea atriplicis* (Linnaeus)

寄　主：地锦、月季、二月兰

中文名：雪疽夜蛾

学　名：*Nodaria niphona* Butler

寄　主：多种花灌木

中文名：裳夜蛾

学　名：*Catocala nupta* (Linnaeus)

寄　主：柳、杨

中文名：寡夜蛾

学　名：*Sideridis velurina* (Eversmann)

寄　主：禾本科植物

中文名：谐夜蛾

学　名：*Acontia trabealis* (Scopoli)

寄　主：田旋花

中文名：石榴巾夜蛾

学　名：*Parallelia stuposa* (Fabricius)

寄　主：石榴

中文名：小地老虎

学　名：*Agrotis ipsilon* (Hufnagel)

寄　主：松、杨、柳、多种花卉

中文名：大地老虎

学　名：*Agrotis tokionis* (Butler)

寄　主：杨、柳、多种花卉

中文名：黄地老虎

学　名：*Agrotis segetum* (Denis et

Schiffermüller)

寄　主：杂食、树木、花卉和草坪

中文名：大三角地老虎

学　名：*Xestia kollari* (Lederer)

寄　主：不详

中文名：八字地老虎

学　名：*Xestia c-nigrum* (Linnaeus)

寄　主：多种植物幼苗

中文名：桃剑纹夜蛾

学　名：*Acronycta intermedia* (Warren)

寄　主：樱桃、杏、梅、桃、梨、山楂、苹果等

中文名：枯叶夜蛾

学　名：*Adris tyrannus* Guenée

寄　主：苹果、梨、柑桔、桃、葡萄、杏、柿、枇把、无花果等

中文名：标瑙夜蛾

学　名：*Maliattha signifera* (Walker)

寄　主：莎草科植物

中文名：旋幽夜蛾

学　名：*Hadula trifolii* (Hufnagel)

寄　主：不详

中文名：甜菜夜蛾

学　名：*Spodoptera exigua* (Hübner)

寄　主：寄主植物多达 100 多种，如甜菜、棉花、玉米等

中文名：朽木夜蛾

学　名：*Axylia putris* (Linnaeus)

寄　主：繁缕属、缤藜属、车前属植物

中文名：三线绮夜蛾

学　名：*Autoba trilinea* (Joannis)

寄　主：地衣

中文名：窄肾长须夜蛾

学　名：*Herminia stramentacealis* Bremer

寄　主：榉树的枯叶

中文名：黑点贪夜蛾

学　名：*Simplicia rectalis* (Eversmann)

寄　主：不详

粉蝶科 Pieridae

中文名：菜粉蝶

学　名：*Pieris rapae* Linnaeus

寄　主：醉蝶、二月兰

凤蝶科 Papilionidae

中文名：柑橘凤蝶

学　名：*Papilio xuthus* Linnaeus

寄　主：枸橘、花椒、柑橘

蛱蝶科 Nymphalidae

中文名：柳紫闪蛱蝶

学　名：*Apatura ilia* (Denis et Schiffermüller)

寄　主：柳、杨

中文名：白钩蛱蝶

学　名：*Polygonia c-album* (Linnaeus)

寄　主：柳、榆

中文名：绿豹蛱蝶

学　名：*Argynnis paphia* (Linnaeus)

寄　主：紫罗兰

中文名：黄钩蛱蝶

学　名：*Polygonia c-aureum* Linnaeus

寄　主：桑科植物、榆、梨树

中文名：大红蛱蝶

学　名：*Vanessa indica* Herbst

寄　主：榆

中文名：小环蛱蝶

学　名：*Neptis hylas emodes* Moore

寄　主：胡枝子等豆科植物

灰蝶科 Lycaenidae

中文名：琉璃灰蝶

学　名：*Celastrina argiolus* (Linnaeus)

寄　主：鼠李、刺槐、醋栗、山楂、胡枝子、紫藤等植物。

中文名：点玄灰蝶

学　名：*Tongeia filicaudis* (pyer)

寄　主：景天科植物

膜翅目 Hymenoptera

三节叶蜂科 Argidae

中文名：玫瑰三节叶蜂

学　名: *Arge pagana* Panzer

寄　主: 玫瑰、蔷薇、黄刺玫、月季

中文名: 月季三节叶蜂

学　名: *Arge geei* Rohwer

寄　主: 月季、蔷薇、黄刺玫、玫瑰等

中文名: 榆三节叶蜂

学　名: *Arge captive* Smith

寄　主: 榆

叶蜂科 Tenthredinidae

中文名: 柳叶瘿叶蜂

学　名: *Pontania postulator* Forsius

寄　主: 柳

中文名: 柳蜷叶蜂

学　名: *Amauronematus saliciphagus* Wu

寄　主: 旱柳、垂柳、金丝垂柳、馒头柳、漳河柳等多种柳属植物

中文名: 北京杨锉叶蜂

学　名: *Megachile subtranquilla* Yasumatsu

寄　主: 杨

中文名: 梨实蜂

学　名: *Hoplocampa pyricola* (Rohwer)

寄　主: 梨

切叶蜂科 Megalopygidae

中文名: 拟蔷薇切叶蜂

学　名: *Megachile subtranquilla* Yasumatsu

寄　主: 以蔷薇科植物为主，槐树、白蜡、杨、核桃、枣、柿等

树蜂科 Siricidae

中文名: 黑顶扁角树蜂

学　名: *Tremex apicalis* Matsumura

寄　主: 杨、柳、悬铃木等

茎蜂科 Cephidae

中文名: 葛氏梨茎蜂

学　名: *Janus gassakovskii* Maav

寄　主: 梨

中文名: 白蜡哈氏茎蜂

学　名: *Hartigia viatrix* Smith

寄　主: 白蜡

中文名: 月季茎蜂

学　名: *Neosyrista similes* Moscary

寄　主: 月季、蔷薇、玫瑰、十姐妹、白蜡等

姬蜂科 Ichneumqnidae

中文名: 粘虫白星姬蜂

学　名: *Vulgichneumon leucaniae* Uchida

寄　主: 粘虫

中文名: 马尾姬蜂

学　名: *Megarhyssa* sp.

寄　主: 黑顶扁角树蜂

中文名: 半闭弯尾姬蜂

学　名: *Diadegma semiclausum* (Hellen)

寄　主: 小菜蛾

中文名: 花胫蚜蝇姬蜂

学　名: *Diplazon laetatorius* (Fabricius)

寄　主: 多种食蚜蝇。如黑带食蚜蝇、短刺刺腿食蚜蝇、大灰食蚜蝇、凹带食蚜蝇、狭带食蚜蝇等二十多种

中文名: 舞毒蛾黑瘤姬蜂

学　名: *Pimpla disparis* Viereck

寄　主: 舞毒蛾、金刚钻、菜粉蝶、柑橘凤蝶、美国白蛾、微红梢斑螟、梨小食心虫等鳞翅目幼虫

肿腿蜂科 Bethyloidae

中文名: 管氏肿腿蜂

学　名: *Scleroderma guani* Xiao et Wu

寄　主: 天牛、吉丁等

青蜂科 Chrysididae

中文名: 上海青蜂

学　名: *Praestochrysis shanghaiensis* (Smith)

寄　主: 黄刺蛾

小蜂科 Chalalcididae

中文名：白蛾周氏啮小蜂

学　名：*Chouioia cunea* Yang

寄　主：鳞翅目幼虫

刻腹小蜂科 Ormyridae

中文名：瘿孔象刻腹小蜂

学　名：*Ormyrus coccotori* Yao et Yang

寄　主：赵氏瘿孔象

姬小蜂科 Eulophidae

中文名：斑腹距小蜂

学　名：*Euplectrus maculiventris* Westwood

寄　主：国槐尺蠖

广肩小蜂科 Eurytomidae

中文名：太谷桃仁蜂

学　名：*Eurytoma maslovskii* Nikolskaya

寄　主：主要危害桃、杏、梅、李等

蚜茧蜂科 Aphidiidaee

中文名：桃瘤蚜茧蜂

学　名：*Ephedrus persicae* Froggatt

寄　主：桃蚜、桃粉大尾蚜、菜蚜

蜜蜂科 Apidae

中文名：西方蜜蜂

学　名：*Apis mellifera* Linnaeus

寄　主：中性昆虫

蚁科 Formicidae

中文名：日本弓背蚁

学　名：*Camponotus japonicus* Mayr

寄　主：中性昆虫

中文名：掘穴蚁

学　名：*Formica cunicularia* Latreille

寄　主：中性昆虫

中文名：黑褐草蚁

学　名：*Lasius niger* (Linnaeus)

寄　主：不详

附录三　颐和园水源保护地植物
病虫灾害控制技术方案

为确保北京市南水北调饮用水水源地生态环境安全，根据《中华人民共和国水污染防治法》《饮用水水源保护区污染防治管理规定》《北京市密云水库怀柔水库和京密引水渠水源保护管理条例》《农药安全使用规定》等法律法规的规定，结合本园实际，制订本方案。

一、颐和园水源保护地基本情况

1960 年，为缓解玉泉山水源的不足，保证北京市民生活和工农业生产必用水源，国家兴建水利，从密云水库引水经青龙桥直入颐和园团城湖，自绣漪桥出园流入长河，并对团城湖水域以及园内京密引水渠的河道部分，共计约 33.7 万 m^2 面积的饮用水源地进行了重点保护。团城湖等成为北京市重要的饮用水供水枢纽，是一级水源保护区范围，也是南水北调中线工程终点，在改善生态环境、美化城市景观等方面起着巨大作用。

按照相关规定，水源保护地区域暂界定为：团城湖周边以及环湖路两侧包括运河南岸，绿地总面积约为 10.4 万 m^2，具体区域详见附件 1。区域内植物主要包括柳树、桧柏、毛白杨、碧桃、山桃、榆叶梅、连翘、沙地柏等乔灌木以及宿根花卉和地被植物等，具体植物种类及数量详见附件 2。水源保护区域内常见有害生物种类及防治历详见附件 3。

二、总体目标

在科学发展观指导下，对病虫害实行生态防治，保持景观完好，有虫不成灾，小生态系统良性循环，达到防治效果、防治效率、防治效益"三提高"，用药成本、能源消耗、环境污染"三降低"，水体质量、植物生长、人类健康"三安全"的低碳目标。从根本上做到科学防控，保护环境，节约资源，实现"绿色园林""低碳植保"，促进资源节约型、环境友好型公园行业的发展。

三、基本原则与理念

遵循"近自然林业"和"健康森林"的管理理念。

坚持"预防为主，科学防控，依法治理，促进健康"的防治原则。

坚持"严格禁止有机磷农药，严格限制菊酯类农药，大力推广使用生物、物理和无公害防治措施"的用药原则。

四、主要技术措施

由于团城湖等饮用水源地具有特殊的功能定位，其环境保护与病虫害防治之间的矛盾调节至关重要，我园将按照上述总体目标和基本原则，建立包括"以抚育管理为主的营林措施、以生物防治为主的调控措施、以物理防治为主的辅助措施、适量药剂防治的应急措施"在内的有害生物防治制度。具体措施如下。

（一）加强监测测报工作，采取预防性防治措施，变"救灾性防治"为"主动预防"

1."预防为主"，把好植物材料入园检疫关

随着园内引种植物种类增多、绿化面积加大，园林病虫害的发生发展也日趋复杂化。植物检疫的观念仍需要继续深入。应逐步完善各项规章制度、软硬件设备、人员培养、网络跟踪等管理体系，植物材料从进园到定植，乃至后续管理环节中，严格遵循植物检疫的理念；引进树木、花卉、草等园林植物及其繁殖材料时，应事先调查了解引进对象在当地的病虫害情况，提出检疫要求，办理检疫手续，方能引进，防止尚未发生过、在园内又具有一定生存条件的病虫害传入。对一些主要随苗木传播、经常在树木、木本花卉上繁殖和为害的、为害性大的，如介壳虫、蛀干害虫、根部线虫、根癌病等病虫害，更应严把入口关。

2.积极开展病虫害预测预报工作

根据不同地域的有害生物采用相应的调查方法，并结合物候，为防治工作争取提前量。明确常见病虫害种类及其动态发展规律，在防治工作中因时制宜、因地制宜、因虫制宜，做到科学防治，低碳节能。调查方法包括系统调查和普查。系统调查——有计划地逐步深入开展系统调查，揭示病虫害种群动态变化规律，以自动虫情测报灯、黑光灯和诱芯监测为主，定期取回诱集昆虫，制成标本，进行鉴定、数量统计和数据分析。普查由人工巡查的形式进行，需注意及时性、全面性和准确性，逐步建立健全普查网络，必要时可与相关科研院校合作。建立病虫害防治实验室。能够鉴定一般害虫和病原菌，进行室内外不同龄级的幼虫养殖观察，可以室内培养病原菌并进行药剂筛选。发现病虫害及时记录，并依据严重程度分级，以便合理安排防治工作。具体病虫害调查——防治量化标准详见附件4。

3.调查水生昆虫，以生物监测法衡量水质状况

昆虫是水质变化的"哨兵"，它是在第一时间最直接、最根本地反映水质变化的"晴雨表"，尤其是对各种污染物之间的增效作用反映得尤为明显，而它的群落特征则可以反映污染物的积累效应，同时，它还对影响水质的污染源特别灵敏。以水生昆虫作为指示生物进行生物监测无须昂贵的精密仪器，成本低。目前在我园内已监测到弹尾目、蜉蝣目、蜻蜓目、半翅目（划蝽科、鼋蝽科等）、直翅目（蝼蛄科）；毛翅目、脉翅目（水蛉科）、鳞翅目（水螟亚科）和双翅目（蚊科、摇蚊科）等水生昆虫，可根据需要组织力量对其进行进一步系统调查。

（二）重点抓好成虫、第一代幼虫和低龄幼虫的防治工作

根据病虫害预测预报情况，及时有效地展开成虫和第一代幼虫，尤其是低龄幼虫的防控，这是全年防治工作的关键。

1.控制成虫以达到减缓下一代幼虫防治压力的目的

防治战略由"以防治幼虫为主"向"以防治成虫为主"转移。通过诱蛹、天敌、人工挖蛹等各种措施有效地减少蛹的存活率，清除害虫的越冬场所；利用杀虫灯、诱捕器、饵木诱杀，人工捕捉等方式加强成虫期防治力度，降低下一代发生基数。

2.把握防治第一代幼虫和低龄幼虫的有利时机

要重点加强监测普查，关键查治第一代，严格控制后续世代。抓住第一代幼虫防治时期进行防控，采取剪除虫枝、树体及地面喷药防治、释放天敌等方法进行综合防治。避免"放松一代忙几代，放松一年忙几年"现象的发生。害虫一般都是低龄幼虫抗药性差，低龄防治可以用较少的药剂达到较好的效果。如果低龄时不注意防治，一旦害虫达到 3~4 龄，进入暴食期，为害就已经形成了，不仅防治难度大，而且防治投入多，且得不偿失。

以美国白蛾为例，5 月中下旬是美国白蛾第一代幼虫发生期，此期不仅是普查美国白蛾的最佳时期之一，也是一年中防治美国白蛾的关键时期，即在美国白蛾卵孵化末期至幼虫 2 龄之前，对可疑地区使用美国白蛾病毒、除虫脲、灭幼脲Ⅲ号等生物和仿生物制剂进行普防可达到事半功倍的效果。

（三）重点抓好生物、物理防治

生物防治方法是用节肢动物或昆虫病原微生物（病毒，细菌，真菌和线虫）和它们的代谢物以及植物源农药来进行的。生物防治对人类和牲畜，植物及环境都很安全，可把害虫种群持续控制在较低的水平，是进行病虫害防治时优先考虑的防治方法。物理和机械的方法是根据病虫害的发生规律和习性，抓住其侵染循环或生活史中的薄弱环节，因地制宜地采取人工、物理、机械等方法进行防治，这类方法具有简便、易行、经济有效，对环境又无污染等优点。

1. 人工、机械灭虫治病

人工捕捉，摘除某些害虫的幼虫、卵块；利用假死性震落捕杀某些幼虫、成虫；人工挖除入土越冬或化蛹的害虫；人工剪除植株上的病虫枝叶；人工堵洞防治蛀干害虫等方法灭虫治病。

2. 诱杀

利用某些害虫对不同光谱、颜色、气味的趋向性，将其诱杀。如在保护区域外围设置黑光灯，利用趋光性原理诱杀蛾类、甲虫和直翅类昆虫；利用糖醋液诱杀蛾类；利用各种色板诱杀趋色性害虫；利用饵木诱杀双条杉天牛、柏肤小蠹；利用信息素诱杀国槐叶柄小蛾、潜叶蛾、美国白蛾等。

3. 阻隔

利用某些害虫有下树越冬或夜晚上树为害白天下树潜伏的习性，防治其为害。如在树干缠裹泥环、塑料裙防治草履蚧、红蜘蛛、柳毒蛾等。秋季在树干围草帘诱集虫蛹，集中销毁，达到防治后续世代虫害的目的。

4. 利用有益微生物和它们的代谢物以及植物源农药

例如，微生物农药如苏云金杆菌防治鳞翅目害虫，绿僵菌防治地下害虫，美国白蛾核型多角体病毒防治美国白蛾，寡雄腐霉防治真菌病害等；植物源农药如桉油精防治刺吸、食叶害虫，小檗碱防治各种病害等。

5. 利用和保护天敌

如肿腿蜂、蒲螨、异色瓢虫、周氏啮小蜂、花绒寄甲、啄木鸟、螳螂等。利用可调节光谱的频振杀虫灯，具有选择杀虫性，既可诱杀害虫，又能保护天敌。不能只重引进、释放天敌，而忽视本地已有自然天敌的保护。保护现有蜜源植物并适当建植新种，充分利用其花粉、蜜露，保护捕食性天敌昆虫。也可自制人工蜜露，招引瓢虫等天敌，为天敌营造并保护越冬场所，创造天敌集中越冬的生态环境。

（四）注重采取综合治理措施

突出栽培管理措施，采用生态方法、自然方法防治病虫害。抓好绿地建植，植物配置，土、肥、水管理，中耕除草，整形修剪，清理绿地卫生等各个环节，通过改善林内环境条件，使之成为有利于园林植物的生长发育，而不利于病虫害的生存和侵染，减少病虫的侵染来源，增强园林植物抵抗病虫害的能力，从而达到控制病虫害的目的。

1. 选用抗病虫的植物材料，提高植物自身抵御病虫害能力

在选用种苗时，要采用生长健壮、抗病虫的新品种。若发现种苗带有某些病虫，要预先

进行处理。

2. 科学定植、合理配置

可在保护区内规划栽植一些适宜湿地环境、能够净化水体的植物，在区域外围适当栽植诱饵树，即主要害虫的喜食树种，可起到趋避保护区内害虫和阻挡外来害虫侵入的双重作用。乔、灌、草，常绿与落叶搭配组合，高、低错落，花期各异的植物配置，才能形成天敌昆虫转移、持续补充营养、越冬栖息的通道，从而有利于天敌昆虫繁衍。定植前应调查地下病虫种类、数量和分布情况，根据不同病虫，采取相应的土壤消毒处理，防止地下病虫损坏种苗。根据植物对土壤、水分、光线等的不同要求，选择栽植的最佳地点，适地适树，使树种特性与立地条件相适应。提高栽植质量，栽植或移栽过程中注意根部保护，栽植深浅适度，栽后及时浇水，这是防治腐烂病、双条杉天牛等病虫害的关键措施。绿化调整改造时，要宏观规划，注意树种间"相生相克"的现象，避免不合理植物配置，减少病虫害的发生。

3. 有针对性地进行养护管理

合理施肥，做到有机肥与无机肥配施，大量元素与微量元素配施。严禁在夏天冷季型草坪褐斑病盛行时滥施氮肥，以免加重病害。科学浇水，浇水方式不当，会加重叶部病害的发生，最好采用沟灌、滴灌。浇水要适量，水分过大往往引起植物根部缺氧窒息，轻者植物生长不良，重则引起根部腐烂。浇水时间最好选择晴天的上午，以便及时降低叶片表面的湿度。此外要按需进行小环境改造，重点解决土壤、水分、养分、光线、通风等问题。注意及时处理树洞和伤口锯口的保护，防止人为损坏等。及时剪除病虫枝，例如，4—5月是多种蚜虫的盛发期，为害海棠、榆叶梅、碧桃等植物的蚜虫多聚集在嫩芽和嫩叶的叶背，由于部位隐蔽、虫体密集，喷药防治困难重重，若结合花后修剪，剪除虫枝，掰除带虫嫩芽，反而简

单易行；梨小食心虫、微红梢斑螟、日本双棘长蠹等钻蛀性害虫，都可采取深剪被害枝条的方法铲除虫体，达到防治目的且事半功倍。冬季，结合冬剪，去除黄刺蛾的茧，刮除枝干上桑白盾蚧的越冬虫体。枯枝落叶、杂草都是害虫和病原菌的潜伏场所，及时清除可以消灭大量的越冬病虫。

（五）采用先进的施药技术，配备高新防治设备和储备必要的无公害防治药剂

使用传统的施药技术，农药的有效利用率只有10%~30%，其中，70%~90%的农药在林间起不到防虫治病的作用，滴落流失于土壤水域中，造成不必要的浪费，更重要的是严重污染环境。基于上述情况，我们应该认真改进目前落后的施用技术，提高林地农药有效的利用率，减少环境污染和作物残留，以最少的农药达到最高的防治效果，实现良好的经济效益、社会效益和生态效益。

1. 剂型、配方和施用方法改进和复配

通过剂型、配方和施用方法的改进及复配，延长药剂使用寿命，降低用药成本，减少对人畜植物和环境的为害，以此来达到高效、安全、经济、省力的用药宗旨。如优先采用树干注射、涂抹等局部少量施药方法替代传统的大面积大剂量的喷药方法。

2. 配备必要的高新防治设备

药械可以充分发挥和强化药剂性能，弥补剂型之不足，也可以埋没甚至颠倒药剂的功能，因而药械的重要作用不容忽视。药械发展的趋向是高效率、低能耗、低噪声、低成本，并能与绿化作业如灌溉、施肥等同步进行。传统的动力式喷雾器在改进喷头系统和送风装置控制方向性基础上，出现了如风送弥雾式车载喷雾机，有效喷雾距离可达30m，可节省用药4~8倍。

3. 储备必要的无公害防治药剂

按照保护区用药原则，储备包括苏云金杆菌、绿僵菌、美国白蛾核型多角体病毒、寡雄腐霉、桉油精、小檗碱、灭幼脲和阿维菌素等无公害农药。

（六）制订应急防控预案

一般情况下，参照本技术方案，在做好栽培养护的基础之上，加强病虫害预测预报，预防为主，避免病虫害的大面积发生，一旦遭遇危险性病虫害，应及时与属地林业保护站等相关单位取得联系，在其批准和指导下采取不增加病害虫抗性，不杀伤其他天敌的无公害防控办法控制病虫害的发生。

在前期论证以及后期实施过程中，我们将依据当时技术水平的发展情况，适时更新补充新技术、新方法，调整完善防控方案，将水源保护地内常见病虫害的种群密度控制在合理的经济阈值之下，稳定、持久、经济、有效地防治病虫害，以确保水源保护地植物健康生长、环境安全无污染，并达到低碳、节能、环保的示范意义。

制订单位：北京市颐和园管理处

制订日期：2011 年 4 月

附件 A　水源保护地区域示意图

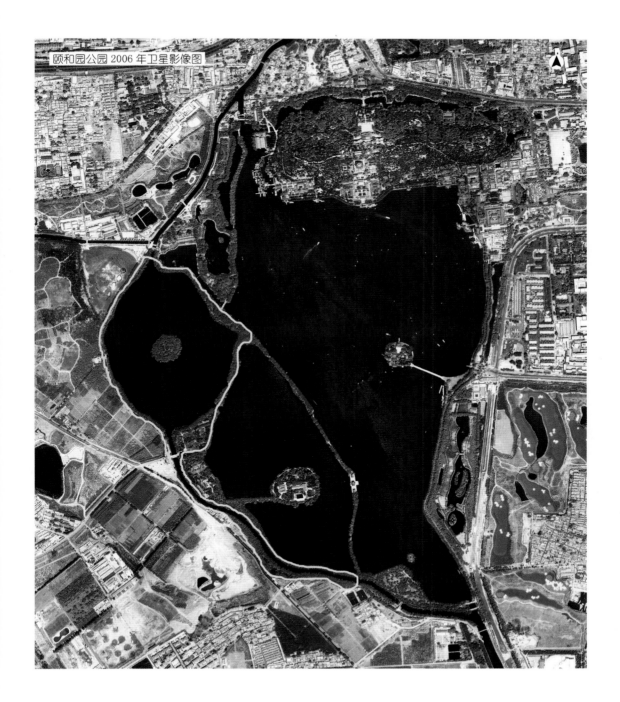

附件 B　颐和园水源保护地植物种类数量一览表*

	种名	株数	种名	株数	种名	株数	种名	株数
乔灌木	缘柳	1 258	毛白杨	32	龙爪槐	1	石榴	2
	旱柳	499	桑树	18	元宝枫	2	迎春	286
	桧柏	687	国槐	7	山楂	1	连翘	111
	栾树	251	刺槐	43	柿树	4	紫叶李	12
	山桃	140	侧柏	36	火炬树	14	木香	1
	碧桃	98	白皮松	12	丁香	46	沙地柏	118
	华山松	5	油松	8	金银木	30	紫叶小檗	45
	黄栌	3	榆树	9	黄刺玫	77	杏	7
	蒙椴	2	梧桐	3	紫薇	29	接骨木	40
	糠椴	1	西府海棠	1	紫穗槐	13	榆叶梅	10
	青杆	1	玉兰	2	小叶黄杨	1	玫瑰	10
	香椿	3	加杨	1	多花枸子	1		
宿根花卉	萱草	792	委陵菜	1 152	竹子	4 777	马蔺	154
	芒	18	早开堇菜	5 152	月季	6	月季	21
	福禄考	385	玉簪	190	凤尾兰	26	大叶铁线莲	2
	金光菊	210	蛇莓	840	水杨梅	182	铁线莲	649
	美国地锦	27 071	箭枝毛茛	1 096	大叶铁线莲	252	甘野菊	2 630
	中国地锦	1 980	乌头	140	八宝景天	40	旋覆花	7 704
绿地	冷季型草（万 m²）	6.1			—			
	麦冬（万 m²）	0.2			—			
	野生地被（万 m²）	3			其中二月兰 0.9，紫花地丁 0.3，酢浆草 0.6，马唐 0.5			

注：*本表依据 2009 年颐和园绿化普查数据统计

附件 C　颐和园水源保护地植物主要虫害防治历（试行）

月份	旬	有害生物名称	虫态	主要寄主植物	主要防治技术	越冬方式	发生代数（代/年）
1	中	日本履绵蚧	若虫	杨、柳、白蜡、榆、花灌木等	树干围环阻隔上树若虫，每隔 3~5 天人工抹杀 1 次	卵或若虫在卵囊内于土壤、墙缝、树缝、枯枝落叶层及石块堆下越冬	1
2	上	春尺蠖	蛹	杨、柳、槐、海棠、梨等	围环（或宽胶带）阻止雌成虫上树产卵，每隔 3~5 天人工抹杀卵	以蛹在树下土中越冬	1
2	上	杨扇舟蛾	蛹	杨、柳	清除树干基部杂草	以蛹在地面落叶、树干裂缝或基部老皮下越冬	3~4
2	中	斑衣蜡蝉	卵	臭椿、香椿、榆、女贞、杨、杏、李、桃、海棠	持续到 3 月，人工刮除卵块	以卵在树干阴面越冬	1
2	下	双条杉天牛	成虫	侧柏、桧柏	2 月底至 5 月上旬将新鲜木段堆积在林外诱杀成虫（新伐直径 4cm 以上的柏树木段）；诱剂诱杀	以成虫、少量蛹在被害枝干内越冬	1
2	下	柏肤小蠹	成虫	侧柏、桧柏	成虫开始侵蛀枝、干前，在林外堆积直径 2cm 以上的新鲜柏枝、柏木诱集成虫；释放天敌蒲螨、取食成、幼虫体；诱剂诱杀	以成虫和幼虫在树皮蛀道内越冬	1
2	下	桑白盾蚧	成虫	山桃、碧桃、槐、桑	冬春季节人工刮除枝、干上的虫体或结合修剪剪除被害枝条、集中烧毁；保护天敌瓢虫、草蛉等	以受精雌成虫在枝干上越冬	2
2	下	桃潜蛾	成虫	山桃、碧桃	清除树下杂草落叶	以冬型成虫在树木附近杂草落叶、树洞、孔、树皮下越冬	5
3	上	二斑叶螨	卵、若螨	柳、桑、杨等	3 月上旬在柳、桑树干 2m 处用黏虫胶刮宽 2cm 的闭合环，阻隔螨体上树；清水洗树梢	以卵在树干阴面越冬	10 余代
3	上	国槐尺蠖	蛹	国槐	4 月上旬成虫开始羽化前，人工消灭树冠下浅土和石块下的越冬蛹	以蛹在树干附近表土层中越冬	3（有不完全的第 4 代）

（续表）

月份	旬	有害生物名称	虫态	主要寄主植物	主要防治技术	越冬方式	发生代数（代/年）
3	下	柏长足大蚜	卵、若虫	柏	保持合理栽植密度，力求通风透光；释放天敌异色瓢虫，保护草蛉等天敌；食蚜蝇、蚜茧蜂、发生初期，盛期喷药防治，清水洗树等持续至6月上旬	卵或无翅胎生雌蚜越冬	10~14
3	下	日本履绵蚧	若虫		药剂防治		
3	下	纵坑切梢小蠹	成虫	油松、华山松、雪松等	设置直径5cm左右的新鲜松木段诱杀，持续至4月下旬；诱剂诱杀；保护并释放天敌	成虫在树干基部枯枝落叶或土层下6~10cm处树皮内越冬	1
3	下	双条杉天牛	成虫、卵		加强水、肥、土，等养护管理，增强树木抗虫能力，及时清除带虫死树、死树，诱杀、消灭虫源木，继续诱剂诱杀，必要时喷药封干		
3	下	柏肤小蠹	成虫、卵		强化养护管理，适时浇水、施肥，中耕松土，防治叶部害虫、害螨的发生，提高抗虫力；及时剪除新枯死的带虫枝，伐除新枯死树的带虫源树，防止扩大蔓延。继续诱剂诱杀，必要时喷药封干		
3	下	侧柏毒蛾	幼虫	侧柏、桧柏	药剂防治	卵及低龄幼虫在树皮裂缝、侧柏鳞叶和小枝条靠叶基部越冬	2
4	上	美国白蛾	成虫	桑、臭椿、白蜡、泡桐、杨、柳、榆、柿、海棠、梨等多种树木、花卉	灯光诱杀，性诱芯诱杀，持续至10月	以蛹在砖瓦乱石堆中、墙缝中、树洞里越冬	
4	上	居松长足大蚜	卵、若虫	油松	释放并保护草蛉，食蚜蝇、瓢虫、螳螂、蚜茧蜂等天敌	以卵在松针上越冬	数代

（续表）

月份	旬	有害生物名称	虫态	主要寄主植物	主要防治技术	越冬方式	发生代数（代/年）
4	上	华山松长足大蚜	卵、若虫	华山松	释放并保护草蛉、食蚜蝇、瓢虫、螳螂、蚜茧蜂等天敌	以卵在松针上越冬	数代
4	上	白皮松长足大蚜	卵、若虫	白皮松	释放并保护草蛉、食蚜蝇、瓢虫、螳螂、蚜茧蜂等天敌	以卵在松针上越冬	数代
4	上	杨扇舟蛾	成虫		灯光诱杀		
4	上	国槐尺蠖	成虫		灯光诱杀		
4	上	蝼蛄	幼虫	草坪草	人工挖虫，保护益鸟，必要时利用绿僵菌药剂防治	以幼虫在土中越冬	1
4	中	微红梢斑螟	幼虫	油松、华山松、白皮松等	该虫幼虫有迁移为害习性，可剪除并销毁有虫枝	幼虫在被害枝梢和球果中越冬	2
4	中	桃潜蛾	幼虫		至10月每月中旬防治：人工摘除虫叶，严重时药剂防治		
4	中	纵坑切梢小蠹	成虫		药剂防治		
4	中	柳厚壁叶蜂	成虫	柳	人工剪除虫瘿	老熟幼虫在土壤表层结茧越冬	1
4	下	国槐小潜细蛾	成虫	国槐、龙爪槐	灯光诱杀	做茧以蛹在树干和枝条的阴面、建筑物的缝隙内等越冬	2~3
4	下	杨雪毒蛾	幼虫	柳、杨等	至5月下旬均有幼虫上下树，药剂防治，树干周环缚草系或人工捕杀下树幼虫	以2~3龄幼虫在树皮缝中越冬	2~3
4	下	沟眶象（臭椿沟眶象）	成虫	臭椿、千头椿	成虫多在树干上活动，有不喜飞且假死习性，人工捕杀，持续至10月	以幼虫在树干内或成虫在树干基部土壤中越冬	1
4	下	桃粉大尾蚜	成虫、若虫	碧桃、榆叶梅、山桃、紫叶李等	剪除嫩芽、嫩叶，以清水冲洗击落蚜体；天敌繁荣季节充分发挥瓢虫、草蛉、蚜虫蜂、蚜小蜂等天敌的控制作用	以卵在干、枝皮层中越冬	10余代

（续表）

月份	旬	有害生物名称	虫态	主要寄主植物	主要防治技术	越冬方式	发生代数（代/年）
5	上	梧桐裂木虱	若虫	青桐	为害盛期清水击落虫体，严重时药剂防治，持续至9月；保护天敌	以卵在树皮缝或枝条基部阴面越冬	2
5	上	杨扇舟蛾	低龄幼虫		人工摘除幼龄幼虫虫叶，保护和释放螳螂、赤眼蜂等天敌昆虫		
5	上	国槐小潜细蛾	幼虫		发生盛期药剂防治		
5	上	双条杉天牛	低龄幼虫		幼虫期（5月末以前）释放蒲螨或肿腿蜂等天敌昆虫		
5	上	美国白蛾	低龄幼虫		喷施药剂进行普防		
5	上	国槐尺蠖	低龄幼虫		药剂防治		
5	上	柳毒蛾	幼虫	柳、杨	保护天敌，喷药防治	以幼虫在树干裂缝、树洞和枯枝落叶层中越冬	1
5	上	薄翅锯天牛	成虫	杨、柳、榆、桑等	结合堵洞进行人工捕捉；保护和利用天敌，如啄木鸟等。保护和利用花绒寄甲等天敌	以幼虫在树干内越冬	2年1代
5	上	居松长足大蚜	若虫、成虫		5—10月为害盛期药剂防治		
5	上	华山松长足大蚜	若虫、成虫		5—10月为害盛期药剂防治		
5	上	白皮松长足大蚜	若虫、成虫		5—10月为害盛期药剂防治		
5	中	美国白蛾	幼虫（网幕期）		剪网幕、喷施美国白蛾病毒		
5	中	桃潜蛾	成虫		黄板、性诱剂诱杀成虫。持续至9月下旬		

（续表）

月份	旬	有害生物名称	虫态	主要寄主植物	主要防治技术	越冬方式	发生代数（代/年）
5	中	小地老虎	成虫	草坪草	灯光诱杀，持续至10月	以蛹或老熟幼虫在土中越冬	3
5	下	杨雪毒蛾	成虫		灯光诱杀		
5	下	纵坑切梢小蠹	幼虫		释放蒲螨等寄生性天敌		
5	下	国槐小卷蛾	成虫	国槐、龙爪槐、蝴蝶槐	诱芯诱杀，灯光诱杀。成虫羽化盛期为6月上旬	幼虫在豆荚、枝条、树皮缝中越冬	2
5	下	柳蚜	成虫、若虫	柳	保护天敌瓢虫、草蛉、食蚜蝇、蚜茧蜂等；剪除严重受害嫩梢，清水冲洗树等。树干注药	以卵越冬	数代
5	下	微红梢斑螟	成虫		灯光诱杀、性诱诱杀，保护长距茧蜂等天敌		
6	上	网锥额野螟	成虫	草坪草	灯光诱杀，持续至9月	以老龄幼虫在土壤中越冬	2~3
6	上	各种金龟子	成虫	多种植物	灯光诱杀，持续至9月中旬；人工捕捉		
6	上	柏肤小蠹	成虫		采集新鲜枝条（直径1~2cm）置于林内诱集；诱液诱杀，持续至7月中旬。释放天敌		
6	上	二斑叶螨	若虫、成虫		清水高压冲洗树，保护天敌		
6	上	桑天牛	成虫	桑、构树、杨、柳、苹果、海棠、榆等	利用成虫有假死习性人工捕捉，6月中旬到7月中旬为成虫羽化盛期	以幼虫在树干内越冬	2年1代
6	上	小线角木蠹蛾	成虫	白蜡、柳、国槐、龙爪槐、银杏、悬铃木、丁香、元宝枫、海棠、苹果、山楂、榆叶梅	灯光诱杀、性引诱剂诱杀，持续至9月中旬	以幼虫在干、枝木质部内越冬	2年1代
6	中	美国白蛾	老熟幼虫、蛹		释放周氏啮小蜂，释放美国白蛾病毒7~10天；喷施美国白蛾病毒		

（续表）

月份	旬	有害生物名称	虫态	主要寄主植物	主要防治技术	越冬方式	发生代数（代/年）
6	中	日本履绵蚧	成虫		清水高压洗树，保护天敌		
6	中	国槐小潜细蛾	成虫		灯光诱杀		
6	中	杨雪毒蛾	幼虫		树干围环诱杀或人工捕杀下树幼虫		
6	中	国槐尺蠖	幼虫		药剂防治		
6	中	纵坑切梢小蠹	成虫		取新梢嫩枝设置诱木诱杀；诱剂诱杀		
6	中	侧柏毒蛾	成虫		灯光诱杀		
6	下	薄翅锯天牛	成虫		成虫期较长，可在树干上绑缠白僵菌粉胶环，成虫在干上活动爬行蠕及时感病致死，成虫期人工捕捉，7月中旬为羽化盛期。保护和利用花绒寄甲等天敌。		
6	下	杨扇舟蛾	卵		释放赤眼蜂，释放时间每次间隔7~10天		
6	下	微红梢斑螟	幼虫		人工剪除带虫枯梢，释放蒲螨		
6	下	国槐小潜细蛾	幼虫		发生盛期药剂防治		
6	下	缀叶丛螟	成虫	核桃、板栗、黄栌、臭椿、女贞、黄连木、火炬树、酸枣等	灯光诱杀	以老熟幼虫在根茎部及根周围深约10cm土中结茧越冬。	1
7	上	柳毒蛾	成虫		灯光诱杀		
7	上	褐边绿刺蛾	成虫	柳、刺槐等多种植物	灯光诱杀成虫；保护天敌紫姬蜂、广肩小蜂、螳螂、猎蝽等。	以老熟幼虫在土中结茧越冬。	1
7	中	柳毒蛾	低龄幼虫		药剂防治		
7	中	美国白蛾	低龄幼虫		喷药普防		

（续表）

月份	旬	有害生物名称	虫态	主要寄主植物	主要防治技术	越冬方式	发生代数（代/年）
7	中	杨雪毒蛾	成虫		灯光诱杀		
7	下	美国白蛾	幼虫（网幕期）		剪网幕，喷施美国白蛾病毒		
8	上	国槐小潜细蛾	成虫		灯光诱杀		
8	上	杨雪毒蛾	幼虫		树干围环诱杀或人工捕杀下树幼虫		
8	上	桑白盾蚧	若虫		人工刷虫，保护天敌（瓢虫、草蛉等）		
8	上	杨扇舟蛾	幼虫		8～9月下旬，使用杨扇舟蛾病毒，药剂防治		
8	上	国槐尺蠖	幼虫		药剂防治		
8	上	国槐小卷蛾	成虫		7～8月为害严重，药剂防治		
8	上	美国白蛾	老熟幼虫、蛹		释放周氏啮小蜂，释放期间隔7～10天；喷施美国白蛾病毒		
8	中	国槐小潜细蛾			发生盛期药剂防治		
8	中	柏长足大蚜	若虫、成虫		保护扞释放天敌，严重时喷药防治		
8	下	褐边绿刺蛾	幼虫		老熟幼虫下树，人工除虫。可秋季挖除虫茧		
8	下	美国白蛾	低龄幼虫		喷药普防		
8	下	微红梢斑螟	成虫		灯光诱杀、性诱芯诱杀、保护长距虫蜂等天敌		
9	上	美国白蛾	幼虫（网幕期）		剪网幕，喷施美国白蛾病毒		
9	中	蛴螬	幼虫		人工挖虫，保护益鸟，必要时利用绿僵菌药剂防治		

（续表）

月份	旬	有害生物名称	虫态	主要寄主植物	主要防治技术	越冬方式	发生代数（代/年）
9	中	柳厚壁叶蜂	幼虫		人工摘除虫瘿烧毁或深埋		
9	中	微红梢斑螟	幼虫		人工剪除带虫枯梢，释放蒲螨		
9	下	大青叶蝉	成虫、卵	杨、柳、刺槐、榆、臭椿、桧柏、苹果、梨、桃、杏	清除林下杂草；喷药或灯光诱杀	以卵在干、枝皮层中越冬	3
9	下	侧柏毒蛾	成虫		灯光诱杀		
10	中	美国白蛾	老熟幼虫		树干绑草帘诱集虫蛹，集中烧毁		
10	下	桃粉大尾蚜	成虫、卵		秋季利用草帘诱集虫卵，集中烧毁		
10	下	居松长足大蚜	成虫		秋末在主干上绑缚塑料薄膜环，阻隔落地后爬向树冠产卵的成虫		
10	下	华山松长足大蚜	成虫		秋末在主干上绑缚塑料薄膜环，阻隔落地后爬向树冠产卵的成虫		
10	下	白皮松长足大蚜	成虫		秋末在主干上绑缚塑料薄膜环，阻隔落地后爬向树冠产卵的成虫		
11	中	国槐小潜细蛾	蛹		人工刮除树干上和附近建筑物上的越冬茧、蛹		
12	上	国槐小卷蛾	幼虫		结合冬剪，剪除有虫豆荚和枝条集中处理		
12	中	梧桐裂木虱	卵		结合冬剪，及时销毁越冬卵		

注：① 主要寄主植物、发生代数和越冬方式 3 项按时间顺序仅在首次出现时进行标注。

② 注重养护管理，加强检疫和预测预报。

③ 应根据本地区物候期，林地小环境对防治时期进行适当调整。

附件D　病虫害调查——防治量化标准

积极开展预测预报，病虫害控制工作及时到位。具体调查与防治量化标准详情参照《北京市地方标准及指导书》及《北京市公园管理中心园林植物病虫害无公害防治管理办法（试行）》的相关要求，适时采取以物理防治和生物防治为主的防治措施，将水源保护地内常见病虫害的种群密度保持在游客游览和管理部门的允许范围之内，实现景观完好，有虫而不成灾。

附表1　物理和生物防治措施

病虫害	物理和生物防治措施
刺吸式害虫	人工除虫、清水冲洗、剪除虫枝，严重时喷洒桉油精、阿维菌素等无公害农药防治
食叶害虫	成虫期诱芯预报，灯光、诱剂诱杀；卵期和低龄幼虫期人工除虫，喷洒灭幼脲、桉油精、Bt病毒等无公害药剂防治；高龄幼虫期和蛹期释放天敌、树干绑草帘等
地下害虫	成虫期灯光、诱剂诱杀；幼虫期人工挖除
蛀干害虫	成虫期灯光、诱剂诱杀，人工捕捉；幼虫期结合修剪、人工堵洞防治，树干注射无公害药剂等
花卉、草坪病害	严格控制灌水量，阻断病害发生条件，发病初期可摘除病叶，局部喷洒小檗碱等无公害农药进行防治

附表 2 颐和园水源保护地植保工具投放月历

月份	旬	有害生物名称	主要防治技术	预计数量
2	下	双条杉天牛、柏肤小蠹等	诱剂、诱木诱杀	试在保护区以外投放 2 处
3	上	草履蚧、红蜘蛛等	塑料环阻隔	塑料环 4 000m
4	上	美国白蛾	诱芯诱杀	5 个（南大墙水闸 1、三十亩地 1、藻鉴堂 2、运河南岸 1）
4	上	趋光性害虫（4 月到 10 月底）	黑光灯诱杀	4 个（绣漪桥 1、三十亩地 1、团城湖水闸 1、十三亩八 1）
5	上	潜叶蛾	诱芯诱杀	第一次投放诱芯 150 个
5	上	潜叶蛾等趋色害虫	黄板诱杀	第一次投放黄板 500 块
5	上	薄翅锯天牛、光肩星天牛	天敌防治	释放花绒寄甲卵卡 1 500 张（约 30 万头）
5	下	国槐小卷蛾	诱芯诱杀	第一次投放诱芯 50 个
5	下	各种花灌木蚜虫	天敌防治	释放龟纹瓢虫、异色瓢虫、七星瓢虫 3 万头
5	下	双条杉天牛、柏肤小蠹等	天敌防治	释放肿腿蜂 10 万、蒲螨 1 000 万
6	上	潜叶蛾	诱芯诱杀	更换诱芯 150 个
6	中	双条杉天牛、柏肤小蠹等	天敌防治	释放肿腿蜂 10 万
6	中	柳树叶螨	天敌防治	释放蒲螨 1 000 万
6	底	美国白蛾	天敌防治	第一次释放周氏啮小蜂 800 个茧（约 400 万头）
7	上	潜叶蛾	诱芯诱杀	更换诱芯 150 个
7	中	潜叶蛾	诱芯诱杀	更换黄板 500 块
7	中	国槐小卷蛾	诱芯诱杀	更换诱芯 50 个
8	上	潜叶蛾	诱芯诱杀	更换诱芯 150 个
8	中	潜叶蛾	诱芯诱杀	更换黄板 500 块
合计：黑光灯 4 台，美国白蛾诱捕器 5 套，潜叶蛾诱捕器 600 个，国槐小卷蛾诱捕器 100 个，蛀干害虫诱剂 2 套，黄板 2 000 块，塑料环 4 000m，周氏啮小蜂 400 万头，异色瓢虫 3 万头，花绒寄甲 30 万头。				

附录四　海棠枝干病害防治月历

时间	防范对象	防治原理	主要防治技术	其他说明
12 至翌年 2 月休眠期	短期内形成大量冬剪伤口；冻害	林间腐烂病的发生主要通过剪锯口或其他伤口侵入造成发病，短时间形成大量伤口有利于病菌侵入；冻害会诱发枝干病害流行	剪除病虫枝梢，刮除粗老翘皮，清扫落叶；防寒防冻，剪锯口易受冻的年份，应适当晚剪，推迟至 3 月，使剪锯口很快能进入生长愈合期，减少水分蒸发和发病机会，修剪过后及时涂抹药剂或伤口愈合剂进行保护处理	干桩枯橛等集中带出园外销毁；不要用冬剪下来的树枝做开展角度用的支架等；对刀具消毒
2—3 月发芽前	潜伏病菌	在树体萌动前进行药剂保护	及时浇春水提高树皮含水量；提前对树体药剂保护，如石硫合剂、甲基硫菌灵、丙环唑、甲硫萘乙酸、腐植酸铜、氟硅唑等	药剂喷施注意要全方位无死角淋洗
3—4 月展叶、开花	水渍状病斑，叶部病害等	清除向树皮内层扩展较深的病菌。注意防治叶部病虫害以保证光合作用	彻底刮治病斑，涂抹药剂如甲基硫菌灵、甲硫萘乙酸、腐植酸铜等；展叶后喷施粉锈宁等预防锈病、白粉病等；在树体根部施用抗重茬菌剂	坚持早春树木检查，及时治疗病树，控制病势，谨防病斑扩大造成枝枯
5—8 月生长期	叶部病虫害；枝干检查	防止病虫害引起的海棠早期落叶，避免树体储存养分不足导致抗寒抗病能力的下降	加强养护管理，警惕叶部病虫害！喷杀虫剂防治梨冠网蝽、叶螨、苹果黄蚜和刺蛾、美国白蛾等鳞翅目害虫，注意斑点落叶病的监测和防治；每月可结合打药喷施防病促生微生态制剂绿康微 1 000 倍（可与杀虫、杀真菌剂混施），主动预防枝干病害；坚持树木检查，刮治腐烂病并涂抹药剂	延长叶片光合作用时间，增加海棠越冬前树皮营养贮藏和抗冻能力；加强枝干病害监测；喷施杀菌剂或生物制剂时注意枝干也要均匀着药
7—9 月生长期、雨季	叶部病虫害；腐烂病表面溃疡病斑；雨季注意防范轮纹病	树皮在 6—8 月间形成落皮层，腐烂病菌在落皮层上定殖扩展，7—9 月引起树皮病变，但夏秋季树体抗病菌扩展能力较强，只形成表面溃疡或仅局部扩展较深。雨季提前做好轮纹病的防控	做好腐烂病表面溃疡的检查和刮治；雨前用耐冲刷的药剂保护枝干，如"必备"，如果没有做到，而降雨持续时间又超过 4 个小时，则要及时喷施杀菌剂或微生态制剂绿康微对刚侵入的轮纹病菌进行干预	根据腐烂病发病过程，为防止春季腐烂病暴发，必须从前一年夏季发病之前开始预防；喷施杀菌剂或生物制剂时注意枝干也要均匀着药

（续表）

时间	防范对象	防治原理	主要防治技术	其他说明
9—10月 生长期、雨季	肥水管理；枝干、叶部病虫害	加强养护管理，提高树体抗性；秋末冬初，腐烂病潜伏病菌侵染较浅易铲除。继续做好轮纹病的雨季防控	根部施用有机肥、抗重茬菌剂；生长后期切忌土壤水分过多造成枝叶贪青徒长，树体休眠晚，生长不充实容易受冻。注意排涝并应结合喷杀虫杀菌剂，混加 0.1%~0.3% 磷酸二氢钾，可提高海棠的抗冻抗寒能力；及时发现并刮除腐烂病表面溃疡；雨后喷施杀菌剂、绿康微防治轮纹病	抓住秋季有利时机补充树体营养，以钾肥、生物有机肥为主
11 至翌年 3 月 休眠期	防寒防冻	防冻剂中的高性能聚能酶等有效成分能迅速杀灭冰核细菌和阻止冰核细菌繁殖，施用后形成特殊的保护膜，增强植株保水和抗冻能力，抑制和破坏冰冻蛋白成冰活性	做好树体的防寒保护，如树干缠裹草绳，及时浇冻水等；霜冻或寒潮来临前，早春植物发芽、开花前后突遇低温受冻害，连日雨雪后或寒冷天气转好时，施用防冻剂如绿盾等	根据当年物候的特点，合理安排防冻剂喷施时间；也可用其他防寒措施代替

（请结合当年的气象和林间监测情况做相应调整）

虫害中文名称检索

病害中文名称检索

参考文献

白瑞霞 . 2012. 国槐小线角木蠹蛾的发生及防治措施 [J]. 中国园艺文摘（8）：74-75.

白文钊，张英俊 . 1999. 家茸天牛生物学特征的研究 [J]. 西北大学学报（自然科学版），29（3）：255-258.

北京格瑞碧源科技有限公司，北京市林业保护站 . 一种白蜡窄吉丁诱捕器及一种诱东白蜡窄吉丁的方法 [P]. 中外专利：CN201611129661.X，2017-03-15.

彩万志，庞雄飞，花保祯，等 . 2001. 普通昆虫学（第一版）[M]，北京：中国农业大学出版社 .

曹杰 . 合欢枯萎病的防控技术研究 [D]. 中国林业科学研究院，2015.

陈合明，祁润身，徐志长 . 1998. 槐小卷蛾的研究 [C]. 中国园林植物保护研究论文选 . 北京：中国农业科技出版社，163-166.

陈梅香，骆有庆，赵春江，等 . 2009. 梨小食心虫研究进展 [J]. 北方园艺（8）：144-147.

崔明哲，董志明，由云生，等 . 2015. 微红梢斑螟生物学特性观察及化学防治试验 [J]. 中国园艺文摘（11）：64-65，146.

戴玉成 . 2005. 中国林木病原腐朽菌图志 [M]. 北京：科学出版社 .

董其芬，李荫隆，李玉冬 . 1981. 苹 - 桧锈病发病规律及防治技术的研究 . 北京市园林科学研究院内部资料 .

高士武 . 2012. 北京平原地区林业有害生物 [M]. 哈尔滨：东北林业大学出版社 .

郭江龙，付晓伟，赵新成，等 . 黄地老虎飞行能力研究 [J]. 环境昆虫学报，2016，38（5）：888-895.

韩国君，张文忠，韩国辉，等 . 2002. 黑绒鳃金龟生物学特性研究 [J]. 吉林林业科技，31（6）：15-16，25.

何俊华，陈学新 . 2006. 中国林木害虫天敌昆虫 [M]. 北京：中国林业出版社 .

衡雪梅，马丽，衡红霞，等 . 2008. 毛黄鳃金龟药效测定及防治对策 [J]. 北方园艺（9）：176-178.

姜立云，乔格侠，张广学，等 . 2011. 东北农林蚜虫志 [M]. 北京：科学出版社 .

孔淑芬，张海忠，王东风，等 . 2005. 松纵坑切梢小蠹及其防治 [J]. 吉林林业科技，34（5）：34-35.

郎剑锋，赵荣艳，刘起丽，等 . 2009. 烟煤病研究进展 [C]. 中国植物病理学会第九届青年学术研讨会论文集，150-154.

雷增普，程桂芳，田素忠 . 1998. 北京地区牡丹炭疽病的研究 [C]. 中国园林植物保护研究论文选 . 中国农业科技出版社，19-22.

李宏飞，陈进友，刘东雄，等 . 2015. 黄杨绢野螟在延安的发生及综合防治技术 [J]. 陕西农业科学，61（02）：117-118.

李菁博，熊德平，陈进勇，等．2010.人工摘叶控制梅花蚜虫技术的应用及效果评价 [J]. 北京园林，26（1）：46-49.

李央央．2014.福州古树名木健康状况调查及木材腐朽菌的研究 [D]. 福建农林大学.

李耀发，高占林，党志红，等．2008.18 种杀虫剂对华北大黑鳃金龟和铜绿丽金龟的毒力比较 [J]. 中国农学通报，24（3）：296-299.

李永．2004.我国几种木本植物植原体的分子检测与鉴定 [D]. 北京：中国林业科学研究院.

梁爱萍．2005.关于停止使用"同翅目 Homoptera"目名的建议 [J]. 昆虫知识，42（3）：332-337.

梁红英，王红伟，杨桦，等．2014.横坑切梢小蠹研究进展 [J]. 现代园艺（4）：71-72.

梁军生，周刚，童新旺，等．2011.微红梢斑螟的研究进展与防治对策 [J]. 中国森林病虫，30（2）：29-32.

刘春静，庄严，孙向前，等．2003.辽宁李属等苗木边材腐朽病研究初报 [J]. 林业科学研究，16（6）：783-785.

刘广瑞，章有为，王瑞．1997.中国北方常见金龟子彩色图鉴 [M]. 北京：中国林业出版社.

刘锦乾．2007.粗绿彩丽金龟生物学特性及其防治 [J]. 植物保护，33（4）：106-108.

路常宽，王晓勤，张巨山，等．2009.苹毛丽金龟对植物挥发物成分的触角电位及行为反应 [J]. 昆虫学报，52（12）：1 379-1 384.

罗晨，郭晓军，张芝利，等．2008.白星花金龟的发生为害及防治 [C]. 中国植物保护学会 2008 年学术年会论文集，372-374.

吕飞．2012.黑绒鳃金龟成虫复眼显微结构及其趋光、趋色行为学研究 [D]. 河北农业大学.

马丽，弓利英，袁水霞，等．2014.不同药剂和不同施药方法防治农田灰巴蜗牛效果评价 [J]. 植物保护，40（5）：185-190.

马丽滨，何祝清，张雅林．2015.中国油葫芦属 Teleogryllus Chopard 分类并记外来物种澳洲油葫芦 Teleogryllus commodus（Walker）（蟋蟀科，蟋蟀亚科）[J]. 陕西师范大学学报（自然科学版），43（3）：57-63.

马艳芳，谢宗谋，张永强，等．2009.大栗鳃金龟幼虫空间分布型研究 [J]. 植物保护，35（4）：140-142.

潘青华．2002.枣疯病研究进展及防治措施．北京农业科学（3）：4-8.

钱秀娟，许艳丽，Wang Yi 等．2005.昆虫病原线虫对大豆地下害虫东北大黑鳃金龟幼虫的致病力研究 [J]. 大豆科学，24（3）：224-228.

秦国夫，赵俊，郭文辉，沈艳霞．2004.蜜环菌的生物学研究进展 [J]. 东北林业大学学报，32（6）：89-94.

邱强．2013.果树病虫害诊断与防治彩色图谱 [M]. 北京：中国农业科学技术出版社.

邱强．2004.中国果树病虫原色图鉴 [M]. 郑州：河南科学技术出版社.

任桂芳．2004.柏肤小蠹综合防治技术的研究 [D]. 中国农业大学.

任丽丽、李镇宇、李颖超，等．2016.《中国森林昆虫》第 2 版中主要昆虫学名的订正 [J]. 林业科学，52（4）：110-115.

任玉平 . 2015. 小豆长喙天蛾生物学特性及为害中草药茜草观察 [J]. 吉林农业（22）：88.

盛茂领, 孙淑萍 . 2010. 中国林木蛀虫天敌姬蜂 [M]. 北京：科学出版社 .

石祥, 任思伦, 郝兆祥, 等 . 2005. 石榴巾夜蛾生物学特性及防治试验 [J]. 昆虫知识, 42（1）：77-78.

苏振鹏, 马德才, 韩凌, 等 . 1998. 芫天牛的发现及研究初报 [J]. 北京园林（2）：26-28.

孙秀珍, 张忠民, 陈合明 . 1990. 毛黄鳃金龟的测报防治技术 . 中国植保导刊,（2）：13-15

陶万强, 崔宝凯, 王金利, 等 . 2009. 北京地区李属树木上一种新的心材腐朽病原菌 [J] . 林业科学研究, 22（1）：98-100.

陶万强, 王合, 陈凤旺, 等 . 2002. 日本双棘长蠹的发生规律及防治 [C]. 环境植物有害生物控制研究进展——环境植物保护及食用农产品安全问题及对策研讨会论文集 . 251-254.

王建美, 田呈明, 葛瑾, 等 . 2008. 轮枝菌属真菌所致林木枯萎病研究进展 [J]. 中国森林病虫, 27（5）：30-34.

王林瑶 . 1992. 赵氏瘿孔象生物学习性研究 [J]. 昆虫知识（1）：33-35.

王爽, 付学池, 王琦 . 2011. 2010 年颐和园海棠腐烂病发生为害调查及防治 [J]. 植物病理学报, 41（s）：87-92.

王爽, 李洁, 王建伟, 等 . 2015. 北京地区梅花病害名录及防控措施 [J]. 黑龙江农业科学（5）：172-174.

王爽 . 2016. 观赏海棠枝干轮纹病研究进展 [J]. 中国森林病虫, 35（2）：34-38.

王爽 . 2016. 颐和园西府海棠有害生物名录与生态治理 [J]. 北京园林, 32（118）：45-49.

王绪捷, 徐志华, 董绪曾, 等 . 1985. 河北森林昆虫图册 [M], 石家庄：河北科学技术出版社 .

王绪捷 . 1985. 河北森林昆虫图册 [M]. 石家庄：河北科学技术出版社 .

吴小芹, 何月秋, 刘忠华 . 2001. 葡萄座腔菌属所致树木溃疡病发生与研究进展 [J]. 南京林业大学学报, 25（1）：61-66.

向玉勇, 杨茂发 . 2008. 小地老虎在我国的发生为害及防治技术研究 [J]. 安徽农业科学, 36（33）：14636-14639.

向玉勇, 朱园美, 赵怡然, 等 . 2012. 安徽省金银花害虫种类调查及防治技术 [J]. 湖南农业大学学报（自然科学版）, 38（3）：291-295.

萧刚柔, 1992. 中国森林昆虫 [M], 北京：中国林业出版社 .

修明霞, 石立委, 何秀丽, 等 . 2016. 果树小蠹与果树流胶病的关系及防治技术 [J]. 植物医生（6）：61-63.

徐公天, 杨志华 . 2007. 中国园林害虫 [M]. 北京：中国林业出版社 .

徐琳, 李敏, 赵美琦, 等 . 2000. 冷季型草坪草综合技术研究 [C]. 新世纪新草坪 . 47-60.

许俊杰 . 2002. 侧柏林柏小爪螨种群生态学 [D]. 山东农业大学 .

闫国增, 王合 . 2014. 北京山区林业有害生物 [M]. 哈尔滨：东北林业大学出版社 .

杨爽 . 2014. 巨胸虎天牛生物学特性研究初报 [J]. 河北林业科技（2）：26-27.

姚艳霞, 赵岱, 杨忠岐 . 2007. 瘿孔象刻腹小蜂（膜翅目：刻腹小蜂科）生物学及其与寄主赵氏瘿孔象的关系 [J]. 林业科学, 43（10）：83-86.

尹健，熊健伟，孙万慧，等 . 2006. 信阳栝楼 2 种主要害虫的初步研究 [J]. 河南农业科学（10）：
51-53.

于浩海，郭巍，李瑞军，等 . 2014. 对华北大黑鳃金龟幼虫高毒力绿僵菌菌株的筛选及分子鉴定
[J]. 中国生物防治学报（6）：834-838.

虞国跃，王合 . 2014. 中国新记录种——雪松长足大蚜 Cinara cedri Mimeur [J]. 环境昆虫学报，36
（2）：260-264.

虞国跃 . 2015. 北京蛾类图谱 [M]，北京：科学出版社 .

虞国跃 . 2008. 瓢虫瓢虫 [M]，北京：化学工业出版社 .

虞国跃 . 2016. 王合，冯术快，王家园昆虫 [M]，北京：科学出版社 .

虞国跃 . 2010. 中国瓢虫亚科图志 [M]，北京：化学工业出版社 .

余桂萍 . 高帮年 . 2005. 桃红颈天牛生物学特性观察 [J]. 中国森林病虫，24（5）：15-16.

袁嗣令 . 1997. 中国乔、灌木病害 [M]. 北京：科学出版社 .

张海珊 . 2008. 麦冬炭疽菌的生物学特性及有效药剂筛选 [D]. 安徽农业大学 .

张思佳，钱秀娟，李春杰，等 . 2013. 昆虫病原线虫对大豆田八字地老虎幼虫致病力的研究 [J]. 大
豆科学，32（1）：63-67.

张玉琴，王代军，杜广真，等 . 2000. 草坪草腐霉枯萎病的研究现状及进展 [C]. 新世纪新草坪，
85-90.

张智，解书香，张云慧，等 . 2015. 北京顺义区八字地老虎的种群监测与发生世代分析 [J]. 植物保
护，41（1）：147-149.

赵鸿，彭德良，朱建兰，等 . 2003. 根结线虫的研究现状 [J] . 植物保护，29（6）：6-9.

赵怀谦 . 1998. 菊瘿蚊生物学特性和防治的初步研究 [C]. 中国园林植物保护研究论文选，北京：
中国农业科技出版社 .

赵美琦，孙贵娟，肖悦岩，等 . 1999. 北京市冷季型草坪草病害基本调查初报 [C]. 面向 21 世纪的
中国草坪科学与草坪业，206-209.

赵熙宏 . 2011. 东方蝼蛄的防治技术 [J]. 河北林业科技（5）：106-106.

周尧 . 1994. 中国蝶类志 [M]. 郑州：河南科学技术出版社 .

Ian Gauld &. Barry Bolton 著，杨忠岐译 . 1992. 膜翅目 [M]，香港：香港天则出版社 .

P. J. Gullan, P. S. Cranston 著，彩万志，花保桢，宋敦伦，等译 . 2009. 昆虫学概论（第 3 版）[M].
北京：中国农业大学出版社 .

P. P. 庇隆著，沈瑞祥，段道怀，周仲铭译 . 1987. 花木病虫害 [M]. 北京：中国建筑工业出版 .

TOSIO KUMATA. Taxonomic studies on the Lithocolletinae of Japan（Lepidoptera : Gracillariidae）Part
2. *INSECTA MATSUMURANA*, 1963, 26（1）：1-48.